Walter Müller

Mechanische Verfahrenstechnik und ihre Gesetzmäßigkeiten

De Gruyter Studium

Weitere empfehlenswerte Titel

Chemische Verfahrenstechnik
Berechnung, Auslegung und Betrieb chemischer Reaktoren
Hertwig, Martens, Hamel; 2018
ISBN 978-3-11-050099-8, e-ISBN 978-3-11-050102-5

Thermische Trennverfahren
Trennung von Gas-, Dampf- und Flüssigkeitsgemischen
Lohrengel; 2017
ISBN 978-3-11-047321-6, e-ISBN 978-3-11-047322-3

Advanced Process Engineering Control
Agachi, Cristea, Csavdari, Szilagyi; 2017
ISBN 978-3-11-030662-0, e-ISBN 978-3-11-030663-7

Process Engineering
Addressing the Gap between Study and Chemical Industry
Kleiber; 2020
ISBN 978-3-11-065764-7, e-ISBN 978-3-11-065768-5

Chemical Process Synthesis
Connecting Chemical with Systems Engineering Procedures
De Franca Bezerra; 2021
ISBN 978-3-11-046825-0, e-ISBN 978-3-11-046826-7

Walter Müller

Mechanische Verfahrenstechnik und ihre Gesetzmäßigkeiten

3. Auflage

Autor
Prof. Dr.-Ing. Walter Müller
An der Fillkuhle 8
44227 Dortmund
walter.mueller@hs-duesseldorf.de

ISBN 978-3-11-073953-4
e-ISBN (PDF) 978-3-11-073954-1
e-ISBN (EPUB) 978-3-11-073615-1

Library of Congress Control Number: 2021946547

Bibliografische Information der Deutschen Nationalbibliothek
Die Deutsche Nationalbibliothek verzeichnet diese Publikation in der Deutschen Nationalbibliografie; detaillierte bibliografische Daten sind im Internet über http://dnb.dnb.de abrufbar.

Umschlaggestaltung: ansonsaw / E+ / Getty Images
Satz: le-tex publishing services GmbH, Leipzig
Druck und Bindung: CPI books GmbH, Leck
Gedruckt auf säurefreiem Papier
Printed in Germany

www.degruyter.com

Vorwort

Warum noch ein weiteres Buch über Mechanische Verfahrenstechnik? Die zahlreichen Lehrbücher, die zu dieser Thematik bisher erschienen sind, teilen das Fachgebiet meist konsequent in Grundoperationen auf, wobei solche mit gleicher Zielrichtung zusammengefasst und gegenübergestellt werden. Verfahren, die auf so unterschiedlichen physikalischen Mechanismen wie Sedimentation oder Filtration beruhen, vereint man beispielsweise unter dem Oberbegriff „Fest/Flüssig-Trennverfahren". Auf diese Weise lassen sich natürlich Vor- und Nachteile der einzelnen Verfahren gut herausarbeiten.

Dieses Buch versucht einen anderen Ansatz, indem die mechanischen Verfahren, die auf gemeinsamen physikalischen Vorgängen beruhen, auch in gemeinsamen Kapiteln zusammengefasst werden. So spielt beispielsweise die Sinkbewegung von Partikeln in einem Fluid eine wichtige Rolle bei manchen Fest/Flüssig-Trennverfahren (Sedimentation, Sedimentationszentrifuge), bei der Staubabscheidung (Staubkammer, Zyklon), bei Klassierprozessen (Windsichter, Aufstromklassierer) sowie beim pneumatischen Feststofftransport oder dem Suspendieren von Feststoff im Rührgefäß. Das Verständnis des gemeinsamen Grundprinzips wird es der Leserin oder dem Leser ermöglichen, auch komplex zusammengesetzte Verfahrensschritte zu analysieren oder zu entwickeln und die für ein gegebenes Problem am besten geeignete Lösung zu finden.

Grundlage dieses Buchs bildet das Skriptum zu meiner Vorlesung „Mechanische Grundoperationen", die ich im 4. Semester des Studiengangs Prozess-, Energie- und Umwelttechnik an der Fachhochschule Düsseldorf halte. Ergänzt werden die einzelnen Kapitel durch spezielle Exkurse, in denen strömungstechnische oder andere physikalische Grundlagen vorgestellt bzw. wiederholt werden. Ebenso sind zu jedem Kapitel Übungsaufgaben angefügt, die zum großen Teil aus Klausuren der letzten Semester stammen. Die vollständig durchgerechneten und mit zusätzlichen Erläuterungen versehenen Lösungen finden sich am Ende dieses Buchs.

Besonders bedanken möchte ich mich an dieser Stelle bei meiner Frau Annette, die die vielen Monate, die ich bis zur Fertigstellung aller Kapitel hinter dem Rechnerbildschirm zubringen durfte, mit großer Geduld ertragen hat.

Mein Dank gilt auch Frau Kathrin Mönch vom Oldenbourg-Verlag für die Anregung zu diesem Buch, das Lektorat und die angenehme Zusammenarbeit. Für die sorgfältige Gestaltung der Zeichnungen bedanke ich mich ganz herzlich bei Frau Judith Verena Eickelmann.

Dortmund *W. Müller*

https://doi.org/10.1515/9783110739541-201

Vorwort zur 2. Auflage

Für die 2. Auflage wurde das Buch gründlich durchgesehen und einige Fehler und Unstimmigkeiten beseitigt. Ganz besonders danke ich meinen Studierenden an der FH Düsseldorf, die mir hierzu wertvolle Hinweise gegeben haben.

Ich habe auch den Titel des Buches modifiziert; aus „Mechanische Grundoperationen" wurde „Mechanische Verfahrenstechnik". Dieser Titel wird dem Konzept des Buches eher gerecht, denn es ist ja gerade nicht anhand der Grundoperationen aufgebaut, sondern es fasst die gemeinsamen Gesetzmäßigkeiten ganz unterschiedlicher Grundoperationen zusammen.

Dortmund, im Dezember 2013 *W. Müller*

https://doi.org/10.1515/9783110739541-202

Vorwort zur 3. Auflage

Zum besseren Verständnis des Buchinhaltes sind insbesondere Übungen wichtig, daher habe ich alle Kapitel mit zusätzlichen Übungsaufgaben und deren Lösungen ergänzt. Die unvermeidlichen kleineren Fehler in den Vorauflage(n) konnten durch Hinweise meiner Leserinnen und Leser, denen ich dafür herzlich danke, sowie eigene intensive Durchsicht weiter reduziert werden.

Dortmund, im März 2021 *W. Müller*

https://doi.org/10.1515/9783110739541-203

Inhalt

Vorwort — V

Vorwort zur 2. Auflage — VII

Vorwort zur 3. Auflage — IX

1 Einleitung — 1

2 Beschreibung von Partikeln und Partikelkollektiven — 4
2.1 Disperse Systeme — **4**
2.2 Der Äquivalentdurchmesser als Feinheitsmerkmal — **4**
2.3 Die spezifische Oberfläche als Feinheitsmerkmal — **7**
2.4 Verteilungskurven — **8**
2.5 Standard-Verteilungen — **11**
2.6 Kenngrößen aus Verteilungen — **12**
2.7 Verfahren zur Partikelgrößenanalyse — **13**
Exkurs Probenahme und Probenteilung — **14**
2.8 Verfahren zur Oberflächenbestimmung — **23**
2.9 Übungsaufgaben — **25**
2.9.1 Übungsaufgabe Partikelgrößenverteilung — **25**
2.9.2 Übungsaufgabe Partikelanalyse — **26**
2.9.3 Übungsaufgabe Oberflächen — **26**
2.10 Formelzeichen für Kapitel 2 — **27**

3 Bilanzierung und Beschreibung von Trenn- und Mischvorgängen — 29
3.1 Konzentrationsmaße — **29**
3.2 Bilanzierung — **30**
3.3 Abscheidegrad — **31**
3.4 Verteilungsdiagramm — **32**
3.5 Trenngrad — **34**
3.6 Kenngrößen der Abscheidung: Trennkorngröße und Trennschärfe — **35**
3.7 Kennzeichnung des Mischungszustands — **36**
3.8 Mischungszusammensetzung und Probengröße — **38**
3.9 Mischgüte und Mischzeit — **40**
3.10 Übungsaufgaben — **42**
3.10.1 Übungsaufgabe Bilanzierung I — **42**
3.10.2 Übungsaufgabe Bilanzierung II — **43**
3.10.3 Übungsaufgabe Verteilungsdiagramm — **44**
3.10.4 Übungsaufgabe Homogenität — **45**
3.11 Formelzeichen für Kapitel 3 — **46**

4 Trennung von Partikeln in Kraftfeldern — 48
4.1 Trennung im Schwerefeld — **48**
4.1.1 Stationäre Sinkbewegung im Schwerefeld — **48**
Exkurs Reynoldszahl — **49**
Exkurs Widerstandsbeiwert einer Kugel — **50**
Exkurs Laminare und turbulente Strömung — **54**
4.1.2 Ölabscheider — **57**
4.1.3 Sedimenter — **59**
4.1.4 Windsichter — **63**
4.1.5 Staubkammer — **64**
4.1.6 Nassstromklassierung — **65**
4.2 Trennung im Fliehkraftfeld — **67**
4.2.1 Partikelbewegung im Zentrifugalfeld — **67**
4.2.2 Sedimentationszentrifuge — **71**
4.2.3 Zyklone — **77**
4.2.4 Tropfenabscheider — **81**
4.2.5 Abweiseradsichter — **82**
4.3 Trennung im elektrischen Feld — **84**
4.3.1 Elektroentstauber — **84**
4.3.2 Erzeugung der Ladungen und Aufladung der Partikeln — **86**
4.3.3 Partikelbewegung im elektrischen Feld — **87**
4.3.4 Abscheidung an der Niederschlagselektrode — **92**
4.4 Übungsaufgaben — **94**
4.4.1 Übungsaufgabe Sedimenter — **94**
4.4.2 Übungsaufgabe Steigrohrsichter — **95**
4.4.3 Übungsaufgabe Staubsauger — **95**
4.4.4 Übungsaufgabe Tropfenreaktor — **96**
4.4.5 Übungsaufgabe Zentrifuge — **96**
4.4.6 Übungsaufgabe Zyklon — **97**
4.4.7 Übungsaufgabe Elektroabscheider — **97**
4.5 Formelzeichen für Kapitel 4 — **98**

5 Durchströmung von Partikelschichten — 101
5.1 Ruhende Schüttungen konstanter Dicke (Festbetten) — **101**
5.1.1 Druckverlustgleichung — **101**
5.1.2 Porosität und Schüttdichte — **103**
Exkurs Druckverlust — **104**
5.1.3 Hydraulischer Durchmesser einer Schüttung — **106**
5.1.4 Durchströmungsgleichung für Schüttungen — **107**
Exkurs Hydraulischer Durchmesser — **108**
5.1.5 Laminare Schüttungsdurchströmung — **109**

5.2 Kuchenfiltration — **110**
5.2.1 Herleitung der Filtergleichung — **110**
5.2.2 Filtration bei konstantem Volumenstrom — **113**
5.2.3 Filtration bei konstantem Druck — **114**
5.3 Filterapparate für Suspensionen — **115**
5.3.1 Rahmenfilterpresse — **115**
5.3.2 Vakuumfilter — **118**
5.4 Filterzentrifugen — **125**
5.5 Staubfiltration — **129**
5.6 Wirbelschichten (Fließbetten) — **132**
5.7 Pneumatische Förderung — **135**
5.7.1 Einsatzbedingungen und Förderzustände — **135**
5.7.2 Zustandsdiagramm einer Förderanlage — **138**
5.7.3 Dünnstromförderung — **140**
5.7.4 Dichtstromförderung — **141**
Exkurs Spannungen in Silos — **142**
5.8 Übungsaufgaben — **148**
5.8.1 Übungsaufgabe Schüttschicht — **148**
5.8.2 Übungsaufgabe Druckfilter I — **149**
5.8.3 Übungsaufgabe Druckfilter II — **150**
5.8.4 Übungsaufgabe Bandfilter — **150**
5.8.5 Übungsaufgabe Wirbelschicht — **151**
5.8.6 Übungsaufgabe Pneumatische Förderung — **151**
5.9 Formelzeichen für Kapitel 5 — **152**

6 Oberflächenprozesse — 155
6.1 Feststoffzerkleinerung — **155**
6.1.1 Bindungen und Materialeigenschaften — **156**
6.1.2 Materialverhalten und Formänderungsarbeit — **157**
Exkurs Grenzflächenenergie — **160**
6.1.3 Bruchbedingung — **161**
6.1.4 Zerkleinerungsenergie und Partikelgröße — **163**
6.1.5 Zerkleinerungshypothesen — **164**
6.1.6 Wirkungsgrade, Effektivität und Mahlbarkeit — **165**
6.1.7 Beanspruchungsarten — **166**
6.1.8 Druckzerkleinerung — **168**
6.1.9 Schlagzerkleinerung — **175**
6.1.10 Prallzerkleinerung — **180**
6.1.11 Schneidzerkleinerung — **184**
6.2 Flüssigkeitszerstäubung — **186**
6.2.1 Einsatzbeispiele — **186**

6.2.2 Oberflächenspannung und Zerstäubungsenergie — **187**
Exkurs Oberflächenspannung und Weberzahl — **188**
6.2.3 Tropfenbildungsmechanismen — **189**
6.2.4 Zerstäuberdüsen — **193**
6.3 Dispergierung in flüssiger Phase — **196**
6.3.1 Anwendung — **196**
6.3.2 Mechanismen beim Emulgieren — **196**
6.3.3 Stabilisierung — **198**
6.3.4 Emulgierapparate — **199**
6.4 Agglomeration — **201**
6.4.1 Einsatzbeispiele — **201**
6.4.2 Bindemechanismen und Verfahren — **202**
6.4.3 Anschmelzagglomeration (Sintern) — **203**
6.4.4 Aufbaugranulation — **203**
Exkurs Kohäsion, Adhäsion und Randwinkel — **206**
Exkurs Kapillardruck — **208**
6.4.5 Pressagglomeration — **210**
6.5 Übungsaufgaben — **213**
6.5.1 Übungsaufgabe Mahlleistung I — **213**
6.5.2 Übungsaufgabe Mahlleistung II — **214**
6.5.3 Übungsaufgabe Mahlbarkeit — **214**
6.5.4 Übungsaufgabe Walzenmühle — **215**
6.5.5 Übungsaufgabe Zerstäubung — **215**
6.6 Formelzeichen für Kapitel 6 — **216**

7 Mischprozesse — 219
7.1 Einteilung der Mischprozesse — **219**
7.2 Homogenisiermechanismen — **220**
Exkurs Diffusion — **222**
7.3 Statisches Mischen — **223**
7.4 Dynamisches Mischen von Flüssigkeiten (Rührtechnik) — **225**
7.4.1 Rührertypen — **225**
7.4.2 Dimensionsanalytische Betrachtung — **228**
7.4.3 Leistungscharakteristik einer Rühranordnung — **229**
Exkurs Dimensionsanalyse — **230**
7.4.4 Trombenbildung und Froudezahl — **233**
Exkurs Froudezahl — **234**
7.4.5 Homogenisieren durch Rühren — **236**
7.4.6 Suspendieren — **239**
7.4.7 Emulgieren — **241**
7.4.8 Begasen — **243**

7.4.9 Wärmeaustausch — **246**
7.4.10 Maßstabsvergrößerung von Rühranordnungen — **247**
7.5 Dynamisches Mischen körniger Stoffe — **250**
7.6 Teilen und Verteilen — **254**
7.7 Übungsaufgaben — **257**
7.7.1 Übungsaufgabe Leistungscharakteristik — **257**
7.7.2 Übungsaufgabe Leistungs- und Mischzeitcharakteristik — **257**
7.7.3 Übungsaufgabe Rührprozess — **258**
7.7.4 Übungsaufgabe Homogenisierung — **259**
7.7.5 Übungsaufgabe Maßstabsvergrößerung I — **259**
7.7.6 Übungsaufgabe Maßstabsvergrößerung II — **259**
7.8 Formelzeichen für Kapitel 7 — **260**

8 Lösungen der Übungsaufgaben — 263

Literaturverzeichnis — 293

Personenverzeichnis — 295

Stichwortverzeichnis — 297

1 Einleitung

Die Verarbeitung von Massengütern durch Stoffumwandlung, Stoffvereinigung oder Stofftrennung bezeichnet man mit dem Oberbegriff *Verfahrenstechnik*. Das Spektrum der unter den Begriff *Massengüter* fallenden Stoffe ist außerordentlich breit und umfasst alle körnigen Feststoffe, Flüssigkeiten und Gase sowie Systeme, die aus Stoffen mit unterschiedlichen Aggregatzuständen zusammengesetzt sind. Grundstoffe sind neben Luft und Wasser häufig Bergbauprodukte, pflanzliche oder tierische Erzeugnisse sowie fossile Brennstoffe wie Erdöl und Erdgas. Verfahrenstechnische *Prozesse* lassen aus diesen Grundstoffen, manchmal über viele Zwischenprodukte, letztendlich Güter des täglichen Bedarfs wie Treibstoffe, Waschmittel, Düngemittel, Kunststoffe, Arzneimittel und vieles andere mehr entstehen.

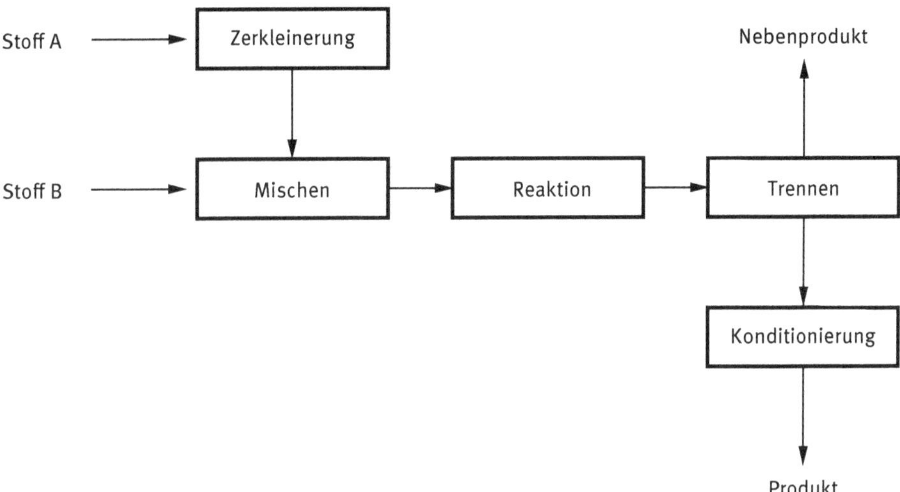

Abb. 1.1: Verfahrensschritte in einem typischen Prozess

Ein verfahrenstechnischer Prozess ist ein Zusammenwirken unterschiedlicher *Grundoperationen* zur Erzeugung eines Produktes aus einem oder mehreren Ausgangsstoffen. Die Schritte eines typischen Prozesses (Abb. 1.1) bestehen häufig in einer *Aufbereitung* der Ausgangsstoffe durch *Zerkleinern* (Stoffumwandlung) und/oder *Vermischen* (Stoffvereinigung). Daran schließt sich oft eine chemische *Reaktion* (Stoffumwandlung) an, die zusätzlich zum eigentlichen Zielprodukt noch Nebenprodukte erzeugt oder aber nicht vollständig verläuft, so dass neben dem Reaktionsprodukt noch unreagierte Ausgangsstoffe vorhanden sind. Zur Abtrennung der Nebenprodukte, der unreagierten Ausgangsstoffe oder eventuell vorhandener Katalysatorreste dienen Grundoperationen der Stofftrennung, entweder mechanisch (Sedimentation,

https://doi.org/10.1515/9783110739541-001

Filtration usw.) oder thermisch (Destillation, Rektifikation, Trocknung usw.). Um das Zielprodukt schließlich in den gewünschten Zustand zu bringen, in dem es verkauft, gelagert oder transportiert werden kann, muss es konditioniert werden, etwa durch die Grundoperation *Agglomerieren* (Kornvergrößerung). Bestandteil eines verfahrenstechnischen Prozesses sind ferner alle Grundoperationen, die die Freisetzung umweltschädlicher Stoffe verhindern (Entstaubung, Absorption, biologische Abwasserreinigung uvm.).

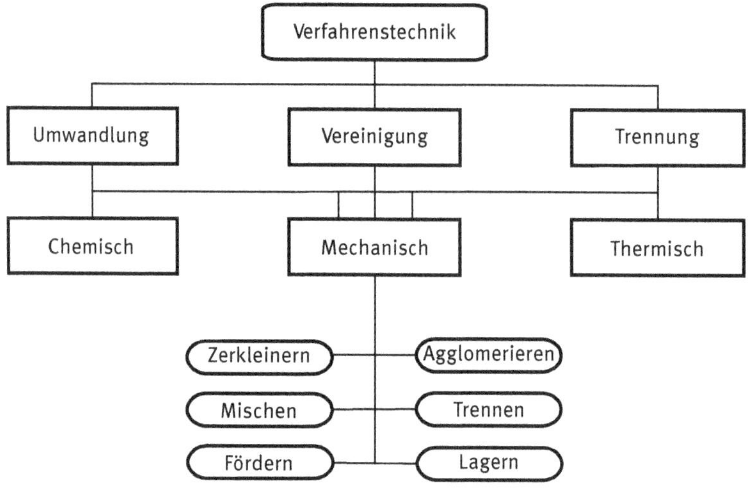

Abb. 1.2: Mechanische Verfahren innerhalb der Verfahrenstechnik

Auf mechanischem Wege lassen sich Stoffe sowohl umwandeln (Zerkleinern und Agglomerieren) als auch vereinigen (Mischen) und trennen (Abb. 1.2). Mechanische Stofftrennverfahren erfordern allerdings immer das Vorhandensein mehrerer *Phasen*, also z. B. Feststoffkristalle in einer Flüssigkeit, Flüssigkeitströpfchen in einem Gas, nicht mischbare flüssige Phasen oder zumindest ein körniges Schüttgut, dessen Einzelkörner sich in mindestens einer Eigenschaft (Größe, Dichte, Form) voneinander unterscheiden. Auch das Fördern und Lagern körniger Stoffe wird den mechanischen Grundoperationen zugerechnet.

Den angesprochenen Grundoperationen liegen in vielen Fällen immer wiederkehrende physikalische Vorgänge zugrunde. In erster Linie ist hier die Sinkgeschwindigkeit von Partikeln in gasförmiger oder flüssiger Umgebung zu nennen, die für viele mechanische Trennvorgänge wie Sedimentation, Zentrifugieren, Entstaubung, Stromklassierung usw. von entscheidender Bedeutung ist. Durchströmte Packungen, Kuchenfiltration, Wirbelschichten und auch die pneumatische Dichtstromförderung basieren auf dem immer wiederkehrenden Grundprinzip des durchströmten Haufwerks. Die Erzeugung neuer Grenzfläche und der damit verbundene Energieaufwand ist bei der Behandlung aller Zerkleinerungsvorgänge bei Feststoffen (Brechen, Mahlen), bei Flüssigkeiten (Zerstäuben) und auch beim Dispergieren und Emulgieren von Flüssigkeiten und Gasen wichtig.

Die Beherrschung der zugrunde liegenden physikalischen Prinzipien ermöglicht somit die verfahrenstechnische Auslegung einer Vielzahl von mechanischen Grundoperationen. Auch die in jüngerer Zeit verstärkt zu verzeichnende Tendenz, Kombinationsapparate zu entwickeln, in denen mehrere Grundoperationen gleichzeitig ablaufen, macht „Standardauslegungen" aufgrund starrer Rechenvorschriften entbehrlich und erfordert maßgeschneiderte Lösungsansätze. Darum soll in dem vorliegenden Buch versucht werden, nicht nur einen umfassenden Überblick über das Gebiet der mechanischen Verfahrenstechnik zu geben, sondern die Gemeinsamkeiten der rechnerischen Behandlung unterschiedlichster Grundoperationen besonders herauszustellen.

Die Stoffeigenschaften der beteiligten Phasen haben großen Einfluss auf die Umwandlungs-, Trenn- oder Mischvorgänge. Darum ist die Charakterisierung der maßgeblichen Eigenschaften wie Partikelgröße, Partikelform, Oberflächenspannung, Wechselwirkungskräfte, um nur einige zu nennen, und deren Auswirkungen auf die technischen Prozesse sehr wichtig. Die Methodik der Charakterisierung von Partikeleigenschaften (Partikeltechnik) und die messtechnische Erfassung solcher Eigenschaften (Partikelmesstechnik) sind daher eigenständige Zweige der mechanischen Verfahrenstechnik und deren Behandlung steht naturgemäß am Anfang jeder Zusammenstellung zu dieser Thematik.

2 Beschreibung von Partikeln und Partikelkollektiven

2.1 Disperse Systeme

Stoffe, die aus mehreren Phasen bestehen, von denen mindestens eine Phase in voneinander abgrenzbare Einzelelemente aufgeteilt ist, werden *disperse Systeme* genannt. Die abgrenzbaren Einzelelemente bilden die *disperse Phase* und das sie umgebende Fluid die *kontinuierliche Phase*. Wichtige Beispiele für disperse Systeme sind in Tab. 2.1 aufgeführt.

Tab. 2.1: Beispiele für disperse Systeme

Disperse Phase	Kontinuierliche Phase	Bezeichnung(en)
Feststoffkörner	Flüssigkeit	Suspension, Schlamm
Feststoffkörner	Gas	Staubluft, Rauch
Flüssigkeit	Flüssigkeit	Emulsion
Flüssigkeit	Gas	Nebel
Gas	Flüssigkeit	Schaum, Blasensystem

Allgemein nennt man die Elemente einer dispersen Phase *Partikeln*. Im Singular sind sowohl „das Partikel“ als auch „die Partikel“ gebräuchlich, selbst die begriffsbestimmende Norm [1] legt sich hier nicht eindeutig fest. In diesem Buch wird konsequent die weibliche Form „die“ verwendet. Eine Partikel ist gemäß Norm ein „winziges Stück einer Substanz mit definierten physikalischen Grenzen“ [1]. Als *Körner* oder *Teilchen* werden feste Partikeln bezeichnet. Flüssige Partikeln werden *Tropfen* und gasförmige Partikeln *Blasen* genannt [1]. Die Gesamtheit aller betrachteten Partikeln innerhalb eines dispersen Systems wird auch durch den Begriff *Partikelkollektiv* umschrieben. Die einzelnen Partikeln unterscheiden sich meist in wichtigen Merkmalen wie der Größe, der Dichte oder der Kornform voneinander; ein solches Kollektiv nennt man *polydispers*. Ein *monodisperses* Kollektiv dagegen besteht aus Partikeln, deren wesentliche Merkmale gleich sind.

2.2 Der Äquivalentdurchmesser als Feinheitsmerkmal

Partikelmerkmale, die häufig bestimmt werden müssen, sind Größe, Oberfläche und Form. Größe und Oberfläche kennzeichnen (neben anderen Größen) die *Feinheit* der Partikeln und werden darum auch als *Feinheitsmerkmale* bezeichnet. Die Form der Partikeln (insbesondere von festen Teilchen) weicht allerdings häufig von der Ku-

https://doi.org/10.1515/9783110739541-002

gelform ab. Es stellt sich daher die Frage nach einer geeigneten Größendefinition (Abb. 2.1). Bei länglichen oder gar nadelförmigen Partikeln wäre es z. B. möglich, die größte Längenabmessung, die kleinste Dicke oder eine aus beiden gebildete mittlere Länge zu wählen. Sind die Partikeln jedoch wie in der Abbildung sehr unregelmäßig geformt, wird auch eine solch einfache Definition nicht möglich sein.

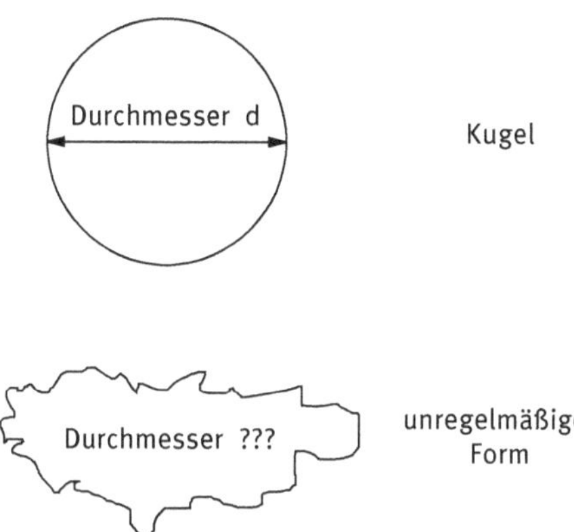

Abb. 2.1: Problematik bei der Durchmesserbestimmung

Gebräuchliche Analysenverfahren zur Bestimmung von Partikelgrößen verwenden sogenannte *Äquivalentdurchmesser*. Diese vergleichen das unregelmäßig geformte disperse Element mit einer Kugel (oder seine Projektionsfläche mit einem Kreis). Der Äquivalentdurchmesser ist der Durchmesser derjenigen Kugel (oder desjenigen Kreises), die (der) unter gleichen physikalischen Bedingungen denselben Wert eines Feinheitsmerkmals liefert wie die betrachtete Partikel. Lässt man z. B. eine unregelmäßig geformte Partikel zusammen mit Kugeln unterschiedlichen Durchmessers, aber gleicher Dichte, in einer Flüssigkeit absinken, so wird es ggf. eine Kugel geben, die genauso schnell sedimentiert wie das unregelmäßige Teilchen. Deren Durchmesser wäre dann gleich dem *Äquivalentdurchmesser* einer *sinkgeschwindigkeitsgleichen Kugel*.

Jede geometrische oder physikalische Eigenschaft, die mit der Partikelgröße im Zusammenhang steht, kann als Feinheitsmerkmal zur Definition eines Äquivalentdurchmessers verwendet werden. Häufig verwendete Äquivalentdurchmesser sind in Tab. 2.2 zusammengestellt.

Zwei nach verschiedenen Definitionen analysierte Korngrößenverteilungen können allerdings je nach Kornform erheblich voneinander abweichen. Einige Beispiele hierfür gibt Abb. 2.2. Auf der linken Seite des Bildes sind reale, nicht kugelförmige Partikeln dargestellt, während auf der rechten Seite Kugelgrößen bzw. Kreisgrößen abgebildet sind, die sich nach verschiedenen Äquivalentdurchmesserdefinitionen ergeben. Dem geometrischen Mittel des Durchmessers entspricht am ehesten der Durchmesser der volumengleichen Kugel. Der Durchmesser der sinkgeschwindigkeitsgleichen Kugel ist dagegen kleiner, da eine unregelmäßig geformte Partikel in einem fluiden Medium gewöhnlich langsamer absinkt als eine Kugel gleichen Vo-

Tab. 2.2: Gebräuchliche Äquivalentdurchmesser

d_V	Äquivalentdurchmesser der volumengleichen Kugel
d_S	Ä. der oberflächengleichen Kugel
d_w	Ä. der sinkgeschwindigkeitsgleichen Kugel
d_{pm}	Ä. des projektionsflächengleichen Kreises in mittlerer Teilchenlage (z. B. in einer Suspension)
d_{ps}	Ä. des projektionsflächengleichen Kreises in stabiler Teilchenlage (z. B. auf dem Objektträger eines Mikroskops)
d_{Sca}	Ä. der Kugel mit gleicher Streulichtintensität

lumens. Bringt man eine Partikel mit unregelmäßiger Form auf den Objektträger eines Mikroskops auf, so zeigt sie dem Betrachter in dieser „stabilen Seitenlage" ihre größtmögliche Projektionsfläche, so dass der Durchmesser des „projektionsflächengleichen Kreises" immer größer ist als der Durchmesser einer Kugelprojektion. Der für den Siebvorgang charakteristische Äquivalentdurchmesser ist die nominelle Maschenweite des Siebgewebes, d. h. die Herstellerangabe auf dem Analysensieb, da diese Angabe den alleinigen Vergleichswert darstellt. Die Partikeln passieren die Siebmaschen allerdings mit ihren Schmalseiten, so dass die nominale Maschenweite immer einen kleineren Wert liefert, als es dem „mittleren" Partikeldurchmesser entsprechen würde.

Vor jeder Partikelanalyse ist daher das Ziel der Untersuchung zu klären. Soll z. B. eine Suspension analysiert werden, die in einem Absetzbecken getrennt werden soll, dann sind aussagefähige und genaue Ergebnisse nur zu erwarten, wenn der Äquivalentdurchmesser der sinkgeschwindigkeitsgleichen Kugel gemessen wird. Dies kann z. B. durch eine Sedimentationsanalyse erreicht werden. Man sollte in jedem Fall eine

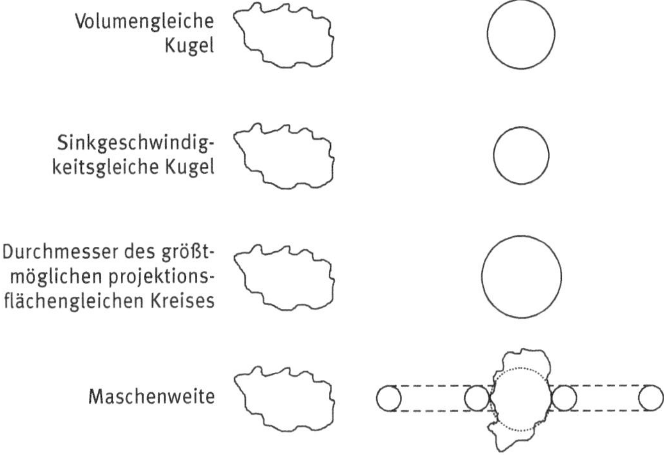

Abb. 2.2: Vergleich einiger Äquivalentdurchmesser

Analysenart wählen, bei der die Durchmesserdefinition dem angestrebten Analysenziel angepasst ist.

Es muss also betont werden, dass unregelmäßige, nicht kugelförmige Partikeln keinen „wahren" Durchmesser aufweisen. Vielmehr muss bei jeder Angabe der Größe die benutzte Durchmesserdefinition angegeben werden, und diese sollte immer dem jeweiligen Bedarfsfall angepasst sein!

2.3 Die spezifische Oberfläche als Feinheitsmerkmal

Die Oberfläche von Partikeln oder Partikelkollektiven ist messtechnisch und bei einfachen geometrischen Formen auch rechnerisch bestimmbar. Die *volumenspezifische Oberfläche* eines Kollektivs aus kugelförmigen Partikeln mit dem Durchmesser d lässt sich berechnen zu:

$$S_V = \frac{\text{Kugeloberfläche}}{\text{Kugelvolumen}} = \frac{\pi \cdot d^2}{\frac{\pi}{6} \cdot d^3} = \frac{6}{d} \tag{2.1}$$

Die spezifische Oberfläche ist also umgekehrt proportional zum Durchmesser der Partikeln. Ein Kollektiv aus kleinen Partikeln hat daher eine große spezifische Oberfläche und umgekehrt.

Bezieht man zusätzlich die Partikeldichte ρ_S mit ein, so erhält man die *massenspezifische Oberfläche*

$$S_m = \frac{S_V}{\rho_S} = \frac{6}{\rho_S \cdot d} \tag{2.2}$$

Sollen statt Kugeln reale Partikeln beschrieben werden, ist zusätzlich die Angabe eines *Formfaktors* notwendig. Allgemein stellt der Formfaktor einer Partikel den dimensionslosen Quotienten zweier nach unterschiedlichen Verfahren gewonnener charakteristischer Längen, Flächen oder Volumina dar. Eine häufig verwendete Definition lautet

$$f = \left(\frac{d_S}{d_V}\right)^2 \tag{2.3}$$

Nach dieser Definition wird die tatsächliche Oberfläche einer Partikel auf die Oberfläche einer volumengleichen Kugel bezogen. Der so erhaltene Formfaktor hat den Vorteil, dass durch Multiplikation mit der theoretischen spezifischen Oberfläche von Kugeln nach Gl. (2.1) bzw. (2.2) direkt die wahre Oberfläche des Kollektivs erhalten wird. Tab. 2.3 zeigt die Formfaktoren nach Gl. (2.3) für einige Partikelformen.

Wenn sich nach den Gln. (2.1) und (2.2) die spezifischen Oberflächen aus den Partikeldurchmessern berechnen lassen, muss sich natürlich auch umgekehrt aus einer bekannten volumen- oder massenspezifischen Oberfläche eines Partikelkollektivs ein fiktiver Durchmesser ermitteln lassen. Dieser fiktive Partikeldurchmesser wird *Sauterdurchmesser* genannt:

$$d_{32} = \frac{6}{S_V} = \frac{6}{\rho_S \cdot S_m} \tag{2.4}$$

Tab. 2.3: Formfaktoren für einige Partikelformen

	Beschreibung	Formfaktor
	Kugel	1,0
	Tropfen, Blase, rundes Korn	1,0–1,2
	eckiges Korn (z. B. Sand)	1,3–1,5
	nadelförmig	1,5–2,2
	plättchenförmig	2,5–4,0
	stark zerklüftete Oberfläche (z. B. Ruß)	100–10000

Sein Index leitet sich von den Längendimensionen ab, da er sich aus dem Quotienten eines Volumens (3 Dimensionen) und der Oberfläche (2 Dimensionen) ergibt. Der Sauterdurchmesser d_{32} ist für die Zerstäubung und Dispergierung von flüssigen und gasförmigen Medien sowie von Wärme- und Stoffaustauschvorgängen an Partikelkollektiven von großer Bedeutung. Er stellt den fiktiven Durchmesser gleich großer Kugeln dar, aus denen das Kollektiv bestehen müsste, damit es die spezifische Oberfläche S_V bzw. S_m liefert. Das tatsächliche Kollektiv muss indes weder aus kugelförmigen noch aus gleich großen Partikeln bestehen.

2.4 Verteilungskurven

Disperse Elemente eines realen Stoffsystems sind meist in Größe, Oberfläche und Form unterschiedlich. Die Feinheitsmerkmale werden dann in Form sogenannter *Verteilungen* dargestellt. Man unterscheidet zwischen *Verteilungssummen* und *Verteilungsdichten*.

Bezeichnet man mit z ein Feinheitsmerkmal, z. B. einen Äquivalentdurchmesser, eine Sinkgeschwindigkeit oder eine spezifische Oberfläche, so ist

- die *Durchgangssumme* $Q_r(z_i)$ oder $D_r(z_i)$ der Mengenanteil des Kollektivs, dessen Feinheitsmerkmal z <u>kleiner</u> ist als ein gegebener Wert z_i.
- die *Rückstandssumme* $R_r(z_i)$ der Mengenanteil des Kollektivs, dessen Feinheitsmerkmal z <u>größer</u> ist als ein gegebener Wert z_i.

Gibt man das gesamte Partikelkollektiv auf ein einzelnes Siebgewebe mit der Maschenweite $w = z_i$, so versteht man (bei ideal durchgeführter Siebung) unter der Durchgangssumme den hindurchgefallenen Anteil (*Durchgang*) des Kollektivs, während die Rückstandssumme den liegengebliebenen Anteil des Kollektivs (*Rückstand*) beschreibt. Die beiden Anteile addieren sich für einen gegebenen Wert z_i immer zu 1 bzw. 100 %. Trägt man Q_r über z auf, so erhält man im linearen Maßstab eine S-Kurve wie in Abb. 2.3 dargestellt.

– Die *Verteilungsdichte* $q_r(\bar{z}_i)$ ist der Mengenanteil ΔQ_r des Kollektivs, dessen Feinheitsmerkmal z <u>zwischen</u> zwei Grenzen z_{ui} und z_{oi} liegt, bezogen auf die Intervallbreite Δz_i. Bezugsgröße für das Intervall ist die Intervallmitte $\bar{z}_i$.

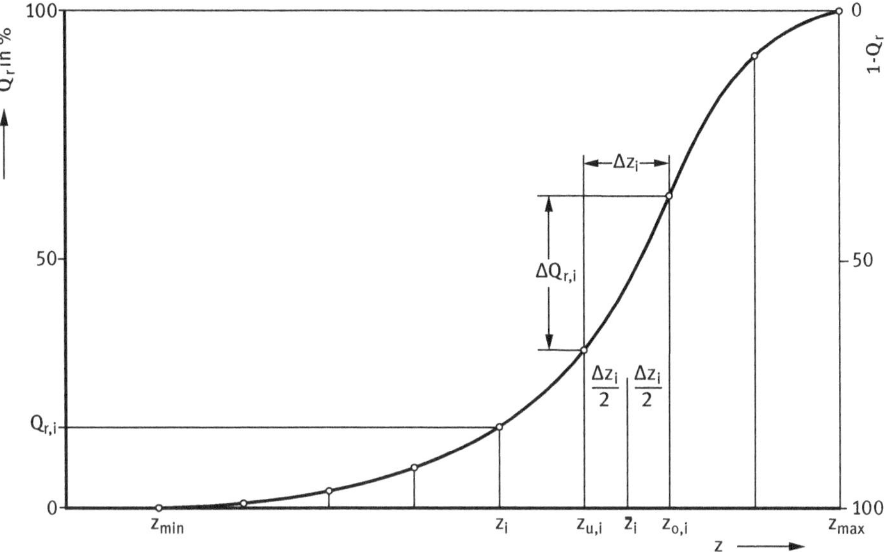

Abb. 2.3: Durchgangssummenkurve (Qr) und Rückstandssummenkurve (1 – Qr)

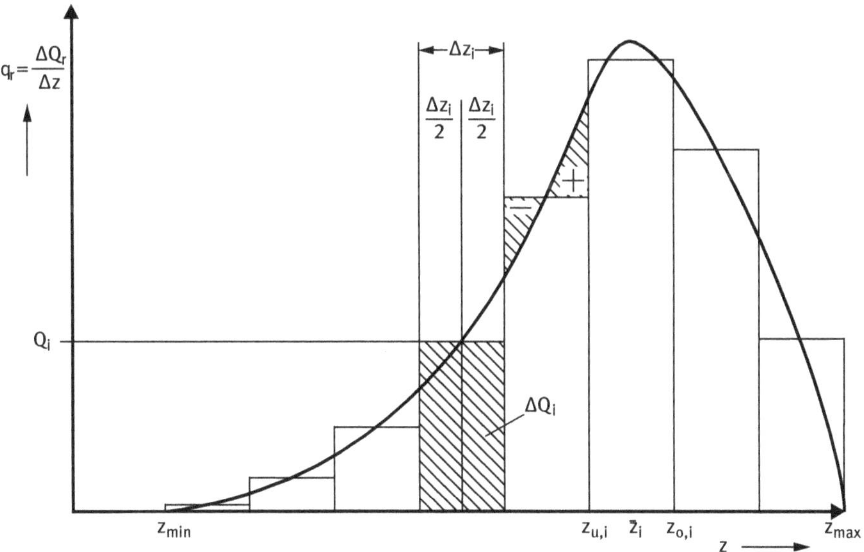

Abb. 2.4: Verteilungsdichtekurve

ΔQ_r ist also der Mengenanteil, der zwischen zwei Siebgeweben $w_u = z_{ui}$ und $w_o = z_{oi}$ liegenbleibt. Da dieser Mengenanteil stark von der *Klassenbreite*, also der Differenz der Maschenweiten, abhängig ist, muss er auf diese Differenz bezogen werden, um ein allgemeingültiges Ergebnis zu erhalten. Das Intervall $\Delta z_i = z_{oi} - z_{ui}$ wird auch als *Fraktion* bezeichnet. Abb. 2.4 zeigt eine Verteilungsdichtekurve mit dem typischen glockenförmigen Verlauf.

Werden die Verteilungsdiagramme aus Analysendaten gewonnen, z. B. aus einer Siebanalyse, so ergibt sich meist eine Balkendarstellung der untersuchten Intervalle. Eine stetige Kurve lässt sich hieraus zeichnerisch durch *Flächenausgleich* herbeiführen, der beispielhaft durch die getönten Felder „+“ und „–“ in Abb. 2.4 dargestellt ist.

Die Verteilungsdichtefunktion ist, mathematisch gesehen, das Differential der Verteilungssummenfunktion, sie stellt also die Steigung der Summenfunktion in jedem beliebigen Punkt z_i dar:

$$q_r(z_i) = \frac{dQ_r}{dz} \tag{2.5}$$

Umgekehrt wird Q_r das Integral der Verteilungsdichtefunktion, ist also gleichbedeutend mit der Fläche unterhalb der Dichtekurve bis zum Punkt z_i:

$$Q_r = \int q_r(z)\, dz \tag{2.6}$$

Der Index r in den Diagrammen und Gln. (2.5) und (2.6) kennzeichnet die *Mengenart*, auf die sich die Verteilungskurven beziehen. Er gibt an, wie viel Längendimensionen bei der Partikelanalyse zugrunde gelegen haben. Man unterscheidet folgende Mengenarten (Tab. 2.4):

Tab. 2.4: Mengenarten

Index r	0	1	2	3	m
Mengenart	Anzahl	Länge	Fläche	Volumen	Masse

Sehr häufig werden die Mengenarten Anzahl und Masse verwendet. Die Angabe $Q_0(z)$ besagt, dass die Partikeln in der Analyse als Einzelereignis gezählt wurden. Die Bezeichnung $q_m(z)$ deutet hingegen darauf hin, dass der Mengenanteil der Verteilungsdichte durch eine Gewichtsbestimmung ermittelt wurde. Nach unterschiedlichen Mengenarten aufgenommene Verteilungskurven können erheblich voneinander abweichen. Bei Anzahlverteilungen liegt das Maximum eher im Bereich kleiner Korngrößen, da wesentlich mehr feine als grobe Partikeln vorhanden sind, bei Massenverteilungen wird das Maximum aber durch die höhere Masse der großen Partikeln bestimmt und liegt im gröberen Bereich.

2.5 Standard-Verteilungen

Gebräuchliche *mathematischen Ansätze* für Durchgangssummenkurven sind:

– die *Normalverteilung* nach *Gauß*

$$Q(z) = \frac{1}{\sigma\sqrt{2\pi}} \int e^{-\frac{(z-z_{50})^2}{2\sigma^2}} dz \tag{2.7}$$

Diese Verteilung ist, bezogen auf ihren Mittelwert, symmetrisch. Somit sind Feinkorn- und Grobkornanteile gleich groß. Eine solche Verteilung entsteht regelmäßig dann, wenn das betreffende Partikelkollektiv durch *Wachstum* entstanden ist, wenn es sich also z. B. um körnige Samen, Kristalle aus Kristallisierprozessen, Granalien aus Aufbaugranulierungen usw. handelt. Die Parameter Medianwert z_{50} und Standardabweichung σ beschreiben die Verteilung eindeutig und vollständig.

– die *logarithmische Normalverteilung*

$$Q(z) = \frac{1}{\sigma\sqrt{2\pi}} \int e^{-\frac{\left(\ln \frac{z}{z_{50}}\right)^2}{2\sigma^2}} d\ln \frac{z}{z_{50}} \tag{2.8}$$

Aufgrund der logarithmischen Aufteilung der Abszisse liegt der Schwerpunkt dieser Verteilung auf der feinen Seite. Partikelkollektive, die durch *natürliche Zerkleinerungsvorgänge* oder durch *Grobzerkleinerung* entstanden sind, wie z. B. Sand, gebrochene Erze, gebrochener Kalkstein, folgen meist dieser Verteilung.

– die *RRSB-Verteilung* (nach **R**osin, **R**ammler, **S**perling, **B**ennet)

$$Q(z) = 1 - e^{-\left(\frac{z}{z'}\right)^n} \tag{2.9}$$

Diese Verteilung wird vorzugsweise zur Beschreibung der durch Fein- und Feinstmahlung entstandenen Pulver, z. B. Zement, Farbpigmente uvm., verwendet. Ihr Schwerpunkt befindet sich ebenfalls stark im Feinbereich. Die Parameter *Feinheit* z' und die *Gleichmäßigkeitszahl* n kennzeichnen die Verteilung eindeutig. Abb. 2.5 zeigt einen qualitativen Vergleich der Verteilungsdichtekurven.

Zur Feststellung, welche der Standardverteilungen dem untersuchten Kollektiv am ehesten entspricht, trägt man die Analysenergebnisse als Durchgangssummenkurve in speziellen Netzen auf, deren Achsen gemäß den mathematischen Zusammenhängen der Gln. (2.7)–(2.9) geteilt sind. Ergibt sich in einem dieser Netze näherungsweise eine Gerade, so lässt sich schlussfolgern, dass die untersuchte Verteilung der betreffenden Standardfunktion folgt. Die charakteristischen Verteilungsparameter wie z_{50}, z', σ oder n lassen sich dann ebenfalls aus den jeweiligen Netzen abgreifen, oft auch die spezifischen Oberflächen S_V. Gebräuchlich sind Normalverteilungs-Netze, logarithmische Normalverteilungs-Netze und RRSB-Netze sowie auch andere Sondernetze. Durch geeignete Koordinatentransformation lassen sich (mit etwas Erfahrung) Messdaten von Summenkurven auch mit Hilfe üblicher Tabellenkalkulationsprogramme linearisieren.

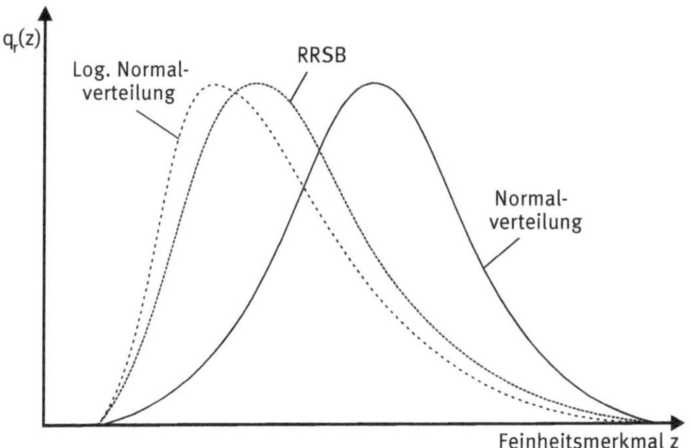

Abb. 2.5: Standardverteilungen

2.6 Kenngrößen aus Verteilungen

Für viele Anwendungsfälle, z. B. zur Produktionsüberwachung für ein Schüttgut, reicht die fortlaufende Registrierung eines mittleren Feinheitsmerkmals vollkommen aus. Somit ist es nicht nötig, immer die komplette Verteilung zur Charakterisierung eines Kollektivs heranzuziehen. Solche Merkmale lassen sich aus den oben beschriebenen mathematischen Ansätzen, aber auch getrennt hiervon ableiten. Da alle nachfolgend angegebenen Werte stark von der Mengenart abhängig sind, sollte diese unbedingt (z. B. als Index) mit angegeben werden.

Medianwert z_{50} oder Durchmesserwert d_{50} kennzeichnen die Partikelgröße, die einen Durchgangssummenwert von 50 % aufweist. Somit sind 50 % der Partikelgrößen im Kollektiv kleiner und 50 % größer als dieser Wert. Da diese Definition anschaulich ist und der Wert leicht aus der Summenkurve abgelesen werden kann, benutzt man d_{50} in der Praxis sehr häufig. Für RRSB-Verteilungen ist der Parameter $d' = d_{63,2}$ ähnlich wichtig.

Der *Modalwert* z_H bzw. d_H charakterisiert den häufigsten Wert des betreffenden Feinheitsmerkmals. Dieser entspricht dem Maximum der Verteilungsdichtekurve.

Die Bestimmung der *gewogenen mittleren Partikelgröße* $\overline{z}$ oder $\overline{d}$ ist immer dann vorteilhaft, wenn in einer Partikelgrößenanalyse nur einige wenige Fraktionen hinsichtlich Mengenanteil und mittlerer Feinheit der Fraktion gemessen werden konnten (z. B. in einer *Siebanalyse*):

$$\overline{z} = \sum_{(i)} \overline{z}_i \cdot \Delta Q_i \tag{2.10}$$

Durch Wichtung mit Hilfe der Mengenanteile kann auch die gesamte *spezifische Oberfläche* einer Verteilung bestimmt werden:

$$S_V = \sum_{(i)} S_{Vi} \cdot \Delta Q_i = \sum_{(i)} f_i \cdot \frac{6}{d_i} \cdot \Delta Q_i \tag{2.11}$$

2.7 Verfahren zur Partikelgrößenanalyse

Zur Bestimmung der Äquivalentdurchmesser von Partikeln sind eine Vielzahl von Verfahren bekannt. Ihre Anwendbarkeit richtet sich in erster Linie nach der Partikelgröße, aber auch nach den Partikeleigenschaften wie Wasserlöslichkeit, Streuverhalten, Partikelform uvm. Nicht zuletzt entscheidet der Preis und der Aufwand eines Analysenverfahrens über seinen Einsatz. Wie bereits erwähnt, ist auch die Wahl des geeigneten Äquivalentdurchmessers zu beachten: Weicht der Äquivalentdurchmesser des gewählten Analysenverfahrens von dem der späteren Anwendung ab, so können sich mehr oder weniger große Abweichungen ergeben, die zu Über- bzw. Unterdimensionierung von Apparaten führen können!

Abb. 2.6 gibt einen Überblick über die besprochenen Analysenverfahren und ihre Anwendbarkeit hinsichtlich der zu messenden Teilchengrößen. In der unteren Zeile lässt sich ablesen, wie sehr sich die benötigte Masse der Analysenprobe mit der Teilchengröße verändert.

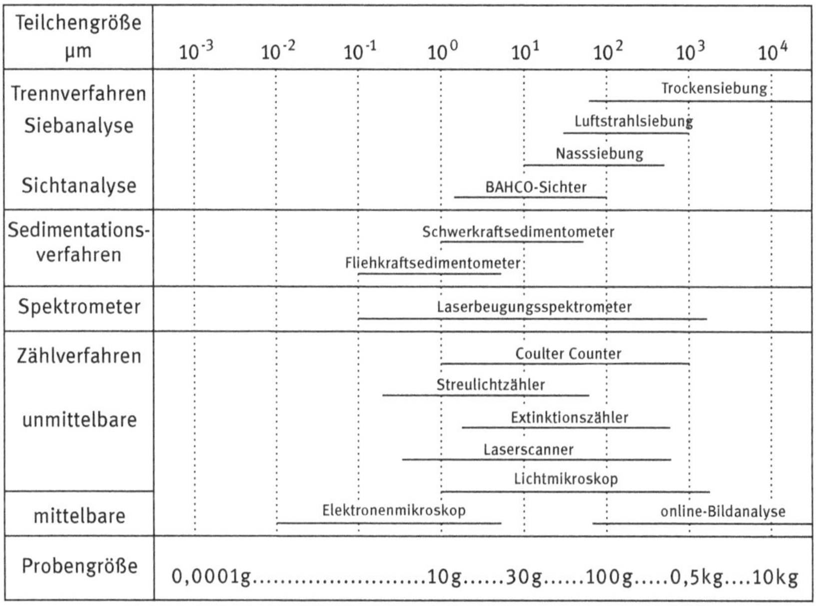

Teilchengröße µm	10^{-3} 10^{-2} 10^{-1} 10^{0} 10^{1} 10^{2} 10^{3} 10^{4}
Trennverfahren Siebanalyse	Trockensiebung; Luftstrahlsiebung; Nasssiebung
Sichtanalyse	BAHCO-Sichter
Sedimentationsverfahren	Schwerkraftsedimentometer; Fliehkraftsedimentometer
Spektrometer	Laserbeugungsspektrometer
Zählverfahren unmittelbare	Coulter Counter; Streulichtzähler; Extinktionszähler; Laserscanner; Lichtmikroskop
mittelbare	Elektronenmikroskop; online-Bildanalyse
Probengröße	0,0001g........................10g......30g......100g.....0,5kg....10kg

Abb. 2.6: Zusammenstellung der Verfahren zur Partikelgrößenanalyse

Vor der Durchführung einer Partikelgrößenanalyse ist auf eine repräsentative Probenahme und sorgfältige Probenteilung zu achten (vgl. Exkurs „Probenahme und Probenteilung“).

Mikroskopische Zählverfahren umfassen alle Analysenmethoden, bei denen ein *Lichtmikroskop* oder ein *Elektronenmikroskop* zur optischen Vergrößerung der Partikeln dient. Die Partikeln werden hierzu so auf einem Objektträger aufgebracht, dass

Exkurs: Probenahme und Probenteilung

Bevor eine Partikelprobe mit Hilfe eines Analysengerätes charakterisiert werden kann, muss sichergestellt sein, dass diese Probe in ihrer Zusammensetzung gleich der zu messenden *Grundgesamtheit* ist. Bei einer zufällig aus dem Gesamtkollektiv gezogenen Probe dürfte dies kaum der Fall sein. Kornschüttungen neigen zum Entmischen, und Fehler, die durch eine nicht repräsentative Probenahme entstehen, können auch durch die genaueste Analyse nicht mehr kompensiert werden. Probenahmefehler und Analysenfehler addieren sich vielmehr geometrisch:

$$F_{Gesamt} = \sqrt{F^2_{Probenahme} + F^2_{Analyse}} \tag{2.12}$$

Jeder Partikelanalyse geht darum eine sinnvolle *Probenahme* und ggf. eine *Probenteilung* voraus.

Prinzipiell wird eine *Probenahme* körniger Stoffe aus größeren Gesamtmengen durchgeführt, indem vorab ein zeitlich oder örtlich regelmäßiges Probenahmeraster definiert wird, das die Grundgesamtheit vollständig abdeckt. Einige Beispiele seien im Folgenden genannt:

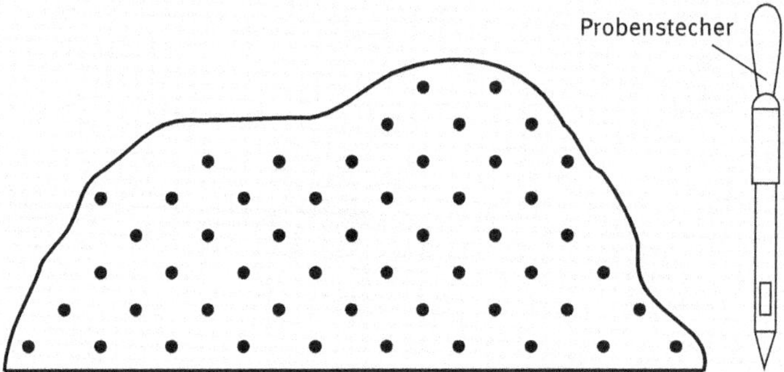

Abb. 2-E1: Probenahme in ruhenden Schüttungen

Bei einer *ruhenden Ladung* von mehreren t, z. B. einer Bahnwaggon- oder Schiffsladung wird die Probenahme durchgeführt, indem *Einzelproben* in zeitgleichen Abständen während des Be- oder Entladevorgangs von dem hierfür eingesetzten Förderorgan (z. B. Bandförderer) gezogen werden.

Bei Schüttkegeln oder anderen ruhenden Schüttungen gibt man ein räumliches, regelmäßiges Gitterraster vor und entnimmt Einzelproben an den Gitterknotenpunkten mit Hilfe eines Probenstechers (Abb. 2-E1).

Kleinmengen bis ca. 100 kg lassen sich direkt durch *Probenteilung* in die gewünschten Analysenmengen zerlegen.

Bei kontinuierlich anfallenden oder vielzahligen *Gebinden* (Säcke, Fässer etc.) entnimmt man Einzelproben aus jedem n-ten Gebinde.

Die erhaltenen *Einzelproben* werden schließlich zu einer *Sammelprobe* vereinigt. In vielen Fällen ist die so erhaltene Probenmenge allerdings viel zu groß, um sie direkt analysieren zu können. Man denke nur z. B. an eine Auswertung unter dem Mikroskop, für die nur eine Probe im mg-Bereich benötigt wird. Die Sammelprobe muss daher so lange geteilt werden, bis die für eine gewünschte Analyse benötigte Menge erreicht bzw. unterschritten ist.

Zu dieser notwendigen *Probenteilung* stehen für kleinere Mengen z. B. *Drehprobenteiler* (Abb. 2-E2 links), für größere Mengen *Riffelteiler* zur Verfügung. Sind solche Geräte nicht zur Hand, sollte die Probe mindestens durch *Kegeln und Vierteln* (Abb. 2-E2 rechts) geteilt werden. Hierzu ist es lediglich erforderlich, die Sammelprobe zu einem Kegel aufzuschütten und diesen Kegel z. B. mit Hilfe eines Blechs oder einer Pappe senkrecht in vier möglichst gleich große Viertel zu teilen. Eines der erhaltenen Viertel wird ausgewählt und erneut zu einem Kegel aufgeschüttet. Der Vorgang muss so lange wiederholt werden, bis letztlich die *Analysenprobe* in der richtigen Größe erhalten wird.

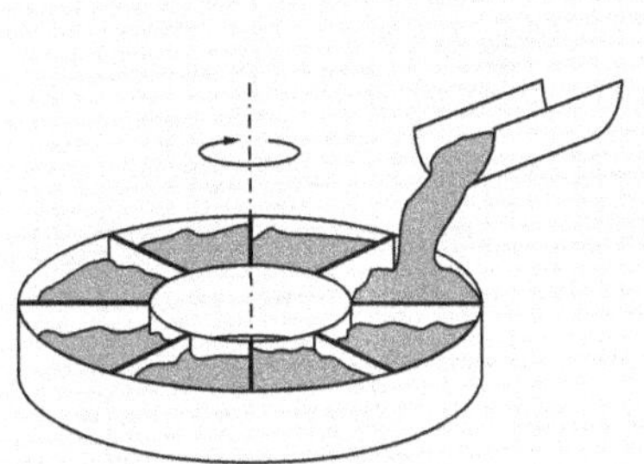

Prinzip des Drehprobenteilers

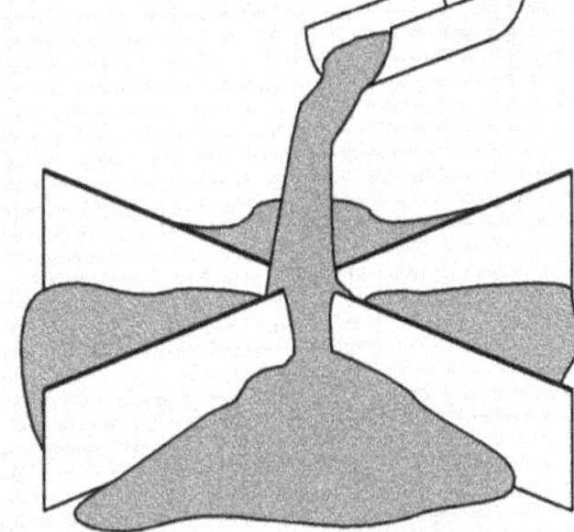

Prinzip des Kegelns und Viertelns

Abb. 2-E2: Probenteilung

Einzelteilchen unterscheidbar sind, was je nach Feinheit und Haftfähigkeit des Stoffes aufwändige Präparierarbeiten erfordern kann. Die Partikelgrößen werden entweder direkt am Gerät, z. B. mit Hilfe eines *Messokulars*, einzeln vermessen, oder das Partikelbild wird mit Hilfe einer Kamera aufgezeichnet und indirekt ausgewertet. Bei der direkten Auswertung erfasst man meist definierte Längen und wertet diese statistisch aus. Zur Bestimmung beispielsweise des *Feretdurchmessers* werden in vorgegebener Richtung zu beiden Seiten in größtmöglichem Abstand Tangenten an die Projektionsfläche gelegt und der Abstand der Tangenten gemessen; auf diese Weise wird eine statistische Verteilung der Längen gewonnen. Bei der indirekten Auswertung werden halb- oder vollautomatische Geräte wie *Planimeter* oder *digitale Bildanalysegeräte* eingesetzt.

Bei den *Bildanalyseverfahren* wird das auszuwertende Bild der Partikeln in der Regel als digitale Matrix gespeichert (Abb. 2.7). Die Auswertung erfolgt prinzipiell in der Weise, dass alle Matrixpunkte, die heller oder dunkler als ein zu wählender *Schwellwert* sind, gezählt werden. Durch aufwändige Algorithmen werden separate und zusammenhängende Strukturen erkannt, so dass die Matrixpunkte einzelnen Partikelflächen zugeordnet werden können. Damit können die Partikelflächen unter Zugrundelegung eines Maßstabsfaktors errechnet werden. Das Ergebnis liegt dann als Verteilung der *Projektionsflächen* der Partikeln vor. Aus den Flächen lassen sich die Durchmesser der jeweils flächengleichen Kreise ermitteln (Abb. 2.7).

Licht- oder elektronenmikroskopische Vorlagen können auf diese Weise zeitsparend ausgewertet werden. Heutzutage sind Bildanalyseverfahren dank leistungsfä-

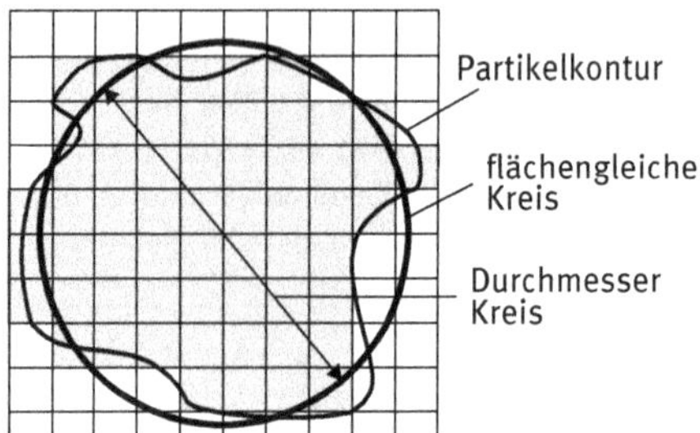

Abb. 2.7: Flächengleicher Kreis bei der Bildanalyse

higer Rechner so schnell geworden, dass man Partikelkollektive auch im freien Fall mit digitalen Kameras erfassen und praktisch in Echtzeit analysieren kann (Abb. 2.8). Es wurden Laborgeräte entwickelt, die eine Partikelprobe aufnehmen und über eine Schwingrinne einer Anordnung aus Kamera und Lichtquelle zuführen können [2]. Solche Systeme stellen für grobkörnige Schüttgüter eine zeitsparende Alternative zur Siebanalyse dar. Wird die Analysenprobe der Produktion direkt entnommen, spricht man von *On-line-Produktionskontrolle*. Solche Systeme sind z. B. in der Zuckerproduktion bereits eingesetzt. Im Gegensatz zur Untersuchung auf einem Objektträger ergeben sich bei der Erfassung im freien Fall mittlere, nicht vorzugsorientierte Projektionsflächen der Partikeln [2]. Der erhaltene *Äquivalentdurchmesser* d_{pm} des flächengleichen Kreises in *mittlerer Teilchenlage* ist ein Vergleichswert, der z. B. mit dem Äquivalentdurchmesser einer volumengleichen Kugel gut korreliert werden kann und für viele Anwendungsfälle geeignet ist.

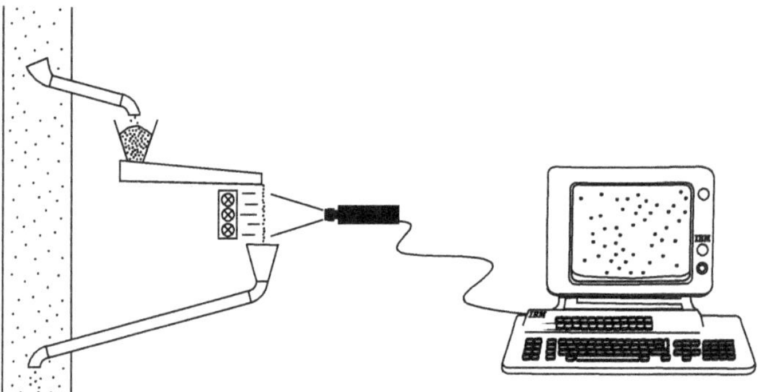

Abb. 2.8: On-line-Partikelanalyse in der Produktion

In *optischen Einzelpartikelzählern* wird ein partikelbeladener Gas- oder Flüssigkeitsstrom ggf. verdünnt und durch ein sehr kleines Messvolumen geleitet, so dass die Partikeln einzeln und nacheinander gezählt werden können. Man unterscheidet *Streulichtzähler* und *Extinktionszähler*. In Streulichtzählern wird Licht einer definierten Wellenlängenverteilung von den einzelnen Teilchen je nach Einfallswinkel gebeugt, gebrochen oder reflektiert. Die entstehende Verteilung des Streulichts ist von der Teilchengröße abhängig. Erfasst man dieses Streulicht in einem bestimmten Winkel zur Lichtquelle, so lässt sich aus seiner Intensität auf die Teilchengröße schließen. Werden mehrere Detektoren in unterschiedlichen Streuwinkelbereichen eingesetzt (Abb. 2.9), lässt sich die Genauigkeit verbessern.

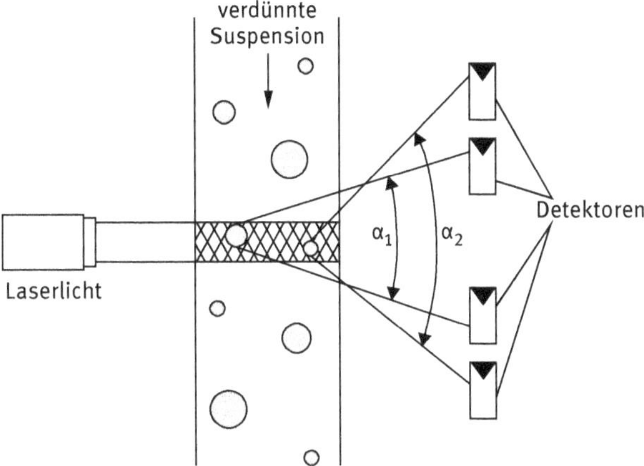

Abb. 2.9: Streulichtzähler

Extinktionszähler erfassen direkt eine Projektionsfläche, indem sie die Abschattung eines Lichtstrahls durch eine das Messvolumen durchlaufende Einzelpartikel messen. Während das mit Streulichtzählern erhaltene Messsignal von der optischen Beschaffenheit der Partikeln abhängt und in der Regel eine Kalibrierung mit einer vergleichbaren Substanz erfordert, ist das Messsignal von Extinktionszählern in weiten Bereichen unabhängig von den Substanzeigenschaften.

In *Laserscannern* wird die Messzone mit einem fokussierten, rotierenden Laserstrahl überstrichen. Die Partikelgröße wird durch die Dauer des Schattenwurfs beim Überstreichen der Partikel registriert. Damit ist das Resultat eine Längenverteilung, die der gesuchten Partikeldurchmesserverteilung ähnlich ist.

Da Einzelpartikelzähler direkt die Anzahlverteilung messen, wird jedes Einzelereignis registriert und es können auch „Ausreißer" sicher erfasst werden. Dies ist insbesondere bei Filtertests wichtig, bei denen es auf eine genaue Messung der größten durchgelassenen Partikel ankommt. Einzelpartikelzählgeräte eignen sich auch zur Überwachung von Reinräumen sowie für *On-line-Messungen*.

Laserbeugungsspektrometer erfassen im Gegensatz zu Streulichtzählern mit einem Laserstrahl viele Partikeln gleichzeitig. Jede Partikel liefert abhängig von ihrer Größe eine charakteristische *Streulichtverteilung*. Werden die Intensitätsverteilungen vieler unterschiedlich großer Partikeln überlagert, entsteht ein charakteristisches Beugungsmuster (Abb. 2.10). Durch komplexe mathematische Verfahren lässt sich

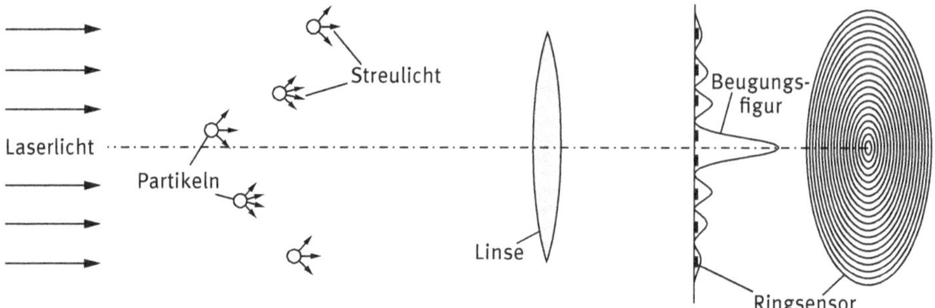

Abb. 2.10: Prinzip des Laserbeugungsspektrometers

aus diesem Beugungsmuster auf die zugrundeliegende Partikelgrößenverteilung zurückrechnen.

Laserbeugungsspektrometer erlauben daher die gleichzeitige Messung vieler Partikeln in kurzer Zeit. Eine Vereinzelung der Partikeln ist nicht notwendig. Somit lassen sich selbst direkt in Gas oder Flüssigkeit feindispergierte Pulver oder auch Tropfen (z. B. vor Sprühdüsen) messtechnisch erfassen. On-line-Messung direkt in Produktleitungen, z. B. zur Überwachung von Staub in Abgasleitungen, sind leicht möglich.

Auch extrem kleine und extrem große Partikel können nach diesem Verfahren gemessen werden, indem unterschiedliche optische Brennweiten verwendet werden, ein großer Streuwinkelbereich ausgenutzt wird und äußerst sensitive Detektoren zum Einsatz kommen.

Leider setzt die mathematische Übertragungsmethode bestimmte Annahmen über die Partikelverteilung voraus, so dass die tatsächliche Verteilung geglättet wiedergegeben wird und „Ausreißer" in der Regel nicht erfasst werden können. Darüber hinaus sind Laserbeugungsspektrometer vergleichsweise teuer.

Bei den *Feldstörungsverfahren* wird das zu analysierende Partikelkollektiv in einer Elektrolytlösung dispergiert und in der Lösung einzeln durch ein sehr kleines Messvolumen gesaugt. Das Messvolumen wird gleichzeitig von einem elektrischen Strom durchflossen. Dieser wird von zwei Elektroden erzeugt, die auf beiden Seiten des Messvolumens angeordnet sind (vgl. Abb. 2.11). Die Höhe des Stroms hängt bei konstanter Spannung nur von der Leitfähigkeit des Elektrolyten und der Flüssigkeitsgeschwindigkeit ab. Gelangt jedoch eine (nicht leitfähige) Partikel in das Messvolumen, so steigt der elektrische Widerstand entsprechend dem Verhältnis Partikelvolumen/Messvolumen. Jeder Durchgang einer Partikel kann somit als teilchenvolumenabhängiger Impuls registriert und gezählt werden. Der sich ergebende Äquivalentdurchmesser ist der einer Kugel gleichen Volumens.

Der bekannte, nach diesem Prinzip arbeitende *Coulter Counter*® misst direkt die Anzahlverteilung. Die Anwendung ist auf wasserunlösliche Partikeln beschränkt, da Elektrolyt als Dispergierflüssigkeit notwendig ist. Aus diesem Grund sind auch kei-

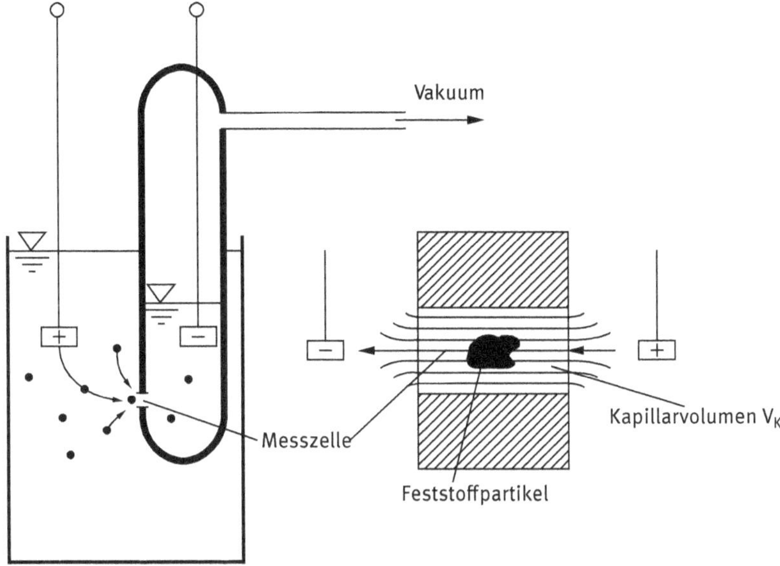

Abb. 2.11: Prinzip des Coulter Counter® (Fa. Coulter Electronics)

ne On-line-Messungen möglich. Das Verfahren ist (wie auch die Streulichtzählung) empfindlich gegen gleichzeitiges Messen mehrerer Partikeln im Messvolumen (*Koinzidenzfehler*).

Ein Großteil der Kornanalysen, besonders im Grobbereich > 100 µm, wird auch heute noch per *Siebanalyse* durchgeführt. Am häufigsten werden *Wurfprüfsiebe* verwendet, wobei mehrere Siebe übereinander zu einem *Siebturm* angeordnet werden (Abb. 2.12). Die Analysenprobe wird auf das oberste Sieb aufgegeben. Durch vertikale Schwingbewegungen des gesamten Siebturms heben die Partikeln von den Siebflächen ab und fallen anschließend in veränderter Lage wieder zurück. Partikeln, deren Projektionsflächenmaße in Fallrichtung kleiner sind als die Maschenweiten, fallen durch das Siebgewebe auf das nächsttiefere Sieb. Nach Beendigung der Siebung sind

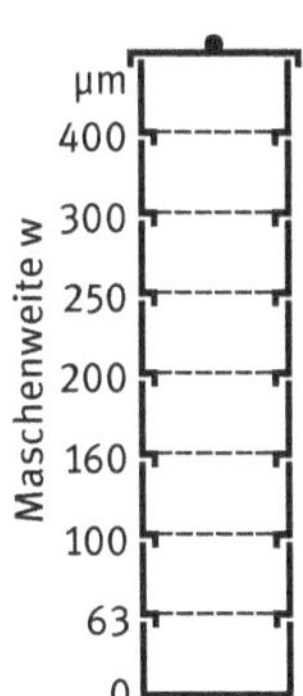

Abb. 2.12: Siebturm für die Analysensiebung

die Partikeln je nach Größe auf die einzelnen Siebe im Siebturm verteilt. Der Erfolg einer Analysensiebung hängt stark von Aufgabemenge, Siebdauer und Siebamplitude ab; diese Parameter sollten durch systematische Testreihen vorab ermittelt werden. Je öfter die einzelnen Partikeln in möglichst verschiedenen Lagen mit den Maschenöffnungen verglichen werden, desto genauer wird das Ergebnis.

Eine Untergrenze der normalen Siebanalyse liegt bei einer Partikelgröße von ca. 50 µm, da sehr kleine Partikeln unterhalb dieser Größe keine Wurfbewegungen mehr ausführen, sondern untereinander und am Siebgewebe haften. Die durch Schwingungen übertragbaren Massenkräfte sind bei solch kleinen Körnern nicht ausreichend, so dass Adhäsions- bzw. Kohäsionskräfte dominieren. Zur Analyse kleinerer Partikeln sind daher Sonderformen der Siebanalyse entwickelt worden, bei denen die zur Partikelbewegung notwendigen Kräfte auf andere Weise erzeugt werden. Beim *Luftstrahlsieb* werden die Teilchen durch eine von unten gegen das Sieb gerichtete Luftströmung aufgewirbelt. Bei der *Nasssiebung* spült man die Partikeln mit einem scharfen Flüssigkeitsstrahl durch das Siebgewebe. Die Verwendung sogenannter *Siebhilfen* (große Partikeln aus Metall, Gummi oder Kunststoff, die dem Siebgut zur Erzielung größerer Massenkräfte beigefügt werden) wird vom Autor nicht empfohlen, da hierdurch sowohl das feine Siebgewebe als auch die Partikeln selbst beschädigt werden können.

Der „*Äquivalentdurchmesser*" bei der Siebung entspricht normalerweise der Herstellerangabe der Maschenweite auf dem Sieb, also der *nominalen Maschenweite* w des verwendeten Siebgewebes. Wird dieser Äquivalentdurchmesser mit anderen verglichen, ergeben sich häufig Abweichungen hin zu feineren Partikelgrößen. Dies liegt daran, dass nicht kugelförmige Partikeln die Maschen eher mit ihren Schmalseiten passieren. Im Extremfall, etwa bei stäbchenförmigen Partikeln, liefert die Siebanalyse somit lediglich eine Verteilung der Dicken (nicht aber der Längen) dieser Stäbchen.

Die Siebanalyse ist, obwohl zeit- und personalaufwändig, für viele Labore nach wie vor attraktiv, da sie nur geringen apparativen Aufwand erfordert und das Siebergebnis anschaulich kontrolliert werden kann. Als einziges Kornanalysenverfahren erlaubt die Trockensiebanalyse in einem Siebturm eine *Bilanzierung* des Siebergebnisses, da sämtliche Fraktionen aufgefangen werden können.

Auch die *Analysensichtung* gehört wie die Analysensiebung zu den Analysentrennverfahren. Die Sichtanalyse ist aber komplizierter durchzuführen und hat daher nur noch geringe Bedeutung. Sinnvoll ist es z. B., sie zur Auslegung und Kontrolle großtechnischer *Sichter* zu verwenden, da sich die physikalischen Vorgänge prinzipiell ähneln.

Bei einer Sichtung werden die zu trennenden Partikeln gleichzeitig zwei konkurrierenden Kräften ausgesetzt: den *Massenkräften* (Schwerkraft oder Zentrifugalkräfte) sowie quer oder entgegengesetzt hierzu wirkenden Strömungskräften, die gewöhnlich durch eine Luftströmung erzeugt werden. Der große Aufwand liegt hauptsächlich darin begründet, dass alle Fraktionen nacheinander klassiert werden müssen und für jede Klassengrenze eine komplette Sichtung der (Rest-)probe vorzunehmen ist. Es kommen daher nur schnelle und vergleichsweise trennscharfe Sichter in Betracht; bekannte Beispiele hierfür sind der *Bahco-Sichter* oder der *Fliehkraft-Zickzacksichter* der Fa. *Hosokawa-Alpine*. Diese Sichter arbeiten nach dem *Fliehkraft-Gegenstromprinzip* (Abb. 2.13).

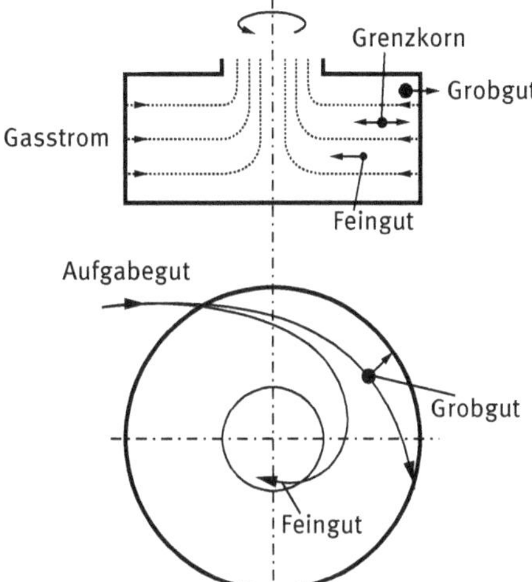

Abb. 2.13: Sichtanalyse (Fliehkraft-Gegenstromprinzip)

Auch die *Sedimentationsanalyse* stellt ein *Analysentrennverfahren* dar, bei dem die Partikeltrennung durch das Feinheitsmerkmal „Sinkgeschwindigkeit" erfolgt. Die Anwendung dieses Verfahrens ist aufwändig, aber nach wie vor berechtigt, wenn physikalische Ähnlichkeit mit großtechnischen Sedimentationsvorgängen erwünscht ist, also z. B. bei der Auslegung von Sedimentern oder Sedimentationszentrifugen.

Sedimentationsanalysen können sowohl im Schwerkraft- als auch im Fliehkraftfeld durchgeführt werden. Im Fliehkraftfeld mit seinen wesentlich höheren Massenkräften lassen sich selbst Partikeln bis herunter zu $0{,}1\ \mu m$ Korngröße noch analysieren, und der Zeitaufwand für die Analysen verringert sich auf Grund der schnelleren Sedimentation entscheidend.

Die Sinkgeschwindigkeit für Partikeln in einem Fluid errechnet sich aus einem *Kräftegleichgewicht* zwischen der *Massenkraft* (Schwerkraft oder Zentrifugalkraft) und der *Widerstands-* oder *Schleppkraft* aufgrund der Partikelumströmung. Sie ist im Wesentlichen vom Partikeldurchmesser und von der Dichtedifferenz zwischen Partikel und Fluid abhängig. Die hierfür benötigten Gleichungen werden im Kapitel 4 abgeleitet. Aus der gemessenen Sinkgeschwindigkeit lässt sich also ein Äquivalentdurchmesser (einer sinkgeschwindigkeitsgleichen Kugel!) bestimmen; zu berücksichtigen ist allerdings, dass dieser von der Dichtedifferenz und auch von der Kornform abhängt. Das zu analysierende Kollektiv muss also eine einheitliche und bekannte Dichte aufweisen. Mit zunehmender Abweichung der Kornform von der Kugelform wird die

Sinkgeschwindigkeit kleiner, da der Widerstandsbeiwert steigt; der gemessene Äquivalentdurchmesser liegt also eher auf der feinen Seite!

Das zu messende Kollektiv wird in einem Standzylinder-Gefäß entweder einer klaren Flüssigkeit überschichtet oder gleichmäßig in der Flüssigkeit suspendiert (Abb. 2.14 oben). Die Bestimmung der jeweiligen Feststoffkonzentration sollte entweder kumulativ durch eine *Sedimentationswaage* oder aber *inkremental* über eine Durchstrahlungsmessung erfolgen (*Fotosedimentometer*, *Röntgensedimentometer*), vgl. Abb. 2.14. Die Methode des Probenziehens (*Andreasen-Pipette*) ist dagegen zeit- und personalintensiv sowie fehlerträchtig.

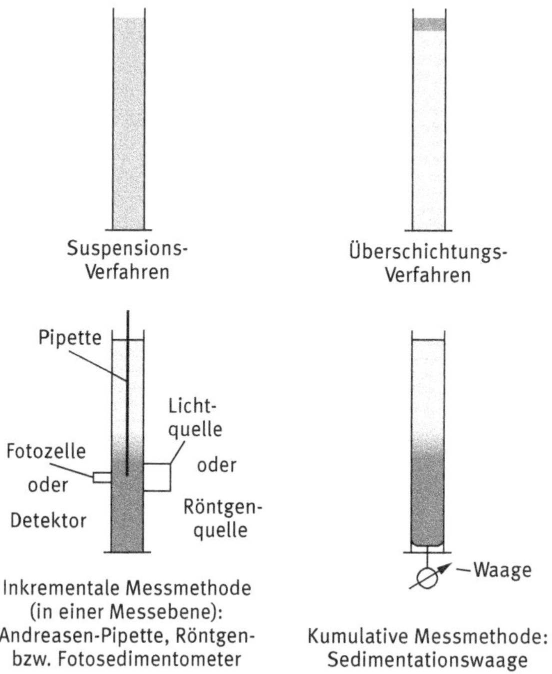

Abb. 2.14: Sedimentationsanalyse im Schwerkraftfeld

Beim *Überschichtungs-Verfahren* und *inkrementaler* Erfassung steigt die Konzentration an einer beliebigen Stelle des Messzylinders an, sobald die schnellsten (größten) Partikeln die Messebene erreicht haben. Nach Erreichen des Maximums sinkt die Konzentration wieder und wird zu null, wenn die kleinsten und langsamsten Teilchen die Messebene passiert haben. Nach diesem Verfahren wird somit direkt eine *Verteilungsdichtekurve* des Kollektivs erhalten, wenn man die erhaltenen Sinkzeiten in Korngrößen umrechnet.

Beim Suspensionsverfahren und inkrementaler Erfassung erhält man direkt die Durchgangssummenkurve des Kollektivs, denn die Konzentration an beliebiger Stelle des Messzylinders ist am Anfang des Messvorgangs maximal. Sie beginnt abzusinken, wenn die schnellsten (größten) Teilchen sämtlich die Messebene passiert haben und sinkt dann mit jeder weiteren Kornfraktion kontinuierlich ab, bis alle Fraktionen aussedimentiert sind und die Flüssigkeit in der Messebene klar ist.

2.8 Verfahren zur Oberflächenbestimmung

Ein gebräuchliches Feinheitsmerkmal ist auch die spezifische Oberfläche von Partikeln. Gemäß den Gln. (2.1) u. (2.2) ist die spezifische Oberfläche umgekehrt proportional zur Partikelgröße. Rechnerisch lässt sich die Oberfläche allerdings nur bei regelmäßigen geometrischen Körpern, z. B. Kugeln, oder bei bekanntem *Formfaktor* bestimmen. Experimentell wird die Oberfläche von Partikelkollektiven nach zwei prinzipiell verschiedenen Methoden bestimmt. Wie auch bei den verschiedenen Verfahren der Partikelanalyse weichen deren Ergebnisse erheblich voneinander ab, und die Auswahl des geeigneten Verfahrens sollte auf das Analysenziel ausgerichtet sein.

Bei den *Durchströmungs-* oder *Permeationsverfahren* wird der Zusammenhang zwischen Volumenstrom und Druckverlust bei der (laminaren) Durchströmung einer Partikelschicht gemessen. Bei gegebener Anströmgeschwindigkeit c_a, gegebener Porosität ε, Länge der Schüttung L und Fluidviskosität η ist das Quadrat der volumenspezifischen Oberfläche S_V direkt proportional zum Druckverlust Δp (vgl. Kap. 5.1). Nach diesem Prinzip arbeitet z. B. das bekannte Gerät nach *Blaine* [3].

Durchströmungsverfahren erfassen lediglich die äußere Partikelkontur als Oberfläche (Abb. 2.15 links), da die inneren Poren oder konkaven Oberflächenanteile der Körner den Druckverlust bei der Durchströmung kaum beeinflussen. Die Methode eignet sich besonders zur Charakterisierung von Zerkleinerungsprozessen, denn die neu-

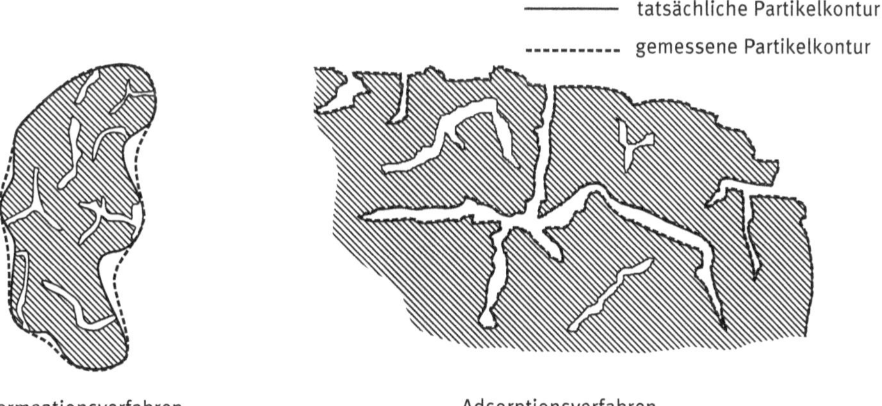

Abb. 2.15: Gemessene Oberflächen bei Permeations- (links) und Gasadsorptionsverfahren (rechts)

geschaffene Oberfläche bei diesen Prozessen stellt zum überwiegenden Teil äußere Oberfläche dar.

Gasadsorptionsverfahren (z.B. nach *Haul* und *Dümbgen* [4]) erfassen dagegen sowohl innere wie äußere Oberfläche (Abb. 2.15 rechts). Man gibt das zu bestimmende Partikelkollektiv in eine inerte Gasatmosphäre und kühlt es auf sehr tiefe Temperaturen herunter (z. B. durch Eintauchen in flüssigen Stickstoff). Dabei wird ein Teil der Gasmoleküle an allen für die Moleküle zugänglichen inneren und äußeren Oberflächen adsorptiv gebunden. Durch die Volumenverminderung des Gases auf Grund der Adsorption sinkt der Druck im Gefäß. Die Druckdifferenz lässt sich messen, und mit Hilfe der *allgemeinen Gasgleichung* und der *Avogadro-Konstante* lässt sich hieraus die Anzahl der „verschwundenen“, also adsorbierten Gasmoleküle berechnen. Geht man außerdem von einer monomolekularen (einschichtigen) und regelmäßigen Bedeckung der Oberfläche mit Molekülen aus und kennt den Flächenbedarf eines adsorbierten Moleküls, lässt sich die mit Molekülen belegte Oberfläche bestimmen.

Durch Gasadsorptionsverfahren gemessene Oberflächen sind üblicherweise viel größer als nach Durchströmungsverfahren bestimmte. Stoffe mit aktiven Oberflächen (Katalysatoren, Adsorbens) werden vorzugsweise mit Hilfe von Gasadsorptionsmethoden charakterisiert.

2.9 Übungsaufgaben

2.9.1 Übungsaufgabe Partikelgrößenverteilung

Gegeben ist die folgende Verteilungsdichtekurve eines „bimodalen" Körnerkollektivs (mit Staub verunreinigte Getreidekörner). Der Massenanteil des Staubs beträgt 1/3 des Gesamtkollektivs.

Zeichnen Sie die zugehörige Durchgangssummenkurve in das untere Diagramm ein. Beachten Sie dabei die Lage der markierten Punkte.

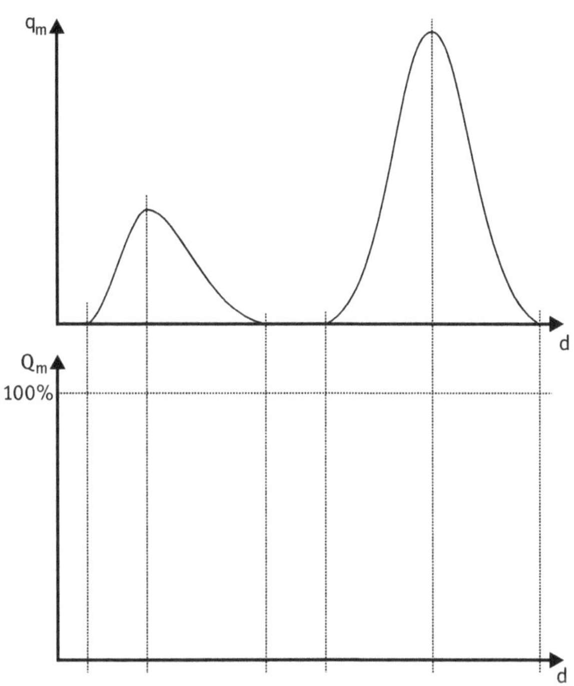

2.9.2 Übungsaufgabe Partikelanalyse

Gegeben ist folgende Siebanalyse (Rückstände auf den Sieben in g und Maschenweiten der Siebe in µm):

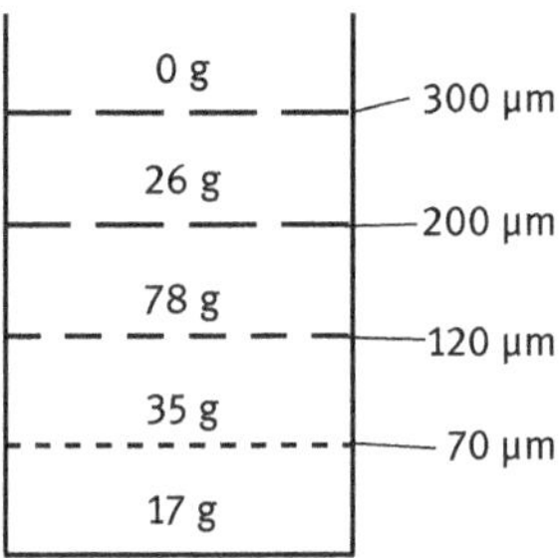

Berechnen Sie in Form einer Tabelle:
a. die Durchgangssummenkurve Q_m
b. die Verteilungsdichtekurve q_m
c. den gewogenen mittleren Durchmesser des Kollektivs
d. die volumenspezifische Oberfläche des Kollektivs (Annahme: Kugelform)

2.9.3 Übungsaufgabe Oberflächen

Von einem Teilchenkollektiv (Dichte $\rho = 2500\,kg/m^3$) wird die massenspezifische Oberfläche S_m mit Hilfe eines Permeationsverfahrens gemessen. Sie beträgt $343\,m^2/kg$. Gleichzeitig führt man eine Partikelgrößenanalyse des Kollektivs mit einem Coulter Counter® durch. Diese liefert folgende Ergebnisse:

Partikelgröße/µm	Durchgangssumme Q_3/%
1,0	0,0
5,0	14,5
12,0	48,7
19,0	69,3
25,0	87,1
32,0	100,0

Wie groß sind der *Sauter*-Durchmesser d_{32} und der mittlere Formfaktor f des Kollektivs?

2.10 Formelzeichen für Kapitel 2

c	Geschwindigkeit
c_a	Anströmgeschwindigkeit
d	Korndurchmesser
$\overline{d}$	gewogener mittlerer Partikeldurchmesser
d_{50}	Medianwert des Partikeldurchmessers, Trennkorndurchmesser
d_i	Korndurchmesser an der Stelle i
$d' = d_{63,2}$	charakteristischer Korndurchmesser einer RRSB-Verteilung
d_H	Modalwert (häufigster Wert) des Feinheitsmerkmals
d_V	Äquivalentdurchmesser der volumengleichen Kugel
d_S	Ä. der oberflächengleichen Kugel
d_w	Ä. der sinkgeschwindigkeitsgleichen Kugel
d_{pm}	Ä. des projektionsflächengleichen Kreises in mittlerer Teilchenlage
d_{ps}	Ä. des projektionsflächengleichen Kreises in stabiler Teilchenlage
d_{Sca}	Ä. der Kugel mit gleicher Streulichtintensität (scattering intensity)
d_{32}	Sauterdurchmesser
D, D_r	Durchgangssumme
f	Formfaktor
F	relativer Fehler
L, ℓ	Länge
n	Gleichmäßigkeitszahl (RRSB-Verteilung)
Δp	Druckdifferenz
Q, Q_r	Verteilungssumme
q, q_r	Verteilungsdichte
$\Delta Q, \Delta D, \Delta R$	Mengenanteil (einer Fraktion oder Klasse)
R, R_r	Rückstandssumme
S	Oberfläche (surface)
S_V	volumenspezifische Oberfläche
S_m	massenspezifische Oberfläche
w	Maschenweite
w_u	untere Maschenweite
w_o	obere Maschenweite
x	Partikelgröße
x_{50}	Medianwert der Partikelgröße, Trennkorngröße
x_i	Partikelgröße an der Stelle i
z	Feinheitsmerkmal
$\overline{z}$	gewogener mittlerer Wert des Feinheitsmerkmals
z_{50}	Medianwert des Feinheitsmerkmals
z_H	Modalwert (häufigster Wert) des Feinheitsmerkmals
z_i	Feinheitsmerkmal an der Stelle i
z_{ui}	Feinheitsmerkmal der unteren Klassengrenze

z_{oi}	Feinheitsmerkmal der oberen Klassengrenze
Δz_i	Intervallbreite (Klassenbreite)
$\overline{z}_i$	Intervallmitte
z'	Feinheit (RRSB-Verteilung)
ε	Porosität (Lückengrad)
η	(dynamische) Fluidviskosität
ρ_S	Feststoffdichte
σ	Standardabweichung
r	Index für Mengenart, 0 = Anzahl, 1 = Länge, 2 = Fläche, 3 = Volumen, m = Masse

3 Bilanzierung und Beschreibung von Trenn- und Mischvorgängen

3.1 Konzentrationsmaße

Am Anfang jeder verfahrenstechnischen Konzeption steht die Bilanzierung der ein- und ausgehenden Materialströme; auch *Materialbilanz* oder *Massenbilanz* genannt (Abb. 3.1).

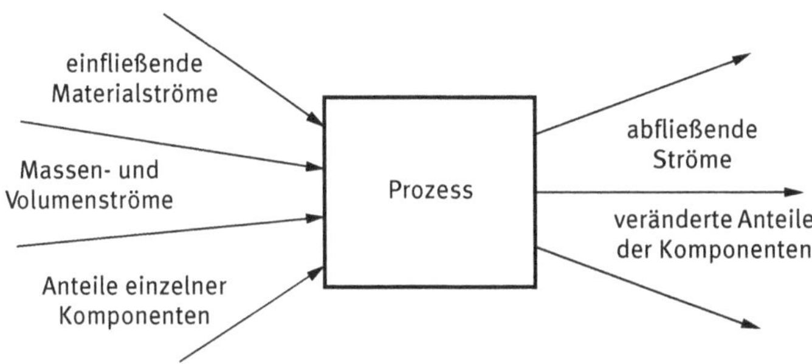

Abb. 3.1: Materialbilanzierung bei einem kontinuierlichen Prozess

Neben der Kenntnis der Massen- bzw. Volumenströme gehen in eine solche Bilanz auch die Mengenanteile der einzelnen Komponenten der Stoffströme ein. Hierfür existieren eine Reihe von Konzentrationsmaßen, die leider in der Literatur nicht immer mit einheitlichen Formelbuchstaben und Indizes belegt sind. Innerhalb dieses Buches gilt die Nomenklatur gemäß Tab. 3.1.

Tab. 3.1: Formelbuchstaben und Indizes

Formelbuchstabe	Bedeutung	Index	Bedeutung
c	Mengenanteil	S	Solid (Feststoff)
s	Konzentration	L	Liquid (Flüssigkeit)
x^*	Beladung	G	Gas (auch Luft)
φ	Wassergehalt, Restfeuchte	m	Masse
		v	Volumen
		T	Trübe (Suspension)
		K	Kuchen (bei Filtern)
		Sch	Schlamm

https://doi.org/10.1515/9783110739541-003

Als Mengenanteile (gleiche Einheiten für Komponente und Bezugswert!) sind der *Massenanteil*

$$c_m = \frac{m_S}{m_T} = \frac{m_S}{m_L + m_S} \left[\frac{\text{kg Feststoff}}{\text{kg Trübe}}\right] \tag{3.1}$$

und der *Volumenanteil*

$$c_V, c_T = \frac{V_S}{V_T} = \frac{V_S}{V_L + V_S} \left[\frac{\text{m}^3 \text{ Feststoff}}{\text{m}^3 \text{ Trübe}}\right] \tag{3.2}$$

sehr gebräuchlich. Sie werden besonders bei Fest-Flüssig-Trennprozessen verwendet. Je nach Dichteunterschied der beteiligten Phasen unterscheiden sich c_m und c_v teilweise erheblich.

Konzentrationen (unterschiedliche Einheiten für Komponente und Bezugswert) benutzt man häufig z. B. in der Gas-Feststoff-Trenntechnik, aber auch zur Beschreibung chemischer Reaktionen. Für die *Feststoffkonzentration* gilt z. B.

$$s = \frac{m_S}{V_T} = \frac{m_S}{V_L + V_S} \left[\frac{\text{kg Feststoff}}{\text{m}^3 \text{ Trübe}}\right] \tag{3.3}$$

In aller Regel ist das Feststoffvolumen in Gasströmungen gegenüber dem Gasvolumen zu vernachlässigen. Bei unveränderlicher Trägerphase, also ebenfalls z. B. Gas-Feststoff-Strömungen, wird auch häufig die *Beladung* verwendet; sie bezieht die Masse der einzelnen Komponenten auf die Masse der reinen Trägerphase:

$$x^* = \frac{m_S}{m_G} \left[\frac{\text{kg Feststoff}}{\text{kg Gas}}\right] \quad \text{oder} \quad x^* = \frac{m_S}{m_L} \left[\frac{\text{kg Feststoff}}{\text{kg Flüssigkeit}}\right] \tag{3.4}$$

Den Wasser- (Flüssigkeits-)gehalt bzw. die Restfeuchte benötigt man zur Beschreibung von Schlämmen bzw. Filterkuchen:

$$\varphi = \frac{m_L}{m_K} \quad \text{bzw.} \quad \varphi = \frac{m_L}{m_{Sch}} = \frac{m_L}{m_L + m_S} \left[\frac{\text{kg Flüssigkeit}}{\text{kg Schlamm bzw. Kuchen}}\right] \tag{3.5}$$

Für Gl. (3.5) ist zu beachten, dass die Restfeuchte φ nicht mit den übrigen Konzentrationsmaßen in den Gln. (3.1) bis (3.4) verrechnet werden darf, da die Gleichungen unterschiedliche Gemische beschreiben. Die Trägerphase bei Gl. (3.5) ist der Feststoff!

3.2 Bilanzierung

Massenbilanzierungen lassen sich für Trenn- wie auch Mischprozesse durchführen. Es ergeben sich genauso viele Bilanzgleichungen, wie Komponenten in den beteiligten Stoffströmen vorhanden sind. Dabei handelt es sich stets um eine Gleichung für die Gesamtbilanz und (n – 1) Gleichungen für n Komponenten. Oft ist nur eine Komponente für den betrachteten Vorgang von Interesse („*Schlüsselkomponente*"); in diesem Fall sind zwei Gleichungen ausreichend. Bei der Abtrennung von Feststoffen aus fluiden Medien wird in aller Regel der Feststoff als Schlüsselkomponente betrachtet.

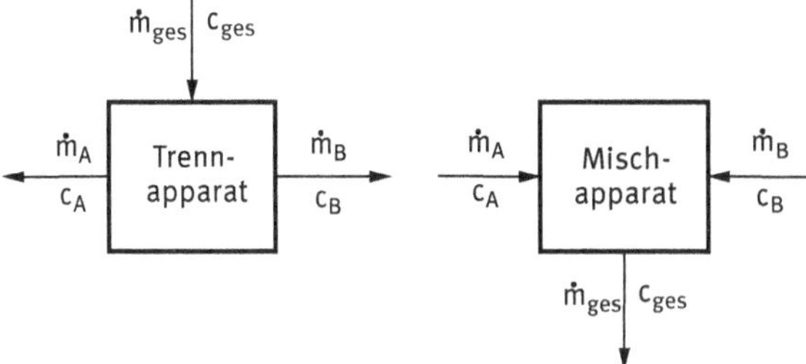

Abb. 3.2: Bilanzierung von Trenn- und Mischvorgängen

Abb. 3.2 liefert Beispiele für Trennung bzw. Mischung eines Stoffstromes in bzw. aus zwei Teilströmen A und B. c sei der Mengenanteil der interessierenden Komponente. Die Bilanzgleichungen für die Prozesse lauten:

Gesamtbilanz:

$$\dot{m}_{ges} = \dot{m}_A + \dot{m}_B \tag{3.6}$$

Komponentenbilanz:

$$c_{ges} \cdot \dot{m}_{ges} = c_A \cdot \dot{m}_A + c_B \cdot \dot{m}_B \tag{3.7}$$

Statt der Massenströme lassen sich bei inkompressiblen Medien natürlich auch die Volumenströme bilanzieren. Üblicherweise bilanziert man als Anteil c diejenige Komponente, die als disperse Phase vorliegt, also in Suspensionen und Gas-Feststoff-Strömungen den Feststoff, in Blasensystemen das Gas, in feuchten Haufwerken die Flüssigkeit.

3.3 Abscheidegrad

Das Ziel eines mechanischen Trennprozesses (Abb. 3.3) ist entweder die möglichst vollständige *Abscheidung* der dispersen Komponente oder die *Klassierung* nach einem Feinheitsmerkmal wie Korngröße oder Sinkgeschwindigkeit. Die Klassierung dient also zur Schaffung von zwei oder mehreren Fraktionen unterschiedlicher „Körnung“.

Auch die Abscheidung ist aber – außer in Ausnahmefällen – fast nie vollständig. Daher ist ein Abscheideprozess im Grunde auch ein Klassiervorgang – mit einer kleinen verbleibenden Restfraktion. Beide Vorgänge haben also unterschiedliche Ziele, lassen sich aber prinzipiell mit den gleichen Methoden beschreiben.

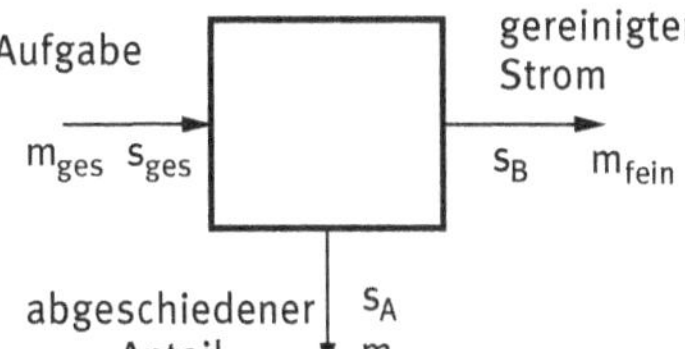

Abb. 3.3: Bilanzierung eines mechanischen Abscheidevorgangs

Ist das Ziel des Trennprozesses die Abscheidung, so kennzeichnet man das Ergebnis durch einen *Abscheidegrad*. Dieser ist allgemein definiert als der Anteil der abgeschiedenen Komponente s_A bezogen auf ihren ursprünglichen Anteil in der Aufgabe s_{ges}:

$$\eta = \frac{s_A}{s_{ges}} \tag{3.8}$$

Diese Quotientenbildung setzt gleiche Bezugswerte für die Konzentrationen der beteiligten Stoffströme voraus; man kann also z. B. keine Massen- oder Volumenanteile wählen. Dagegen eignen sich Massenkonzentrationen oder Beladungen üblicherweise gut, da hier eine unveränderliche Trägerphase als Bezugswert verwendet wird.

Ist nur die verbleibende Restkonzentration s_B im gereinigten Strom bekannt, lässt sich der Abscheidegrad auch schreiben als

$$\eta = \frac{s_{ges} - s_B}{s_{ges}} \tag{3.9}$$

Ein sehr bekannter Abscheidegrad ist der in der Staubtechnik verwendete *Gesamtentstaubungsgrad* g:

$$g = \frac{s_{roh} - s_{rein}}{s_{roh}} \tag{3.10}$$

Aufgabe- und Restkonzentrationen werden hierbei *Rohgas-* und *Reingasstaubgehalte* genannt.

Nach der gleichen Definition lässt sich der *Grobgutanteil* eines Klassierprozesses bezeichnen:

$$g = \frac{\dot{m}_{Grob}}{\dot{m}_{ges}} \tag{3.11}$$

Entsprechend schreibt man für den *Feingutanteil* f:

$$f = \frac{\dot{m}_{Fein}}{\dot{m}_{ges}} \tag{3.12}$$

Dabei gilt für Zweiguttrennungen stets

$$f + g = 1 \tag{3.13}$$

3.4 Verteilungsdiagramm

Der dispersen Phase des Aufgabekollektivs soll eine Verteilungsdichtekurve wie in Abb. 2.4 zugrundeliegen. Im Idealfall (*ideale Trennung*) wird das Aufgabekollektiv so getrennt, dass sich die Verteilungsdichtekurven von Grob- und Feingut nicht überschneiden, d. h. die Verteilungsdichtekurve des Aufgabegutes durch einen senkrechten Schnitt in zwei Flächen aufgeteilt wird (Abb. 3.4).

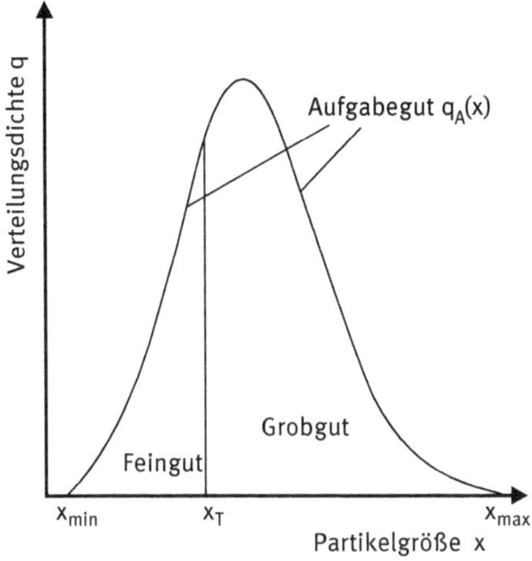

Abb. 3.4: Ideale Trennung im Verteilungsdiagramm

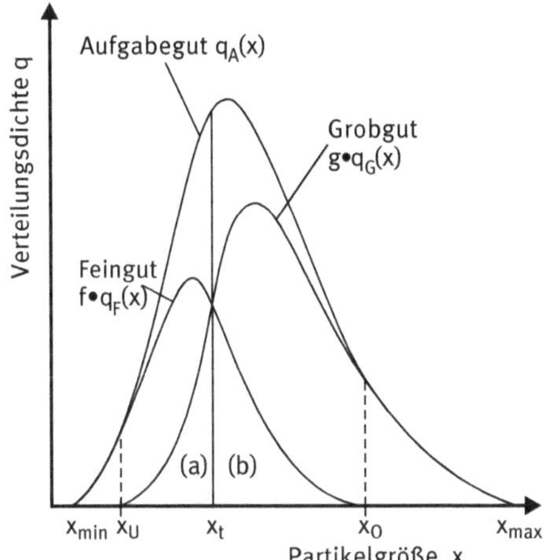

Abb. 3.5: Reale Trennung im Verteilungsdiagramm

Bei einer *realen Trennung* überschneiden sich dagegen die Verteilungsdichtekurven von Fein- und Grobgut. Je nach Güte des Trennapparats ist die Überschneidung mehr oder weniger groß. Zur Kennzeichnung von Zweigut-Klassierprozessen und auch bei vielen Abscheideprozessen werden die Verteilungsdichtekurven von Aufgabegut, Grob- und Feingut meist in einem gemeinsamen Diagramm (*Verteilungsdiagramm*) dargestellt (Abb. 3.5).

Man gewichtet dann die Verteilungsdichten des Grobguts q_G und des Feinguts q_F mit Hilfe ihrer Mengenanteile g und f, so dass sich die aufgespannten Flächen der Grobgut- und Feingutkurve zur Aufgabegutkurve $q_A(x)$ addieren. Für jeden Wert der Korngröße x gilt dann:

$$q_A(x) = g \cdot q_G(x) + f \cdot q_F(x) \tag{3.14}$$

Im Überschneidungsbereich zwischen Grob- und Feingutkurve findet man das *Fehlgut* oder *Fehlkorn*. Fehlkorn auf der Grobgutseite (links der Trenngrenze, Fläche (a)) wird auch als *Unterkorn* (feines Fehlkorn), Fehlkorn im Feingut (b) als *Überkorn* (grobes Fehlkorn) bezeichnet. Alles übrige Gut innerhalb der Teilmengen nennt man *Normalgut* bzw. *Normalkorn*.

Auch der Vorgang der *Teilung* lässt sich mit Hilfe eines Verteilungsdiagramms darstellen. Hierbei soll ein Gesamtkollektiv in Teilkollektive mit möglichst gleicher Zusammensetzung aufgeteilt werden; wichtig z. B. bei der Gewinnung von vergleichenden Analysenproben. Bei einer *idealen Teilung* wird ein Aufgabegut so zerlegt, dass die betrachteten Merkmale (z. B. Feinheit) in beiden Teilmengen gleich und gleich denen der Ausgangsmenge sind (Abb. 3.6).

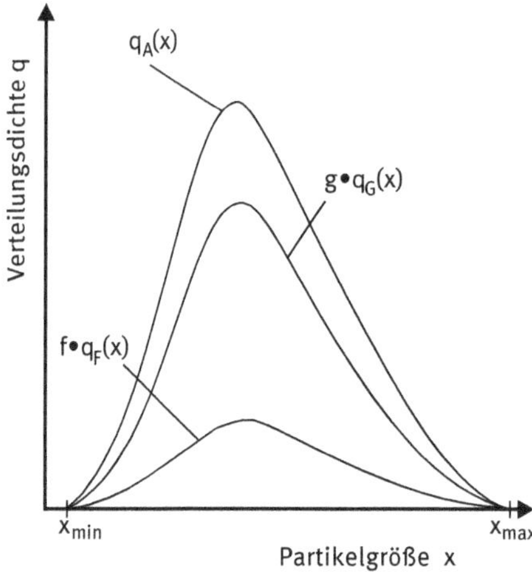

Abb. 3.6: Ideale Teilung im Verteilungsdiagramm

3.5 Trenngrad

Für jeden Punkt auf der x-Achse des Verteilungsdiagramms lässt sich ein *Trenngrad* bestimmen, der aussagt, welcher Anteil der betrachteten Fraktion (genauer: der unendlich kleinen Fraktion im Punkt x) des Aufgabeguts in das Grobgut gelangt:

$$T(x) = \frac{g \cdot q_G(x)}{q_A(x)} \tag{3.15}$$

Der Verlauf des Trenngrads in Abhängigkeit von der Partikelgröße x stellt eine S-förmige Kurve dar (Abb. 3.7); sein Wertebereich deckt sich naturgemäß mit dem Überschneidungsbereich der Verteilungsdichtekurven von Grob- und Feingut. Am Schnittpunkt der Verteilungsdichtekurven, also bei x_T, beträgt T(x) genau 0,5.

Der Trenngrad wird auch als *Stufenabscheidegrad* oder (in der Staubabscheidetechnik) als *Fraktionsentstaubungsgrad* bezeichnet.

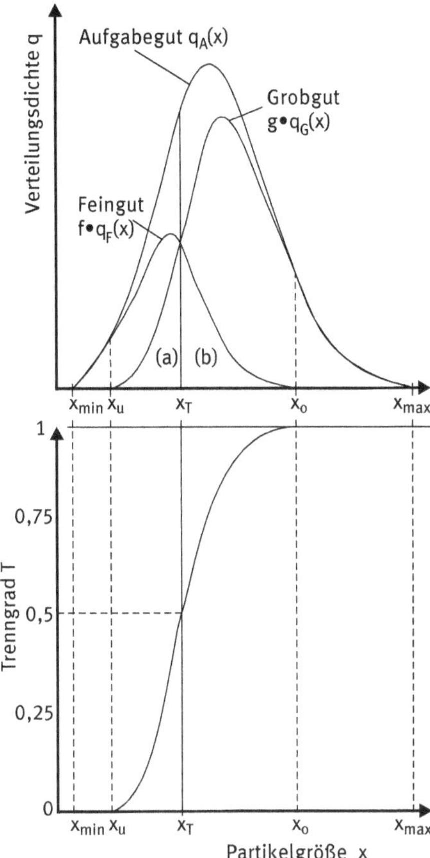

Abb. 3.7: Verteilungsdiagramm (oben) und Trenngradkurve (unten)

3.6 Kenngrößen der Abscheidung: Trennkorngröße und Trennschärfe

Beim Wert x_T (*Trennkorngröße*) schneiden sich die Verteilungsdichten des Grob- und Feinguts genau bei 50 % der Aufgabegutkurve. Man bezeichnet x_T daher manchmal auch als x_{50}. Dieser Wert der Korngröße heißt auch *Median-Trenngrenze* oder *präparative Trenngrenze*. Letzterer Ausdruck ist aus der Mikroskopie abgeleitet. Am Punkt x_T sind die Anteile der Grob- und der Feinfraktion gleich groß.

Ist die Partikelgröße ein Teilchendurchmesser, so ergibt sich der bekannte Ausdruck *Trennkorndurchmesser* d_T.

Die Steigung der Trenngradkurve insgesamt ist ein Maß für die Trennschärfe β des Klassierers (Abb. 3.8). Prinzipiell kann man ein beliebiges Steigungsmaß zur Charakterisierung der Kurvensteigung verwenden. Als sinnvoll erwiesen hat sich z. B. die Definition:

$$\beta = \frac{x_{25}}{x_{75}} \tag{3.16}$$

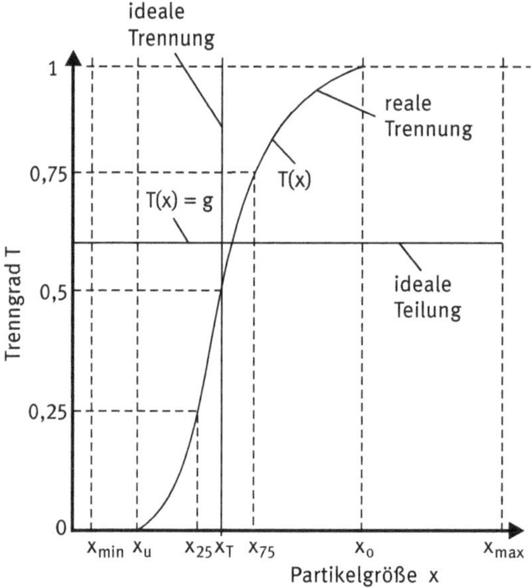

Abb. 3.8: Trennung, Teilung und Trennschärfe im Trenngraddiagramm

Nach dieser Definition rangiert β zwischen 0 und 1 und wird $\beta = 1$ bei idealer Trennung. Normale technische Klassierungen liegen nach dieser Definition bei Trennschärfen von 0,3 bis 0,6; scharfe Analysenklassierungen erreichen 0,8 bis 0,9.

Bei idealer Trennung entartet T(x) zu einer senkrechten Linie bei x_T. Hierbei wird die Trennschärfe $\beta = 1$, da $x_{25} = x_{75}$ ist. Bei idealer Teilung wird T(x) zu einer waagrechten Linie bei T = g (der Trenngrad entspricht für jede Korngröße genau dem Grobgutanteil!).

3.7 Kennzeichnung des Mischungszustands

Mischung oder präziser *Homogenisierung* bedeutet Vergleichmäßigung. Eine *ideale Mischung* ist dadurch gekennzeichnet, dass in ihr an jeder beliebigen Stelle gleiche Eigenschaften vorliegen, d. h. keinerlei Abweichungen von Konzentrationen, Dichten, Korngrößen, Temperaturen oder beliebigen anderen Merkmalen an irgendeiner Stelle der betrachteten Materialmenge auftreten.

Der zuverlässigen Beurteilung und Kennzeichnung des Mischungszustandes oder auch Homogenitätsgrades kommt eine besondere Bedeutung zu, denn es ist technisch viel leichter, eine gute Mischung herzustellen als ihre Qualität zu beurteilen. Aus einer schlechten Mischung kann durch ein ungeeignetes Prüfverfahren plötzlich eine nahezu ideale Homogenität erwachsen. Andererseits ist es in vielen Fällen schwierig, in Anbetracht der unvermeidlichen statistischen Unsicherheiten einen Zahlenwert zu definieren, ab dem eine Mischung wirklich als homogen betrachtet werden kann.

Homogenisierzustände werden durch statistische Maße wie Varianz, Streuung und Standardabweichung beschrieben. Hierzu entnimmt man aus der zu beurteilenden Mischung in geeigneter Weise Proben und analysiert diese. Maßnahmen zur Gewinnung repräsentativer Proben wurden bereits im Kap. 2 (Exkurs) behandelt.

Im einfachsten Fall besteht die Mischung aus zwei Komponenten A und B, wobei auch A die vorrangig interessierende Komponente und B die gesamte, aus vielen anderen Anteilen bestehende Restmenge sein könnte. Zu Beginn des Vorgangs liege eine Menge Z_A der Komponente A und eine Menge Z_B der Komponente B vor. Dieses Verhältnis ändert sich während des Homogenisiervorgangs nicht. Der *Erwartungswert* für den Mengenanteil der Komponente A in der Mischung beträgt also

$$c_A^* = \frac{Z_A}{Z_A + Z_B} \tag{3.17}$$

Ziel des Prozesses ist es nun, dieses Mengenverhältnis in jeder noch so kleinen Teilprobe der Mischung zu erzeugen. Entnimmt man zu einer beliebigen Zeit eine Probe i aus der Mischung, so weist diese jedoch den Mengenanteil

$$c_{Ai} = \frac{z_{Ai}}{z_{Ai} + z_{Bi}} \tag{3.18}$$

auf, wobei z_{Ai} und z_{Bi} die Komponentenmengen in der Probe darstellen. Je größer also der Abstand zum Erwartungswert c_A^* ausfällt, desto weiter ist die Mischung noch vom Sollzustand entfernt. Nimmt man statt einer Probe n Proben aus der gleichen Mischung, so lässt sich die *Streuung* bilden:

$$s^2 = \frac{1}{n} \cdot \sum_{i=1}^{n} (c_{Ai} - c_A^*)^2 \tag{3.19}$$

Die Streuung stellt den Mittelwert aller quadratischen Abweichungen zum Erwartungswert dar. Das Quadrieren führt u. a. dazu, dass sich positive und negative Abweichungen nicht gegenseitig kompensieren. Nur wenn alle Mengenanteile gleich dem Erwartungswert sind, wird die Streuung null.

Als *Varianz* bezeichnet man den theoretische Wert der Streuung bei unendlicher Probenzahl:

$$\sigma^2 = \lim_{n \to \infty} \left[\frac{1}{n} \cdot \sum_{i=1}^{n} (c_{Ai} - c_A^*)^2 \right] \tag{3.20}$$

Die Streuung stellt also einen Schätzwert für die Varianz dar.

Bei manchen Homogenisiervorgängen ist die Gesamtzusammensetzung und damit der Erwartungswert nicht bekannt. Dann muss man aus dem arithmetischen Mittelwert aller gezogenen Proben einen Schätzwert für die mittlere Zusammensetzung ableiten:

$$\bar{c}_A = \frac{1}{n} \cdot \sum_{i=1}^{n} c_{Ai} \tag{3.21}$$

Dieser Mittelwert dient dann als Vergleichswert zur Berechnung der Streuung:

$$s'^2 = \frac{1}{n-1} \cdot \sum_{i=1}^{n} (c_{Ai} - \overline{c}_A)^2 \tag{3.22}$$

Man bezeichnet die mit Hilfe des Mittelwertes gebildete Streuung auch als *empirische Streuung*. Zu beachten ist, dass die Summe durch $(n-1)$ statt durch n dividiert wird, da der Mittelwert ja bereits aus den n Teilmengenanteilen bestimmt wurde, was die Gesamtabweichung entsprechend verkleinert.

Die Quadratwurzel aus Streuung oder auch Varianz ist die Standardabweichung s, s′ bzw. σ, eine Größe, die ebenfalls häufig zur Beurteilung von Homogenisierzuständen herangezogen wird:

$$s' = \sqrt{\frac{1}{n-1} \cdot \sum_{i=1}^{n} (c_{Ai} - \overline{c}_A)^2} \tag{3.23}$$

3.8 Mischungszusammensetzung und Probengröße

Die Streuung bzw. Varianz und von dieser abgeleitete Maße weisen den Nachteil auf, dass sie stark von der Zusammensetzung der gesamten Mischung und von der Größe der gezogenen Stichproben abhängig sind.

Als Beispiel soll die Varianz $\sigma_0{}^2$ in vollständig entmischtem Zustand, also zu Beginn des Homogenisiervorgangs, berechnet werden. Zieht man insgesamt $n \to \infty$ Proben aus einem Ansatz mit dem Erwartungswert c_A^*, so werden n_A Proben nur die Komponente A ($c_A = 1$) und n_B Proben nur die Komponente B ($c_A = 0$) enthalten. Die Varianz beträgt dann

$$\sigma_0{}^2 = n_A \cdot \frac{1}{n} \cdot (1 - c_A^*)^2 + n_B \cdot \frac{1}{n} \cdot (0 - c_A^*)^2$$

War die Probenahme repräsentativ, so entspricht der Probenanteil n_A/n dem Erwartungswert c_A^*; entsprechend gilt $n_B/n = 1 - c_A^*$. Damit wird

$$\sigma_0{}^2 = c_A^* \cdot (1 - c_A^*)^2 + (1 - c_A^*) \cdot (0 - c_A^*)^2$$
$$\sigma_0{}^2 = c_A^* \cdot (1 - c_A^*)^2 + (1 - c_A^*) \cdot c_A^{*2}$$
$$\sigma_0{}^2 = c_A^* \cdot (1 - c_A^*) \cdot (1 - c_A^* + c_A{}^*)$$
$$\sigma_0{}^2 = c_A^* \cdot (1 - c_A^*) \tag{3.24}$$

Die Anfangsvarianz ist also stark von der Gesamtzusammensetzung der Mischung abhängig. Sie wird maximal, wenn $c_A^* = 0{,}5$ beträgt (Abb. 3.9). Dies gilt ebenso für die Anfangsstreuung.

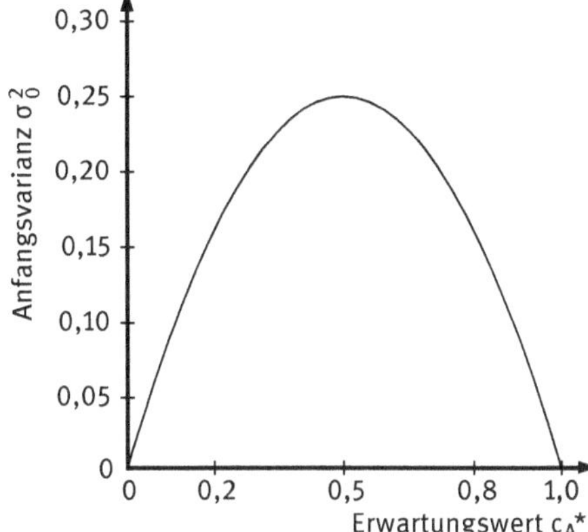

Abb. 3.9: Anfangsvarianz in Abhängigkeit vom Erwartungswert (Mischungszusammensetzung)

Auch die Probengröße der gezogenen Stichproben beeinflusst die gemessenen Streuungen ganz erheblich. Dies wird an zwei Extrembeispielen besonders deutlich:

Im ersten Fall ist die Probe so groß wie die gesamte Mischung. Dann ist natürlich $c_{Ai} = c_A^*$, und die Streuung beträgt null.

Im zweiten Fall ist die Probe (z. B. bei einer Pulvermischung) so groß wie eine Partikel. Dann beträgt c_{Ai} entweder 0 oder 1, je nachdem ob eine A- oder B- Partikel gefunden wurde. Bei repräsentativer Probenahme werden wieder so viele A-Proben gezogen, wie es der Gesamtzusammensetzung c_A^* entspricht, womit sich immer $s^2 = \sigma_0{}^2 = c_A^*\,(1 - c_A^*)$ ergibt.

Wichtig ist daher, dass die gezogenen Proben sehr viel kleiner sind als die homogenisierte Gesamtmenge, aber sehr viel größer als z. B. ein einzelnes Teilchen. Ist dies nicht der Fall, kommt man zu solch absurden Aussagen wie oben beschrieben.

Liegt die Probengröße fest, so kann ein Wert für die damit minimal erzielbare Streuung rechnerisch bestimmt werden. Dieser hängt vom Verhältnis des größten Einzelpartikelvolumens $V_{E,max}$ zum Volumen aller Partikeln in der Probe V_P ab:

$$s_{min}^2 = c_A^* \cdot (1 - c_A^*) \cdot \frac{V_{E,max}}{V_P} \tag{3.25}$$

Damit lassen sich auch die oben angesprochenen Extremfälle beschreiben: im Fall 1 ist V_P praktisch unendlich groß, so dass s^2 gegen 0 tendiert. Im 2. Fall ist $V_{E,max} = V_P$ und s^2 wird gleich $\sigma_0{}^2$.

An der Probengröße lässt sich auch der Unterschied zwischen *idealer* und *stochastischer Homogenität* verdeutlichen (Abb. 3.10). Ideale Homogenität liegt vor, wenn jede auch noch so kleine Probe stets die Zusammensetzung der Gesamtmischung aufweist; ihre Streuung ist null. Bei stochastischer Homogenität dagegen liegt die bei gegebener Probengröße kleinstmögliche erreichbare Streuung gemäß Gl. 3.25 vor.

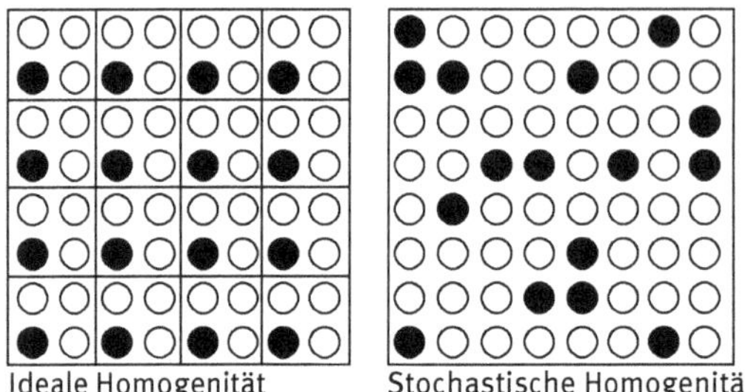

Abb. 3.10: Definition von Homogenität

3.9 Mischgüte und Mischzeit

Streuung oder Standardabweichung eignen sich nur sehr bedingt als Mischgütemaß, da diese Werte von Zusammensetzung und Probengröße abhängen und sich somit bei abweichenden Untersuchungsbedingungen kaum vergleichen lassen. Ein Mischgütemaß muss mindestens von der Grundzusammensetzung der Mischung unabhängig (*invariant*) sein. Daher beziehen viele Autoren Streuung oder Standardabweichungen auf die entsprechenden Werte bei vollständiger Entmischung:

$$M_1 = \frac{s^2}{\sigma_0^2} \quad \text{(Segregationsgrad nach Danckwerts)} \tag{3.26}$$

$$M_2 = \frac{s}{\sigma_0} \quad \text{(relative Standardabweichung)} \tag{3.27}$$

Schmahl [5] gibt ein Mischgütemaß an, das sowohl gegenüber der Grundzusammensetzung als auch gegenüber der Probengröße invariant ist:

$$M_3 = \frac{\log \frac{\sigma_0^2}{s^2}}{\log \frac{\sigma_0^2}{s_{min}^2}} \tag{3.28}$$

s_{min}^2 kennzeichnet dabei den Zustand stochastischer Homogenität gemäß Gl. (3.25).

Als *Homogenisierzeit* Θ wird diejenige Zeit bezeichnet, die zum Erreichen einer definierten Mischgüte erforderlich ist. Beispielhaft zeigt Abb. 3.11 die Vorgehensweise anhand des zeitlichen Verlaufs der Streuung $s^2(t)$. Die erreichte Ziel-Streuung muss einen deutlich größeren Wert aufweisen als die Streung $s_M{}^2$, die rein durch Messungenauigkeiten hervorgerufen wird.

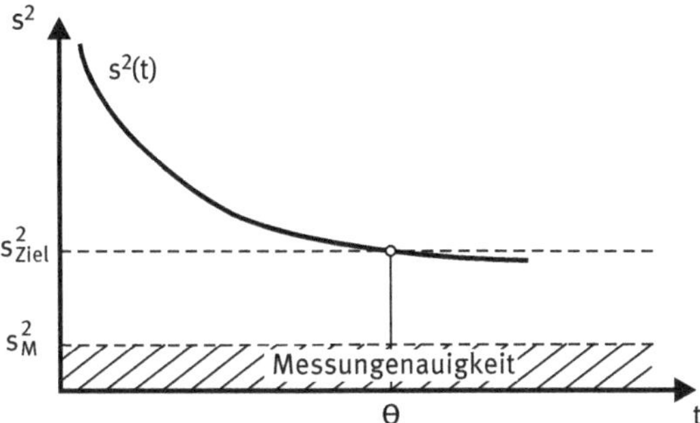

Abb. 3.11: Bestimmung der Homogenisierzeit θ

Man kann Homogenisierzeiten in flüssigen und gasförmigen Systemen auch mit *Sondenmethoden* bestimmen. Hierzu wird Θ als diejenige Zeit bestimmt, nach der die Schwankung eines Sondensignals (z. B. Temperatur- oder Leitfähigkeitsmessung) auf eine vorab festgelegte Schwankungsbreite abgeklungen ist. Nachteilig bei dieser Vorgehensweise ist allerdings, dass den so bestimmten Homogenisierzeiten kein definierter Mischgütewert zugrundeliegt. Sie eignen sich daher nicht zu Vergleichen mit Daten, die nach anderen Verfahren gemessen worden sind.

3.10 Übungsaufgaben

3.10.1 Übungsaufgabe Bilanzierung I

Eine Kalkstein-Wasser-Suspension ($\dot{m}$ = 5000 kg/h, c_m = 10 Gew. – %) wird zweistufig getrennt. In einem Eindicker wird zunächst ein Schlamm mit 12 Massen-% Restfeuchte abgeschieden; der Überlauf enthält noch 0,1 Gew.-% Feststoff.

Der Schlamm wird anschließend in einer Zentrifuge bis auf 3 Gew.-% Feuchte entwässert. Der Überlauf der Zentrifuge sei feststofffrei.

Bestimmen Sie die Gesamtmenge des entwässerten Schlamms aus der Zentrifuge sowie die Überlaufströme aus Zentrifuge und Eindicker.

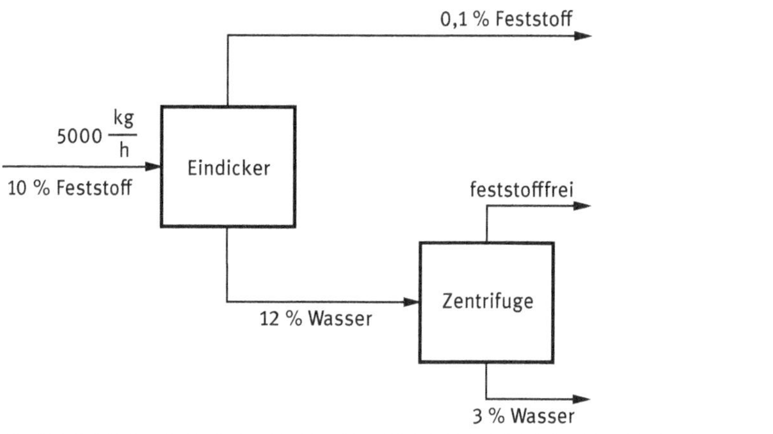

3.10.2 Übungsaufgabe Bilanzierung II

Eine Suspension wird durch ein System mit mehreren Trenn- und Mischapparaturen geleitet. Folgende Suspensionsmassenströme und Feststoffmassenanteile sind gegeben:

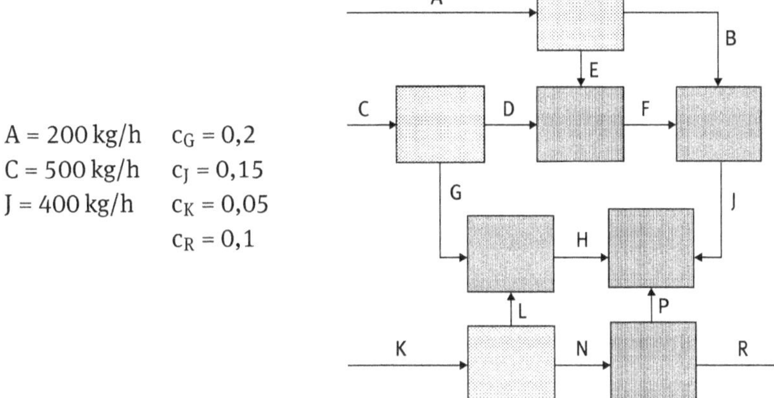

Wie groß ist der Massenstrom R des abfließenden Stroms?

3.10.3 Übungsaufgabe Verteilungsdiagramm

Zeichnen Sie qualitativ ein Verteilungsdiagramm nach der (im Bild oben) angegebenen Trenngradkurve. Achten Sie dabei auf die markierten Eckdaten!

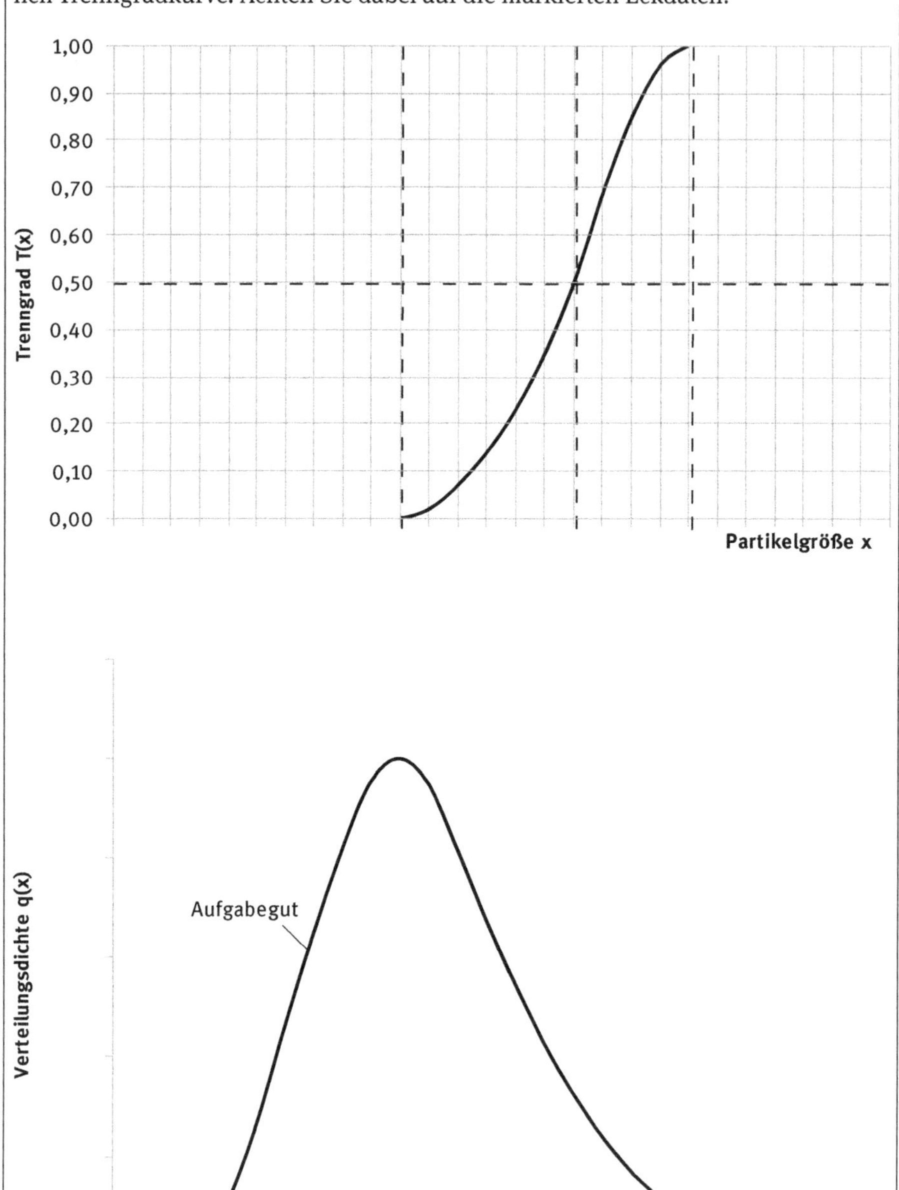

3.10.4 Übungsaufgabe Homogenität

Ein Pharmahersteller möchte Tabletten mit dem Wirkstoffanteil $c_W = 1{,}0$ Gew.-% herstellen. Hierzu mischt er 99 kg wirkungsneutrales Pulver mit 1 kg des Wirkstoffs W. Nach einer Mischzeit von 1 h zieht er 5 repräsentative Proben aus verschiedenen Stellen des Mischers. Die Probengröße entspricht dem gewünschten Tablettengewicht.

Eine Analyse ergibt folgende Wirkstoffgehalte:

Probe	c_W/%
1	1,06
2	0,99
3	1,02
4	0,94
5	1,04

Berechnen Sie Streuung s^2 und empirische Streuung s'^2 und vergleichen Sie die Werte miteinander!

3.11 Formelzeichen für Kapitel 3

c	Mengenanteil
c_A^*	Erwartungswert für den Anteil der Komponente A
$\bar{c}_A$	Schätzwert für die mittlere Zusammensetzung
c_{Ai}	Anteil der Komponente A in der Probe
c_m	Massenanteil
c_V	Volumenanteil
c_T	Feststoff-Volumenanteil in der Trübe
f	Feingutanteil
g	Grobgutanteil, Gesamtentstaubungsgrad
i	Nummer der Probe
m	Masse
$\dot{m}$	Massenstrom
M	Mischgüte
M_1	Segregationsgrad nach Danckwerts
M_2	relative Standardabweichung
M_3	Mischgütemaß nach Schmahl
n	Anzahl
n_A	Anzahl Proben, die nur die Komponente A enthalten
n_B	Anzahl Proben, die nur die Komponente B enthalten
q	Verteilungsdichte
s	Konzentration
s^2	Streuung
s'^2	empirische Streuung
s^2_{min}	minimal erreichbare Streuung
T	Trenngrad, Stufenentstaubungsgrad, Fraktionsentstaubungsgrad
V	Volumen
$V_{E,max}$	Volumen der größten Einzelpartikel
V_P	Volumen aller Partikeln in der Probe
x	Partikelgröße
x_{min}	kleinste Partikelgröße
x_{max}	größte Partikelgröße
x_T	Trennkorngröße
x_u	untere Partikelgröße (einer Fraktion)
x_o	obere Partikelgröße (einer Fraktion)
x_{25}	Korngröße bei 25 % Durchgang
x_{75}	Korngröße bei 75 % Durchgang
x^*	Beladung
z_{Ai}	Menge der Komponente A in der Probe i
z_{Bi}	Menge der Komponente B in der Probe i
Z_A	Ansatzmenge der Komponente A

z_B	Ansatzmenge der Komponente B
β	Trennschärfe
η	Abscheidegrad
φ	Wassergehalt, Restfeuchte
Θ	Misch- bzw. Homogenisierzeit
σ	Standardabweichung
σ^2	Varianz
${\sigma_0}^2$	Varianz in vollständig entmischtem Zustand (Anfangszustand)
${\sigma_M}^2$	Varianz durch Messfehler
${\sigma_{Ziel}}^2$	Zielvarianz
A	Index für Komponente A
B	Index für Komponente B
ges	Index für Gesamt
F, Fein	Index für Feingut
G	Index (der Verteilungsdichte q) für Grobgut
Grob	Index für Grobgut
G	Index für Gas (auch Luft)
K	Index für Kuchen (bei Filtern)
L	Index für Flüssigkeit (Liquid)
m	Index für Masse
S	Index für Feststoff (Solid)
Sch	Index für Schlamm
T	Index für Trübe (Suspension)
Ü	Index für Überlauf
V	Index für Volumen

4 Trennung von Partikeln in Kraftfeldern

4.1 Trennung im Schwerefeld

4.1.1 Stationäre Sinkbewegung im Schwerefeld

Die Kenntnis der stationären Sinkgeschwindigkeit von Partikeln in Flüssigkeiten oder Gasen ist für viele mechanische Trennprozesse (Sedimentation, Zentrifugieren, Windsichten etc.) oder Strömungsförderung (hydraulische und pneumatische Förderung) von entscheidender Bedeutung. Für den einfachen Fall einer Kugelbewegung soll diese Sinkgeschwindigkeit im Folgenden hergeleitet werden.

Im stationären Fall wirken die drei Kräfte Gewichtskraft F_G, Auftriebskraft F_A und Widerstands- oder Schleppkraft F_S auf die Partikel (Abb. 4.1). Sind Gewichtskraft und Auftriebskraft gleich, ergibt sich ein Schwebezustand (hydrostatisches Gleichgewicht). Überwiegt die Gewichtskraft, beginnt die Partikel zu sinken, überwiegt die Auftriebskraft, zu steigen. Vereinfachend ist im Folgenden immer von Sinkbewegung die Rede; für die Steigbewegung sind alle abgeleiteten Gesetze aber gleichermaßen gültig.

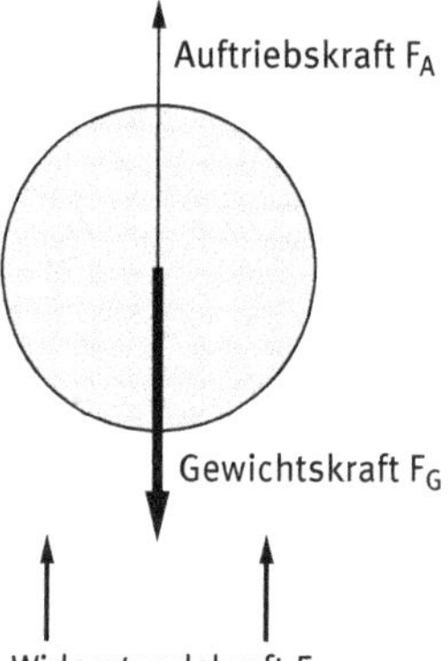

Abb. 4.1: Kräftegleichgewicht an einer Partikel im Schwerefeld

Die in Abb. 4.1 aufgeführte Widerstands- oder Schleppkraft F_S ist diejenige Kraft, die das umgebende Fluid der Sinkbewegung aufgrund von Reibungs- oder Druckwiderstand entgegensetzt. Die Bestimmung dieser Kraft erfolgt bekanntlich über den Ansatz:

$$F_S = A_{proj} \cdot \zeta_W \cdot \frac{\rho_L}{2} c^2 \tag{4.1}$$

Dabei ist A_{proj} die Projektionsfläche der Partikel in Strömungsrichtung; im Falle einer kugelförmigen Partikel ergibt sich als Projektionsfläche ein Kreis mit $\pi/4\ d^2$. Der *Widerstandsbeiwert* ζ_W (vgl. Exkurs: Widerstandsbeiwert einer Kugel) ist eine Funktion

https://doi.org/10.1515/9783110739541-004

Exkurs: Reynoldszahl

Die *Reynoldszahl*, abgekürzt Re und benannt nach dem englischen Physiker Osborne *Reynolds* (1842–1912) ist eine dimensionslose Kenngröße, die den Charakter einer Strömung zusammenfassend beschreibt. Sie setzt sich aus vier Größen einer Strömung zusammen:

- einer charakteristischen Geschwindigkeit der Strömung c' für den gerade betrachteten Vorgang, z. B. die mittlere Geschwindigkeit im Strömungsquerschnitt oder die Geschwindigkeit relativ zu einer Wand oder zu einer Partikel,
- einer charakteristischen Abmessung d' der Strömung. Bei einem durchströmten Kreisrohr wäre dies der Rohrinnendurchmesser, bei einer Wandgrenzschicht die Schichtdicke und bei einer umströmten Partikel deren Äquivalentdurchmesser,
- der Dichte ρ des strömenden Fluids,
- der dynamischen Viskosität η des strömenden Fluids:

$$\mathrm{Re} = \frac{c' \cdot d' \cdot \rho}{\eta} \tag{4-A}$$

In einer einzigen Strömung können unterschiedliche Reynoldszahlen nebeneinander vorliegen. Betrachtet man z. B. eine Gas-Feststoff-Strömung aufwärts in einem senkrechten Rohr, so lässt sich eine Re-Zahl für die Rohrströmung (mit dem Rohrdurchmesser und der mittleren Strömungsgeschwindigkeit im Rohr) bilden sowie auch eine Re-Zahl für die Partikelbewegung (mit dem Partikeldurchmesser und der Partikelsinkgeschwindigkeit). Diese beiden Re-Zahlen beschreiben verschiedene Vorgänge und beeinflussen sich gegenseitig nicht.

Die Größen c', d' und ρ sind ausschlaggebend für die Trägheitskräfte innerhalb einer Strömung. Je höher die Strömungsgeschwindigkeit im betrachteten Bereich ist, desto größer wird der übertragbare Impuls. Auch ein hoher Wert der Fluiddichte verstärkt den Impuls der Strömung, denn die Dichte kennzeichnet die Masse der Fluidteilchen. Eine große charakteristische Abmessung schließlich bedeutet weit auseinanderliegende Begrenzungswände, so dass sich große Volumenbereiche im Fluid ungebremst bewegen können.

Demgegenüber ist die Viskosität η für die Zähigkeitskräfte im Fluid verantwortlich. Die Zähigkeitskräfte bewirken durch Reibung zwischen den Fluidschichten ein Abbremsen der Strömung, so dass sich der Strömungsimpuls weniger auswirken kann. Die Reynoldszahl setzt diese beiden Kräfte, Trägheits- und Reibungskräfte, ins Verhältnis. Ein hoher Wert der Reynoldszahl steht demnach für trägheitsbestimmte, impulsreiche Strömung und ein niedriger Wert für zähe, schleichende Strömung. Die Bereiche laminarer und turbulenter Strömung lassen sich mit Hilfe der Reynoldszahl für alle Arten der Strömung gut voneinander abgrenzen. Die Grenzwerte sind allerdings stark von der Art der Strömung (z. B. Innenströmung in einem Rohr, Umströmung einer Partikel) abhängig.

der *Reynoldszahl* Re (vgl. Exkurs: Reynoldszahl):

$$\zeta_W = f(\mathrm{Re}) = f\left(\frac{c \cdot d_P \cdot \rho_L}{\eta_L}\right) \tag{4.2}$$

Während Gewichtskraft und Auftriebskraft immer konstant sind, ist die Widerstands- oder Schleppkraft nach Gl. (4.2) ihrerseits eine Funktion der Sinkgeschwindigkeit. Beginnt die Sinkbewegung aus einer Ruhelage (c = 0), so erfolgt zunächst ein insta-

Exkurs: Widerstandsbeiwert einer Kugel

Der Strömungswiderstand bei der Relativbewegung einer Kugel (oder einer anders geformten Partikel) in einem Fluid kann durch einen „*Widerstandsbeiwert*" ausgedrückt werden. Der Widerstandsbeiwert ζ_W ist definiert als der Anteil des dynamischen Drucks $\frac{\rho}{2}c_\infty{}^2$ der Strömung, der eine Druckkraft F_S auf einen Körper mit der Anströmfläche A_{proj} ausübt:

$$\zeta_W = \frac{F_S}{\frac{\rho}{2}c_\infty{}^2 \cdot A_{proj.}} \quad (4\text{-B})$$

Die Kraft F_S wird auch „Schleppkraft" oder „Widerstandskraft" (F_W) genannt. Somit kann man ζ_W auch als „*dimensionslose Widerstandskraft*" bezeichnen. Er wird als Funktion des Strömungszustands betrachtet und daher über der Reynoldszahl Re_p aufgetragen, die für umströmte Partikeln mit dem Partikeldurchmesser d_p und der Strömungsgeschwindigkeit c_∞ definiert ist (Index p = Partikel; ∞ = in „unendlichem" Abstand zur Kugeloberfläche). Der hierdurch ausgedrückte Strömungswiderstand auf den Körper bzw. die Partikel besteht aus zwei Anteilen:

a. dem Reibungswiderstand, der durch die Reibung Fluid/Partikelfläche entsteht, und zwar an den Stellen, an denen die Stromlinien eng an der Partikeloberfläche anliegen. Dieser Widerstand wird auch als „*Flächenwiderstand*" bezeichnet,
b. einem Druckwiderstand, der durch Verwirbelungen auf der Rückseite der Partikel hervorgerufen wird. In diesem Wirbel entsteht gegenüber der umgebenden Strömung ein Unterdruck, der (bei bewegten Körpern) wie ein Sog die Vorwärtsbewegung der Partikel zu hemmen versucht. Der daraus resultierende Widerstand wird oft auch „*Formwiderstand*" genannt.

Für sehr kleine Werte der Reynoldszahl (Bereich $Re_p < 1$) bewegt sich die Strömung auf glatten, zur Kugeloberfläche parallelen Strombahnen, sowohl auf der Vorderseite wie auch der Kugelrückseite. Ablösungseffekte finden nicht statt. In diesem Bereich ist der Strömungswiderstand ein reiner Reibungswiderstand. Die Grenzschicht ist rund um die Kugel laminar (außerhalb des Grenzschichtbereichs kann durchaus turbulente Strömung vorliegen). Oft wird dieser Strömungsbereich daher als „*laminare Umströmung*" bezeichnet. Zur Vermeidung von Verwechslungen ist auch die Bezeichnung „*schleichende Umströmung*", geeignet, denn auch beim Auftreten von Ablösungen ist die verbleibende Grenzschicht um die Kugel noch laminar.

Bei höheren Re_p-Zahlen beginnt sich die Strömung auf der Rückseite der Kugel, am „Polpunkt", dem Ort der stärksten Oberflächenkrümmung, abzulösen (Abb. 4-E1). Mit weiter steigender Reynoldszahl, also höherer Strömungsgeschwindigkeit, verschiebt sich der Ablösepunkt immer

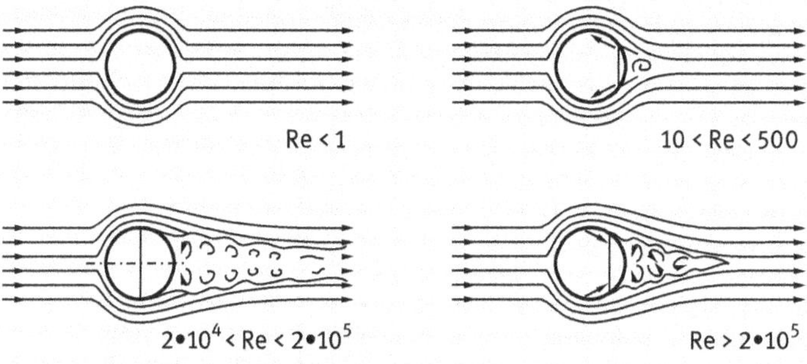

Abb. 4-E1: Strömungsbilder bei der Umströmung einer Kugel

mehr in Richtung Kugeläquator. Je früher die Ablösung eintritt, desto größer wird das Wirbelgebiet auf der Kugelrückseite. Die Größe des Wirbelgebietes kann aber direkt als Maß für den Druckwiderstand angesehen werden, da in diesem Gebiet Unterdruck herrscht. Der Druckwiderstand erreicht seinen Maximalwert bei maximaler Ausdehnung der Wirbelschleppe, wenn die Ablösung im Bereich des Kugeläquators erfolgt.

Bei weiter steigender Re-Zahl (oberhalb von ca. $2 \cdot 10^5$) schlägt schließlich die komplette Grenzschicht um die Kugel in den turbulenten Zustand um. Damit ist eine kräftige Absenkung des ζ_W-Wertes verbunden, da hierdurch der Ablösepunkt erneut auf die Kugelrückseite verlagert wird und sich die Wirbelschleppe wieder verkleinert.

Der prinzipielle Kurvenverlauf $\zeta_W = f(Re_P)$ ist in Abb. 4-E2 gezeigt. Er lässt sich gut als Überlagerung der Beiwerte für Reibungswiderstand und Druckwiderstand deuten. Bei kleinen Re_P-Zahlen überwiegt der Reibungswiderstand, dessen Funktionsgleichung sich durch eine Gerade mit der Steigung −1 darstellen lässt. Der Druckwiderstandsbeiwert dagegen steigt mit zunehmender Reynoldszahl immer mehr an, bis er schließlich dominierend ist.

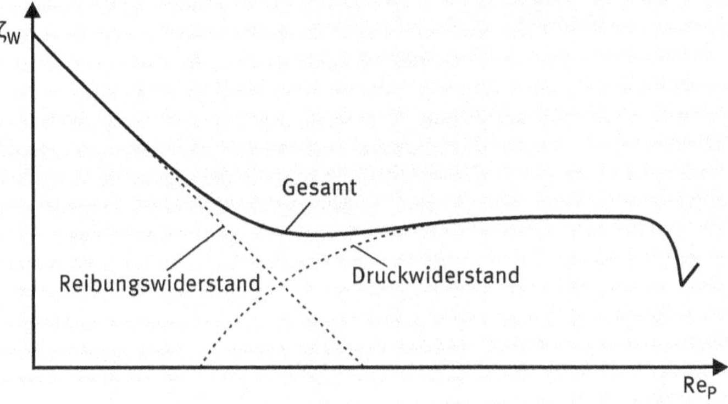

Abb. 4-E2: Überlagerung von Reibungs- und Druckwiderstand

tionärer Sinkvorgang, in dem Geschwindigkeit und Schleppkraft zunehmen, bis eine konstante Endfallgeschwindigkeit erreicht ist.

Die instationäre Anfangsphase ist in den meisten Fällen sehr kurz. Für verfahrenstechnische Vorgänge interessiert in aller Regel nur der stationäre Gleichgewichtszustand:

$$F_S = F_G - F_A \tag{4.3}$$

Für Kugeln lassen sich die Kräfte wie folgt aufschlüsseln:

$$F_G = m_P \cdot g = V_P \cdot \rho_P \cdot g = \frac{\pi}{6} d_P^3 \cdot \rho_P \cdot g \tag{4.4}$$

$$F_A = m_L \cdot g = V_P \cdot \rho_L \cdot g = \frac{\pi}{6} d_P^3 \cdot \rho_L \cdot g \tag{4.5}$$

$$F_S = \underbrace{\frac{\rho_L}{2} c^2}_{\text{dynam. Druck}} \cdot \zeta_W \cdot \underbrace{A_{proj.}}_{\text{angeströmter Querschnitt}} = \frac{\pi \cdot d_P^2 \cdot \rho_L \cdot c^2 \cdot \zeta_W}{8} \tag{4.6}$$

Eingesetzt in Gl. (4.3) ergibt sich zunächst die gesuchte Sinkgeschwindigkeit c als Funktion des Widerstandsbeiwerts ζ_w:

$$\frac{\pi \cdot d_P^2 \cdot \rho_L \cdot c^2 \cdot \zeta_w}{8} = \frac{\pi}{6} d_P^3 \cdot \rho_P \cdot g - \frac{\pi}{6} d_P^3 \cdot \rho_L \cdot g$$

$$c^2 = \frac{8 \cdot \frac{\pi d_P^3}{6} (\rho_P - \rho_L) \cdot g}{\pi \cdot d_P^2 \cdot \rho_L \cdot \zeta_w}$$

$$c^2 = \frac{4}{3} \frac{d_P \cdot g}{\zeta_w} \left(\frac{\rho_P}{\rho_L} - 1 \right) \tag{4.7}$$

Diese allgemeine Gleichung zur Bestimmung der stationären Sinkgeschwindigkeit benötigt zur Lösung einen Wert für den Widerstandsbeiwert ζ_w. Dieser ist jedoch nach Gleichung (4.2) wiederum von Re, also auch von c abhängig.

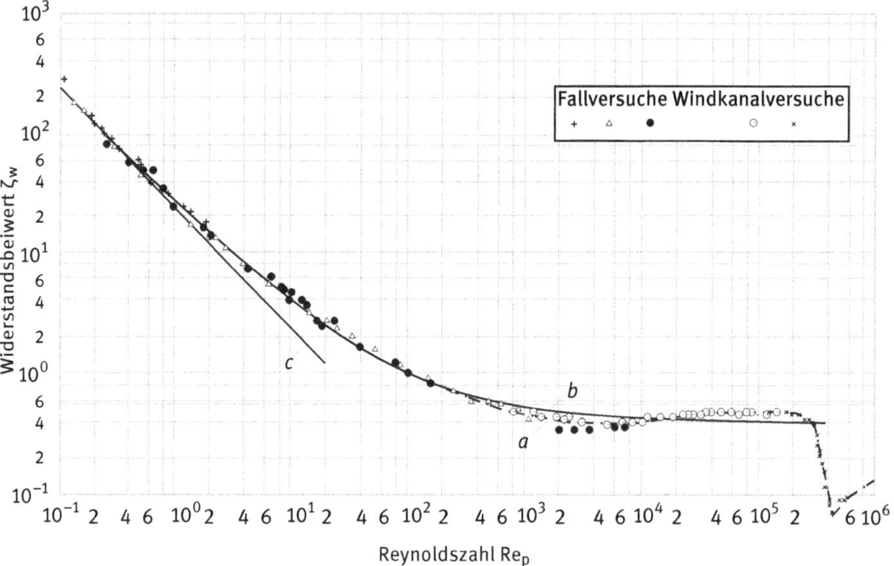

Abb. 4.2: Widerstandsbeiwert von Kugeln als Funktion der Reynoldszahl (nach [6]); Kurve a: tatsächlicher Verlauf, Kurve b: Kaskas-Gleichung (4.10), Kurve c: Stokes-Gleichung (4.8)

Die Funktion $\zeta_w = f(Re)$ ist in der Literatur (z. B. [6]) vielfach beschrieben und durch zahllose Messwerte bestätigt (Abb. 4.2). Im Bereich schleichender, *laminarer Umströmung* (vgl. Exkurs: Laminare und turbulente Strömung), also für kleine Re-Zahlen bis maximal 0,1–1, kann die Funktion durch die einfache *Stokes-Gleichung*

$$\zeta_w = \frac{24}{Re} \quad \text{für} \quad Re_p < 0{,}1-1 \tag{4.8}$$

beschrieben werden (in der doppeltlogarithmischen Auftragung eine Gerade mit der Steigung „–1").

Damit lässt sich Gleichung (4.7) geschlossen lösen:

$$c_{St}^2 = \frac{4}{3} \cdot d_P \cdot g \cdot \frac{Re}{24} \cdot \left(\frac{\rho_P}{\rho_L} - 1\right)$$

$$c_{St}^2 = \frac{d_P^2 \cdot g \cdot c_{ST} \cdot \rho_L}{18 \cdot \eta_L} \cdot \frac{\rho_P - \rho_L}{\rho_L}$$

$$c_{St} = \frac{d_P^2 \cdot g \cdot (\rho_P - \rho_L)}{18 \cdot \eta_L} \quad \text{für} \quad Re_p < 0{,}1\text{–}1 \tag{4.9}$$

Diese einfache Gleichung wird ebenfalls *Stokes-Gleichung* genannt und die hieraus berechnete Sinkgeschwindigkeit *Stokes-Geschwindigkeit* c_{St}. Da sehr viele technisch relevante Sedimentationsvorgänge in diesem Bereich ablaufen, stellt Gl. (4.9) die wichtigste Grundgleichung der mechanischen Verfahrenstechnik dar.

Auch im Bereich sehr hoher Re-Zahlen, im *Newton*-Bereich mit $\zeta_w = 0{,}44$, lässt sich Gl. (4.7) geschlossen lösen. Wie bereits angesprochen, sind Bewegungen bei so hohen Re-Zahlen allerdings eher für Aerodynamiker interessant.

Für den Übergangsbereich ($1 < Re < 2 \cdot 10^5$) muss dagegen die *Kaskas-Gleichung* (4.10) verwendet werden (Kurve b in Abb. 4.2). Diese trifft näherungsweise den tatsächlichen Kurvenverlauf (Kurve a).

$$\zeta_w = \frac{24}{Re} + \frac{4}{Re^{0,5}} + 0{,}4 \tag{4.10}$$

Die Gleichungen (4.7) und (4.10) erlauben keine geschlossene Lösung, da Re von der Sinkgeschwindigkeit c abhängig ist, die ihrerseits wieder eine Funktion von ζ_w ist. Man muss hier eine Iteration durchführen, indem zunächst ein Schätzwert vorgegeben wird. Ein Schätzwert für c ist z. B. aus Gl. (4.9) ableitbar. Es wird anschließend durch Berechnung der Re-Zahl geprüft, ob man sich innerhalb oder außerhalb des *Stokes*-Bereichs bewegt. Ist Re größer als ca. 0,5–1 (hängt von der geforderten Genauigkeit ab!) bestimmt man mit dieser Reynoldszahl einen Wert für den Widerstandsbeiwert ζ_w, entweder aus Abb. 4.2 oder aus der *Kaskas*-Formel (Gl. 4.10). In die Gl. (4.7) eingesetzt, lässt sich ein (verbesserter) Wert für die Sinkgeschwindigkeit ablesen. Daraus errechnet man wieder Re usw. Diese iterative Rechnung, die praktisch immer konvergiert, muss so lange durchgeführt werden, bis c sich nicht mehr ändert (oder nur noch um einen unterhalb der Genauigkeitsanforderungen liegenden Betrag):

$$c\,(\text{geschätzt}) \Longrightarrow Re \Longrightarrow \zeta_w \Longrightarrow c\,(\text{verbessert})$$

(Rückführung von c (verbessert) zu Re)

Die beschriebene Iteration lässt sich umgehen, indem man aus Re und ζ_w eine neue dimensionslose Kennzahl bildet. Durch geschickte Kennzahlenkombination lässt sich

Exkurs: Laminare und turbulente Strömung

Zur Beschreibung einer Strömung verwendet man häufig den Begriff „*Fluidteilchen*“, obwohl Flüssigkeiten und Gase Kontinuen darstellen und in Wirklichkeit nicht in Einzelteile abgrenzbar sind, es sei denn in die Fluidmoleküle selber. „Fluidteilchen“ meint fiktive, gerade noch erkennbare einzelne Elemente in einer Fluidströmung.

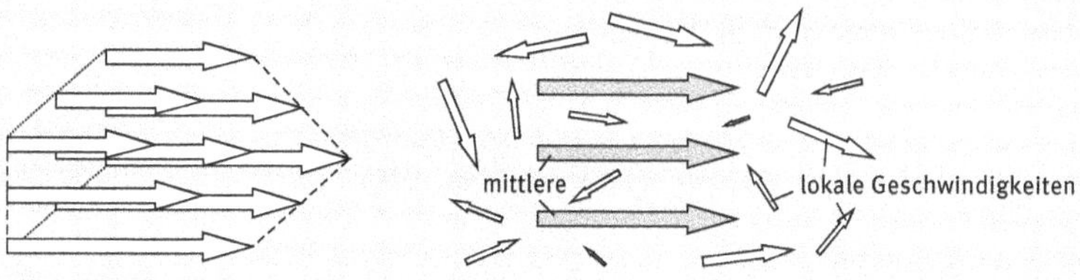

Abb. 4-E3: Geschwindigkeitsfelder in laminarer und turbulenter Strömung

Eine Strömung wird „*laminar*“ genannt, wenn sich benachbarte Fluidteilchen auf parallelen Bahnen bewegen. In mehrdimensionalen Strömungen existieren häufig Schichten aus Fluidteilchen mit gleicher Geschwindigkeit, während in der parallel hierzu strömenden Schicht größere oder kleinere Geschwindigkeiten herrschen (lateinisch *lamina* = Schicht), siehe auch Abb. 4-E3 links. Die Geschwindigkeitsunterschiede zwischen den Schichten führen zu *Schubspannungen*, also zu Reibungseffekten. Besonders hohe Schubspannungen entstehen, wenn eine Fluidschicht direkt an einer festen Oberfläche (Wand) vorbeiströmt, da hier auch die Geschwindigkeitsunterschiede („*Schergefälle*“) am größten sind. Alle Kräfte, die durch eine solche Strömung entstehen, sind also *Reibungskräfte*. Da die *Zähigkeit* oder *Viskosität* eines Fluids über die Höhe dieser Reibungskräfte entscheidet, nennt man sie auch *Zähigkeitskräfte* oder *Viskositätskräfte*.

In aller Regel liegt die laminare Strömungsform bei der Bewegung eines zähen Fluids mit langsamer Geschwindigkeit vor. Auch bei der Durchströmung mikroskopisch kleiner Kanäle oder der Umströmung winziger Partikeln ist die Strömung meist laminar. Werden die Strömungsgeschwindigkeit höher, das Fluid dünnflüssig oder gasförmig oder die charakteristischen Abmessungen der Strömung größer, so ändert sich die Strömungsform in *turbulent* (von lat. *turbo* = Wirbel). Bei der *turbulenten Strömung* bewegt sich das Fluid als Kontinuum zwar in einer bestimmten Richtung, jedes einzelne Fluidteilchen vollführt aber zufällige Schwankungsbewegungen in alle Raumrichtungen (Abb. 4-E3 rechts). Der Hauptströmung sind an jeder Stelle räumlich und zeitlich veränderliche Zusatzströmungen überlagert. Die Bahnlinien verlaufen ineinander und können auch Wirbel bilden. Je höher die „*Schwankungsgeschwindigkeiten*“, also die Abweichungen der momentanen, örtlichen Geschwindigkeiten zur mittleren Strömungsgeschwindigkeit werden, umso höher ist der *Turbulenzgrad* der Strömung.

Die hohen Schwankungsgeschwindigkeiten in alle Raumrichtungen bewirken einen Ausgleich der Geschwindigkeitsunterschiede in der Hauptströmungsrichtung. In einer offenen turbulenten Strömung (also fern von Begrenzungswänden) lassen sich über den Strömungsquerschnitt kaum Differenzen der mittleren Geschwindigkeiten messen, so dass sich das Kontinuum scheinbar wie ein starrer Block vorwärtsbewegt.

Beim Vorbeiströmen an einer festen Begrenzungswand muss die Strömungsgeschwindigkeit direkt an der Wandoberfläche jedoch infolge der Haftbedingung ebenfalls auf null abfallen. Die Geschwindigkeitsgefälle an Wänden bei turbulenten Strömungen sind erheblich höher als bei laminaren, da die Zonen mit der hohen Geschwindigkeit dicht an die Begrenzungswand gedrückt werden. Dies hat wiederum hohe Schubspannungen und entsprechend hohen Energieverlust zur Folge. Abb. 4-E4 zeigt für laminare und turbulente Strömung die Verläufe der mittleren Geschwindigkeiten an einer Begrenzungswand. Der Bereich, in dem die Fluidgeschwindigkeit in Wandnähe auf null abfällt, heißt auch *Strömungsgrenzschicht*.

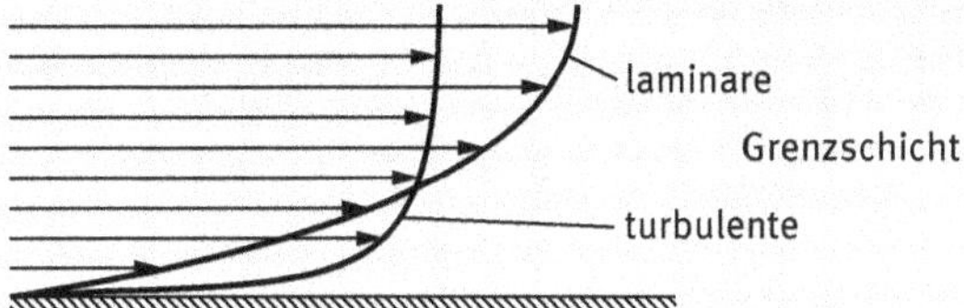

Abb. 4-E4: Strömungsprofile bei laminarer und turbulenter Grenzschicht

Bei der turbulenten Strömung bewegen sich zusammenhängende Bereiche von Fluidteilchen, sogenannte *Turbulenzballen*, infolge ihrer Massenträgheit durch das Fluid und geben ihre Energie durch Impulsaustausch weiter, wobei sie sich gleichzeitig auflösen. Eine turbulente Strömung ist also durch *Trägheitskräfte* geprägt. Die starke Konvektion begünstigt die Vermischung in Längs- und Querrichtung und fördert damit Wärme- und Stofftransportvorgänge in Strömungen und vor allem an den Begrenzungswänden.

Die turbulente Strömung bewirkt aber nicht nur makroskopische Konvektionsbewegungen, sondern intensive Durchmischung selbst kleinster Volumenbereiche bis herunter in molekulare Dimensionen (Mikrovermischung), was insbesondere für die Geschwindigkeit chemischer Reaktionen wichtig sein kann. *Kolmogoroff* [7] hat festgestellt, dass die Abmessungen ℓ^* der Mikrowirbel in einer gleichmäßig turbulenten Strömung umso kleiner werden, je höher der massebezogene Leistungseintrag und je kleiner die kinematische Viskosität sind:

$$\ell^* = \nu_L^{\frac{3}{4}} \cdot \left(\frac{P}{\dot{m}}\right)^{-\frac{1}{4}} \tag{4-C}$$

c als Einflussgröße eliminieren:

$$\mathrm{Re} = \frac{c \cdot d_P \cdot \rho_L}{\eta_L}$$

$$\zeta_W = \frac{4}{3}\frac{d_P \cdot g}{c^2}\left(\frac{\rho_P}{\rho_L} - 1\right) \quad \text{umgestellt aus Gl. (4.7)}$$

$$\mathrm{Re}^2 \cdot \zeta_W = \left(\frac{c \cdot d_P \cdot \rho_L}{\eta_L}\right)^2 \cdot \frac{4}{3} \cdot \frac{d_P \cdot g}{c^2}\left(\frac{\rho_P}{\rho_L} - 1\right)$$

$$\mathrm{Re}^2 \cdot \zeta_W = \frac{4}{3} \cdot \frac{d_P^3 \cdot g \cdot (\rho_P - \rho_L) \cdot \rho_L}{\eta_L^2}$$

Der konstante Faktor 4/3 kann bei der dimensionslosen Betrachtung weggelassen werden. Durch die Bildung des Produktes $\mathrm{Re}^2 \cdot \zeta_W$ eliminiert man die Geschwindigkeit c und erhält eine dimensionslose Kennzahl, die *Archimedes-Zahl* Ar, die lediglich Stoffdaten und Partikeldurchmesser enthält:

$$Ar = \frac{d_P^3 \cdot g \cdot (\rho_P - \rho_L) \cdot \rho_L}{\eta_L^2} \tag{4.11}$$

Zwischen *Archimedes*-Zahl und *Reynoldszahl* wiederum besteht ein funktionaler Zusammenhang, der sich nach *Zogg* [8] durch eine empirische Korrelation beschreiben lässt:

$$Re = 18 \cdot \left[\sqrt{1 + \frac{\sqrt{Ar}}{9}} - 1 \right]^2 \tag{4.12}$$

Die gesuchte Sinkgeschwindigkeit c errechnet sich dann einfach aus der Definitionsgleichung für Re, ohne dass eine Iteration erforderlich wäre

$$c = \frac{Re \cdot \eta_L}{d_P \cdot \rho_L} \tag{4.13}$$

Die in diesem Kapitel hergeleiteten Gleichungen gelten prinzipiell für alle Arten disperser Elemente, also nicht nur für Feststoffteilchen, sondern auch für Tropfen und Blasen. Für Letztere können unter bestimmten Voraussetzungen allerdings Korrekturen erforderlich sein, die im Folgenden beschrieben werden.

Sehr kleine Blasen und Tropfen (unterhalb von ca. 0,1 mm Durchmesser) verhalten sich wie starre Kugeln. Mit zunehmender Größe macht sich allerdings bemerkbar, dass ihre Grenzfläche beweglich ist. Durch die entstehenden Zirkulationsströmungen (Abb. 4.3) sinken die an der Grenzfläche wirksamen Schergefälle und damit auch die Reibungskräfte an der Phasengrenze. Eine Kugelblase aus Luft steigt also schneller in Wasser auf als eine starre Kugel gleicher Größe und Dichte. *Levich* [9] gibt hierfür folgende Korrekturformel an:

$$c_{H.R.} = \frac{d_P^2 \cdot g \cdot (\rho_P - \rho_L)}{18 \cdot \eta_L} \cdot \left[\frac{1 + \frac{\eta_P}{\eta}}{\frac{2}{3} + \frac{\eta_P}{\eta}} \right] \tag{4.14}$$

Der erste Teil der Gleichung entspricht der Stokes-Formel (Gl. 4.9). Der Klammerausdruck wird auch *Hadamard-Rybczynski-Korrektur* genannt, er enthält die dynamischen Viskositäten der dispersen Phase η_P und der kontinuierlichen Phase η. Je

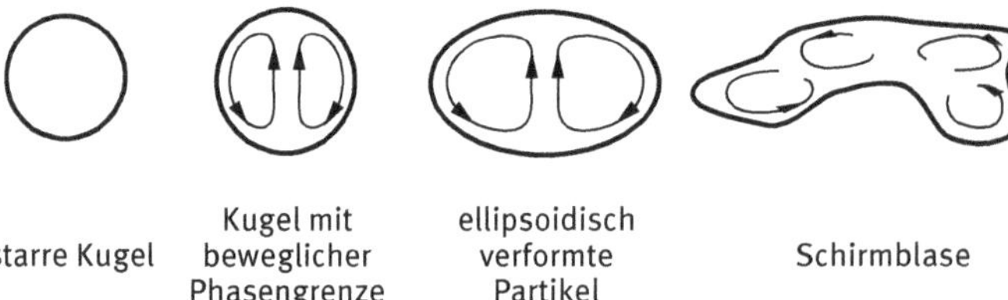

Abb. 4.3: Blasen- und Tropfenformen

kleiner die Viskosität der dispersen Phase in Relation zur kontinuierlichen Phase ist, desto stärker wirkt sich der Effekt aus. Der maximale Korrekturfaktor wird bei verschwindend kleiner Partikelviskosität 1,5. Hat dagegen die disperse Phase eine hohe Viskosität und die kontinuierliche Phase eine niedrige, z. B. bei der Bewegung von Flüssigkeitstropfen in Gasen, so ist der Korrekturfaktor nahezu gleich 1.

Grundlegende Voraussetzung zur Anwendung aller Gleichungen in diesem Kapitel ist die Kugelform der Partikeln. Weicht die Partikelform von der Kugelform ab, so wird die Sinkbewegung fast immer langsamer, da sich bewegte Partikel in einer Strömung so ausrichten, dass sie ihr den maximalen Widerstand entgegensetzen. Je größer der *Formfaktor* (vgl. Kap. 2) einer Partikel, desto geringer ist in der Regel ihre Sinkgeschwindigkeit in Relation zu einer Kugel gleichen Volumens.

Bei der Bewegung von Blasen und Tropfen in Fluiden beobachtet man ab einer bestimmten *Grenz-Reynoldszahl* einen steilen Anstieg des Widerstandsbeiwertes. Dieser Anstieg ist auf eine Verformung der Blasen- bzw. Tropfen zurückzuführen, die mit zunehmender Größe und Relativgeschwindigkeit zum umgebenden Medium die Form eines Rotationsellipsoid annehmen, deren längere Hauptachse quer zur Strömung orientiert ist. Bei der Blasenbewegung können nahezu flache Scheiben oder gewölbte *Schirmblasen* entstehen (Abb. 4.3) Zusätzlich werden periodische Pulsationen und schraubenförmige Bahnen solcher Partikeln beschrieben [6]. Die *Grenz-Reynoldszahl* liegt etwa im Bereich $100 < \mathrm{Re} < 1000$ und ist vor allem von der Grenzflächenspannung zwischen dispersem und kontinuierlichem Medium abhängig: Je kleiner die Grenzflächenspannung, desto eher können sich die Blasen und Tropfen verformen und desto früher (bei kleineren Re-Zahlen) tritt die Widerstandserhöhung ein.

4.1.2 Ölabscheider

Bei bekannter Sinkgeschwindigkeit von Partikeln, die sich in einem strömenden Fluid bewegen, lassen sich leicht entsprechende *Abscheideflächen* berechnen. Diese legen letztlich die Apparategrößen fest. Am einfachen Beispiel eines Ölabscheiders soll diese Vorgehensweise aufgezeigt werden.

Ein einfacher, kontinuierlich durchströmter Ölabscheider (Abb. 4.4) arbeitet in der Weise, dass ein mit größeren Öltröpfchen verschmutztes Abwasser mit geringer Strömungsgeschwindigkeit von oben nach unten, also in Richtung des Schwerefeldes, durch einen Schacht geleitet wird. Da Öl eine geringere Dichte aufweist als Wasser, können die Öltröpfchen hierbei aufschwimmen und sich an der höchsten Stelle des Schachtes sammeln, wo das Öl manuell entfernt (bei kleiner angesammelter Menge) oder kontinuierlich abgeführt wird.

Ein solcher Abscheider wird nun in der Weise dimensioniert, dass sein Querschnitt groß genug ist, um bei der anfallenden Abwassermenge eine genügend langsame Strömungsgeschwindigkeit zu gewährleisten. Diese muss geringer sein als die Steiggeschwindigkeit der Öltröpfchen, weil diese sonst mit der Strömung von oben

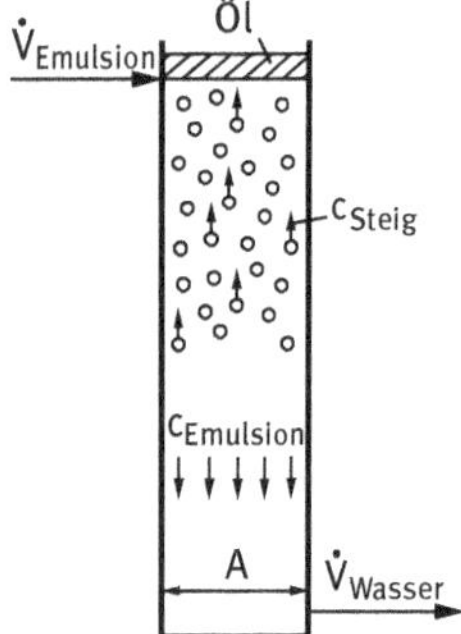

Abb. 4.4: Modell eines Ölabscheiders

nach unten mitgeschleppt würden. Ist also die Sinkgeschwindigkeit (hier: Steiggeschwindigkeit!) der Tropfen bekannt, lässt sich umgekehrt der nötige Abscheidequerschnitt bestimmen.

Angenommen, der Abscheider aus Abb. 4.4 würde mit einer Öl-Wasser-Emulsion von oben nach unten durchströmt. Der Volumenstrom der Emulsion (Durchsatz) sei bekannt. Dann müssten die Öltröpfchen, um aufsteigen zu können, eine höhere Steiggeschwindigkeit haben als die Strömungsgeschwindigkeit des Wassers.

Strömt das Wasser mit der gleichen Geschwindigkeit abwärts wie die Tropfen aufsteigen, ergibt sich ein scheinbarer Schwebezustand der Tropfen. Daraus errechnet sich bei bekannter Steiggeschwindigkeit c_{Steig}:

$$c_{\text{Emulsion}} = \frac{\dot{V}_{\text{Emulsion}}}{A} = c_{\text{Steig}} \tag{4.15}$$

mit A als gesuchter Mindest-Abscheidefläche, die in diesem Beispiel die Grundfläche des Steigrohres darstellt:

$$A_{\text{min}} = \frac{\dot{V}_{\text{Emulsion}}}{c_{\text{Steig}}} \tag{4.16}$$

Die Gültigkeit dieser Gleichung ist allerdings beschränkt auf solche Emulsionen, bei denen der Volumenanteil der dispersen Phase vernachlässigbar klein ist. Lässt sich hier z. B. der Ölanteil nicht vernachlässigen, dann wird der Wasservolumenstrom im Ablauf an der Unterseite kleiner sein als der zufließende Emulsionsvolumenstrom, da das Öl ja abgeschieden wurde. Für den Vergleich von Steiggeschwindigkeit und Strömungsgeschwindigkeit ist dann natürlich der kleinere Wasservolumenstrom anzusetzen. In gleicher Weise geht man auch bei anderen Phasen-Trennapparaten vor: der zur Berechnung der Abscheidefläche herangezogene Volumenstrom ist grundsätzlich der Volumenstrom der geklärten Flüssigkeit im Ablauf oder Überlauf.

Zur Berechnung des Ablaufstroms führt man eine Bilanzierung durch (vgl. Kap.3):

Gesamtbilanz:

$$\dot{V}_{\text{Emulsion}} = \dot{V}_{\text{Wasser}} + \dot{V}_{\text{Öl}} \tag{4.17}$$

Ölbilanz:

$$\dot{V}_{Emulsion} \cdot c_{v,Öl} = \dot{V}_{Öl} \tag{4.18}$$

Die Ölbilanz wird sehr einfach, da man den Ablaufstrom als ölfrei und das abgeschiedene Öl als wasserfrei annehmen kann. Dies führt zum Ergebnis:

$$\dot{V}_{Wasser} = \dot{V}_{Emulsion} - \dot{V}_{Öl} = \dot{V}_{Emulsion} - \dot{V}_{Emulsion} \cdot c_{v,Öl}$$
$$\dot{V}_{Wasser} = \dot{V}_{Emulsion}(1 - c_{v,Öl}) \tag{4.19}$$

Damit wird die Abscheidefläche des Ölabscheiders:

$$A_{min} = \frac{\dot{V}_{Emulsion} \cdot (1 - c_{v,Öl})}{c_{Steig}} \tag{4.20}$$

Der Quotient $\frac{\dot{V}}{A}$ hat die Dimension einer Geschwindigkeit und ist auch als *spezifische Flächenbelastung* oder *Klärflächenbelastung* eines Abscheiders bekannt. Für $\dot{V}$ verwendet man gewöhnlich den Volumenstrom des gereinigten Abstroms. Die maximale Klärflächenbelastung entspricht der Sink- bzw. Steiggeschwindigkeit der kleinsten abzutrennenden Partikel.

Dieses grundsätzliche Rechenprinzip gilt für eine große Zahl von mechanischen Abscheidern. Das Schwerkraft-Abscheideprinzip funktioniert allerdings nur bei ausreichend großen Öltropfen. Bei sehr kleinen Öltröpfchen ergeben sich nach Gl. (4.9) extrem kleine Steiggeschwindigkeiten (ca. 1 mm/s bei 100 µm, aber nur 40 mm/h bei 10 µm). Mit einem Zehntel des Tropfendurchmessers errechnet sich nach Stokes nur noch ein Hundertstel der Steiggeschwindigkeit! Hieraus ergeben sich unrealistische Abscheiderdimensionen. In der Praxis werden solche feindispersen Emulsionen über Zentrifugalseparatoren getrennt.

4.1.3 Sedimenter

In gleicher Weise lässt sich die Klärfläche eines Sedimenters berechnen, der zur Klärung (Reinigung der Flüssigkeit) oder zum Eindicken (Aufkonzentrieren des Feststoffs) einer Suspension dient. Die Suspension wird in einem solchen Apparat (Abb. 4.5) unterhalb des Flüssigkeitsspiegels zugegeben. Ob eine Partikel aus der Suspension in den *Aufstrom* oder in den *Abstrom* gelangt, entscheidet sich bereits in der Höhe des Suspensionseinlaufs. In den *Aufstrom*, der dem Überlaufvolumenstrom $\dot{V}_Ü$ entspricht, gelangen nur solche Partikeln, deren Sinkgeschwindigkeit kleiner ist als die Steiggeschwindigkeit des Aufstroms. Daher lässt sich die Klärfläche A_K analog zum Ölabscheider im vorigen Abschnitt (Gl. 4.20) berechnen zu

$$A_K = \frac{\dot{V}_Ü}{c_{Sink}} \tag{4.21}$$

Zur Berechnung des Überlaufstroms wird wieder eine Bilanzierung durchgeführt:

Gesamtbilanz:

$$\dot{V}_T = \dot{V}_Ü + \dot{V}_{Sch} \tag{4.22}$$

Feststoffbilanz:

$$\dot{V}_T \cdot c_T = \dot{V}_{Sch} \cdot (1 - \varphi) \tag{4.23}$$

Die Feststoffbilanz enthält im Gegensatz zu Gl. (4.18) zusätzlich die Restfeuchte φ des abgezogenen Schlamms. Grund ist, dass der Feststoff aus einem Sedimenter nicht trocken abgezogen werden kann, sondern als förderfähiger Schlamm, der immer eine nennenswerte Flüssigkeitsmenge (Restfeuchte) mitführt. Der *Abstrom* unterhalb des Zugabepunktes in Abb. 4.5 entspricht dem Schlammvolumenstrom $\dot{V}_{Sch}$, der aus dem Sedimenter abgezogen wird.

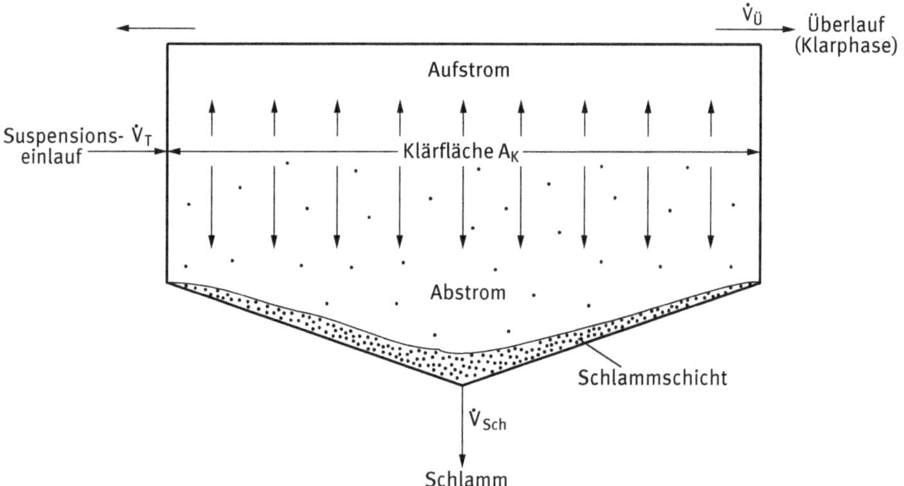

Abb. 4.5: Modell eines Sedimenters

Damit ergibt sich

$$\dot{V}_{Sch} = \dot{V}_T \cdot \frac{c_T}{(1 - \varphi)} \tag{4.24}$$

$$\dot{V}_Ü = \dot{V}_T - \dot{V}_{Sch} = \dot{V}_T \cdot \left[1 - \frac{c_T}{(1 - \varphi)}\right] \tag{4.25}$$

Soll der Feststoff vollständig abgetrennt werden, so ist die Sinkgeschwindigkeit der kleinsten in der Trübe enthaltenen Partikel zur Berechnung der Sinkgeschwindigkeit heranzuziehen.

Da Sinkgeschwindigkeiten und Flüssigkeitsgeschwindigkeiten besonders in Klärbecken sehr klein sind, andererseits aber sehr große Klärflächen verwendet werden

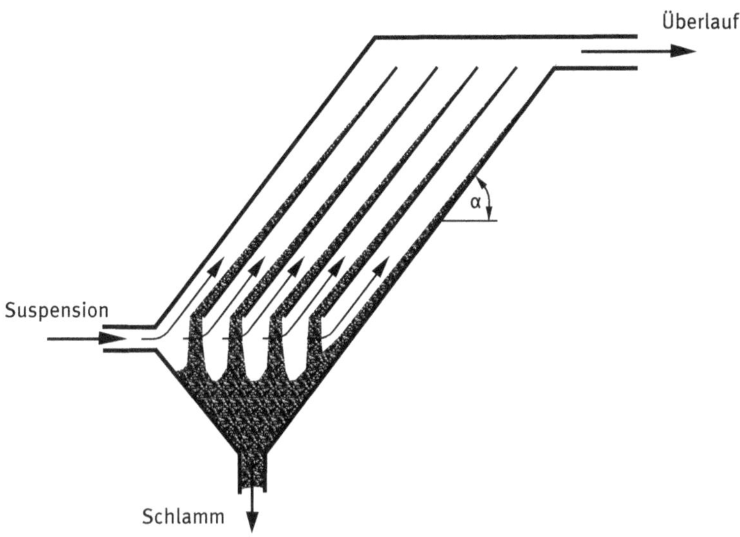

Abb. 4.6: Lamellenklärer

können, wirken sich Sekundärströmungen im Becken, z. B. hervorgerufen durch zu schnellen Flüssigkeitszulauf, asymmetrischen Überlauf der Klarphase oder Windbewegung der Oberfläche, sehr nachteilig auf das Abscheideergebnis aus. Rundeindicker können Durchmesser bis zu 130 m erreichen!

Der Flächenbedarf von Schwerkraftsedimentern lässt sich beträchtlich verkleinern, und auch die im vorigen Absatz beschriebenen Probleme lassen sich vermeiden, wenn man mehrere Klärflächen mit einem Neigungswinkel α schräg übereinander anordnet und diese in einem geschlossenen Gehäuse unterbringt (Abb. 4.6). Diese Bauart wird *Lamellenklärer* genannt. Die Suspension durchströmt das Lamellenpaket von unten nach oben (Gegenstromausführung). Die Feststoffpartikeln sedimentieren auf die Oberseite der Lamellen und rutschen dort durch die Schwerkraft nach unten, wo sie in einem Abzugtrichter gesammelt werden. Von dort wird der Feststoff als Schlamm ausgetragen. Die geklärte Flüssigkeit verlässt den Apparat als Überlauf an der Oberseite.

Da die Partikeln in der Vertikalen sedimentieren, ist die Klärfläche eines Lamellenklärers natürlich um den Faktor $\cos\alpha$ kleiner als die entsprechende Fläche eines waagrechten Klärbeckens. Zum Ausgleich hierfür lassen sich aber praktisch beliebig viele Lamellenbleche n übereinander anordnen, und die effektive Abscheidefläche wird

$$A_{eff} = A_K \cdot n \cdot \cos\alpha \tag{4.26}$$

und mit den Gln. (4.21) und (4.25):

$$A_{eff} = \frac{\dot{V}_T}{c_{Sink}} \cdot \left[1 - \frac{c_T}{(1-\varphi)}\right] \cdot n \cdot \cos\alpha \tag{4.27}$$

Der Neigungswinkel α muss ausreichend groß gewählt werden, damit die Partikeln auf den Lamellenblechen sicher abrutschen können. Der minimale Abstand der Lamellenbleche richtet sich u. a. nach dem Feststoffgehalt der Trübe; in der Praxis werden meist Abstände von ca. 50 mm ausgeführt.

Die Sinkgeschwindigkeit, die je nach Re-Zahl mit Hilfe der Gln. (4.7) bis (4.13) bestimmt werden kann, gilt für die ungestörte Umströmung einer Kugel in unendlich ausgedehntem Fluid. Man kann sich leicht vorstellen, dass diese Bedingungen in einem Sedimenter nicht immer erfüllt sind. Mit zunehmender Volumenkonzentration beginnen sich die Partikeln vielmehr gegenseitig zu beeinflussen. Abb. 4.7 zeigt den prinzipiellen Verlauf der sogenannten *Schwarmsinkgeschwindigkeit* in Abhängigkeit vom Volumenanteil der Suspension, der von vielen Forschern untersucht worden ist [6]. Das Verhältnis der Schwarmsinkgeschwindigkeit c_{SS} zur Einzelkornsinkgeschwindigkeit c_S ist ein Maß für die gegenseitige Beeinflussung der Partikeln.

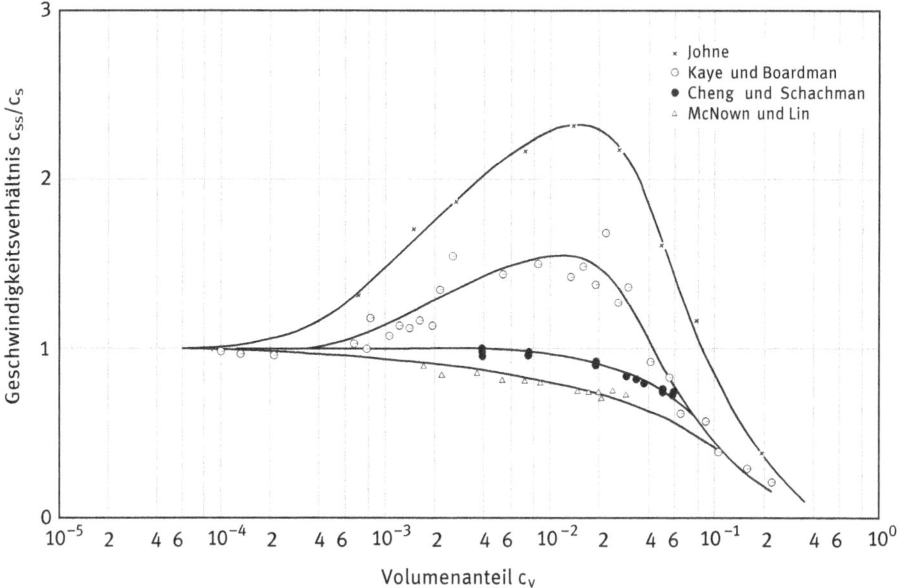

Abb. 4.7: Geschwindigkeitsverhältnis als Funktion des Feststoffvolumenanteils (nach [6])

Das Geschwindigkeitsverhältnis c_{SS}/c_S (Schwarmsinkgeschwindigkeit/Einzelkornsinkgeschwindigkeit) kann bereits für $c_V > 0{,}0001$ von 1 abweichen. Zunächst ergeben sich in den meisten Fällen Geschwindigkeitsverhältnisse über 1, was bedeutet, dass c_{SS} schneller ist als die Bewegung des Einzelkorns; die Folge einer Art „Windschatteneffekt“, da sich die Grenzschichten um die benachbarten Partikel vorteilhaft überlagern. Bei Volumenanteilen über 0,1 zeigen Suspensionen das typische *Schwarmsinkverhalten*: Die mehr oder weniger im Verband absinkenden Partikeln verdrängen ein entsprechendes Fluidvolumen in entgegengesetzter Richtung, das die Partikelbewegung abbremst und auch Sinkgeschwindigkeitsunterschiede infolge Partikelgröße oder -form fast gänzlich nivelliert.

Der Kurvenverlauf in Abb. 4.7 ist nur beispielhaft zu verstehen. Die Ergebnisse an verschiedenartigen Suspensionen sind nicht immer einheitlich; es ist mit stark unterschiedlichen Verhaltensweisen zu rechnen. Dies führt dazu, dass bei der Auslegung von Sedimentern fast immer Labortests mit der Originalsuspension erforderlich sind, um die tatsächliche Schwarmsinkgeschwindigkeit zuverlässig zu ermitteln.

4.1.4 Windsichter

Sichter dienen zur Klassierung von Kornkollektiven in Grob- und Feinfraktionen oder auch Fraktionen unterschiedlicher Dichte, weshalb sie u. a. in Recyclingprozessen häufig zum Einsatz kommen, um z. B. Kunststoff- und Metallpartikeln zu trennen. Das einfachste Sichtprinzip ist das des *Schwerkraft-Gegenstromsichters*. Er besteht im einfachsten Fall aus einem senkrechten Rohr, in dem ein Luftstrom aufwärts geführt wird. Das zu sichtende Kollektiv wird seitlich zudosiert. Das Prinzip dieses *Steigrohrsichters* ist in Abb. 4.8 skizziert.

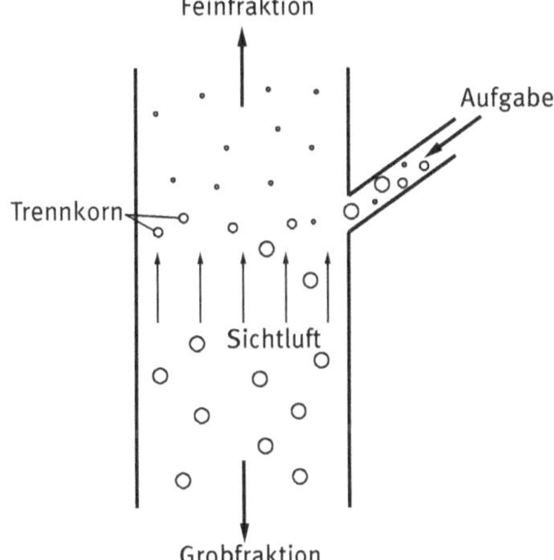

Abb. 4.8: Modell eines Windsichters

Schwerkraftsichter erlauben aufgrund der geringen Abscheidekräfte nur Trennkorngrößen oberhalb von ca. 100 µm. Durch das Gegenstromprinzip sammelt sich das Trennkorn theoretisch in der Sichtzone an (*akkumulierender* Sichter), was die ohnehin geringe Trennschärfe weiter vermindert. Solche Sichter eignen sich daher gut für Zweistofftrennungen oder die Trennung von Kornkollektiven mit *bimodaler Verteilung* (zwei Häufigkeitsmaxima), beispielsweise Entstaubung gröberer Körner.

Akzeptable Trennschärfen werden bei Steigrohrsichtern nur erreicht, wenn nicht zu viel Aufgabegut in den Luftstrom dosiert wird. Ein Richtwert für die maximale Beladung eines solchen Apparates ist ([10, 11])

$$x^*_{max} = 0{,}5 \,\frac{\text{kg Aufgabegut}}{\text{m}^3 \text{ Sichtluft}} \tag{4.28}$$

Anhand eines gegebenen Aufgabemassenstroms lässt sich mit Hilfe dieses Wertes der notwendige Sichtluftstrom berechnen:

$$\dot{V}_{Sichtluft} = \frac{\dot{m}_{Aufgabegut}}{x^*_{max}} \tag{4.29}$$

Die Grundfläche des Steigrohres berechnet sich dann analog Gl. (4.16) zu

$$A_{Steigrohr} = \frac{\dot{V}_{Sichtluft}}{c_{Sink}} \tag{4.30}$$

wobei c_{Sink} aufgrund der vergleichsweise groben Partikeln (hohe Re-Zahl!) mit Hilfe der Archimedes-Zahl (Gln. 4.11 bis 4.13) berechnet werden sollte.

4.1.5 Staubkammer

Bei einer Staubkammer handelt es sich um einen Schwerkraft-*Querstromabscheider*, d. h. das herrschende Kraftfeld ist quer zur Hauptströmungsrichtung orientiert. Staubkammern dienen zur Vorabscheidung grobkörniger bzw. schwerer Partikeln, z. B. nach metallurgischen Prozessen. Sie eignen sich auch als *Querstromsichter*, d. h. es ist eine *Auffächerung* des Aufgabegutkollektivs nach Korngrößen oder Dichten möglich. Die abzutrennenden Korngrößen liegen in der Regel oberhalb von 100 µm.

Abb. 4.9 zeigt das Prinzipbild eines solchen Abscheiders. Im ungünstigsten Fall tritt eine Staubpartikel am oberen Rand des Abscheiders ein, so dass sie zur Abscheidung die volle Kammerhöhe H durchlaufen muss. Ihre *Absinkzeit* beträgt somit

$$t_{Sink} = \frac{H}{c_{Sink}} \tag{4.31}$$

Gleichzeitig wird sie vom Luftstrom über die Kammerlänge L transportiert, durchläuft also insgesamt die in Abb. 4.9 gestrichelt eingezeichnete Linie. Die *Verweilzeit* beträgt

$$t_V = \frac{L}{c_{Luft}} = \frac{L \cdot B \cdot H}{\dot{V}_{Luft}} \tag{4.32}$$

Für Trennkorn mit einer Sinkgeschwindigkeit von c_{Sink} gilt $t_{Sink} = t_V$. Damit wird wieder

$$\frac{H}{c_{Sink}} = \frac{L \cdot B \cdot H}{\dot{V}_{Luft}}$$

$$A_{Kammer} = L \cdot B = \frac{\dot{V}_{Luft}}{c_{Sink}} \tag{4.33}$$

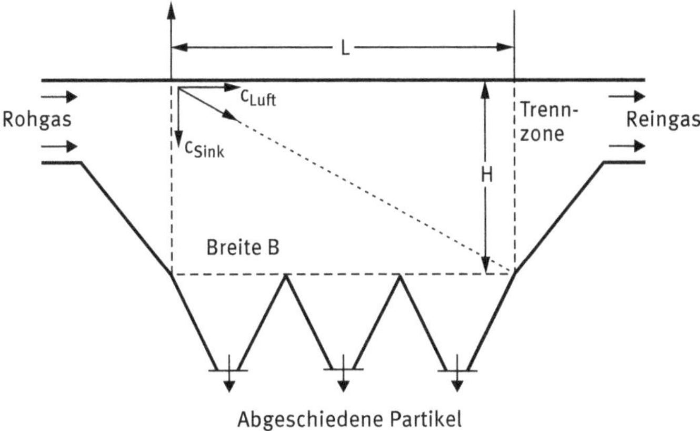

Abb. 4.9: Modell einer Staubkammer

Auch bei Querstromabscheidern gilt also die gleiche Beziehung zur Berechnung der Abscheidefläche wie bei den bisher besprochenen Gegenstromabscheidern (z. B. Gl. 4.30). Die Höhe der Abscheidekammer beeinflusst das Abscheideergebnis gemäß Gl. (4.33) zunächst nicht. Zu berücksichtigen ist allerdings, dass die Partikeln in der Realität über den Eingangsquerschnitt verteilt eintreten und daher im Mittel eine kürzere Absinkzeit benötigen.

Auch bei einer Staubkammer kann c_{Sink} in den meisten Fällen nicht mit Hilfe der Stokes-Gleichung (4.9) berechnet werden, sondern ist aufgrund der hohen Re-Zahlen über die Archimedes-Zahl (Gln. 4.11 bis 4.13) zu ermitteln.

4.1.6 Nassstromklassierung

Das Prinzip der Stromklassierung in flüssiger Phase ähnelt dem Prinzip des Windsichtens. In der *Aufbereitungstechnik*, also der Verarbeitung von Bergbauprodukten, ist die Nassstromklassierung weit verbreitet. Da Bergbauprodukte meist nicht nur aus einem Mineral, sondern oft aus miteinander verwachsenen Mischungen unterschiedlicher Minerale bestehen, handelt es sich hierbei um Trüben, deren Feststoffbestandteile sowohl unterschiedliche Korngrößen als auch unterschiedliche Dichten und Kornformen aufweisen. Ein Stromklassierer kann solche Kornkollektive dann nicht mehr streng nach der Korngröße klassieren, sondern es entstehen sogenannte *Gleichfälligkeitsklassen*, also Kornklassen mit gleicher Sinkgeschwindigkeit in dem betreffenden Medium.

In der Aufbereitungstechnik arbeitet man meist mit Trennkorngrößen unterhalb von 1 mm und hohen Feststoffgehalten in der Trübe. Wie bei der Sedimentation muss also auch hier das Schwarmsinkverhalten der Partikeln in Rechnung gestellt werden.

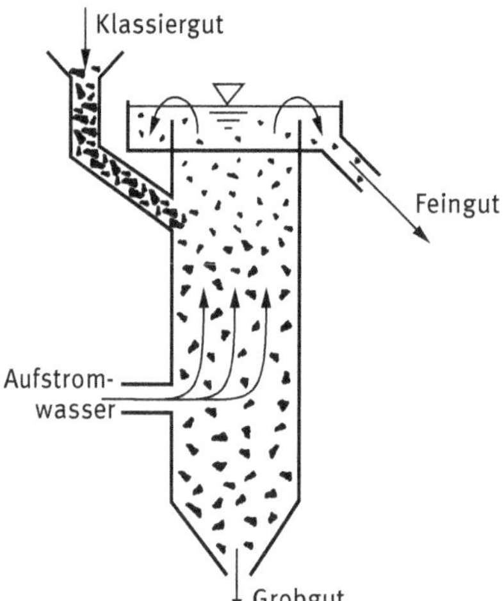

Abb. 4.10: Aufstromklassierer

Vertikalstromklassierer entsprechen vom Wirkprinzip her den Steigrohrsichtern bei der Windsichtung. Im Unterschied zu den Steigrohrsichtern wird das zu klassierende Kollektiv jedoch im nassen Medium, meist Wasser, suspendiert zugegeben. Hieraus ergeben sich zwei mögliche Betriebsweisen.

Die reinen *Hydroseparatoren* trennen ähnlich wie Sedimenter im eigenen Aufstrom, d. h. es wird kein Zusatzwasser verwendet. Sie stellen somit unterdimensionierte Sedimenter dar, bei denen zur Berechnung der maßgeblichen Sinkgeschwindigkeit nicht die kleinste vorkommende Korngröße, sondern Korngröße und/oder Dichte des angestrebten Trennkorns eingesetzt werden. Die erreichbare Trennschärfe solcher Apparate ist ausgesprochen schlecht.

Aufstromklassierer verwenden zusätzliches *Aufstromwasser* zur Klassierung des Feststoffs (Abb. 4.10). Körner, deren Sinkgeschwindigkeit kleiner ist als die Aufstromgeschwindigkeit, können nicht mehr ins Grobgut gelangen, was die Trennschärfe gegenüber den Hydroseparatoren deutlich verbessert. Der Betrieb des Klassierers wird darüber hinaus unabhängiger von Schwankungen des Aufgabegutstroms, auch hierdurch wird die erzielbare Trennschärfe erhöht.

Aufstromklassierer stellen Schwerkraft-Gegenstromklassierer mit Akkumulation des Grenzkorns im Aufgabebereich dar. *Horizontalstromklassierer* sind dagegen *auffächernde* Stromklassierer nach dem Schwerkraft-Querstromprinzip. Die sogenannten *Spitzkästen* funktionieren vom Prinzip her ähnlich wie die im vorigen Kapitel beschriebenen Staubkammern. Die Verwendung dieses Prinzips als Klassierapparat hat allerdings eine besonders schlechte Trennschärfe zur Folge. Feine Partikeln, die im Bereich des Eintritts z. B. durch Turbulenzen in Bodennähe gelangen, werden genauso abgetrennt wie grobe Partikeln, die sich anfänglich an der Abscheideroberseite befinden.

Durch mehrstufige Ausführung kann die Trennschärfe aller beschriebenen Stromklassierer erheblich verbessert werden.

4.2 Trennung im Fliehkraftfeld

4.2.1 Partikelbewegung im Zentrifugalfeld

Im Zentrifugalfeld lassen sich Trennprozesse erheblich effizienter und schneller gestalten als im Schwerefeld, da die Abscheidekräfte um ein Vielfaches größer sein können. Generell lassen sich so die Verweilzeiten erheblich verkürzen und damit die Apparategrößen verringern; es lassen sich Trennkorngrößen bis herunter zu 1 µm und weniger realisieren, und selbst die Trennung von Gemischen mit sehr geringen Dichteunterschieden wird noch möglich.

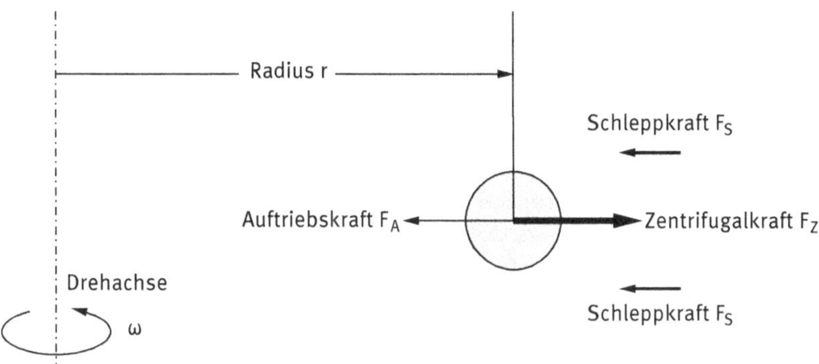

Abb. 4.11: Kräftegleichgewicht im Zentrifugalfeld

Das Kräftegleichgewicht für die Partikelbewegung im Zentrifugalfeld ist vergleichbar mit dem im Schwerefeld (Abb. 4.11). Zusätzlich zur Gewichtskraft F_G wirkt nun die Zentrifugalkraft F_Z auf die Partikeln. Diese beträgt üblicherweise ein so hohes Vielfaches der Gewichtskraft, dass Letztere kaum noch eine Rolle spielt und vernachlässigt wird:

$$F_S = F_Z - F_A \tag{4.34}$$

Das Verhältnis von Zentrifugalkraft zu Gewichtskraft beträgt

$$z = \frac{F_Z}{F_G} = \frac{m \cdot r \cdot \omega^2}{m \cdot g} = \frac{r \cdot \omega^2}{g} \tag{4.35}$$

Der Quotient z kennzeichnet also die Vervielfachung der wirksamen Kräfte durch die Zentrifugalkraft gegenüber der Schwerkraft. Ein solcher Quotient ist in unterschiedlichen Teilgebieten der mechanischen Verfahrenstechnik gebräuchlich. Je nach Aufgabenstellung bezeichnet man ihn z. B. in der Zentrifugentechnik als *Schleuderziffer*, beim Siebklassieren als *Siebkennziffer* oder in der Rührtechnik als *Froude*-Kennzahl.

Es wäre nun einfach, in den Berechnungsgleichungen für die Sinkgeschwindigkeit im Falle eines Zentrifugalfeldes die Erdbeschleunigung g durch das Produkt $r\omega^2$

(Zentrifugalbeschleunigung) zu ersetzen. Dann wäre die radiale Geschwindigkeit im Zentrifugalfeld z. B. im *Stokes*-Bereich um den Faktor z höher als die Sinkgeschwindigkeit im Schwerefeld. Leider sind die Verhältnisse in den meisten Zentrifugalabscheidern jedoch viel komplizierter:

– Die Erdbeschleunigung wirkt überall auf der Erde in nahezu gleicher Größe. Zur Erzeugung einer Zentrifugalbeschleunigung radial nach außen ist es dagegen erforderlich, dass sich eine Partikel auf gekrümmter Bahn mit dem Krümmungsradius r und mit einer Umfangsgeschwindigkeit c_u bewegt (Abb. 4.12).

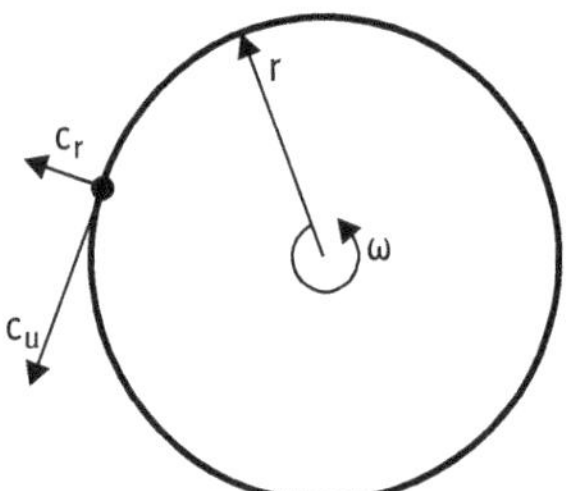

Abb. 4.12: Radialgeschwindigkeit und Umfangsgeschwindigkeit

– Die Umfangsgeschwindigkeit kann auf unterschiedliche Weise erzeugt werden, z. B. durch das Rotieren einer Maschine oder durch Umlenken eines Fluidstroms auf eine kreisförmige Bahn. Dabei ist c_u nicht konstant, sondern verändert sich je nach Gegebenheiten mit dem Bahnradius. Die Umfangsbewegung wird z. B. durch eine mit Winkelgeschwindigkeit ω rotierende Trommel erzeugt, in der der gesamte Fluidinhalt starr mitrotiert (Abb. 4.13 rechts). Die Umfangsgeschwindigkeit im Zentrum ist dann null und steigt mit dem Radius linear nach außen an. Es gilt $c_u = r \cdot \omega$. Alternativ kann eine Drehströmung aber auch durch Umlenkung einer geraden, ebenen Strömung in einem ruhenden Behälter mit kreisförmiger Grund-

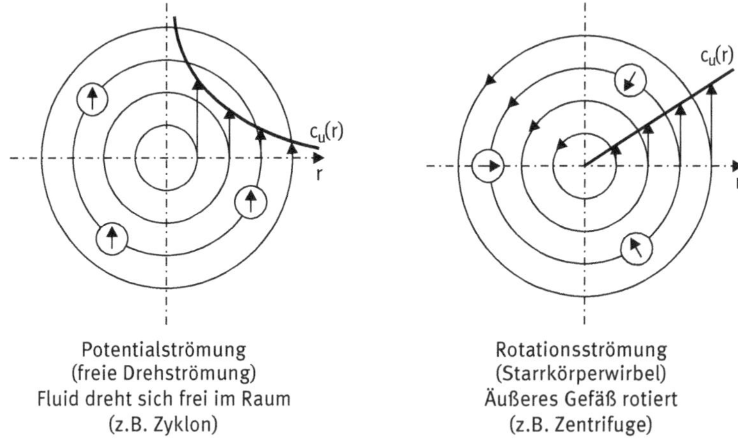

Abb. 4.13: Erzeugung von Umfangsgeschwindigkeitsfeldern

fläche erzeugt werden. In solchen Fällen bildet sich ein *Potentialwirbel* (Abb. 4.13 links). Die Umfangsgeschwindigkeit nimmt in einer solchen freien Drehströmung von innen nach außen hyperbolisch ab. Die Fluidteilchen selbst drehen sich im Gegensatz zur Rotationsströmung nicht mit.

- Während die meisten Sinkbewegungen im Schwerefeld in ruhendem oder sich mit konstanter Geschwindigkeit bewegendem Fluid stattfinden, durchströmt das Fluid in Zentrifugalabscheidern in aller Regel einen zylindrischen Raum, wobei sich die lokale Strömungsgeschwindigkeit ebenfalls mit dem Radius ändert. Strömt das Fluid z. B. von außen in Richtung Zentrum, so wird die Querschnittsfläche, durch die der Volumenstrom hindurchtritt, mit abnehmendem Radius immer kleiner (Abb. 4.14). Die radiale Fluidgeschwindigkeit $c_{r,L}$ vergrößert sich entsprechend gemäß

$$c_{r,L} = \frac{\dot{V}_L}{A} = \frac{\dot{V}_L}{2 \cdot \pi \cdot r \cdot H} \quad \text{für zylindrische Mantelflächen} \tag{4.36}$$

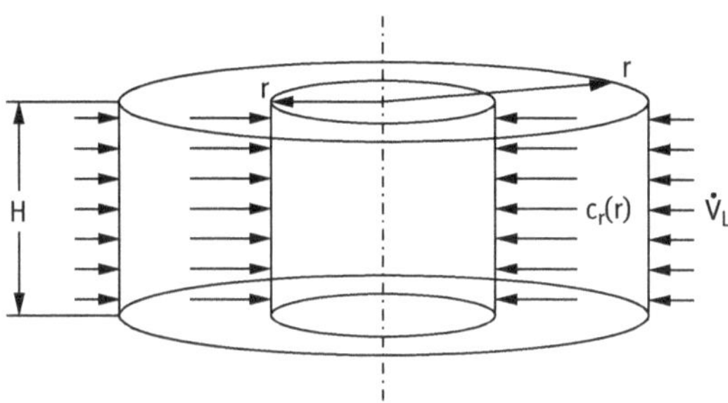

Abb. 4.14: Abhängigkeit der Radialgeschwindigkeit vom Radius

Bewegt sich eine Partikel auf kreisförmiger Bahn mit dem Radius r (Abb. 4.12), so lässt sich ihre radiale Geschwindigkeit $c_{r,P}$ schreiben als

$$c_{r,P}^2 = \frac{4}{3} \frac{d_P}{\zeta_W} \frac{c_u^2}{r} \left(\frac{\rho_P}{\rho_L} - 1 \right) \tag{4.37}$$

Dieser Ausdruck entspricht der allgemeinen Sinkgeschwindigkeitsgleichung (Gl. 4.7), wobei die Erdbeschleunigung g für das Zentrifugalfeld durch den allgemeinen Ausdruck für die Zentrifugalbeschleunigung $c_u{}^2/r$ ersetzt wurde. Nach dem Einsetzen des Widerstandsbeiwertes für den Laminarbereich

$$\zeta_W = \frac{24}{Re_P} \quad \text{für} \quad Re_p < 0{,}1\text{–}1$$
$$\text{mit} \quad Re_P = \frac{c_{r,P} \cdot d_P \cdot \rho_L}{\eta_L} \tag{4.8}$$

ergibt sich die *Stokes*-Gleichung für das Zentrifugalfeld

$$c_{r,P} = \frac{d_P^2 \cdot c_u^2 \cdot (\rho_P - \rho_L)}{18 \cdot \eta_L \cdot r} \quad \text{für} \quad Re_p < 0{,}1\text{–}1 \tag{4.38}$$

In technischen Zentrifugaltrennapparaten überlagern sich die durch Zentrifugalkräfte hervorgerufene Partikelgeschwindigkeit $c_{r,P}$ nach Gl. (4.37) bzw. (4.38) und die radiale Geschwindigkeit $c_{r,L}$ des Fluids nach Gl. (4.36). Beide Geschwindigkeiten hängen vom *Abscheideradius* r ab. Überwiegt an einem gegebenen Radius die Radialgeschwindigkeit der Partikel gemäß Gl. (4.37) oder (4.38), so wird die Partikel durch die Zentrifugalkraft nach außen geschleudert. Überwiegt die radiale Fluidgeschwindigkeit, bewegt sich die Partikel mit dem Fluid nach innen. Für das Trennkorn (Durchmesser d_T), das sich im Gleichgewicht auf einer Kreisbahn mit dem Radius r bewegt, gilt dann

$$c_{r,L} = c_{r,P} \tag{4.39}$$

und mit Gln. (4.36) und (4.38)

$$\frac{\dot{V}_L}{2 \cdot \pi \cdot r \cdot H} = \frac{d_T^2 \cdot c_u^2 \cdot (\rho_P - \rho_L)}{18 \cdot \eta_L \cdot r} \tag{4.40}$$

$$d_T = \frac{3}{c_u} \cdot \sqrt{\frac{\eta_L \cdot \dot{V}_L}{\pi \cdot H \cdot (\rho_P - \rho_L)}} \tag{4.41}$$

Abhängig von der Art der Drehströmung (Rotations- oder Potentialströmung entsprechend Abb. 4.13) ist die Abhängigkeit $c_u(r)$ unterschiedlich. Im Falle des Starrkörperwirbels wird

$$c_u = r \cdot \omega \tag{4.42}$$

und damit

$$d_T = \frac{3}{\omega \cdot r} \cdot \sqrt{\frac{\eta_L \cdot \dot{V}_L}{\pi \cdot H \cdot (\rho_P - \rho_L)}} \tag{4.43}$$

Die Anwendung der Gl. (4.43) setzt die Kenntnis eines *Abscheideradius* r voraus. Die Annahme eines konkreten Abscheideradius ist aber nur möglich, wenn die Trennzone sehr dünn ist. Der Trennkorndurchmesser einer solchen Anordnung (Fluid rotiert starr mit, Fluidbewegung von außen nach innen) ist umgekehrt proportional zum Radius: Je größer der Abscheideradius, desto kleiner der Trennkorndurchmesser.

Die wichtigsten technischen Trennapparate, die nach dem Prinzip des Starrkörperwirbels arbeiten, sind die *Trommelzentrifugen*. Man benötigt demnach zur Abtrennung sehr feiner Partikeln (kleine Trennkorndurchmesser) möglichst große Zentrifugentrommeln.

Wird ein strömendes Fluid durch Umlenkung in eine Drehbewegung gezwungen, bildet sich eine Potentialströmung. Ist diese Potentialströmung mit einer radial nach innen gerichteten *Senkenströmung* überlagert, erfolgt also der Abzug des Fluids im Zentrum der Drehströmung, spricht man von einer *Potentialwirbelsenke* (Abb. 4.15). In einer Potentialwirbelsenke bewegen sich die Fluidteilchen auf logarithmischen Spiralen immer weiter nach innen. Das strömende Fluid behält seinen einmal aufgeprägten Drehimpuls längs der spiraligen Bahn bei, und nach dem Drehimpulssatz gilt

$$\dot{D} = \dot{m} \cdot c_u \cdot r = \text{const.} \tag{4.44}$$

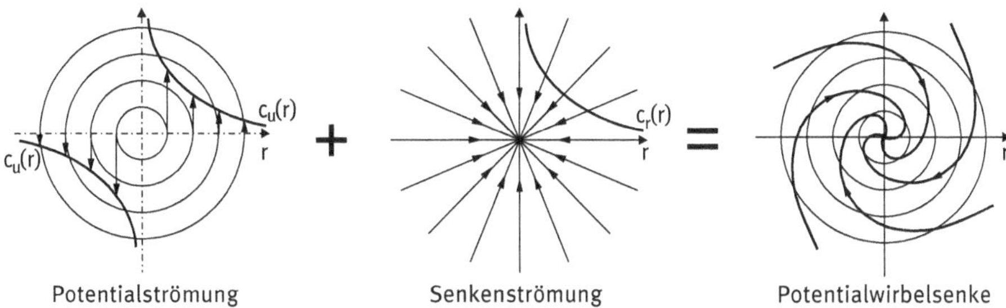

Abb. 4.15: Überlagerung von Potential- und Senkenströmung

Demzufolge muss c_u in gleichem Maße zunehmen, wie r nach innen abnimmt:

$$c_u(r) = \frac{\text{const.}}{r} = \frac{C_{\text{Wirbel}}}{r} \tag{4.45}$$

Die Umfangsgeschwindigkeit c_u in einer freien Drehströmung steigt also nach innen nach einer hyperbolischen Funktion an. Die Konstante C_{Wirbel} legt das gesamte Umfangsgeschwindigkeitsniveau fest und heißt daher auch *Wirbelstärke*.

Setzt man Gl. (4.40) in (4.36) ein, ergibt sich für den Trennkorndurchmesser in einer Potentialwirbelsenke

$$d_T = \frac{3 \cdot r}{C_{\text{Wirbel}}} \cdot \sqrt{\frac{\eta \cdot \dot{V}_L}{\pi \cdot H \cdot (\rho_P - \rho_L)}} \tag{4.46}$$

Der Trennkorndurchmesser einer solchen Anordnung ist also dem Radius direkt proportional: Je größer der Trennradius, desto größer der Trennkorndurchmesser. Technische Trennapparate, die nach diesem Prinzip arbeiten (z. B. Zyklone) müssen zur Abscheidung feiner Partikeln also möglichst kleine Radien aufweisen, d. h. möglichst schlank ausgeführt werden.

4.2.2 Sedimentationszentrifuge

Unter *Zentrifugieren* versteht man das Trennen der Phasen eines dispersen Systems mit Hilfe der Zentrifugalkraft. Zentrales Trennorgan einer *Zentrifuge* oder auch *Schleuder* ist die rotierende *Trommel*, die horizontal oder vertikal angeordnet sein kann. Grundsätzlich unterscheidet man *Sedimentationszentrifugen* mit *Vollmanteltrommel*, die analog zum Schwerkraftsedimenter trennen, sowie *Sieb-* oder *Filterzentrifugen* mit gelochter (Sieb-)Trommel, deren Trennprinzip eher der Filtration ähnelt. Zentrifugen weisen erheblich geringeren Platzbedarf im Vergleich zu Sedimentern oder Filtern auf; man kann hiermit auch schwierige Trennprozesse bei kleinen Partikelgrößen bzw. geringen Dichteunterschieden durchführen. Allerdings sind Zentrifugen kompliziert und teuer; die großen, schnell drehenden Maschinenteile erfordern eine spezialisierte Wartung und unterliegen mechanischem Verschleiß.

Ein einfaches Modell für eine Sedimentationszentrifuge stellt die *Überlaufzentrifuge* (Abb. 4.16) dar. Eine solche Maschine wird für Batchprozesse im Kleinbetrieb eingesetzt. Aber auch die Abscheideflächen der großtechnisch bedeutsamen Bauarten lassen sich prinzipiell nach dem im Folgenden beschrieben *Dünnschichtmodell* berechnen, sofern es sich um eine Vollmanteltrommel handelt und ein Überlauf für das *Zentrifugat* vorhanden ist.

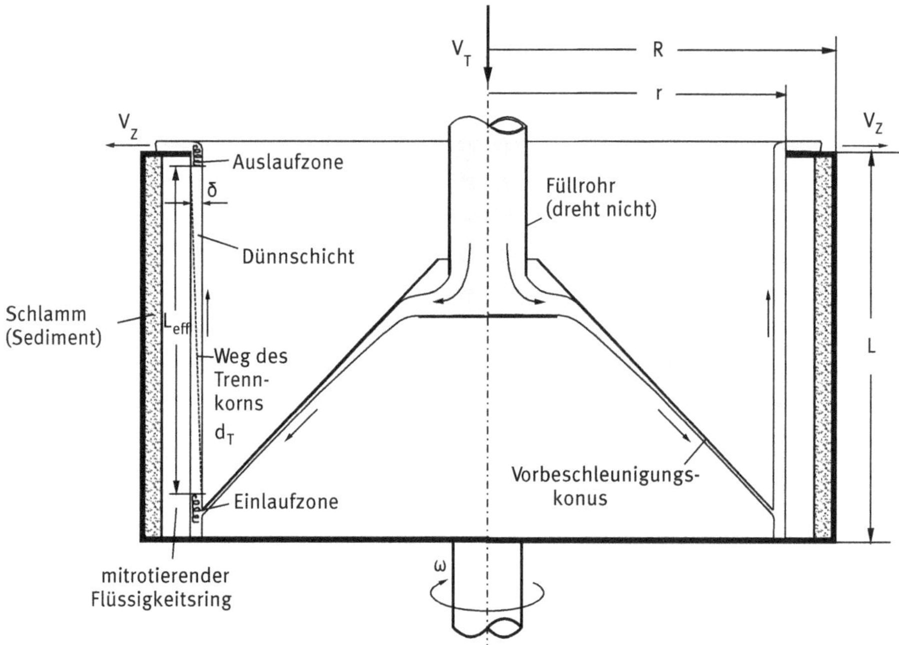

Abb. 4.16: Verhältnisse in einer Überlaufzentrifuge

Die in Abb. 4.16 dargestellte Trommel habe den Trommelradius R und die Trommellänge L. Sie rotiert mit der Winkelgeschwindigkeit $\omega = 2\pi\, n$. Durch das feststehende Füllrohr wird eine Suspension eingefüllt und längs des Vorbeschleunigungskonus auf die notwendige Umfangsgeschwindigkeit gebracht. Infolge der Zentrifugalkräfte werden alle fluiden Bestandteile in radialer Richtung nach außen geschleudert. Der Sammelraum jenseits des Überlaufradius füllt sich mit Suspension. Es liegt eine Rotationsströmung (Starrkörperwirbel) innerhalb der Flüssigkeitsfüllung vor. Im weiteren Verlauf bildet sich auf der mitrotierenden Flüssigkeitsschicht ein dünner Film der Dicke δ, der in axialer Richtung fast die gesamte Trommellänge L durchströmt und über die Überlaufkante aus der Maschine austritt. Die eigentliche Abscheidung der enthaltenen Partikeln findet innerhalb dieser Überlaufschicht mit dem sogenannten *Überlaufradius* r statt. Es liegt bei diesem Apparat also ein konkreter Abscheideradius vor; es gibt keine breite Trennzone mit unterschiedlichen Sedimentationsgeschwindigkeiten.

Abgeschiedene Partikeln gelangen zunächst in die mitrotierende Flüssigkeitsschicht und sammeln sich anschließend als Schlamm im Sammelraum. Die effektive Länge L_{eff} der Überlaufschicht ist kürzer als die Trommellänge L, da Ein- und Auslaufzonen abgezogen werden müssen, in denen keine ungestörte Sedimentation erfolgen kann.

Es wird eine Partikel betrachtet, die am äußersten Innenrand in die Überlaufschicht eintritt. Diese Partikel muss einerseits die Zentrifuge auf der Länge L_{eff} axial durchqueren; andererseits soll sie durch die Schicht mit der Dicke δ hindurchsedimentieren, um in den Sammelraum zu gelangen und abgeschieden zu werden.

Das Trennkorn, also das Korn, das gerade (nicht) abgeschieden wird, weist eine Bahnlinie auf, die schräg durch die Überlaufschicht verläuft (Abb. 4.16). Für diese Partikel gilt die Bedingung

$$\underline{\text{Verweilzeit } t_V = \text{Sedimentationszeit } t_S}$$

Einen sehr ähnlichen Ansatz hatten wir in Kap. 4.1.5 für die Berechnung der Staubkammer gewählt. Die Ähnlichkeit der Ansätze liegt darin begründet, dass es sich in beiden Fällen um Querstromabscheider handelt: bei der Staubkammer um einen Schwerkraft-Querstromabscheider, bei der Überlaufzentrifuge um einen Fliehkraft-Querstromabscheider. Bei allen Querstromabscheidern liegt ein solcher „Wettlauf“ zwischen Verweilzeit im Apparat und „Verschiebezeit“ durch das Kraftfeld vor.

Die Verweilzeit t_V in axialer Richtung wird aus Zentrifugatvolumenstrom und Ringfläche der Dünnschicht wie folgt berechnet:

$$t_v = \frac{L_{eff}}{c_{axial}} \tag{4.47}$$

$$c_{axial} = \frac{\dot{V}_z}{A_{Ring}} = \frac{\dot{V}_z}{2 \cdot \pi \cdot r \cdot \delta} \tag{4.48}$$

$$t_v = \frac{2 \cdot \pi \cdot r \cdot \delta \cdot L_{eff}}{\dot{V}_z} \tag{4.49}$$

Als „effektive Trommellänge“ L_{eff} bezeichnet man den Anteil der gesamten Trommellänge, in dem die Dünnschicht ungestört strömt und nicht durch Umlenkungen, Auslaufeffekte und die damit verbundenen Verwirbelungen ein gleichmäßiges Sedimentieren verhindert wird.

Unter den Voraussetzungen
- „schleichende“ Partikelumströmung (Re < ca. 1)
- Einzelkorn-Sinkbewegung
- Schichtdicke δ sehr klein gegenüber den übrigen Abmessungen

wird die Sedimentationszeit (Verschiebezeit) in radialer Richtung berechnet

$$t_S = \frac{\delta}{c_{r,P}} \tag{4.50}$$

$$c_{r,P} = \frac{d_P^2 \cdot c_u^2 \cdot (\rho_P - \rho_L)}{18 \cdot \eta_L \cdot r} \quad \text{(im \textit{Stokes}-Bereich!)} \tag{4.38}$$

Mit $c_u = r \cdot \omega$ (Geschwindigkeitsverteilung im Starrkörperwirbel) wird daraus

$$c_{r,P} = \frac{d_P^2 \cdot r \cdot \omega^2 \cdot (\rho_P - \rho_L)}{18 \cdot \eta_L} \tag{4.51}$$

$$t_s = \delta \cdot \frac{18 \cdot \eta_L}{d_P^2 \cdot r \cdot \omega^2 \cdot (\rho_s - \rho_L)} \tag{4.52}$$

Gleichsetzung $t_v = t_s$ für den Trennkorndurchmesser d_T ergibt:

$$\frac{2 \cdot \pi \cdot r \cdot \delta \cdot L_{eff}}{\dot{V}_z} = \frac{18 \cdot \delta \cdot \eta_L}{d_T^2 \cdot r \cdot \omega^2 \cdot (\rho_s - \rho_L)}$$

$$d_T = \frac{3}{\omega \cdot r} \cdot \sqrt{\frac{\eta_L \cdot \dot{V}_z}{\pi \cdot L_{eff} \cdot (\rho_s - \rho_L)}} \tag{4.53}$$

Diese Gleichung ist mit L_{eff} = Trommelhöhe H direkt Gl. (4.43) vergleichbar! Mit Hilfe von Gl. (4.53) ist es möglich, die Grenze der abscheidbaren Partikeln in einer zylindrischen Vollmantelzentrifuge bei gegebener Winkelgeschwindigkeit $\omega = 2\pi n$, Radius der Überlaufkante r, dem Volumenstrom $\dot{V}_z$ des überlaufenden Zentrifugats und der effektiven Trommellänge L_{eff} zu berechnen. Des Weiteren müssen natürlich Dichten von Partikeln und Flüssigkeit sowie die dynamische Viskosität der Flüssigkeit bekannt sein. Die Abscheidefläche der Zentrifuge beträgt dann

$$A_Z = 2\pi \cdot r \cdot L_{eff} \tag{4.54}$$

Sie hängt bei gegebenen Trennkorndurchmesser d_T natürlich noch von der Drehzahl n ab. Die Drehzahl einer Zentrifuge ist nicht beliebig steigerbar, da die Trommel jenseits ihrer maximalen Umfangsgeschwindigkeit zerreißen würde. Für die Berechnung der Trommelfestigkeit ist der Trommelradius einzusetzen, der größer ist als der Überlaufradius.

Multipliziert man die Zentrifugenklärfläche A_Z mit der Schleuderziffer z (Gl. 4.30), so erhält man die sogenannte *äquivalente Klärfläche*

$$\Sigma = A_Z \cdot z = 2\pi \cdot r \cdot L_{eff} \cdot \frac{r \cdot \omega^2}{g} \tag{4.55}$$

Die äquivalente Klärfläche ist jene Klärfläche, die in einem Schwerkraftsedimenter gleicher Trennleistung erforderlich wäre.

Der Zentrifugatvolumenstrom errechnet sich unter der Voraussetzung feststofffreien Zentrifugats und „flüssigkeitsfreien“ Feststoffs näherungsweise analog Gl. (4.19) zu

$$\dot{V}_Z = \dot{V}_T \cdot (1 - c_T) \tag{4.56}$$

wobei die geringe Restflüssigkeitsmenge im abgelagerten Kuchen unberücksichtigt bleibt. Wird jedoch Flüssigkeit zusammen mit dem Feststoff abgezogen (z. B. beim Dekanter), ist eine solche Vereinfachung nicht mehr zulässig, und es muss eine Bilanz gemäß den Gln. (4.21) bis (4.25) aufgestellt werden, um $\dot{V}_Z$ zu berechnen.

Für die effektive Länge wird als Richtwert oft 90 % der Trommellänge eingesetzt.

Technisch bedeutsame Bauarten von Sedimentationszentrifugen sind in Abb. 4.17 zusammengestellt. Als *Dekanter* (a) bezeichnet man Vollmantelzentrifugen, die eine Austragsschnecke für den Schlamm aufweisen. Im zylindrischen Teil der Dekantertrommel findet der Absetzvorgang analog zu dem Vorgang in einer Überlaufzentrifuge statt. Die Austragsschnecke weist eine von der Trommeldrehzahl geringfügig abweichende (oft höhere) Drehzahl auf. Der Feststoff wird in axial entgegengesetzter Richtung zur Überlaufschicht in eine konische Trommelzone gefördert, in der der Schlamm radial nach innen aus dem Suspensionsring herausgehoben und über eine zweite Überlaufkante herausgeschleudert wird. Je nach Länge und Steigung des Konus erfolgt hierbei sogar eine signifikante Nachentwässerung des Schlamms. In jedem Fall ermöglicht ein Dekanter den vollkontinuierlichen Betrieb sowohl flüssigkeits- wie auch feststoffseitig.

Tellerzentrifugen (b) werden häufig zur Emulsionstrennung, also für flüssig-flüssig-Systeme eingesetzt und dann als *Separatoren* bezeichnet. Der wohl bekannteste Einsatzfall solcher Maschinen ist die Entrahmung von Milch in Molkereien. Mit *Tellerseparatoren* können durch die schräge Anordnung der Klärflächen und die dadurch mögliche Stapelung vieler „Teller“ übereinander sehr große Gesamtklärflächen erreicht werden. Prinzipiell ist auch zur Auslegung von Tellerzentrifugen das Dünnschichtmodell anwendbar, wenn man die Schrägstellung der Klärflächen um einen Winkel α bzw. Innen- und Außenradius der Trennzone sowie die Anzahl der verwendeten Teller in die Rechnung einbezieht. Sofern nur zwei flüssige Phasen voneinander getrennt werden müssen, ist der kontinuierliche Austrag unproblematisch. Im Falle eines Dreiphasensystems würde sich zusätzlich Feststoff auf der Innenseite der Trommel ablagern. Um auch hier einen kontinuierlichen Betrieb zu ermöglichen, können die Trommeln selbstreinigend mit Düsen ausgerüstet werden, die über den Umfang verteilt werden, oder es wird periodisch durch Anheben des Trommeloberteils ein Ringspalt am Trommelumfang erzeugt, durch den der Schlamm von Zeit zu Zeit abgeschleudert wird.

Röhrenzentrifugen (c) verwirklichen das Prinzip der Überlaufzentrifuge sehr genau. Durch schlanke Bauform der Trommel sind höchste Drehzahlen und Umfangsgeschwindigkeiten möglich. Damit verbunden sind extrem kleine Trennkorndurchmesser, wodurch sich solche Maschinen gut zur Feinstreinigung eignen. Da sie aber nur halbkontinuierlich betrieben werden können (der Feststoffaustrag muss von Hand erfolgen), darf die Feststoffkonzentration im Zulauf nur sehr gering sein.

Bei einer *Kammerzentrifuge* (d) wird die Klärfläche durch die konzentrische Anordnung vieler Ringkammern gegenüber der einfachen Überlauf- oder der Röhrenzentrifuge vervielfacht. Die Suspension wird in der Regel nacheinander von innen nach außen durch die Ringkammern gedrückt. Durch die unterschiedlichen Abscheideradien der Kammern erreicht man zusätzlich eine grobe Klassierung der Schlammpartikeln, da der jeweilige Trennkorndurchmesser von innen nach außen stark abnimmt. Der Feststoffaustrag muss auch hier von Hand erfolgen. Kammerzentrifugen werden z. B. zur Feinreinigung von Bier oder Wein eingesetzt.

Ob Zentrifugen mit horizontaler oder vertikaler Wellenanordnung ausgeführt werden, richtet sich meist nach konstruktiven Gesichtspunkten (Platzbedarf, Anordnung des Antriebs sowie der Zuläufe und Austräge). Für das verfahrenstechnische Trennprinzip ist die Lage der Drehachse unbedeutend.

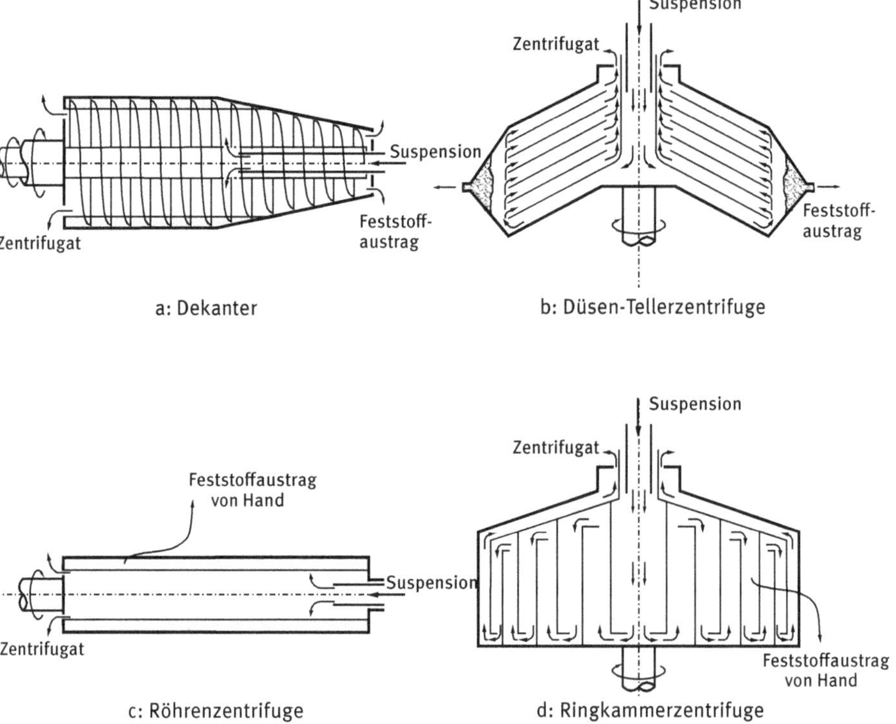

Abb. 4.17: Bauarten von Vollmantelzentrifugen

4.2.3 Zyklone

Zyklone sind einfache und robuste, dabei hochwirksame Abscheider für Feststoffpartikeln aus Fluiden, deren Trenngrenze bis herab zu $d_T = 10\,\mu m$ reichen kann. Es handelt sich um reine Blechkonstruktionen; d. h. die Investitionskosten sind niedrig, die Temperatur des Fluids spielt keine Rolle. Da sie die Energie zur Abscheidung direkt aus der Strömung entnehmen, weisen solche Apparate allerdings einen nicht unerheblichen Druckverlust auf.

Den prinzipiellen Aufbau eines Gaszyklons zeigt Abb. 4.18. Das feststoffbeladene Rohgas tritt tangential an der Oberseite des zylindrischen Mantels ein, so dass sich innerhalb des Apparates eine freie Wirbelströmung einstellt. Die Feststoffpartikeln werden in Richtung der äußeren Wand geschleudert und bewegen sich in Strähnen entlang des konusförmigen Unterteils abwärts. Der Feststoff wird an der unteren Zyklonöffnung abgezogen. Diese muss gegenüber der Umgebung abgedichtet sein, um Gasaustausch mit der Umgebung zu verhindern.

Besonderes Augenmerk muss beim Zyklon wie auch bei allen anderen Trägheitsabscheidern darauf gelegt werden, ein Wiederaufwirbeln des bereits abgeschiedenen Feststoffs zu verhindern. Leider ist gerade die Strömungsgeschwindigkeit, von deren Höhe die Effizienz eines Trägheitsabscheiders entscheidend abhängt, auch für die

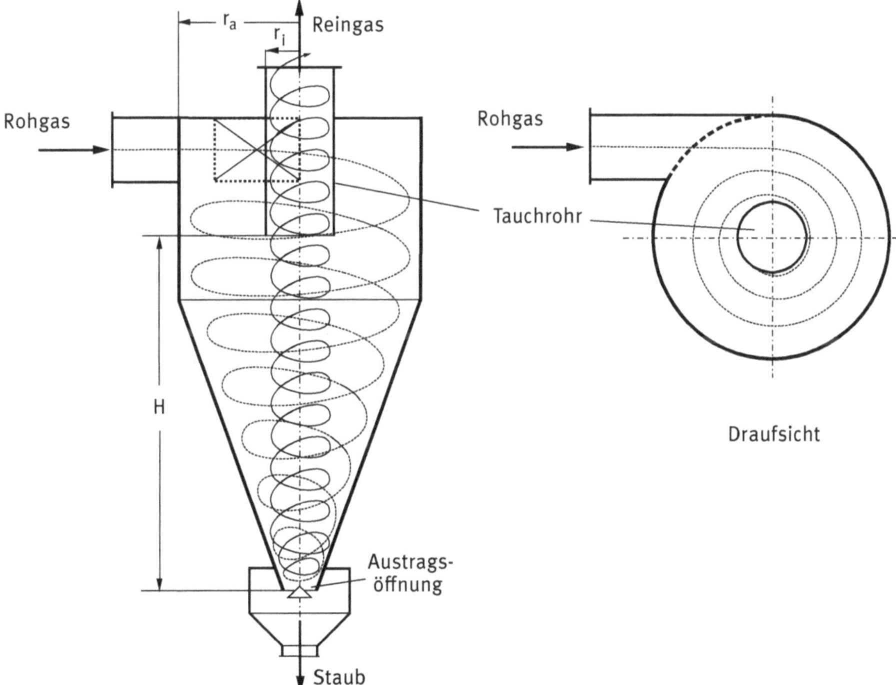

Abb. 4.18: Strömung in einem Zyklon

Entstehung starker Wirbelströmungen im Abzugsbereich des Feststoffs verantwortlich. Sieht man hier keine konstruktiven Maßnahmen zur Strömungsberuhigung vor, kann der Abscheidegrad eines Trägheitsabscheiders erheblich verschlechtert werden. Beim Zyklon erreicht man die Strömungsberuhigung durch eine plötzliche Erweiterung des Strömungsraumes unterhalb des Konusunterteils.

Das Reingas verlässt den Apparat nach oben durch ein zentral eingestecktes Tauchrohr. Durch den zentralen Abzug des Gases und die freie Wirbelströmung bildet sich im Zyklon eine Potentialwirbelsenke aus (vgl. Kap. 4.2.1). Direkt unterhalb des Tauchrohres rotiert das Gas dagegen wie ein starrer Körper. Den resultierenden Verlauf der Umfangsgeschwindigkeit $c_u(r)$ zeigt Abb. 4.19. Das Maximum der Umfangsgeschwindigkeit liegt unterhalb des Tauchrohrradius r_i vor. Nach außen zur Zyklonwand nimmt die Geschwindigkeit ab; ebenso nach innen zur Mittelachse. Die Radialgeschwindigkeit ist nach innen gerichtet und nimmt ebenfalls mit dem Radius nach außen ab. Auf jeder möglichen Kreisbahn innerhalb der Trennzone (r_i bis r_a) liegt ein unterschiedlicher Trennkorndurchmesser vor. Ist eine eintretende Partikel kleiner als dieser Trennkorndurchmesser, wird sie vom Gasstrom auf spiralförmiger Bahn nach innen geschleppt und durch das Tauchrohr ausgetragen. Ist der Durchmesser größer als d_T, so erfolgt Abscheidung durch die Zentrifugalkräfte in Richtung Außenwand. Partikeln mit $d = d_T(r)$ rotieren (theoretisch) auf dem ihnen zugedachten Radius.

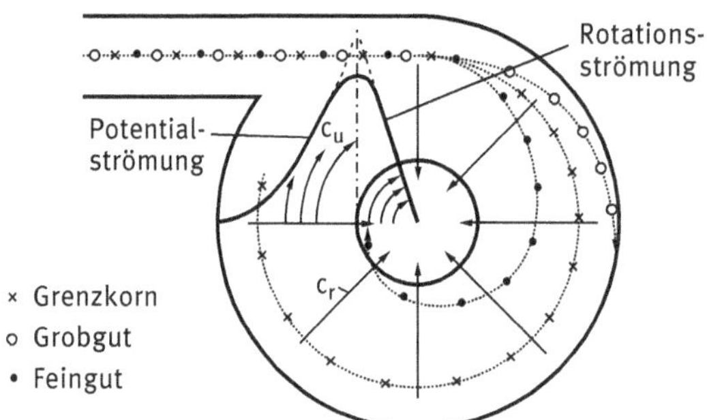

Abb. 4.19: Partikelbahnen in einer Zyklonebene

Zur Bestimmung der Trennkorndurchmesser lässt sich direkt Gl. (4.46) für die Potentialwirbelsenke einsetzen:

$$d_T = \frac{3 \cdot r}{c_{Wirbel}} \cdot \sqrt{\frac{\eta \cdot \dot{V}_L}{\pi \cdot H \cdot (\rho_P - \rho_L)}} \tag{4.46}$$

Der Trennkorndurchmesser eines Zyklons nimmt mit dem Radius zu. Zwischen r_i, dem Radius des Tauchrohres, und r_a, dem Außenradius, liegt daher eine Bandbreite von Trennkorndurchmessern, d. h. eine hohe Unschärfe der Trennung vor. Sicher abgeschieden werden Partikel mit einem Durchmesser $d_T(r_a)$ und größer.

Je kleiner also der Zyklonradius ist, desto feinere Partikeln lassen sich abscheiden. Schlanke Zyklone sind folglich effizienter, sie haben aber auch, bezogen auf den gleichen Gasvolumenstrom, einen höheren Druckverlust. Auch eine Verkleinerung des Tauchrohrdurchmessers bewirkt eine Erweiterung des Trennbereichs hin zu kleineren Partikeldurchmessern. Je näher Zyklon- und Tauchrohrradius beieinanderliegen, desto geringer wird die Trennungsunschärfe.

Für H ist die Höhe zwischen Unterkante des Tauchrohres und der Unterkante des Zyklonkonus anzusetzen (Abb. 4.18). Die Trennkorngröße sinkt auch mit zunehmender Höhe des Zyklons; ebenso mit steigender Dichtedifferenz zwischen Feststoff und Gas. Die Gasdichte ρ_L kann bei Verwendung von Gl. (4.46) meist gegenüber der Partikeldichte vernachlässigt werden.

Die Wirbelstärke C_{Wirbel} ist eine Funktion der Eintrittsgeschwindigkeit, d. h. abhängig von der Größe des Eintrittsstutzens. Gemäß Gl. (4.45) ist

$$C_{Wirbel} = c_u(r) \cdot r = \text{const.},$$

daher könnte man im Prinzip einfach C_{Wirbel} gleich dem Produkt aus Eintrittsgeschwindigkeit und Eintrittsradius setzen:

$$C_{Wirbel} = c_e \cdot r_e = \frac{\dot{V}_L}{h_e \cdot b_e} \cdot \left(r_a - \frac{b_e}{2} \right) \tag{4.57}$$

Hierbei bedeuten h_e und b_e die Maße des (rechteckigen) Eintrittsstutzens. Gl. (4.57) berücksichtigt nicht, dass die tatsächliche Wirbelstärke im Zyklon durch die Wandreibung der Luft an den Innenwänden herabgesetzt wird. Der Eintrittsstutzen weist in praktischen Zyklonkonstruktionen sehr oft eine Verjüngung in Strömungsrichtung auf (Abb. 4.20) In solchen Fällen tritt eine zusätzliche Einschnürung des Eintrittsstroms auf, die zu einer deutlichen Steigerung der tatsächlichen Eintrittsgeschwindigkeit führt. Für beide Effekte liefert die Fachliteratur entsprechende Korrekturfaktoren (z. B. [12]). Zwar kompensieren sich die beiden genannten Einschränkungen des einfachen Modells zum Teil; in der Praxis lässt sich aber aufgrund der Vielzahl der Einflussparameter der Trennkorndurchmesser kaum genau vorausberechnen. Die Gleichungen (4.46) und (4.57) liefern daher nur Richtwerte.

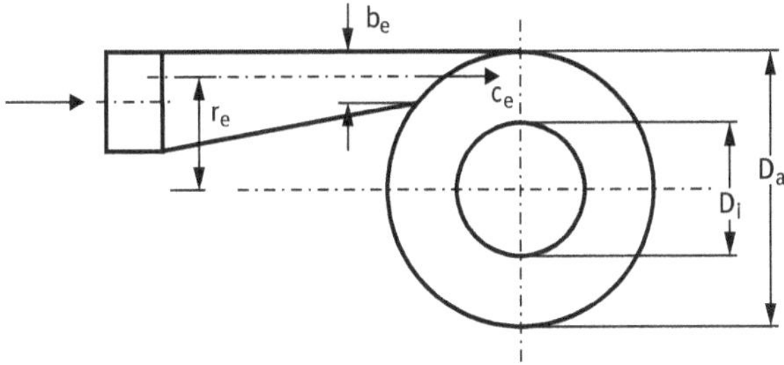

Abb. 4.20: Ermittlung der Wirbelstärke am Zykloneintritt

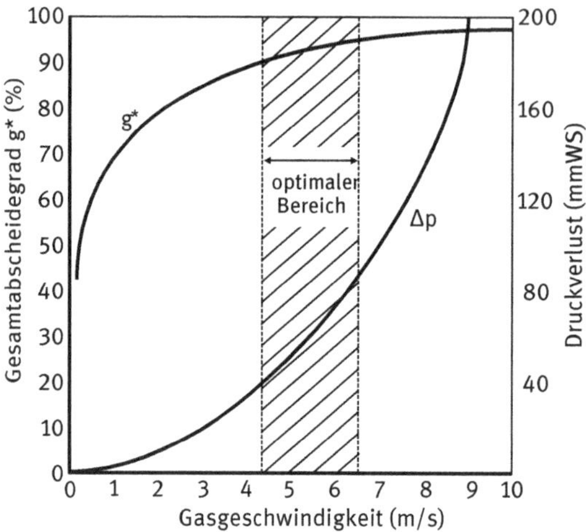

Abb. 4.21: Bestimmung der optimalen Gasgeschwindigkeit

Hohe Eintrittsgeschwindigkeiten bewirken auch hier eine Verkleinerung von d_T, allerdings auch um den Preis steigenden Druckverlustes. Abb. 4.21 gibt die prinzipielle Abhängigkeit des Gesamtentstaubungsgrads g und des Druckverlustes solcher Apparate von der Gasgeschwindigkeit wieder. Hier gilt es, ein Optimum zwischen Nutzen und Aufwand zu finden (gestrichelter Bereich). Eine weitere Steigerung des Abscheidegrades wäre wegen des überproportional steigenden Δp unwirtschaftlich.

Hydrozyklone (Abb. 4.22) arbeiten nach dem gleichen Prinzip wie Gaszyklone. Sie dienen zur Feststoffabscheidung aus Suspensionen. Die Feststoffpartikeln reichern

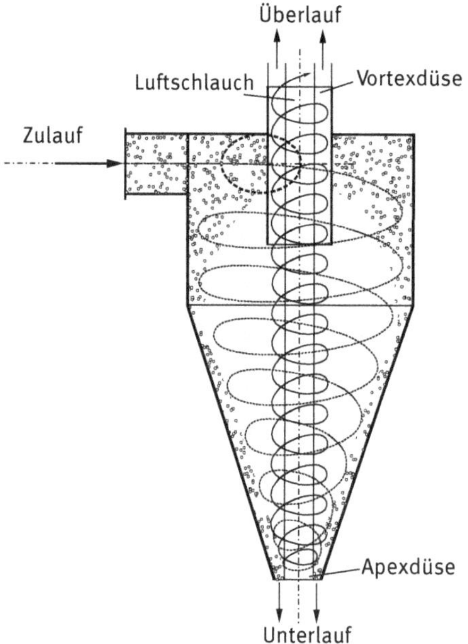

Abb. 4.22: Strömung in einem Hydrozyklon

sich in Wandnähe an und bewegen sich mit einem Teil der Trübe abwärts. Zusammen mit dem Feststoff wird ein Teil der Flüssigkeit im Unterlauf abgezogen. Der innere Kern der Zyklonströmung ist flüssigkeitsfrei, d. h. es verbleibt ein „Luftschlauch". Der obere Flüssigkeitsabzug wird *Vortexdüse*, der untere Schlammabzug *Apexdüse* genannt.

Zur Berechnung des Trennkorndurchmessers kann auch für den Hydrozyklon Gl. (4.46) verwendet werden. Niedrige Trennkorngrößen erreicht man wie beim Gaszyklon auch mit kleinen Durchmessern und hohen Druckverlusten. Der Durchsatz großer Fluidmengen erfordert bei allen Zyklontypen, sofern niedrige Trennkorndurchmesser erreicht werden sollen, die Parallelschaltung vieler schlanker Zyklone zu einer *Multizyklonanlage*.

4.2.4 Tropfenabscheider

Das Drallabscheideprinzip des Zyklons lässt sich auch vorteilhaft zur Tropfenabscheidung aus Gasströmungen verwenden. Solche Abscheider können bei Flüssigkeitstropfen sogar höhere Abscheidegrade erzielen als bei Feststoffteilchen gleicher Partikelgrößen, da die Tropfen beim Auffangen koaleszieren und an der Wand haften, wo die Flüssigkeit als Film abläuft und leicht abgezogen werden kann. Gute Abscheidegrade werden bis zu Tropfengrößen von 10 µm erzielt. Es müssen allerdings einige besondere Vorkehrungen getroffen werden, die bei Feststoffabscheidern nicht nötig sind. So kann sich z. B. leicht Flüssigkeit an der Außenseite des Tauchrohres sammeln, die dann beim Abtropfen in den Einzugsbereich der Reingasströmung gelangt. Mit Hilfe einer konischen Schürze (Abb. 4.23) kann man einen Wiedereintrag verhindern. Wird das Unterteil des Abscheiders mit flachem Boden oder Klöpperboden ausgeführt, muss das Hochreißen von Flüssigkeit durch den Einbau von Leitblechen verhindert werden.

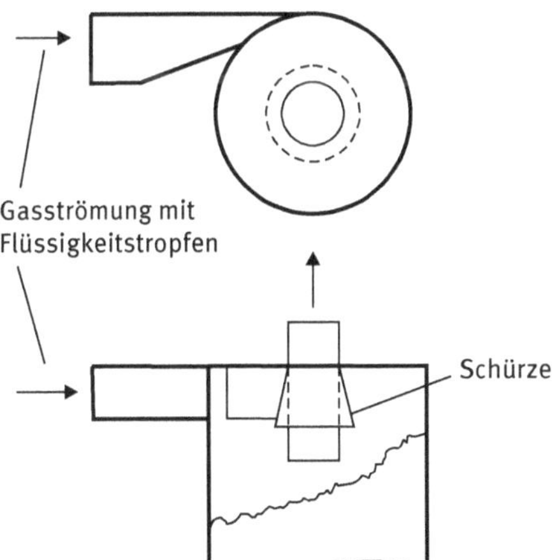

Abb. 4.23: Verhinderung des Mitreißens von Tropfen durch eine Schürze

Im Prinzip kann die Grenztropfengröße, die sich mit gegebener Abscheidergeometrie, Eintrittsgeschwindigkeit und Stoffdaten einstellt, ebenso wie beim Zyklon (Gln. (4.46) und (4.57)) berechnet werden. Die dort aufgeführten Einschränkungen des Berechnungsmodells gelten auch hier. Zudem ist zu berücksichtigen, dass sich Tropfen bei höheren Re-Zahlen nicht mehr wie starre Kugeln verhalten und die Sinkgeschwindigkeiten daher kleiner werden können (vgl. Kap. 4.1.1). Bei den kritischen (kleinen) Tropfengrößen im *Stokes*-Bereich kann aber in aller Regel mit kugelförmigen Tropfen gerechnet werden.

4.2.5 Abweiseradsichter

Abweiseradsichter sind Zentrifugalsichter zur Klassierung von Korngemischen, bei denen die Zentrifugalströmung mit Hilfe eines Abweiserades erzeugt wird. Sie stellen die wichtigsten und verbreitetsten Sichtertypen für die Klassierung im Feinstbereich dar. Ein typischer Vertreter ist der in Abb. 4.24 gezeigte *Stabkorbsichter*. Er dient oft als Mühlenaufsatz, um das bei Mahlprozessen entstehende feine Mahlgut durchzulassen, das unzureichend gemahlene Grobgut aber zurück in die Mahlkammer zu weisen.

Der große Vorteil dieses Sichtprinzips liegt darin, dass sich Gasvolumenstrom durch den Apparat und Drehzahl bzw. Winkelgeschwindigkeit des Abweiserads

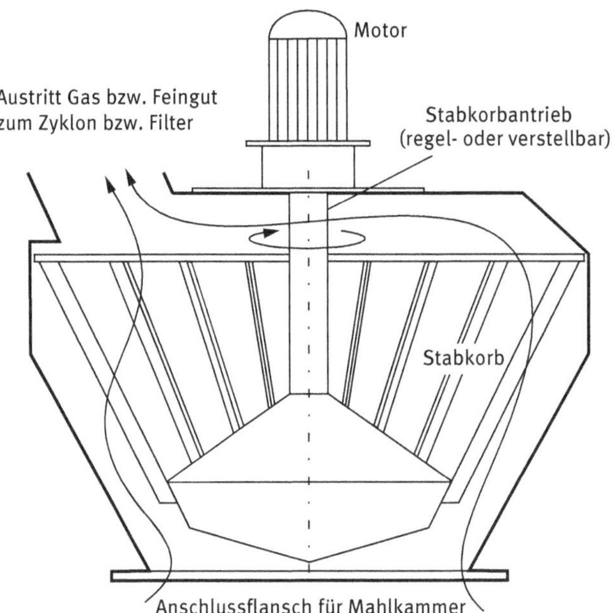

Abb. 4.24: Stabkorbsichter

unabhängig voneinander einstellen lassen. Dadurch lässt sich die Trennung optimal an die bestehenden Verhältnisse anpassen, z. B. eine bestimmte Produktsorte oder gewünschte Mahlfeinheit.

Eine genauere Betrachtung der Strömung und des Trennkorndurchmessers offenbart jedoch auch Nachteile dieses Prinzips. Das Rohgas tritt von außen in das beschaufelte Abweiserad ein. Zwischen den Schaufeln wird die Umfangsbewegung des Gases erzwungen, d. h. das Gas bewegt sich in Umfangsrichtung wie ein Starrkörperwirbel. Nach dem Austritt auf der Innenseite des Abweiserades liegt dagegen eine freie Wirbelströmung vor; wegen des Gasaustritts in der Mitte ergibt sich eine Potentialwirbelsenke. Die radiale Geschwindigkeit nimmt von außen nach innen gemäß Gl. (4.36) zu. Im Innenbereich gilt also für den Trennkorndurchmesser die Gleichung der freien Wirbelsenke

$$d_T = \frac{3 \cdot r}{C_{Wirbel}} \cdot \sqrt{\frac{\eta \cdot \dot{V}_L}{\pi \cdot H \cdot (\rho_P - \rho_L)}} \tag{4.46}$$

wobei die Wirbelstärke durch die Winkelgeschwindigkeit des Abweiserads vorgegeben ist und sich mit r_a = Innendurchmesser des Abweiserads einfach gemäß

$$C_{Wirbel} = c_u(r_a) \cdot r_a = r_a \cdot \omega \cdot r_a = r_a^2 \cdot \omega \tag{4.58}$$

formulieren lässt. Der Trennkorndurchmesser im Abweiserad ist dagegen

$$d_T = \frac{3}{\omega \cdot r} \cdot \sqrt{\frac{\eta \cdot \dot{V}_L}{\pi \cdot H \cdot (\rho_P - \rho_L)}} \tag{4.43}$$

Somit liegt im Innenbereich eine lineare Abhängigkeit $d_T(r)$; im beschaufelten Bereich dagegen eine hyperbolische Funktion vor. Abb. 4.25 zeigt den theoretischen Verlauf des Trennkorndurchmessers über dem Radius dieser Anordnung.
Der größte Trennkorndurchmesser ist also im Radius r_a zu finden, an der Innenkante des Schaufelrades. Körner mit dem Durchmesser $d_p > d_T(r_R)$ können normalerweise nicht von außen in den Schaufelkranz eindringen, da die Zentrifugalkräfte auf diese Partikeln überwiegen. Gelangen sie aber durch Zufall doch in das Schaufelrad, sehen sie sich einem weiterhin wachsenden d_T gegenüber, was dazu führen kann, dass sie sich im Radius r_a sammeln. Sie werden nur dann mit großer Wahrscheinlichkeit wieder ausgetragen, wenn ihr Durchmesser d_p größer ist als $d_T(r_a)$. In das Feingut können diese Partikeln zunächst nicht gelangen, da d_T in Richtung Mittelachse wieder sinkt.

Die Akkumulation größerer Partikelmengen im Radius r_a kann einerseits dazu führen, dass sich Partikelverbände bilden, die aufgrund ihrer größeren Masse schließlich doch nach außen abgewiesen werden. Andererseits erhöht die Anwesenheit von vielen Partikeln bei r_a die dortige örtliche Gasgeschwindigkeit radial nach innen. Hierdurch steigen die wirksamen Schleppkräfte auf die Körner, und sie können letztlich

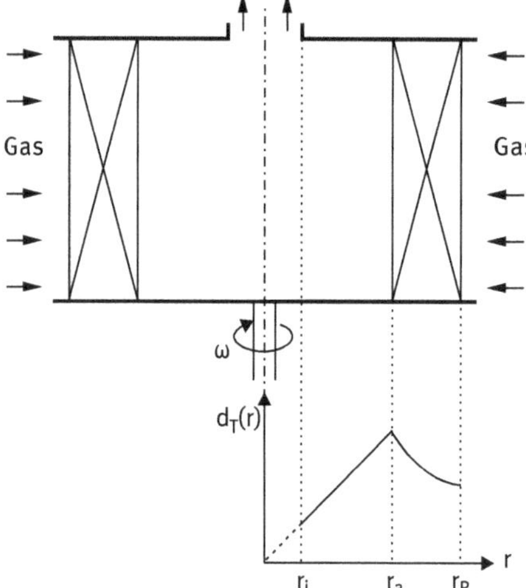

Abb. 4.25: Trennkorndurchmesser in einem Abweiseradsichter

doch ins Feingut gelangen. Insgesamt verstärkt dieser radiale Verlauf des Trennkorndurchmessers also die Trennungsunschärfe in der Sichtzone; die Trennschärfe des Apparates sinkt.

Aufgewogen wird dieser Nachteil durch die gute Steuermöglichkeit, da sich abgesaugter Luftstrom und Drehzahl des Schaufelrades unabhängig voneinander einstellen lassen. So ist eine optimale Anpassung z. B. an eine vorgeschaltete Mühle möglich. Der abgesaugte Luftstrom richtet sich meist nach den Kühlungserfordernissen in der Mahlanlage oder am pneumatischen Transport der Körner; trotzdem kann der Trennkorndurchmesser im Sichter durch Drehzahlverstellung in weiten Grenzen variiert werden.

4.3 Trennung im elektrischen Feld

4.3.1 Elektroentstauber

Überall dort, wo große Mengen feinster Feststoffpartikeln aus großen Gasströmen entfernt werden müssen, kommt man ohne Elektroentstauber nicht aus. Zentrifugalabscheider wie Zyklone haben im Bereich < 10 µm keine hinreichenden Entstaubungsgrade mehr, und Gewebefilter für extrem feine Partikeln weisen so hohe Druckverluste auf, dass die Gebläseleistungen gerade bei großen Abgasmengen zu kaum hinnehmbaren Betriebskosten führen würden. Elektroabscheider setzen der Gasströmung dagegen kaum Widerstand entgegen. Das Gas tritt durch offene *Gassen* frei hindurch, wobei die mitgeführten Feststoffpartikeln elektrisch aufgeladen, durch ein starkes elektrisches Feld seitlich abgelenkt und aus dem Gasstrom entfernt werden. Die Abscheidung gerade feiner Partikeln wird begünstigt, da sie eine hohe spezifische Oberfläche aufweisen und besonders viele Oberflächenladungen tragen können. Selbst für Partikeln < 1 µm werden noch gute Abscheidegrade erzielt. Die Feststoffpartikeln lagern sich an einer *Niederschlagselektrode* an, wo sie durch Klopfer, periodische Unterbrechung des elektrischen Feldes (Trockenentstauber) oder durch einen permanenten Wasserfilm (Nassentstauber) abgereinigt werden.

Große Abgasmengen mit hohen Feinstaubgehalten treten bevorzugt in Kohlekraftwerken, Müllverbrennungsanlagen, metallurgischen Prozessen oder bei der Zementherstellung auf. Hierbei sind oft auch die Abgastemperaturen so hoch, dass sich der Einsatz von Gewebefiltern von selbst verbietet. Mit Elektroentstaubern sind hier Abscheidegrade von über 99 % erreichbar. Der einzige Nachteil dieses Apparatetyps liegt in seinen vergleichsweise hohen Investitionskosten.

Früher bezeichnete man Elektroentstauber häufig als *Elektrofilter*. Vom verfahrenstechnischen Standpunkt her ist diese Bezeichnung allerdings irreführend, da das Abscheideprinzip nichts mit dem physikalischen Vorgang der Filtration (Abscheidung durch Gitterwirkung) zu tun hat.

Abb. 4.26 zeigt die beiden üblichen Bauformen für Elektroabscheider. Bei den *Röhrenentstaubern* (links) wird der staubhaltige Gasstrom aufwärts durch kreisförmige oder wabenförmige Röhren geleitet, die senkrecht angeordnet sind. Im Zentrum jeder Röhre befindet sich die negativ geladene Sprühelektrode (Sprühdraht), die meist durch ein Gewicht gespannt wird. Die Wände der Röhren sind positiv geladen und bilden die Niederschlagselektrode. Zwischen den Polen herrscht eine Gleichspannung von üblicherweise 10 bis 80 kV. Durch die konzentrische Anordnung von Niederschlags- und Sprühelektroden ist die Feldstärke stark vom Radius abhängig.

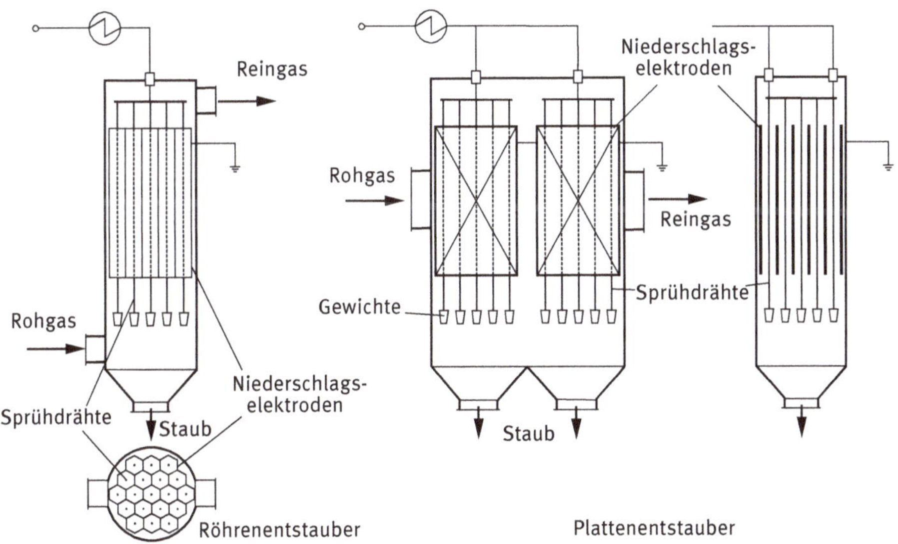

Abb. 4.26: Bauarten von Elektroentstaubern

Der abgeschiedene Staub kann durch die senkrechte Anordnung der Röhren von der Niederschlagsfläche nach unten in den Staubsammelraum fallen.

Bei den *Plattenentstaubern* (in Abb. 4.26 rechts) sind die Niederschlagselektroden plattenförmig angeordnet und formen waagerechte Gassen für die Gasströmung. Die Sprühdrähte sind auch hier zentral und senkrecht zwischen den Platten angeordnet. Durch den relativ großen Abstand der Sprühdrähte zueinander (ca. 100–150 mm) bildet sich auch hier ein inhomogenes elektrisches Feld aus, dessen Feldstärke mit zunehmendem Abstand zur Sprühelektrode stark absinkt.

Der Abscheidegrad von Elektroentstaubern wird durch folgende nacheinander ablaufende Vorgänge beeinflusst:
- Erzeugung der Ladungen
- Aufladung der Partikeln
- Verschiebung der Partikeln im elektrischen Feld
- Anhaftung der Partikeln an der Niederschlagselektrode
- Abtrennung des Staubes von der Niederschlagselektrode

4.3.2 Erzeugung der Ladungen und Aufladung der Partikeln

Durch die hohe Spannung an den Sprühelektroden entsteht ein sehr starkes elektrisches Feld. Je kleiner die Krümmungsradien an der Oberfläche der Sprühelektroden sind, desto größer wird die Feldstärke. Oft versieht man die Sprühdrähte zu diesem Zweck mit zusätzlichen Stacheln oder Spitzen. In unmittelbarer Nähe der Elektrodenoberfläche kann es zu Spitzenwerten der Feldstärke von bis zu 500 kV/cm kommen. Unter solchen extremen Bedingungen werden vorhandene positive Ionen so stark zur negativ geladenen Drahtoberfläche hin beschleunigt, dass es beim Aufprall zur Emission einer großen Anzahl von Elektronen kommt. Dieser Vorgang ist auch mit Lichtemission verbunden, wodurch eine sichtbare *Korona* um die Sprühelektrode entsteht (Abb. 4.27).

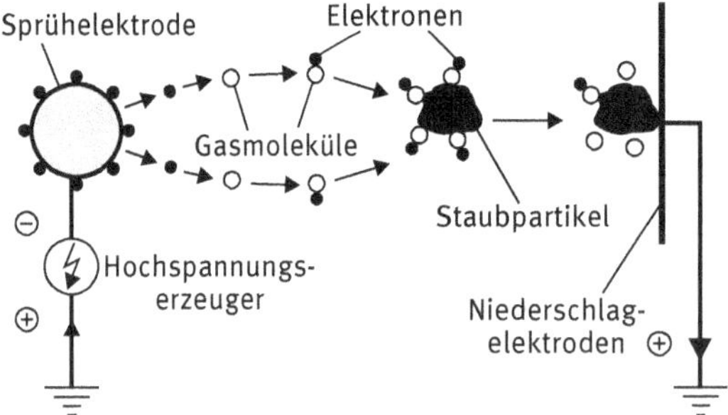

Abb. 4.27: Abscheideprinzip in einem Elektroentstauber

Die emittierten Elektronen wandern in Richtung der positiv geladenen Niederschlagselektrode und werden auf ihrem Weg von Gasmolekülen aufgefangen (O_2, N_2, H_2O). Die auf diese Weise negativ geladenen Gasionen lagern sich dann an den Staubpartikeln an. Damit werden auch die Staubteilchen in Richtung der Niederschlagselektrode in Bewegung gesetzt.

Die Anlagerung der Gasionen an die Staubpartikeln geschieht über zwei Mechanismen. Bei ausreichender Größe der Partikeln (oberhalb von ca. 1 µm) ist der direkte Aufprall der Ionen auf die Partikeloberfläche maßgebend. Die Häufigkeit n solcher Aufprallvorgänge und damit der Zahl der übertragenen Elementarladungen e ist proportional der Feldstärke E_A in der Aufladezone und proportional der Partikeloberfläche d_p^2:

$$n \cdot e = K_1 \cdot E_A \cdot d_p^2 \tag{4.59}$$

Unterhalb von ca. 1 µm ist *Ionendiffusion* für die Anlagerung verantwortlich. Die Häufigkeit ist hier nur proportional der Partikelgröße d_p und unabhängig von der Feldstärke:

$$n \cdot e = K_2 \cdot d_P \tag{4.60}$$

Bei rohrförmiger Niederschlagselektrode folgt die Feldstärke der Beziehung

$$E(r) = \frac{U}{r \cdot \ln\left(\frac{r_a}{r_i}\right)} \tag{4.61}$$

Hierbei bedeutet U die angelegte Spannung, r_a den Radius der Niederschlagselektrode und r_i den Radius der Sprühelektrode. Für Plattenabscheider lässt sich diese Verteilung nur als grobe Näherung in der Nähe der Sprühdrähte verwenden, wenn man r_a als Abstand Sprühdraht–Platte auffasst.

4.3.3 Partikelbewegung im elektrischen Feld

Partikeln, die zwischen die Elektroden eines Elektroentstaubers gelangen, bewegen sich auf dreidimensionalen Bahnkurven, die von den in unterschiedlichen Richtungen angreifenden Kräften bestimmt werden:

- die Schwerkraft wirkt in senkrechter Richtung nach unten und führt zu einer beschleunigten Bewegung in dieser Richtung,
- die Schleppkraft der Gasströmung führt zu einer Partikelbewegung in Strömungsrichtung des Fluids,
- das elektrische Feld bewirkt eine beschleunigte Bewegung der Partikeln in Richtung auf die Niederschlagselektrode.

Je nachdem, wie Strömungsrichtung und Richtung des elektrischen Feldes relativ zur Schwerkraftrichtung orientiert sind, ergeben sich unterschiedliche Bahnkurven.

In einem Plattenentstauber (Abb. 4.26 rechts) wirkt das elektrische Feld quer zur Strömungsrichtung und auch zur Schwerkraftrichtung. Die Partikeln bewegen sich also auf einer Art Wurfparabel mit zusätzlicher Beschleunigung in Richtung der Niederschlagselektrode (Abb. 4.28). In einem von unten nach oben durchströmten Rohrentstauber (Abb. 4.26 links) dagegen werden die Partikeln vom Gasstrom entgegen der Schwerkraftrichtung mitgeschleppt und zusätzlich in Querrichtung durch das elektrische Feld abgelenkt (Abb. 4.29). Hierdurch ergeben sich je nach Sinkgeschwindigkeit der Partikeln bei gleicher Wegstrecke wie im Plattenabscheider längere Verweilzeiten im elektrischen Feld.

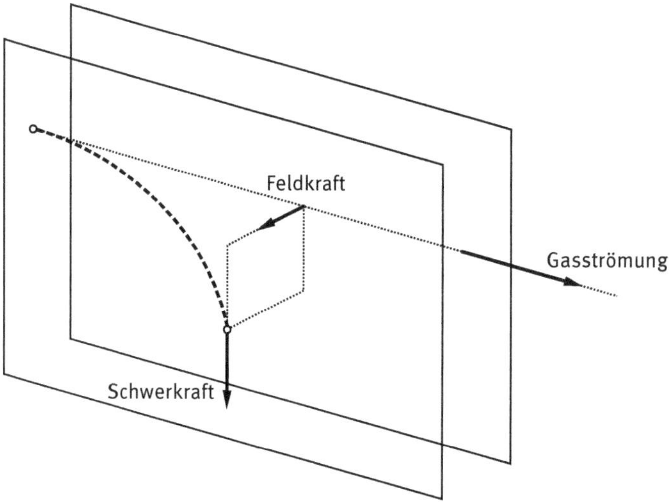

Abb. 4.28: Bahnkurven der Partikeln in einem Plattenentstauber

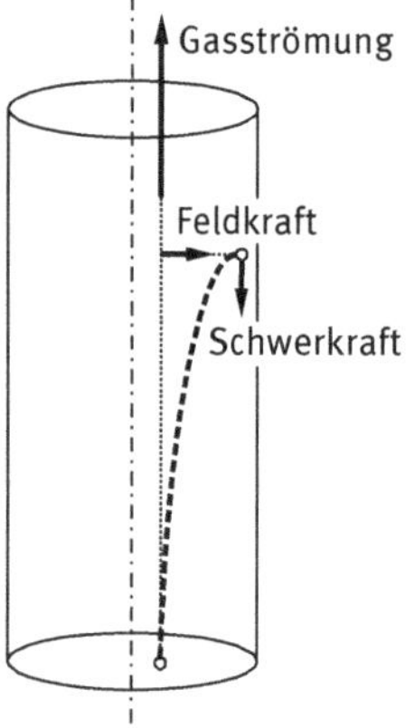

Abb. 4.29: Bahnkurven in einem Röhrenentstauber

Brauer [6] hat für unterschiedliche Verhältnisse der angreifenden Kräfte die theoretischen Flugbahnen von Partikeln vorausberechnet. Hierbei wurde auch eine vom Radius abhängige Feldstärke gemäß Gl. (4.61) berücksichtigt. Hieraus ergibt sich z. B. die bemerkenswerte Erkenntnis, dass die *Abscheidelänge* (also die Wegstrecke in Strömungsrichtung, die die Partikeln bis zum Auftreffen auf die Niederschlagselektrode zurücklegen müssen) mit kleinerem Eintrittsradius kürzer wird. Partikeln, die in der Nähe der Sprühelektrode in das Feld eintreten, erhalten demnach einen so starken Ablenkimpuls, dass sie die Niederschlagselektrode schneller erreichen als solche, die weiter außen eintreten und eigentlich einen kürzeren Weg zur Niederschlagselektrode haben (Abb. 4.30). Die Abscheidelänge durchläuft ein Maximum und sinkt danach mit weiter steigendem Radius wieder ab.

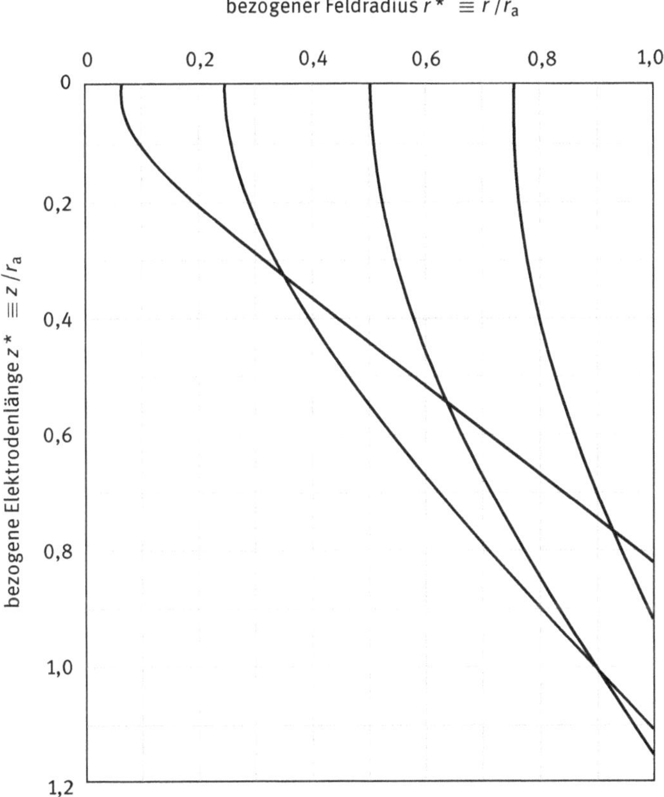

Abb. 4.30: Theoretische Bahnkurven in Abhängigkeit vom Eintrittsradius (nach [6])

Für sehr kleine Partikelgrößen kann die Bewegung in Richtung der Schwerkraft vernachlässigt werden. Dann ist für die Abscheidung allein die Relation zwischen der Strömungsgeschwindigkeit des Gases und der *Wanderungsgeschwindigkeit* der Partikeln im elektrischen Feld maßgebend. Letztere ergibt sich aus dem herrschenden Gleichgewicht zwischen elektrischer Anziehungskraft und der Schleppkraft in Richtung der Anziehung:

$$F_{el} = F_S \tag{4.62}$$

Für die elektrische Anziehungskraft ist die Zahl der tragenden Elementarladungen und die Feldstärke im Bereich der Niederschlagselektrode wichtig:

$$F_{el} = n \cdot e \cdot E_N \tag{4.63}$$

Die Schleppkraft ergibt sich aus Gl. (4.6) für den Stokes-Bereich mit $\zeta_w = 24/Re$ zu

$$F_S = \frac{\pi \cdot d_P^2 \cdot \rho_L \cdot c^2 \cdot \zeta_w}{8} = \frac{\pi \cdot d_P^2 \cdot \rho_L \cdot c^2 \cdot 24 \cdot \eta_L}{8 \cdot c \cdot d_p \cdot \rho_L}$$

$$F_S = 3 \cdot \pi \cdot \eta_L \cdot d_P \cdot c \tag{4.64}$$

Damit wird die Wanderungsgeschwindigkeit c_W in der Nähe der Niederschlagselektrode

$$n \cdot e \cdot E_N = 3 \cdot \pi \cdot \eta_L \cdot d_P \cdot c_W$$

$$c_W = \frac{n \cdot e \cdot E_N}{3 \cdot \pi \cdot \eta_L \cdot d_P} \tag{4.65}$$

Im Fall größerer d_p, also bei der Aufladung durch Ionenaufprall, gilt Gl. (4.59) und die Wanderungsgeschwindigkeit wird

$$c_{W,1} = \frac{K_1 \cdot E_A \cdot d_P^2 \cdot E_N}{3 \cdot \pi \cdot \eta_L \cdot d_P} = \frac{K_1 \cdot E_A \cdot E_N}{3 \cdot \pi \cdot \eta_L} \cdot d_P \tag{4.66}$$

Im Fall kleiner d_p, bei der Aufladung durch Ionendiffusion, muss stattdessen Gl. (4.55) eingesetzt werden:

$$c_{W,2} = \frac{K_2 \cdot d_P \cdot E_N}{3 \cdot \pi \cdot \eta_L \cdot d_P} = \frac{K_2 \cdot E_N}{3 \cdot \pi \cdot \eta_L} \tag{4.67}$$

Für sehr kleine Partikeln ist die Wanderungsgeschwindigkeit (in der Theorie) unabhängig von der Teilchengröße. Daraus resultiert letztlich die hervorragende Abscheideleistung eines Elektroentstaubers für sehr feine Partikeln. In der Praxis hängen die Fraktionsentstaubungsgrade bei einem Elektroentstauber generell nur wenig von der Korngröße ab. Daher ist es nicht üblich (und auch nicht sinnvoll), für diesen Abscheidertyp Trennkorndurchmesser anzugeben.

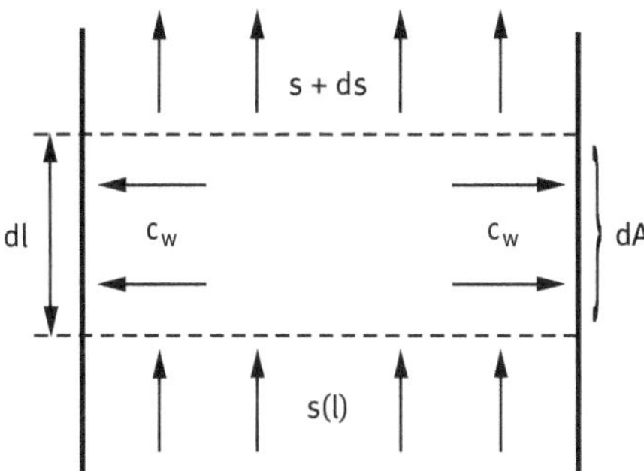

Abb. 4.31: Modell zur Herleitung der Deutsch-Formel

Deutsch [13] hat bereits im Jahre 1922 eine Gleichung zur Berechnung des Abscheidegrades von Elektroentstaubern abgeleitet. Er ging davon aus, dass an jeder Stelle des Strömungsweges durch die Elektroden eine Staubmenge abgeschieden wird, die der örtlichen Staubkonzentration in g/m^3 und der Wanderungsgeschwindigkeit proportional ist. Dann verändert sich die Staubkonzentration über die Strecke dl um ds (Abb. 4.31). Die Differenz zwischen ein- und ausströmender Masse beträgt

$$dm = \dot{V}_L \cdot [s - (s + ds)] = -\dot{V}_L \cdot ds \tag{4.68}$$

und die an den Niederschlagselektroden an der Fläche dA abgeschiedene Masse

$$dm = s \cdot c_W \cdot dA \tag{4.69}$$

Hierbei stellt c_W die Wanderungsgeschwindigkeit am Abscheidepunkt, d. h. an der Niederschlagselektrode dar.

Gleichsetzen liefert

$$\frac{ds}{s} = -\frac{c_W}{\dot{V}_L} dA \tag{4.70}$$

Die Gleichung lässt sich zwischen $s_{roh} < s < s_{rein}$ sowie über die Gesamtfläche bestimmt integrieren:

$$\ln \frac{s_{rein}}{s_{roh}} = -\frac{c_W \cdot A}{\dot{V}_L} \tag{4.71}$$

Mit der Definition des Gesamtabscheidegrads (Kap. 3)

$$g = \frac{s_{roh} - s_{rein}}{s_{roh}} = 1 - \frac{s_{rein}}{s_{roh}} \tag{3.10}$$

ergibt sich die bekannte *Deutsch-Formel*

$$g^* = 1 - e^{-\frac{c_W \cdot A}{\dot{V}_L}} \tag{4.72}$$

Mit den Gleichungen (4.66) und (4.67) für die Wanderungsgeschwindigkeiten lässt sich bei gegebenem Gesamtentstaubungsgrad g^* und gegebenem Gasvolumenstrom die benötigte Abscheidefläche berechnen. Da für größere Partikeln (Gl. 4.61) die Wanderungsgeschwindigkeit abhängig von der Partikelgröße ist, kann Gl. (4.72) auch zur Bestimmung der Fraktionsentstaubungsgrade T(x) benutzt werden.

Im Bereich < 30 µm sind die tatsächlichen Wanderungsgeschwindigkeiten von Feststoffpartikeln oft deutlich größer als nach der Theorie vorhersagbar. Daher sind Abscheideflächen, die nach der Methode von *Deutsch* berechnet werden, häufig zu groß. In der Praxis werden zur Auslegung von Elektroentstaubern meist experimentell bestimmte Wanderungsgeschwindigkeiten an ähnlichen Abscheidern und mit vergleichbaren Stäuben verwendet.

4.3.4 Abscheidung an der Niederschlagselektrode

Gemäß Gl. (4.72) ändert sich der Entstaubungsgrad bei sehr großen Abscheideflächen nur noch wenig. Das bedeutet im Umkehrschluss, dass sich die größten Staubmengen auf den zuerst durchströmten Elektrodenflächen niederschlagen. Hier können sich sehr rasch dicke Staubschichten auf den Niederschlagselektroden bilden.

Bei trocken abgereinigten Elektroentstaubern ist der spezifische Widerstand der abgelagerten Staubschicht von entscheidender Bedeutung:

- Ein niedriger Widerstand der Staubschicht bedeutet eine gute elektrische Leitfähigkeit. Somit fließen die Ladungen der Partikeln sofort ab, nachdem die Niederschlagselektrode erreicht ist. Damit haften die Partikeln nicht mehr und gelangen zurück in den Gasstrom, wo sie erneut aufgeladen werden. Oft wird von einem regelrechten *Hüpfen* der Partikeln berichtet. Extrem gut leitfähig sind z. B. Kohlestäube. Ist der Widerstand der Staubschicht kleiner als ein kritischer Wert von ca. 10^4 Ωcm, empfiehlt sich eine nasse Abreinigung der Niederschlagselektrode.
- Ein hoher Widerstand führt zur Bildung einer *Isolatorschicht* auf der Niederschlagselektrode. Dabei kann zwischen Innen- und Außenseite der Schicht eine so hohe Spannung entstehen, dass es zum Durchschlag kommt, bei dem größere Teile der Staubschicht abgesprengt werden. Man spricht auch vom *Rücksprüh*-Effekt. Wirkt sich dieser Effekt alleine schon negativ auf die Abscheideleistung aus, so wird zusätzlich durch die Isolierschicht die wirksame Feldstärke in der Aufladezone vermindert, wodurch auch insgesamt weniger Wanderungsbewegung erfolgt. Kritisch ist hierbei ein elektrischer Widerstand von ca. 10^{11} Ωcm, der insbesondere bei *Heißabgasen* häufig überschritten wird. Die Leitfähigkeit solcher Stäube lässt sich durch Beimengung von Wasserdampf oder manchen Fremdgasen wie SO_2 erhöhen.

Niederschlagselektroden an Röhrenabscheidern werden meist nass abgereinigt. Mittels Sprühdüsen wird ein Wasserfilm auf den Rohrinnenwänden erzeugt, der den abgeschiedenen Staub kontinuierlich abtransportiert. Vorteilhaft ist es hierbei natürlich, wenn der Staub in nassem Zustand weiterverarbeitet werden kann.

Niederschlagselektroden für Plattenabscheider werden oft profiliert ausgeführt, so dass quer zur Strömungsrichtung Strömungstotzonen entstehen. Hierdurch werden hohe Geschwindigkeitsgefälle an der Elektrodenoberfläche und an der bereits abgelagerten Staubschicht vermieden. Daneben dient die Profilierung auch der Stabilität, da die Elektrodenflächen bei Plattenabscheidern sehr groß werden können. Die Abreinigung der Elektroden geschieht meist durch Klopfer. Während des Klopfvorgangs kann die Spannung in dem betreffenden Plattenbereich abgeschaltet werden, was die Abreinigung erleichtert. Unterhalb der Plattenpakete befinden sich Förderorgane (z. B. Bänder oder Schneckenböden), die den herabgefallenen Feststoff zur Seite austragen.

Häufig wird beim Abreinigungsvorgang eine erhöhte Menge bereits abgeschiedenen Staubes wieder zurück in den Gasstrom gelangen. Dem kann nur entgegengewirkt werden, indem der Entstauber von vorneherein mit einer überdimensionierten Plattenfläche ausgelegt wird. Die Plattenfelder werden dann nacheinander zyklisch abgereinigt, und die verbleibenden Abscheidezonen müssen hinreichend groß sein, um die geforderte Spezifikation des Reingases zu gewährleisten.

4.4 Übungsaufgaben

4.4.1 Übungsaufgabe Sedimenter

Zur Aufbereitung einer Salz-Wasser-Suspension soll ein Eindicker benutzt werden. Dem Absetzbecken laufen stündlich 180 m^3 Suspension mit einem Feststoffanteil $c_V = 10\,\%$ zu. Der Schlammvolumenstrom $\dot{V}_{Sch}$ wird abgepumpt, daher darf der maximale Feststoffanteil c_{Sch} des Schlamms höchstens 40 Vol.-% betragen. Der Überlaufstrom sei feststofffrei.

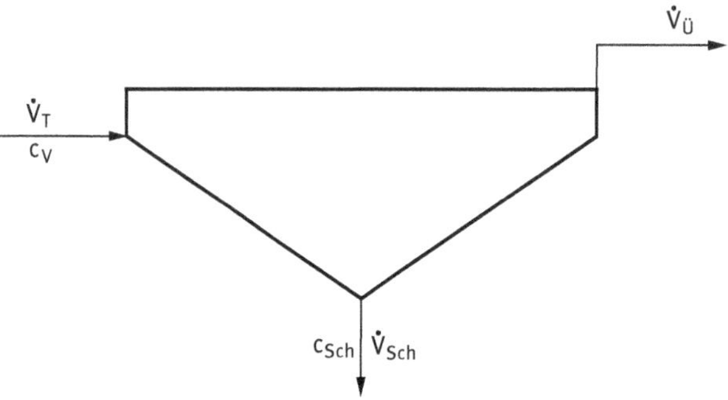

Wie groß muss der Durchmesser des Absetzbeckens sein, damit Teilchen mit einem $d_{p,Grenz} = 20\,\mu m$ noch abgeschieden werden können?

Die Schwarmsinkgeschwindigkeit beträgt bei dieser Suspension nur 80 % der Einzelkornsinkgeschwindigkeit.

Stoffdaten: $\eta_L = 1{,}14\,mPas$ $\rho_L = 1000\,kg/m^3$ $\rho_S = 2000\,kg/m^3$

4.4.2 Übungsaufgabe Steigrohrsichter

Einem Steigrohrsichter wird ein konstanter Massenstrom von 100 kg/h eines Sand-Aluminiumpulver-Gemischs einheitlicher Korngröße aus einem Recyclingprozess zugeführt. Berechnen Sie den Sichtluftvolumenstrom und den Sichterdurchmesser, der zu einer möglichst vollständigen Trennung des Gemisches in seine Bestandteile erforderlich ist.

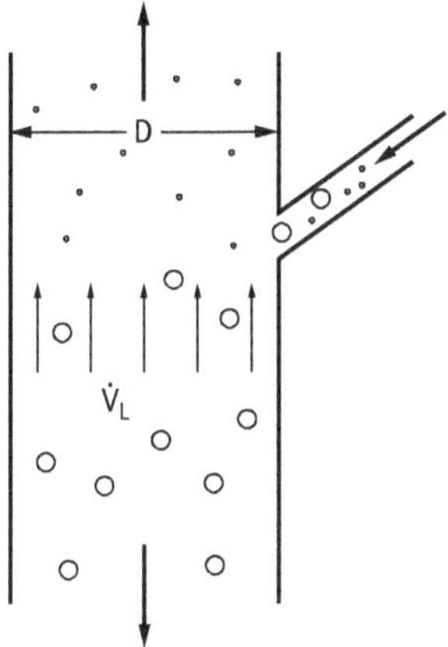

Gegebene Daten:	$dp = 100\,\mu m$	$\rho_{Alu} = 2700\,kg/m^3$
	$\eta_L = 0{,}018\,mPas$	$\rho_{Sand} = 1800\,kg/m^3$
	$\rho_L = 1{,}2\,kg/m^3$	

Alle Partikeln sollen als kugelförmig angenommen werden.

4.4.3 Übungsaufgabe Staubsauger

Sie möchten mit Hilfe eines Staubsaugers den Kiesweg vor Ihrem Haus säubern. Natürlich sollen nur die Schmutzpartikeln ($d_{ps,\,max} = 1\,mm$) aufgesaugt werden, der Kies ($d_{pk,min} = 3\,mm$) soll liegenbleiben.

Der Staubsauger saugt eine konstante Luftmenge von $1\,m^3/min$ an. Welche Düsenquerschnittsfläche müssen Sie wählen, um das o. g. Ziel optimal zu erreichen?

Schmutz- und Kiespartikeln sind vereinfacht als kugelförmig anzunehmen.

Zur Verfügung stehende Daten:

Dichte des Schmutzes und des Kieses:	$\rho_p = 2600\,kg/m^3$
Dichte der Luft:	$\rho_L = 1{,}2\,kg/m^3$
Viskosität der Luft:	$\eta_L = 1{,}8 \cdot 10^{-5}\,Pa\,s$

4.4.4 Übungsaufgabe Tropfenreaktor

In einem Rührkesselreaktor (Durchmesser D = 1 m, Flüssigkeitshöhe h = 1,5 m) wird ein Gemisch aus 2 ineinander unlöslichen flüssigen Phasen intensiv gerührt. Dabei entstehen Tröpfchen der leichteren Phase mit Tropfendurchmessern im Bereich 0,5 bis 1,5 mm, die gleichmäßig im Gefäß verteilt werden.

Die schwerere kontinuierliche Phase hat eine Dichte von 1050 kg/m^3, die leichtere disperse Phase eine Dichte von 850 kg/m^3. Die Viskosität der kontinuierlichen Phase beträgt 0,002 Pa s.

Die Tropfen haben eine deutlich höhere Viskosität und können daher als kugelförmig mit starrer Phasengrenze angenommen werden.

Wie lange dauert es nach Abschalten des Rührers, bis alle Tröpfchen zur Oberfläche aufgestiegen sind?

4.4.5 Übungsaufgabe Zentrifuge

Gegeben ist eine Röhrenzentrifuge mit $L = L_{eff} = 1$ m
$D = 0{,}24$ m
$d = 0{,}18$ m
$n = 10000$ U/min

und die zu klärende Flüssigkeit mit 1 % Feststoffvolumenanteil

Flüssigkeitsdichte	1000 kg/m
Viskosität	0,001 Pa s
Feststoffdichte	2600 kg/m^3

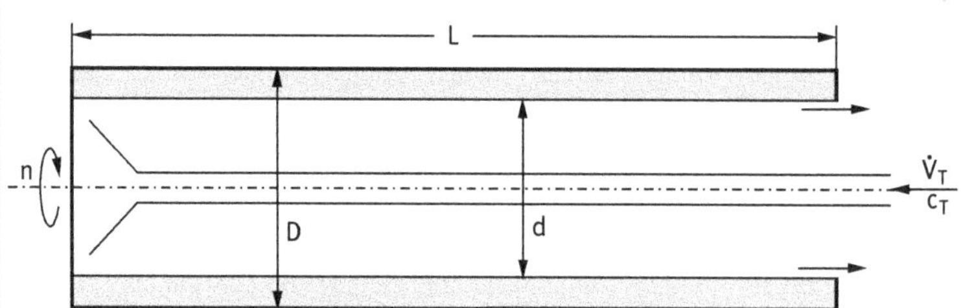

Welchen Suspensionsvolumenstrom kann diese Zentrifuge mit einem Trennkorndurchmesser von 1 µm klären?

4.4.6 Übungsaufgabe Zyklon

Ein Zyklon soll zur Entstaubung eines Gasvolumenstroms von 2000 m^3/h eingesetzt werden. Der Zyklon hat folgende Abmessungen:

Durchmesser im oberen Teil:	$D = 1{,}0\,m$
Durchmesser des Tauchrohrs:	$d = 0{,}5\,m$
gesamte Zyklonhöhe:	$H = 4{,}5\,m$
Abmessungen des Gaseintrittskanals:	$b \cdot h = 200\,mm \cdot 200\,mm$

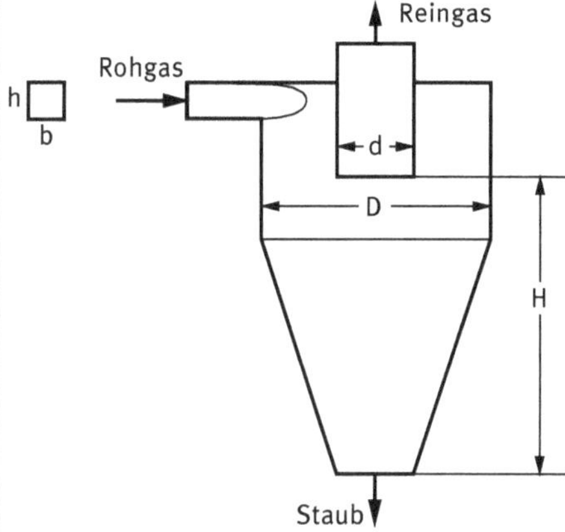

Stoffdaten:	Dichte des Staubs	$r_S = 1800\,kg/m^3$
	Dichte des Gases	$r_G = 2\,kg/m^3$
	Viskosität d. Gases	$h_G = 2 \cdot 10^{-5}\,Pa\,s$

a. Welche Teilchendurchmesser werden noch sicher abgeschieden?
b. Unterhalb welcher Größe gelangen Staubpartikel auf jeden Fall ins Reingas?

4.4.7 Übungsaufgabe Elektroabscheider

Berechnen Sie die benötigte Abscheidefläche für einen Elektroentstauber, der 100000 m^3/h eines Feuerungsabgases mit einem Rohgasstaubgehalt von 54 g/m^3 auf einen Reingasstaubgehalt von 20 mg/m^3 reinigen soll. Die Wanderungsgeschwindigkeit wurde experimentell zu 0,1 m/s bestimmt.

4.5 Formelzeichen für Kapitel 4

A Abscheidefläche
A_{min} Mindest-Abscheidefläche
A_K Klärfläche (Sedimenter)
A_{eff} effektive Klärfläche
A_Z Abscheidefläche einer Zentrifuge
A_{proj} Projektionsfläche
B Breite
b_e Breite des Eintrittsstutzens
c Strömungsgeschwindigkeit
c' charakteristische Geschwindigkeit
c_∞ Strömungsgeschwindigkeit in unendlichem Abstand zur Wand
c_{St} Sinkgeschwindigkeit nach Stokes-Gleichung
$\bar{c}_{St}$ mittlere Stokes-Geschwindigkeit
c_{Ar} über die Archimedeszahl ermittelte Sinkgeschwindigkeit
$c_{H.R.}$ korrigierte Sinkgeschwindigkeit nach Hadamard und Rybczynski
c_u Umfangsgeschwindigkeit
c_r Radialgeschwindigkeit
$c_{r,P}$ Radialgeschwindigkeit der Partikel
$c_{r,L}$ Radialgeschwindigkeit des Fluids
c_e Eintrittsgeschwindigkeit
c_{SS} Schwarmsinkgeschwindigkeit
c_W Wanderungsgeschwindigkeit (im elektrischen Feld)
c_V, c_T Feststoffvolumenanteil in der Trübe
C_{Wirbel} Wirbelstärke einer Potentialströmung
d, D Durchmesser
d' charakteristische Abmessung
d_P Partikeldurchmesser
d_T Trennkorndurchmesser
$\dot{D}$ Drehimpuls
$d\ell$ differentielle Länge
dm differentielle Abnahme der Staubmasse
ds differentielle Abnahme der Staubkonzentration
e Elementarladung
E Feldstärke
E_A Feldstärke in der Aufladezone
E_N Feldstärke in der Niederschlagszone
F_G Gewichtskraft
F_Z Zentrifugalkraft
F_S Widerstands- oder Schleppkraft
F_A Auftriebskraft

F_{el}	elektrische Feldkraft
g	Erdbeschleunigung
g^*	Gesamtentstaubungsgrad
H	Höhe
h_e	Höhe des Eintrittsstutzens
K_1, K_2	Konstanten
ℓ, L	Länge
ℓ^*	Abmessung von Mikrowirbeln
L_{eff}	effektive Trommellänge (Zentrifuge)
m_P	Partikelmasse
$\dot{m}$	Massenstrom
n	Anzahl, Drehzahl
P	Leistung
r	Radius (als Variable)
r_i	Innenradius, Radius der Sprühelektrode
r_a, R	Außenradius, Radius der Niederschlagselektrode
r_R	Außenradius des Schaufelrades
r_e	Eintrittsradius
s	Staubkonzentration
t_V	Verweilzeit
t_S	Sedimentationszeit
T	Fraktionsentstaubungsgrad, Trenngrad
U	Spannung
V_P	Partikelvolumen
$\dot{V}$	Volumenstrom
$\dot{V}_T$	Volumenstrom der Trübe
$\dot{V}_Ü$	Überlaufvolumenstrom
$\dot{V}_{Sch}$	Schlammvolumenstrom
$\dot{V}_Z$	Zentrifugatvolumenstrom
x^*_{max}	maximale Feststoffbeladung im Sichter
z	Schleuderziffer
α	Neigungswinkel
δ	Schichtdicke
η	Fluidviskosität (dynamisch)
η_L	Flüssigkeitsviskosität (dynamisch)
η_P	Viskosität der dispersen Phase (dynamisch)
φ	Restfeuchte
ν_L	Flüssigkeitsviskosität (kinematisch)
ρ	Fluiddichte
ρ_L	Flüssigkeitsdichte
ρ_P	Partikeldichte
$\overline{\rho}_P$	mittlere Partikeldichte

Σ	äquivalente Klärfläche
ω	Winkelgeschwindigkeit
ζ_W	Widerstandsbeiwert
Ar	Archimedes-Zahl
Re	Reynoldszahl
Re_P	Partikel-Reynoldszahl

5 Durchströmung von Partikelschichten

In der Verfahrenstechnik werden häufig Schüttschichten, die aus den verschiedensten Partikelformen bestehen können, von Fluiden durchströmt: Filterschichten, Festbettkatalysatoren oder Füllkörperschüttungen in Kolonnen sind einige wichtige Beispiele. Unter einem *Festbett* versteht man eine ruhende Schüttung konstanter Dicke, die von einer Flüssigkeit oder einem Gas durchströmt wird. Hier besteht die Aufgabenstellung meist darin, den Druckverlust bei der Durchströmung in Abhängigkeit vom Fluidvolumenstrom und den Eigenschaften der Schüttung zu bestimmen. *Filterschichten* sind ebenfalls ruhende Schüttungen, deren Dicke aber mit der Zeit anwachsen kann. Die Durchströmungscharakteristik der Filterschicht liefert bei einer *Kuchenfiltration* Informationen über die vorzusehende *Filterfläche*. Durchströmt man eine ruhende, lose Schüttung von unten mit zunehmendem Fluidvolumenstrom, so findet ab einem Grenzwert eine Aufwirbelung der Schüttung statt; das Festbett geht über in ein *Fließbett* oder eine *Wirbelschicht* (Abb. 5.1).

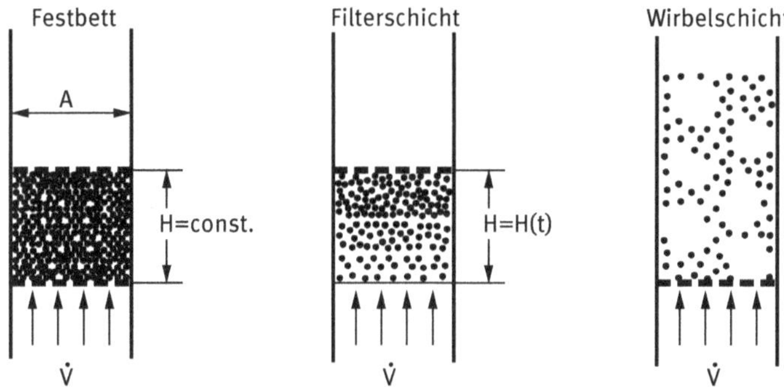

Abb. 5.1: Unterschiedliche Partikelschichten

5.1 Ruhende Schüttungen konstanter Dicke (Festbetten)

5.1.1 Druckverlustgleichung

Als Erstes soll die Aufgabe sein, Druckverluste von Flüssigkeits- oder Gasströmungen durch Festbettschüttungen zu bestimmen. Eine Schüttung der Höhe H (Abb. 5.1 links) bestehe aus Partikeln mit dem einheitlichen Durchmesser d_p (monodisperse Partikelverteilung). Prinzipiell kann man die hier gezeigte Vorgehensweise, mit unterschiedlich großen Fehlern, auch für mäßig polydisperse Partikelverteilungen verwenden, indem man die mittlere Partikelgröße einsetzt. Der Querschnitt der Schüttung A entspreche dem Strömungsquerschnitt der ungestörten Strömung vor und hinter der Schüttung („*Anströmquerschnitt*"). Für die Rechnung werden einheitliche und vom

https://doi.org/10.1515/9783110739541-005

Druck unabhängige Porengrößen sowie eine gleichmäßige Porenverteilung innerhalb der Schüttung vorausgesetzt.

Bekannte Partikelformen in Schüttungen sind Kugeln und sogenannte *Granulate*, worunter man in diesem Zusammenhang unregelmäßiges, gebrochenes, kantiges Gut wie Sand, Kies, Salzkristalle, Kohlebrocken etc. versteht. Daneben sind noch andere reguläre Formen von Interesse wie Vollzylinder (z. B. bei Katalysatoren) oder *Raschigringe* als Beispiel für die ungezählten Arten von Kolonnenfüllkörpern (Abb. 5.2).

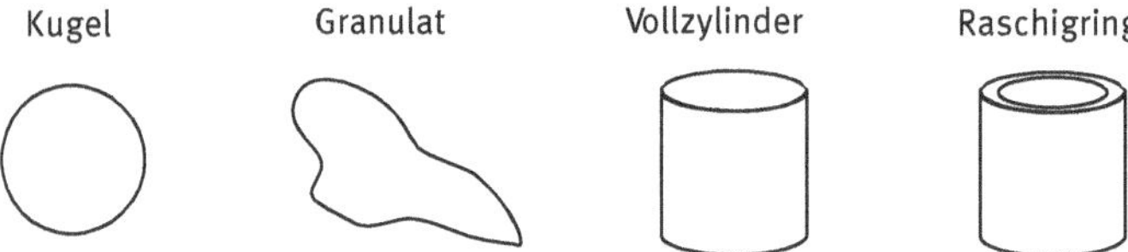

Abb. 5.2: Typische Partikelformen in Schüttungen

Prinzipiell lässt sich der Druckverlust durch eine Schüttung in der Weise berechnen, dass man sie gedanklich durch ein System paralleler Kreiskapillaren ersetzt, die alle eine Länge ℓ und den Durchmesser d aufweisen und in denen eine mittlere Strömungsgeschwindigkeit $\bar{c}_L$ herrscht (*Lückengeschwindigkeit*). Dann ist die allgemeine Druckverlustgleichung für Rohrleitungen

$$\Delta p_v = \zeta \cdot \frac{\rho}{2} \cdot \bar{c}_L^2 = \lambda \cdot \frac{\ell}{d} \cdot \frac{\rho}{2} \cdot \bar{c}_L^2 \tag{5.1}$$

anwendbar (vgl. Exkurs: Druckverlust). Es bleibt die Schwierigkeit, die in dieser Gleichung enthaltenen Größen so umzudefinieren, dass sie den Eigenschaften der realen Schüttung möglichst nahekommen:

Die Länge ℓ ist aufgrund der zickzackförmigen Durchströmung der Schüttungskanäle länger als die reine Schüttungshöhe H. Man ersetzt ℓ darum durch einen Ausdruck μ^*H, wobei μ^* das angenommene (konstante) Verhältnis zwischen tatsächlicher Stromlinienlänge und Schüttungshöhe darstellt.

Zur Berechnung der mittleren Strömungsgeschwindigkeit $\bar{c}_L$ in den Lücken ist die Kenntnis des Hohlraum- oder Lückenvolumenanteiles (*Porosität*) zwischen den Partikeln wichtig. Je kleiner dieser Hohlraumanteil ist, desto höher wird die Lückengeschwindigkeit im Vergleich zur Anströmgeschwindigkeit, die man auch *Leerrohrgeschwindigkeit* nennt.

Der Durchmesser d eines durchströmten Kanals ist nicht konstant wie im oben beschriebenen Kapillarmodell. Man muss einen den Schüttungsverhältnissen angepassten *hydraulischen Durchmesser* so definieren, dass er die realen Eigenschaften der Schüttung beschreibt. Hierzu hilft ebenfalls die Definition eines Hohlraumanteils, der Lückengrad oder auch Porosität genannt wird.

5.1.2 Porosität und Schüttdichte

Die *Porosität* ε, auch als *Lückengrad* bezeichnet, ist definiert als das Verhältnis zwischen Lückenvolumen und Gesamtvolumen einer Schüttung:

$$\varepsilon = \frac{V_L}{V_L + V_S} \quad \{\text{Indizes: L = Lücke; S = Solid (Feststoff)}\} \tag{5.2}$$

Für regelmäßige Schüttungen aus Kugeln lässt sich die Porosität theoretisch berechnen. Der Lückengrad einer regelmäßigen kubische Kugelschüttung beträgt 0,476; der Wert für eine rhomboedrische Kugelschüttung (dichteste Kugelpackung) dagegen nur 0,26. Die Porosität einer solchen geometrisch einfachen Anordnung ergibt also immer einen festen Zahlenwert, unabhängig von der Partikelgröße. Der Lückengrad einer Schüttung hängt somit zunächst nicht von der Korngröße ab!

Die Porosität einer zufälligen Schüttung aus Kugeln liegt naturgemäß zwischen dem minimal möglichen Wert 0,26 und dem Wert für eine sehr lockere Anordnung (ca. 0,5), da solche Kugelpackungen teilweise geordnete, teilweise sehr regellose Strukturen aufweisen. Ein in der Praxis sehr häufig verwendeter Wert liegt nach *Brauer* [6] bei $\varepsilon = 0,37$.

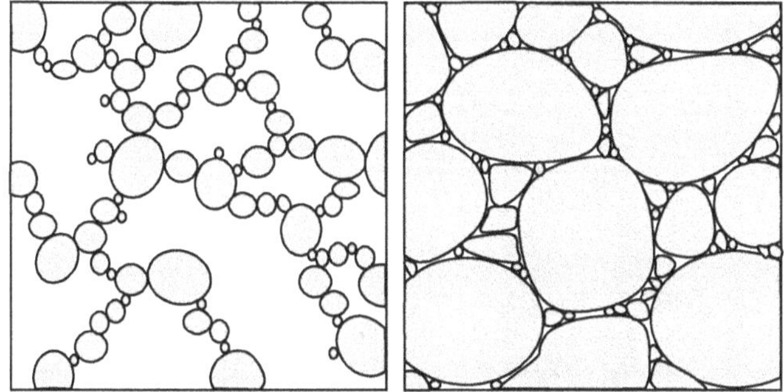

Abb. 5.3: Unterschiedliche Porositäten bei feinen Partikeln (links) und breiten Verteilungen (rechts)

Die Aussage, dass die Porosität unabhängig von der Partikelgröße ist, gilt etwa bis herunter zu einer Teilchengröße von 50 µm, abhängig von der Feststoffart. Bei noch kleineren Partikeln wird der Einfluss der interpartikulären *Haftkräfte* sehr groß, so dass die Feststoffteilchen eine eher lockere Struktur bilden (Abb. 5.3 links), in der die Zwischenräume nicht automatisch (durch Schwerkraft) aufgefüllt werden. Für solche feinen Partikelkollektive können sehr große Porositäten von z. B. über 90 % bis fast 100 % erreicht werden.

Für Partikelkollektive mit sehr breiter Kornverteilung (also mit sehr stark unterschiedlichen Teilchengrößen) werden die Porositäten dagegen klein, da die Zwischenräume der großen Körner durch kleinere aufgefüllt werden (Abb. 5.3 rechts).

Exkurs: Druckverlust

In vielen Fällen ist es das Ziel strömungstechnischer Messungen oder Rechnungen, die Druckdifferenz zu bestimmen, die bei der Durchströmung einer Anordnung mit einem Fluid entsteht. Reversible Druckänderungen, also solche, die durch Beschleunigung oder Verzögerung der Strömung oder durch hydrostatische Höhenänderungen entstehen, sollen hier ausgeklammert bleiben. Ein Teil der Strömungsenergie wird jedoch immer durch Reibungseffekte letztlich in Wärmeenergie umgewandelt. Dies führt zu einer irreversiblen Druckdifferenz, die auch *Druckverlust* (Δp_V) genannt wird.

Druckverlust entsteht bei der Durchströmung vieler technisch relevanter Anordnungen, z. B. von Kreisrohren, von Kanälen mit unrunden Querschnitten, von Ventilen, Krümmern, Schüttschichten oder Rohrbündeln. Liegt die durchströmte Anordnung fest, ist die wesentliche Einflussgröße auf die Höhe des Druckverlustes die Strömungsgeschwindigkeit. Die Kenntnis der Relation zwischen Geschwindigkeit und Druckverlust für eine gegebene Anordnung ist daher wichtiges Ziel. Man kann diese Abhängigkeit messen und direkt $\Delta p_V = f(c)$ auftragen, meist werden diese Größen jedoch in dimensionsloser Form ausgedrückt. Der dimensionslose Druckverlust wird als *Widerstandsbeiwert* ζ (auch *Zeta-Wert*) bezeichnet und über der dimensionslosen Strömungsgeschwindigkeit (*Reynoldszahl* Re) aufgetragen.

$$\zeta = \frac{\Delta p_V}{\frac{\rho}{2} c^2} \qquad \text{(5-A)}$$

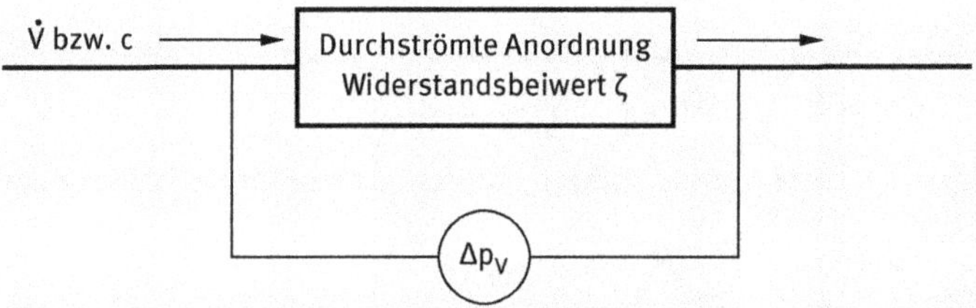

Abb. 5-E1: Bestimmung von Widerstandsbeiwerten

Der Widerstandsbeiwert ζ lässt sich anschaulich als derjenige Anteil des *dynamischen Drucks* $\frac{\rho}{2} c^2$ verstehen, der durch Reibung bzw. Strömungsverluste verloren geht. Die Widerstandsbeiwerte beliebiger Elemente werden experimentell bestimmt, indem man den Volumenstrom durch das Element (Geschwindigkeit!) sowie den Druckverlust misst (Abb. 5-E1). Bei Kreisrohren mit der Länge l und dem Durchmesser d wird

$$\zeta = \lambda \cdot \frac{l}{d} \quad (l = \text{Widerstandszahl})$$

Kennt man umgekehrt den Widerstandsbeiwert eines Elementes, lässt sich dessen Druckverlust bei beliebigen Geschwindigkeiten berechnen:

$$\Delta p_V = \zeta \cdot \frac{\rho}{2} c^2 \qquad \text{(5-B)}$$

Trägt man den Widerstandsbeiwert ζ doppeltlogarithmisch über der Reynoldszahl Re auf, so findet man für viele durchströmte Anordnungen eine charakteristische Kurvenform wie in Abb. 5-E2 dargestellt.

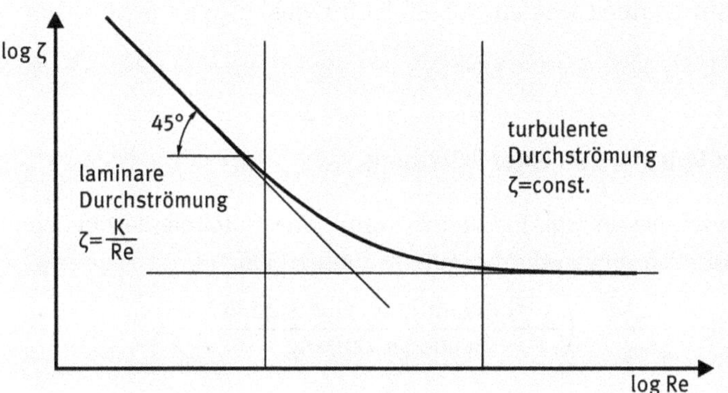

Abb. 5-E2: Typischer Verlauf des Widerstandsbeiwertes

Bei laminarer Strömung gilt für alle Strömungsformen die umgekehrte Proportionalität zwischen Widerstandsbeiwert und Reynoldszahl

$$\zeta = \frac{K_{lam}}{Re} \tag{5-C}$$

Daraus folgt mit Gl. (5-B) und der Definition der *Reynoldszahl*

$$\Delta p_v = \zeta \cdot \frac{\rho}{2} c^2 = \frac{K_{lam}}{Re} \cdot \frac{\rho}{2} c^2 = \frac{K_{lam} \cdot \rho \cdot \eta \cdot c^2}{c \cdot d \cdot \rho} = \frac{K_{lam} \cdot \eta \cdot c}{d} \tag{5-D}$$

Dagegen ist bei turbulenter Strömung meist $\zeta = \text{const.} = K_{turb}$, und es gilt

$$\Delta p_v = \zeta \cdot \frac{\rho}{2} c^2 = K_{turb} \cdot \frac{\rho}{2} c^2 \tag{5-E}$$

Bei laminarer Durchströmung einer Anordnung ist der Zusammenhang $\Delta p_v = f(c)$ also linear, während die Funktionsgleichung bei turbulenter Durchströmung näherungsweise quadratisch verläuft.

Aus der Porosität lässt sich leicht die mittlere Dichte einer Schüttung ableiten, die mit dem Index b (von engl. „bulk“ = Schüttung) gekennzeichnet wird. Für die Gesamtmasse der Schüttung gilt der Zusammenhang

$$m_{ges} = \rho_b \cdot V_{ges} = \rho_S \cdot V_S \tag{5.3}$$

$$\rho_b = \rho_S \cdot \frac{V_S}{V_{ges}} = \rho_S \cdot \left(1 - \frac{V_L}{V_L + V_S}\right)$$

und mit Gl. (5.2) für die Porosität ergibt sich

$$\rho_b = \rho_S \cdot (1 - \varepsilon) \tag{5.4}$$

In loser, unverdichteter Schüttung bezeichnet man diese Dichte als *Schüttdichte*. Mit Hilfe der Schüttdichte kann der Raumbedarf für eine bekannte Schüttgutmasse bestimmt werden, wenn z. B. die Größe von Verpackungen, Lagerplätzen, Silos oder

Schüttguttransportern ermittelt werden soll. ρ_b ist für viele gängige Schüttgüter tabelliert, z. B. in [14].

5.1.3 Hydraulischer Durchmesser einer Schüttung

Der hydraulische Durchmesser (vgl. Exkurs: Hydraulischer Durchmesser) bei einem durchströmten nichtkreisförmigen Querschnitt ist definiert als

$$d_h = \frac{4 \cdot A_S}{U_b} \quad \left(\frac{4 \cdot \text{durchströmter Querschnitt}}{\text{benetzter Umfang}}\right) \tag{5.5}$$

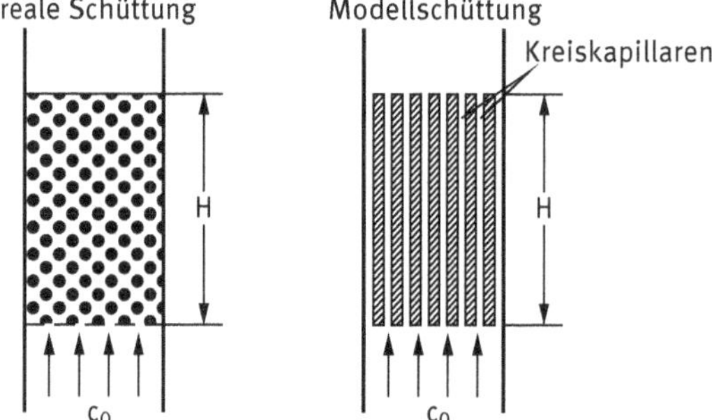

Abb. 5.4: Herleitung des hydraulischen Durchmessers bei Schüttungen

Diese Definition lässt sich für durchströmte Schüttschichten nicht anwenden, da sich die durchströmten Querschnittsflächen in einer Schüttung längs einer Stromlinie verändern. Um die Definition auch für Schüttschichten anwendbar zu machen, wird der Bruch in Gl. (5.5) um die Schüttschichthöhe H erweitert. Denkt man sich die Schüttung idealisiert als eine Vielzahl parallel durchströmter Kapillaren (Abb. 5.4), so würde der Zählerausdruck $H \cdot A_S$ das Volumen einer Kapillare beschreiben; der Nenner $H \cdot U_b$ ihre innere Oberfläche. Für die reale Schüttung setzt man analog

$$d_h = \frac{4 \cdot A_S \cdot H}{U_b \cdot H} \quad \left(\frac{4 \cdot \text{durchströmtes Lückenvolumen } V_L}{\text{benetzte Partikeloberfläche } S}\right) \tag{5.6}$$

Das Lückenvolumen V_L lässt sich mit Hilfe der Porosität ε wie folgt durch das Feststoffvolumen V_S ersetzen:

$$V_L = \varepsilon \cdot V_{ges}$$

$$V_S = (1 - \varepsilon) \cdot V_{ges}$$

$$V_L = \frac{\varepsilon}{1 - \varepsilon} \cdot V_S \tag{5.7}$$

Für Kugeln lässt sich mit

$$V_S = n \cdot \frac{\pi}{6} d_p^3 \quad \text{und} \quad S = n \cdot \pi \cdot d_p^2 \quad (n = \text{Anzahl der Kugeln in der Schüttung})$$

Gl. (5.6) wie folgt schreiben:

$$d_h = \frac{4 \cdot V_L}{S} = 4 \cdot \frac{\varepsilon}{1-\varepsilon} \cdot \frac{n \cdot \frac{\pi}{6} d_p^3}{n \cdot \pi \cdot d_p^2}$$

$$d_h = \frac{2}{3} \cdot \frac{\varepsilon}{1-\varepsilon} \cdot d_p \qquad (5.8)$$

Dieser Ausdruck stellt den hydraulischen Durchmesser einer Kugelschüttung mit dem Partikeldurchmesser d_p und der Porosität ε dar.

5.1.4 Durchströmungsgleichung für Schüttungen

Mit Hilfe der Schüttungsgrößen ε und d_h ist man in der Lage, die Gl. (5.1) an die Verhältnisse in einer Schüttung anzupassen:

$$\Delta p_{\text{Schüttung}} = \lambda \cdot \frac{\mu^* \cdot H}{d_h} \cdot \frac{\rho}{2} \cdot \bar{c}_L^2 \qquad (5.9)$$

Gemäß dem Gedankenmodell in Abb. 5.4 verkleinert sich die durchströmte Querschnittsfläche beim Eintritt in eine Schüttung um den Faktor ε. Daraus folgt die „Lückengeschwindigkeit" c_L zu

$$\bar{c}_L = \frac{c_0}{\varepsilon} \qquad (5.10)$$

und mit Gl. (5.8) für d_h ergibt sich

$$\Delta p_{Sch} = \lambda \cdot \frac{3}{2} \cdot \frac{\mu^* \cdot H}{d_p} \cdot \frac{(1-\varepsilon)}{\varepsilon} \cdot \frac{\rho}{2} \cdot \frac{c_0^2}{\varepsilon^2}$$

Fasst man die konstanten Größen λ, μ^* sowie die Zahlenwerte zu einem *Schüttschichtwiderstand* C_s zusammen, ergibt sich die allgemeine Durchströmungsgleichung für Schüttschichten

$$\Delta p_{Sch} = C_S \cdot \frac{H}{d_p} \cdot \frac{(1-\varepsilon)}{\varepsilon^3} \cdot \rho \cdot c_0^2 \qquad (5.11)$$

Gemäß der Herleitung des hydraulischen Durchmessers (Gl. 5.8) ist diese Durchströmungsgleichung strenggenommen nur für Schüttschichten aus kugelförmigen Partikeln gültig. Es zeigt sich aber in der Praxis, dass der Geltungsbereich auf die meisten nichtkugelförmigen Teilchen und auch auf Mehrkornschichten ausgedehnt werden kann, wenn der Schüttschichtwiderstand C_s entsprechend angepasst wird. So beträgt nach *Ergun* der Schüttschichtwiderstand für Granulatschichten

$$C_S = \frac{150}{Re_h} + 1{,}75 \qquad (5.12)$$

Der Widerstand hängt von der Kennzahl Re_h, d. h. einer mit dem hydraulischen Durchmesser und der Lückengeschwindigkeit c_L gebildeten „Schüttungs"-Reynoldszahl ab,

Exkurs: Hydraulischer Durchmesser

Druckverluste in durchströmten Kreisrohren oder -kapillaren lassen sich nach verbreiteten Verfahren leicht berechnen. Für durchströmte nicht-kreisförmige Querschnitte dagegen oder gar von Kanälen mit uneinheitlichen Querschnitten wie z. B. Porensystemen lassen sich nur schwer zuverlässige Berechnungsgrundlagen finden. Ein einfacher Ansatz besteht darin, solchen Strömungssystemen einen fiktiven Durchmesserwert zuzuweisen, mit dessen Hilfe sich dann die bekannten, für Kreisrohre geltenden Gleichungen benutzen lassen. Der *hydraulische Durchmesser* eines Strömungsquerschnitts ist derjenige Durchmesser, den ein Kreisquerschnitt haben müsste, um bei gleichem Fluid und gleicher Strömungsgeschwindigkeit den gleichen Druckverlust je Längeneinheit zu erzielen.

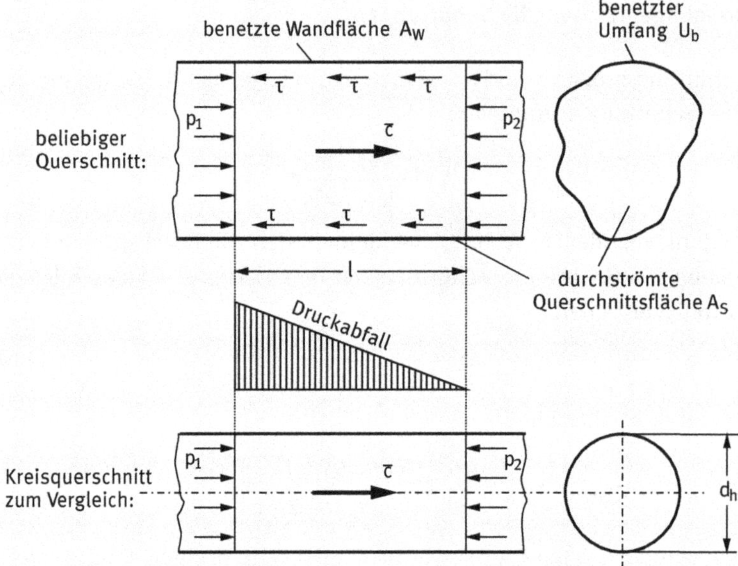

Abb. 5-E3: Herleitung des hydraulischen Durchmesses bei nicht-kreisförmigen Querschnitten

Zur Ableitung des hydraulischen Durchmessers für *nichtkreisförmige Querschnitte* wählt man einen Schubspannungsansatz. Es wird davon ausgegangen, dass die Strömung durch Druckkräfte initiiert wird, dass also eine Druckdifferenz zugrundeliegt, die auf die Stirnflächen A_S des durchströmten Kanals wirkt (Abb. 5-E3). Die Gegenkraft wird durch die Reibung an den Begrenzungswänden des Kanals aufgebracht; sie lässt sich durch das Produkt aus *Schubspannung* τ und benetzter Wandfläche A_W ausdrücken.

Bei konstanter Strömungsgeschwindigkeit sind diese beiden Kräfte im Gleichgewicht:

$$\underbrace{A_W \cdot \tau}_{\substack{\text{Schubkräfte} \\ \text{an benetzter} \\ \text{Wandfläche}}} = \underbrace{A_S \cdot (p_1 - p_2)}_{\substack{\text{Druckkräfte} \\ \text{auf durchströmte} \\ \text{Querschnittsflächen}}} \tag{5-F}$$

Mit $A_W = U \cdot \ell$ (Umfang des Querschnittes × Länge) und $\Delta p = p_1 - p_2$ ergibt sich

$$\Delta p = \tau \cdot \ell \cdot \frac{U_b}{A_S} \tag{5-G}$$

Führt man zum Vergleich diesen Ansatz für einen vollständig durchströmten Kreisquerschnitt mit dem Durchmesser d durch, so ergibt sich analog mit $U_b = \pi \cdot d$ und $A_S = \frac{\pi}{4} \cdot d^2$

$$\Delta p = \tau \cdot \ell \cdot \frac{\pi \cdot d}{\frac{\pi \cdot d^2}{4}} = \tau \cdot \ell \cdot \frac{4}{d} \tag{5-H}$$

Für einen bestimmten Durchmesser des Kreisquerschnitts, den hydraulischen Durchmesser d_h, werden die Druckverluste im Kreisquerschnitt und im beliebigen Querschnitt gleich groß. Für $d = d_h$ lassen sich also die Druckverluste gleichsetzen:

$$\Delta p = \tau \cdot \ell \cdot \frac{4}{d_h} = \tau \cdot \ell \cdot \frac{U_b}{A_S}$$

Daraus folgt unmittelbar

$$\frac{4}{d_h} = \frac{U_b}{A_S} \quad \text{oder}$$

$$d_h = \frac{4 \cdot A_S}{U_b} \tag{5-I}$$

Damit lässt sich der hydraulische Durchmesser berechnen, wenn Querschnittsfläche A_S und Umfang U_b des Strömungsquerschnitts bekannt sind. Zu beachten ist, daß es sich bei der Fläche A_S um die tatsächlich durchströmte Querschnittsfläche und bei dem Umfang U_b um den gesamten tatsächlich benetzten Wandumfang handelt. Dies ist z. B. bei Querschnitten mit Einbauten oder bei teilgefüllten Kanälen besonders wichtig. Schließlich können ja auch nur an benetzten Wänden Schubkräfte und damit Reibungsverluste entstehen. Je mehr benetzte Wandflächen im Verhältnis zum Kanalquerschnitt ein solcher Strömungskanal aufweist, desto kleiner ist der hydraulische Durchmesser und desto höher ist damit sein Druckverlust.

die sich mit Hilfe der leicht bestimmbaren „Partikel"-Reynoldszahl Re_p berechnen lässt:

$$Re_h = \frac{\overline{c}_L \cdot d_h \cdot \rho}{\eta} = \frac{c_0}{\varepsilon} \cdot \frac{\varepsilon}{1-\varepsilon} \cdot \frac{d_p \cdot \rho}{\eta}$$

$$Re_h = \frac{1}{1-\varepsilon} \cdot \frac{c_0 \cdot d_p \cdot \rho}{\eta} = \frac{Re_p}{1-\varepsilon} \tag{5.13}$$

5.1.5 Laminare Schüttungsdurchströmung

Schüttungen aus feinen Partikeln sind in der Verfahrenstechnik häufig (z. B. Filterkuchen). Da die durchströmten Poren in solchen Schüttungen sehr klein und die Anströmgeschwindigkeiten niedrig sind, ist die Durchströmung solcher Schichten laminar. Der Grenzwert für Re_h, bis zu dem laminare Haufwerksdurchströmung vorliegt, beträgt etwa 10. Wie bei allen laminaren Strömungen gilt auch hier die allgemeine Beziehung für den Schüttschichtwiderstand

$$c_{S,lam} = \frac{K}{Re_h} \quad (K = \text{Konstante}) \tag{5.14}$$

Damit und mit der Definition von Re_h aus Gl. (5.13) lässt sich Gl. (5.11) schreiben als

$$\Delta p_{lam} = K \cdot \frac{(1-\varepsilon)}{Re_P} \cdot \frac{H}{d_p} \cdot \frac{(1-\varepsilon)}{\varepsilon^3} \cdot \rho_L \cdot c_0^2$$

$$\Delta p_{lam} = K \cdot \frac{\eta_L}{c_0 \cdot d_P \cdot \rho_L} \cdot \frac{H}{d_p} \cdot \frac{(1-\varepsilon)^2}{\varepsilon^3} \cdot \rho_L \cdot c_0^2$$

$$\Delta p_{lam} = K \cdot \eta_L \cdot \frac{H}{d_P^2} \cdot \frac{(1-\varepsilon)^2}{\varepsilon^3} \cdot c_0 \tag{5.15}$$

Für laminare Durchströmung ist der Zusammenhang zwischen Δp und c_0 linear; die Fluiddichte hat keinen Einfluss mehr. Ersetzt man c_0 durch den Volumenstrom $\dot{V}_L = c_0 \cdot A$ mit der Anströmfläche A (vgl. Abb. 5.1), dann ergibt sich die Gleichung von *Carman-Kozeny*

$$\dot{V}_L = \frac{\Delta p_{lam} \cdot A}{\eta_L} \cdot \frac{\varepsilon^3}{(1-\varepsilon)^2} \cdot \frac{d_P^2}{H \cdot K} \tag{5.16}$$

Diese Gleichung ist zur Berechnung von Druckverlusten bzw. Durchflussmengen in Pulverschüttungen, feinkörnigem Sintermaterial uvm. weit verbreitet. K muss für eine gegebene Schüttung messtechnisch bestimmt werden. Auch das Oberflächenmessgerät nach *Blaine* (vgl. Kap. 2.8) liefert spezifische Partikeloberflächen, die nach der Gleichung von *Carman-Kozeny* berechnet werden.

Für viele Anwendungsfälle reicht es aus, wenn die Einflüsse der Porosität und des Partikeldurchmessers nicht mehr explizit ausgewiesen, sondern mit der Konstante K und der Schüttungshöhe H zu einem gemeinsamen *hydraulischen Widerstand* R zusammengefasst werden:

$$\dot{V}_L = \frac{\Delta p_{lam} \cdot A}{\eta_L \cdot R} \tag{5.17}$$

Diese einfache Gleichung wird *Darcy-Gleichung* genannt und stellt die Grundlage für die Berechnung von Filtrationsvorgängen dar.

5.2 Kuchenfiltration

5.2.1 Herleitung der Filtergleichung

Die *Kuchenfiltration* stellt ein wichtiges mechanisches Verfahren dar, um Suspensionen (Trüben) in Feststoff (Filterkuchen) und Flüssigkeit (Filtrat) zu trennen. Im Gegensatz zu der bisher behandelten Trennung in Kraftfeldern beruht die Trennwirkung eines Kuchenfilters auf der *Gitterwirkung*, d. h. der Versperrung des Strömungsweges durch ein flächiges oder räumliches Gitter, dessen Maschen bzw. Poren kleiner sind als die abzuscheidenden Teilchen. Findet die Filtration dagegen in einer räumlichen Struktur statt, deren Poren größer sind als die abzuscheidenden Partikeln, spricht man von *Tiefenfiltration*.

Bei der Kuchenfiltration läuft einem *Filtermittel* mit der Grundfläche A, das üblicherweise auf einer Stütze ruht, eine Suspension mit dem Feststoffvolumenanteil c_T zu (Abb. 5.5). Vor dem Filtermittel bildet sich ein Filterkuchen, dessen Dicke h_K von der Zeit abhängt. Der ablaufende Filtratvolumenstrom $\dot{V}_F$ sei feststofffrei. Die aufgefangene Filtratmenge V_F bildet auf der gedachten Grundfläche A eine „Filtratsäule", deren Höhe man *bezogenes Filtratvolumen* $V_A = \frac{V_F}{A}$ nennt.

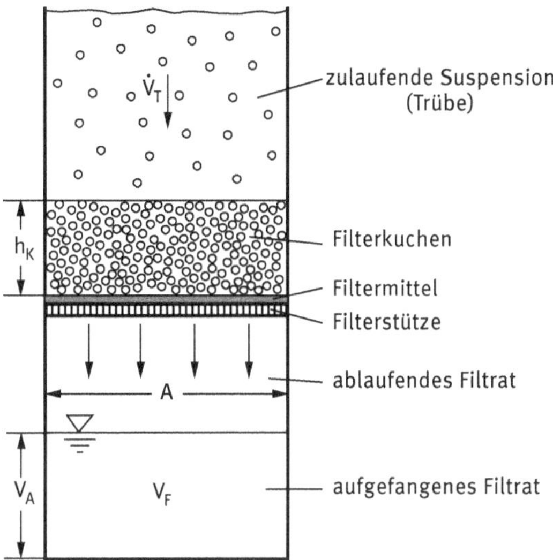

Abb. 5.5: Modell der Kuchenfiltration

Der Zusammenhang zwischen Filtratvolumenstrom und Druckverlust in der Filterschicht ist durch die im vorigen Abschnitt abgeleitete *Darcy*-Gleichung gegeben:

$$\dot{V}_F = \frac{\Delta p_{lam} \cdot A}{\eta_L \cdot R_h} \tag{5.17}$$

oder bezogen auf die Filterfläche A

$$\dot{V}_A = \frac{\Delta p}{\eta_L \cdot R_h} \tag{5.18}$$

Diese Gleichung gilt für die laminare Durchströmung einer Schüttschicht konstanter Dicke. In einem Kuchenfilter liegt demgegenüber keine konstante Dicke H, sondern eine mit der Zeit anwachsende Kuchenhöhe $h_K(t)$ vor. Zusätzlich muss ein Filtermittel (z. B. Filtertuch, Drahtgewebe etc.) durchströmt werden, welches ebenfalls einen hydraulischen Widerstand R_h aufweist. Es ergibt daher Sinn, den Widerstand R_h in einen „*Kuchenwiderstand*", der linear von der Höhe des Kuchens abhängig ist, und einen „*Filtermittelwiderstand*" aufzuteilen.

$$R = \alpha \cdot h_K(t) + \beta \tag{5.19}$$

Mit der Filterkuchendicke können sich auch $\dot{V}_A$ und Δp zeitlich ändern. Aus diesen Überlegungen ergibt sich die Differentialgleichung:

$$\frac{dV_A}{dt} = \frac{\Delta p}{\eta_L(\alpha \cdot h_K(t) + \beta)} \tag{5.20}$$

Zwischen V_A und h_K lässt sich ein Zusammenhang bilden; schließlich entstammen die aufgefangene Filtratmenge und auch der Filterkuchen aus ein und derselben Suspension. Das gesamte Suspensionsvolumen V_T lässt sich in drei Teilvolumina aufteilen:

i. das Filtratvolumen V_F und damit auch das bezogene Filtratvolumen V_A, das sich unterhalb des Filters sammelt,
ii. das reine Feststoffvolumen V_S, aus dem sich die Kuchenstruktur bildet,
iii. das in den Poren des neu gebildeten Kuchens verbleibende Filtrat $V_{F,K}$.

$$V_T = V_F + V_S + V_{F,K} \tag{5.21}$$

Mit Hilfe des Feststoffvolumenanteils c_T in der Trübe sowie der Porosität ε des Kuchens lassen sich die oben beschriebenen Volumina berechnen. Voraussetzung für diese Gleichungen ist die Annahme, dass das Filtrat feststofffrei ist.

$$\begin{aligned} V_T &= V_S + V_F + V_{F,K} \\ V_S &= V_T \cdot c_T \\ V_S &= A \cdot h_K \cdot (1 - \varepsilon) \\ V_{F,K} &= A \cdot h_K \cdot \varepsilon \end{aligned}$$

Damit ergibt sich aus Gl. (5.21)

$$\begin{aligned} V_F &= \frac{V_S}{c_T} - V_S - V_{F,K} \\ V_F &= A \cdot h_K \cdot (1 - \varepsilon) \cdot \left(\frac{1}{c_T} - 1\right) - A \cdot h_K \cdot \varepsilon \\ V_A &= \frac{V_F}{A} = h_K \left[(1 - \varepsilon)\left(\frac{1}{c_T} - 1\right) - \varepsilon\right] = h_K \left[\frac{1 - \varepsilon - c_T}{c_T}\right] \end{aligned}$$

Der Klammerausdruck gibt also das Verhältnis zwischen dem flächenbezogenen Filtratvolumen und der Kuchenhöhe oder auch zwischen Filtratvolumen und Kuchenvolumen wieder. Definiert man eine *suspensionsabhängige Konstante* K^*

$$K^* = \frac{c_T}{1 - \varepsilon - c_T} \tag{5.22}$$

ergibt sich der einfache Zusammenhang:

$$h_K = V_A \cdot K^* \tag{5.23}$$

Die Kuchenhöhe h_K wächst also zeitlich proportional zu der fiktiven Filtratsäule V_A an. Die Konstante K^* stellt anschaulich das Verhältnis der beiden Höhen dar. Der Kuchen wächst gegenüber der Filtratsäule umso schneller, je höher der Feststoffgehalt in der Trübe und je höher die Porosität des Kuchens ist. Meist ist K* deutlich kleiner als 1, da das Volumen des entstehenden Kuchens wesentlich geringer ist als das Filtratvolumen.

Damit lautet die allgemeine Differentialgleichung der Kuchenfiltration:

$$\frac{dV_A}{dt} = \frac{\Delta p(t)}{\eta_l\left(\alpha \cdot V_A \cdot K^* + \beta\right)} \tag{5.24}$$

Diese Gleichung lässt sich lösen, wenn man entweder von konstantem Volumenstrom oder von konstanter Druckdifferenz während der Filtration ausgeht.

5.2.2 Filtration bei konstantem Volumenstrom

Für $dV_A/dt = \text{const.}$ lässt sich Gl. (5.24) einfach umformen:

$$\frac{dV_A}{dt} = \dot{V}_A = \frac{\Delta p(t)}{\eta_l\left(\alpha \cdot \dot{V}_A \cdot t \cdot K^* + \beta\right)}$$

$$\Delta p(t) = \dot{V}_A \cdot \eta_L\left(\alpha \cdot \dot{V}_A \cdot t \cdot K^* + \beta\right)$$

$$\Delta p(t) = \underbrace{\dot{V}_A^2 \cdot \eta_L \cdot \alpha \cdot K^* \cdot t}_{\Delta p(\text{Kuchen})} + \underbrace{\dot{V}_A \cdot \eta_L \cdot \beta}_{\Delta p(\text{Filtermittel})} \tag{5.25}$$

Der Druckverlust bei einer solchen Filtrationsfahrweise ergibt also eine lineare Funktion der Zeit gemäß Abb. 5.6. Die Summanden lassen sich anschaulich als Druckverluste des reinen Kuchens (zeitabhängig) und des reinen Filtermittels (zeitlich konstant) deuten. Der Ausdruck $\dot{V}_A$ stellt das Anwachsen des flächenbezogenen Filtratanfalls (also die Höhe der Filtratsäule) mit der Zeit dar und wird auch *Filtrationsgeschwindigkeit* genannt.

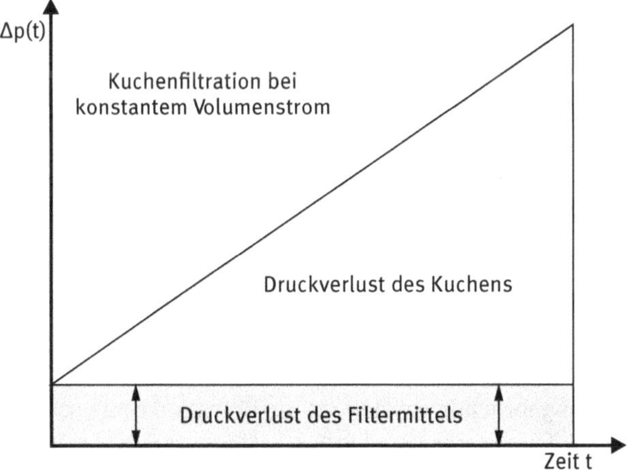

Abb. 5.6: Druckdifferenz in Abhängigkeit von der Filtrationszeit bei konstantem Volumenstrom

Sind die Filtrationswiderstände α und β bekannt, lässt sich damit der Filtrationsvorgang vorausberechnen. Die Widerstände werden üblicherweise experimentell mit der Originalsuspension und dem Original-Filtermittel bestimmt. Hierzu sind Laborversuche mit sogenannten *Handfilterplatten* oder *Drucknutschen* erforderlich.

Die Druckdifferenz für eine Filtration mit $\dot{V}$ = const. wird in der Regel durch eine volumenkonstant fördernde Pumpe aufgebracht (meist Verdrängerpumpen). Kuchenhöhe und Filtratvolumen wachsen linear mit der Zeit; der Filtrationsvorgang wird abgebrochen, wenn der maximal zulässige Druck im Filter, im Rohrsystem oder in der Pumpe erreicht ist.

5.2.3 Filtration bei konstantem Druck

Für Δp = const. lassen sich die Variablen der DGL in Gl. (5.24) trennen:

$$(\alpha \cdot V_A \cdot K^* + \beta)\, dV_A = \frac{\Delta p}{\eta_L} dt$$

Integration liefert:

$$\alpha \cdot K^* \cdot \frac{V_A^2}{2} + \beta \cdot V_A = \frac{\Delta p}{\eta_L} t + C \tag{5.26}$$

Da zum Zeitpunkt $t = 0$ auch der Filtratanfall $V_A = 0$ ist, wird die Integrationskonstante $C = 0$. Für V_A als Funktion der Zeit ergibt sich eine quadratische Gleichung

$$\frac{\alpha \cdot K^*}{2} \cdot V_A^2 + \beta \cdot V_A - \frac{\Delta p}{\eta_L} t = 0 \tag{5.27}$$

deren Normalform lautet:

$$V_A^2 + \underbrace{\frac{2\beta}{\alpha \cdot K^*}}_{X} V_A - \underbrace{\frac{2\Delta p}{\alpha \cdot K^* \cdot \eta_L}}_{Y} t = 0 \tag{5.28}$$

$$V_A^2 + X \cdot V_A - Y \cdot t = 0$$

Die positive Lösung dieser Gleichung lautet:

$$V_A = \sqrt{\left(\frac{X}{2}\right)^2 + Y \cdot t} - \frac{X}{2} \tag{5.29}$$

Der Filtratanfall bei einer solchen Filtrationsfahrweise steigt also gemäß einer Wurzelfunktion an (Abb. 5.7). Zum Zeitpunkt $t = 0$ liegt noch kein Filtrat vor. Zunächst wird das Filtermittel mit hohem Volumenstrom durchströmt; zu Beginn des Vorgangs bildet sich schnell eine hohe Filtratmenge. Hat der Kuchen dagegen eine bestimmte Dicke erreicht, muss der Vorgang abgebrochen werden, da die Filtration sonst unwirtschaftlich wird. Die Fahrweise mit konstanter Druckdifferenz kann durch das Anlegen eines Gasüberdrucks vor oder durch Schaffung eines Vakuums hinter dem Filter erreicht werden.

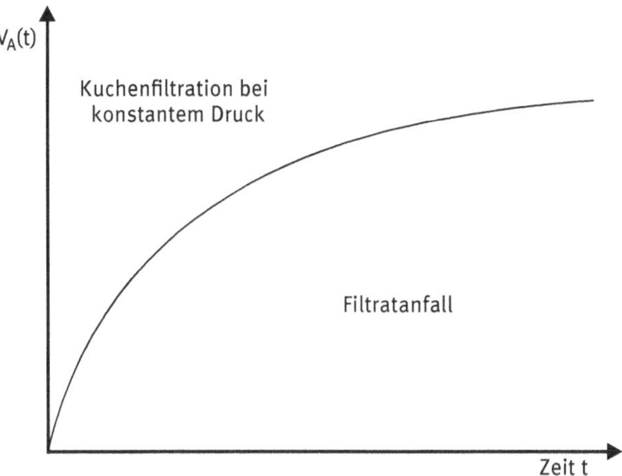

Abb. 5.7: Filtratvolumen in Abhängigkeit von der Filtrationszeit bei konstanter Druckdifferenz

5.3 Filterapparate für Suspensionen

5.3.1 Rahmenfilterpresse

Neben *Drucknutschen*, *Kerzen-* und *Blattfiltern* zählen die *Filterpressen* zu den wichtigsten Druckfiltern. Sie eignen sich sowohl für hohe Filtratdurchsätze, da Δp-Werte bis 25 bar realisiert werden können, als auch für die Verarbeitung großer Kuchenmengen. Durch teilautomatisierte Fahrweise ist es bei diesem Filtertyp möglich, den in den Druckkammern gesammelten Filterkuchen rasch zu entleeren.

Man unterscheidet Rahmen- und *Kammerfilterpressen*. *Rahmenfilterpressen* (Abb. 5.8) bestehen aus einer größeren Anzahl quadratischer Filterplatten und Rahmen, die abwechselnd angeordnet sind. Zwischen Rahmen und Platten befindet sich

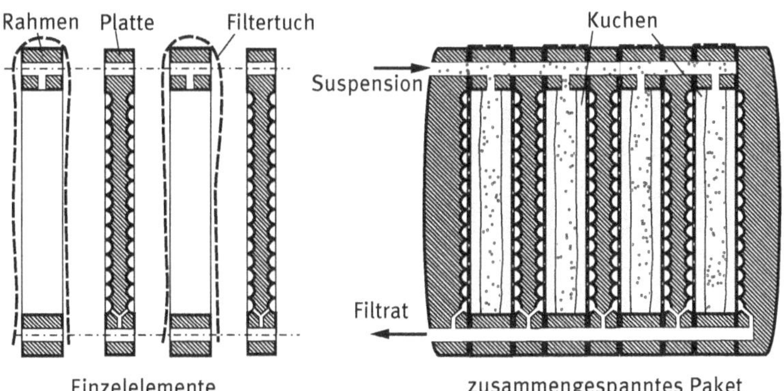

Abb. 5.8: Aufbau einer Rahmenfilterpresse

jeweils das Filtertuch, das einerseits auf den gerippten Plattenflächen aufliegt und dort das Filtermittel bildet, andererseits die Abdichtung zwischen den aneinanderliegenden Flächen von Platten und Rahmen übernimmt.

Die Elemente werden als „Paket“ in einem Filterpressengestell zusammengespannt; bei größeren Pressen hydraulisch; bei kleineren mit Handspannvorrichtungen. Die einzelnen Platten und Rahmen sind im zusammengespannten Zustand durch durchgehende Bohrungen miteinander verbunden. Die Suspension wird unter Druck in die geschlossene Filterpresse gepumpt. Innerhalb der einzelnen Rahmen baut sich stetig und beidseitig Filterkuchen auf dem Filtermittel auf. Das Filtrat wird zwischen den gerippten Plattenflächen gesammelt und fließt innerhalb der Platten durch Bohrungen zum Ablauf.

Sind die Rahmen vollständig mit Filterkuchen gefüllt, wird der Vorgang abgebrochen, die Schließvorrichtung geöffnet und das Plattenpaket auseinandergefahren (Abb. 5.9). Der Kuchen fällt je nach Konsistenz und Rahmenbauart von selbst heraus oder es wird durch Schrägstellen der Platten bzw. durch manuelles Stoßen nachgeholfen.

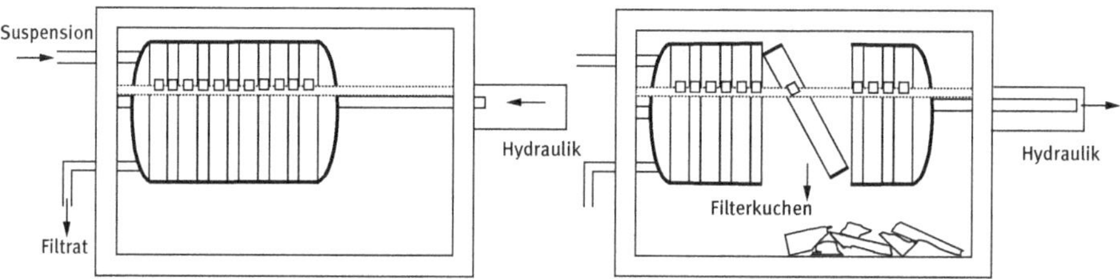

Abb. 5.9: Zusammenpressen und Entleeren des Plattenpakets

Große Filterpressen bestehen aus Platten mit Größen bis zu 2 m im Quadrat. Es können bis zu 150 Platten zusammengespannt und dadurch sehr große Filterflächen und Kuchenvolumina erreicht werden. Das nutzbare Volumen für den Kuchen lässt sich durch unterschiedlich breite Rahmen an die zu filtrierende Suspension anpassen.

Eine Kuchenwäsche ist möglich, indem man die Suspensionszufuhr bei gefülltem Kuchenraum stoppt und stattdessen Waschflüssigkeit durch die Suspensionszuleitung pumpt. Die verschmutzte Waschflüssigkeit wird üblicherweise getrennt vom Filtrat aufgefangen, was man durch sinnvolle Verschaltung der Zu- und Abläufe erreichen kann.

Ein *Filtrationszyklus* besteht aus der eigentlichen *Filtrationszeit* t_F sowie den Zeiten, in denen der Kuchen gewaschen und ausgetragen, das Filtertuch gereinigt, die Filterpresse für den nächsten Zyklus vorbereitet wird usw. Diese Zeiten werden zusammen als *Totzeit* t_T bezeichnet.

Abb. 5.10 zeigt die Abhängigkeit des Filtratanfalls von der Zeit für die Druckfiltration in einer Filterpresse bei konstantem Druck. Innerhalb der Filtrationsphasen

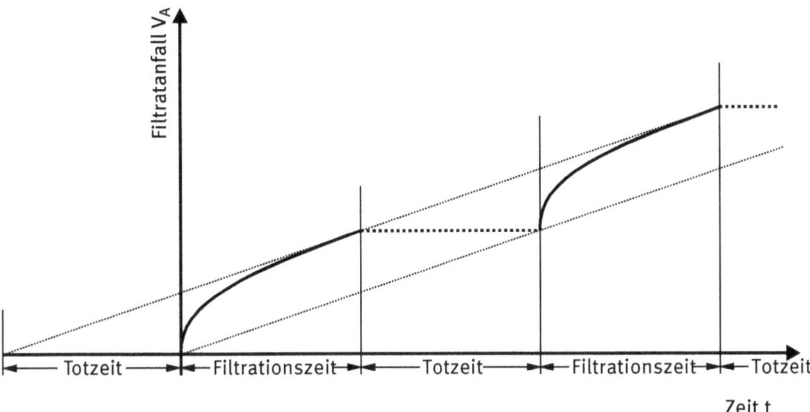

Abb. 5.10: Filtratanfall bei mehreren Filtrationsphasen mit Totzeiten

wächst die Filtratmenge gemäß einer Wurzelfunktion (Gl. 5.29). Nach dem Erreichen von t_F schließt sich die Totzeit t_T an, in der die Filtratmenge konstant bleibt. Danach folgt eine weitere Filtrationszeit etc. Bei einem bestimmten Verhältnis von Totzeit und Filtrationszeit wird die insgesamt gewonnene Filtratmenge pro Zeiteinheit (also die Steigung der in Abb. 5.10 eingezeichneten „Arbeitsgerade") maximal. Man kann rechnerisch zeigen, dass dies genau bei $t_T = t_F$ der Fall ist. Zeichnerisch ergibt sich die maximale Steigung, wenn man die Arbeitsgerade (untere Linie in Abb. 5.10) um die negative Totzeit nach links auf der Abszisse verschiebt. Dann stellt die von diesem Punkt ausgehende Tangente an die Filtrationskurve genau die maximale Steigung dar. Es ist leicht zu erkennen, dass die Arbeitsgerade sowohl bei Verlängerung als auch bei Verkürzung der Filtrationszeit flacher würde.

Liegt die Filtrationszeit t_F fest, kann man aus gegebenem Suspensionsvolumen V_T für einen Zyklus t_F , Feststoffvolumenanteil c_T und der Porosität ε des Kuchens das zu erwartende Kuchenvolumen V_K für einen Zyklus berechnen. Da das Filtrat feststofffrei ist, muss das gesamte von der Suspension mitgeführte Feststoffvolumen V_S später im Kuchen sein:

$$V_S = V_T(t_F) \cdot c_T = (1 - \varepsilon) \cdot V_K(t_F) \tag{5.30}$$

$$V_K(t_F) = \frac{V_T(t_F) \cdot c_T}{(1 - \varepsilon)} \tag{5.31}$$

Liegt das Kuchenvolumen fest, lässt sich mit Hilfe der Konstante K* aus Gl. (5.22) auch das anfallende Filtratvolumen pro Zyklus berechnen, denn nach Gl. (5.23) ist

$$K^* = \frac{h_K}{V_A} = \frac{h_K \cdot A}{V_A \cdot A} = \frac{V_K}{V_F} \tag{5.32}$$

$$V_F(t_F) = \frac{V_K(t_F)}{K^*} = \frac{V_T(t_F) \cdot c_T}{(1 - \varepsilon) \cdot K^*} \tag{5.33}$$

Das Filtratvolumen darf auf keinen Fall direkt aus der Suspensionsmenge und dem Feststoffgehalt bestimmt werden, da man in diesem Fall das zusätzlich im Kuchen festgehaltene Filtratvolumen unberücksichtigt ließe!

Der flächenbezogene Filtratanfall V_A wird nach Gl. (5.29) mit $t = t_F$ berechnet. Hierzu müssen der (konstante) Filtrationsdruck Δp sowie die Filterwiderstände α und β bekannt sein:

$$V_A(t_F) = \sqrt{\left(\frac{X}{2}\right)^2 + Y \cdot t_F} - \frac{X}{2}$$
$$\text{mit} \quad X = \frac{2\beta}{\alpha \cdot K^*} \quad \text{und} \quad Y = \frac{2 \cdot \Delta p}{\alpha \cdot K^* \cdot \eta_L} \tag{5.29}$$

Damit lässt sich die benötigte gesamte Filterfläche ausrechnen:

$$A_{ges} = \frac{V_F}{V_A} \tag{5.34}$$

Je größer die Druckdifferenz Δp gewählt wird, umso kleiner wird die benötigte Filterfläche; allerdings steigt auch der apparatetechnische Aufwand stark an. Hier gilt es jeweils, ein Optimum zu finden.

Jetzt lassen sich auch die Kuchenhöhe pro Zyklus und die benötigte Rahmenstärke berechnen:

$$h_{Rahmen} = 2 \cdot h_K \tag{5.35}$$

Bei n quadratischen Rahmen sind die resultierenden Rahmenabmessungen

$$h_K = \frac{V_K}{A_{ges}} \tag{5.36}$$

$$b_{Rahmen} = l_{Rahmen} = \sqrt{\frac{A_{ges}}{2 \cdot n}} \tag{5.37}$$

5.3.2 Vakuumfilter

Während eine Filterpresse hinsichtlich des Feststoffaustrags absatzweise arbeitet, ist die Betriebsweise umlaufender *Vakuumfilter* vollkontinuierlich. Bei Vakuumfiltern wird die Druckdifferenz durch ein Vakuum erzeugt, das unterhalb des Filtermittels aufgebaut wird (Abb. 5.11 rechts). Von daher befindet sich der gebildete Filterkuchen im atmosphärischen Bereich und kann z. B. direkt mit Hilfe eines Schabers kontinuierlich entfernt werden. Bei Druckfiltern dagegen ist es unvermeidlich, dass sich der gebildete Kuchen innerhalb einer Druckkammer befindet, die zunächst entspannt werden muss, bevor der Kuchen entfernt werden kann (Abb. 5.11 links). Nachteilig bei Vakuumfiltern ist natürlich, dass die maximal erzielbare Druckdifferenz unterhalb von 1 bar liegt. Ist die Suspension nur schwer filtrierbar, eignen sich Vakuumfilter daher weniger bzw. nur bei sehr dünnen Kuchenschichten. Umlaufende kontinuierliche Vakuumfilter werden hauptsächlich dann eingesetzt, wenn leicht filtrierbare Suspensionen mit großen Kuchenmengen verarbeitet werden müssen.

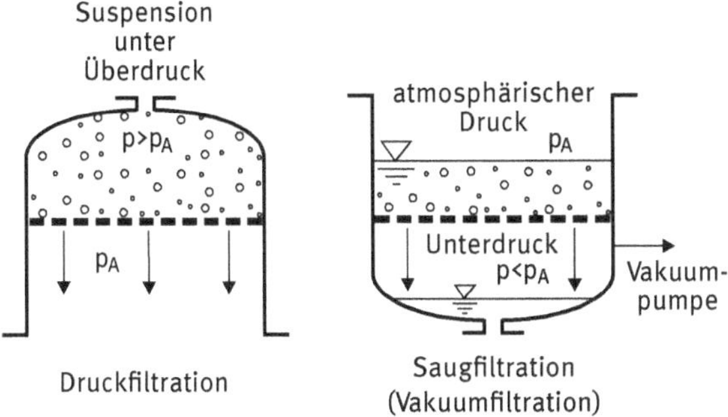

Abb. 5.11: Gegenüberstellung von Druck- und Vakuumfiltration

Einige wichtige Bauarten kontinuierlicher Vakuumfilter sind *Bandfilter*, *Planfilter*, *Trommelfilter* und *Scheibenfilter* (Abb. 5.12). Alle Filter sind in mehrere Zonen unterteilt: *Suspensionsaufgabe (A)*, *Filtrationszone (F)*, *Waschzone (W)*, *Kuchenabwurf (K)* und *Filtertuchreinigung (R)* folgen aufeinander. Beim Bandfilter folgen diese Zonen in gerader Linie aufeinander, während sie bei den *Drehfiltern* nacheinander im Verlauf einer 360°-Umdrehung durchlaufen werden.

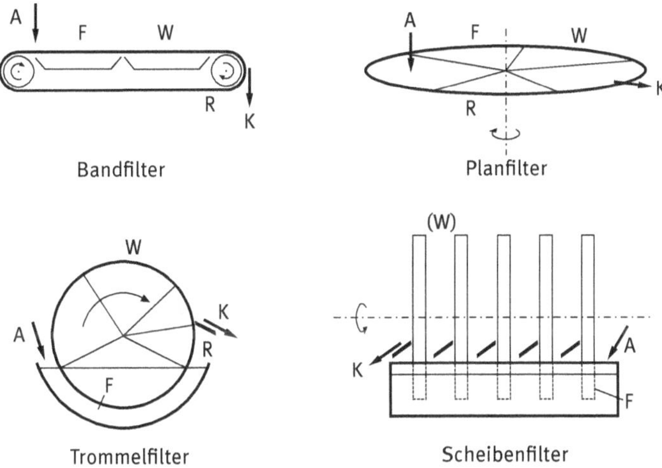

Abb. 5.12: Bauarten kontinuierlicher Vakuumfilter

Wesentliches Element eines *Bandfilters* (Abb. 5.13) ist das umlaufende Endlos-Filterband, das meist aus einem sehr reißfesten Kunststoffgewebe besteht. Im Bereich der Suspensionsaufgabe ist das Band zu einer Mulde ausgeformt. Die Suspension verteilt sich gleichmäßig über die Breite des Bandes. Das Filtrat wird durch Anlegen von Unterdruck in den ersten Vakuumwannen durch das Filtertuch gesaugt. Problematisch bei einem Bandfilter ist stets die Abdichtung zwischen Filterband und Vakuumwannen: Entweder läuft das Filterband zusammen mit einem Trägerband, das die Abdichtung übernimmt, oder die Vakuumwannen rollen taktweise ein Stück mit dem fest angepressten Band mit. Am Ende des Rollwegs wird das Vakuum unterbrochen, so dass sich Band und Wannen lösen; die Wannen werden über Seilzüge in die Ausgangsstellung zurückgezogen.

Von der ersten Filtratwanne gelangt das *Primärfiltrat* in einen Abscheider, in dem die mitgesaugte Luft entfernt wird. Die Filtrationszone auf dem Filterband wird so bemessen, dass der Kuchen am Ende der jeweiligen Saugzone trockengesaugt wird, was naturgemäß Luft in die Filtratwanne gelangen lässt. Das Primärfiltrat kann anschließend durch eine Pumpe der weiteren Verarbeitung zugeführt werden.

Bei einem Bandfilter lassen sich insbesondere intensive und mehrstufige Wäschen des Filterkuchens durchführen. Abb. 5.13 zeigt eine dreistufige Gegenstromwäsche. Frische Waschflüssigkeit wird am Ende der Kuchenwäsche aufgegeben, um eine möglichst vollständige Reinigung zu gewährleisten. Das Waschfiltrat aus den hinteren Stufen wird wiederum in Vakuumwannen abgesaugt, in Abscheidern von der mitgesaugten Luft getrennt und anschließend durch Pumpen zur nächsten, vorangehenden Waschstufe gefördert, so dass der Kuchen mit leicht verschmutzter Waschflüssigkeit vorgewaschen wird. Die mehrfache Verwendung des Waschfiltrats minimiert die erforderliche Waschflüssigkeitsmenge. Dies ist ausgesprochen sinnvoll, da verschmutztes Waschwasser in aller Regel wieder kostenintensiv aufgearbeitet werden muss.

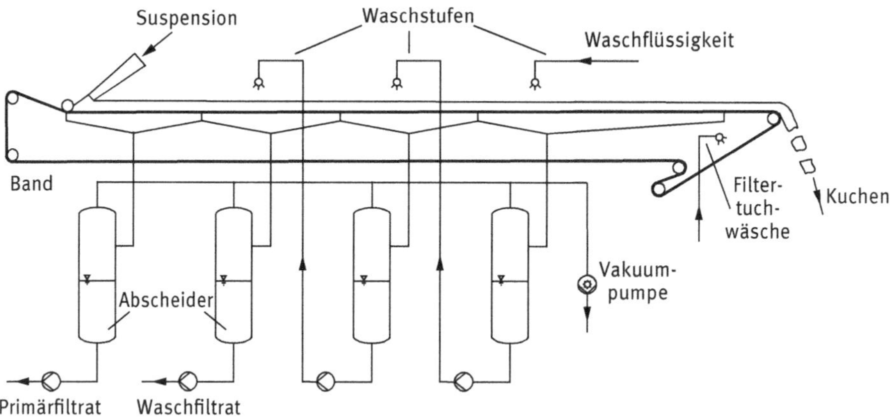

Abb. 5.13: Bandfilter mit dreistufiger Gegenstromwäsche

Zur Absaugung der Abscheider und zum Erzeugen des Vakuums dient meist eine Wasserringvakuumpumpe. Der trockengesaugte Kuchen wird an der Umlenkung des Bandes durch ein Schälmesser abgenommen. Danach wird das Filterband über Sprühdüsen mit frischer Waschflüssigkeit gereinigt.

Bandfilter werden in Breiten bis zu 4 m und Längen bis zu 30 m eingesetzt. In vielen feststoffverarbeitenden Betrieben stellen sie das zentrale Element dar. Das Band läuft recht langsam (max. ca. 0,5 m/min); der störungsfreie Lauf des Bandes erfordert einen hohen mess- und regeltechnischen Aufwand.

Zur rechnerischen Behandlung der kontinuierlichen Filtration auf einem Bandfilter wird die Filtrationszone mit der Länge l_F und der Breite b_F betrachtet (Abb. 5.14). Die Stärke des anfiltrierten Kuchens am Ende der Filtrationszone sei h_K; dies entspricht auch der Dicke am Kuchenabwurf. Das Filterband läuft mit der konstanten Bandgeschwindigkeit c_B. Innerhalb der Filtrationszone steigt die Kuchendicke nach einer Wurzelfunktion von null bis h_K an. Die Wurzelabhängigkeit resultiert aus Gl. (5.29), da die Filtration bei konstantem Druck (hier: Vakuum) stattfindet.

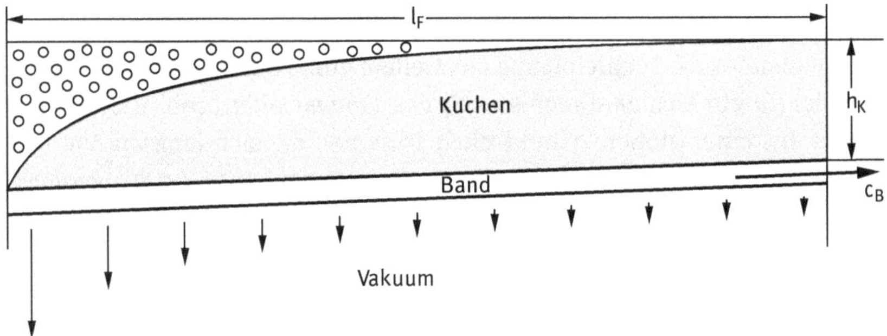

Abb. 5.14: Kuchenwachstum auf einem Bandfilter

Der durch das Filtertuch hindurchtretende Filtratvolumenstrom (durch die Pfeile symbolisiert) ist am Anfang der Zone am größten und nimmt dann im Verhältnis zur ansteigenden Kuchendicke ab. Die Filterleistung wird also größer, wenn man kurze und breite Filtrationszonen wählt, d. h. eine kleine Länge l_F und entsprechend größere Breite b_F. Allerdings sollte eine (je nach Feststoff unterschiedliche) Mindestkuchendicke h_K nicht unterschritten werden, damit keine „Löcher“ bei ungleichmäßiger Belegung des Filtertuchs entstehen und damit der Kuchen sich leicht abschälen lässt. Diese Mindestdicke beträgt oft ca. 5–10 mm.

Gibt man die zu erzielende Kuchendicke h_K und die Bandgeschwindigkeit c_B vor, so lässt sich die Filterbreite b_F aus dem Feststoffvolumenstrom errechnen. Für den „Kuchenvolumenstrom“ gilt

$$\dot{V}_K = c_B \cdot h_K \cdot b_F = \frac{\dot{V}_T \cdot c_T}{(1 - \varepsilon)} \tag{5.38}$$

$$b_F = \frac{\dot{V}_T \cdot c_T}{c_B \cdot h_K \cdot (1 - \varepsilon)} \tag{5.39}$$

Der bezogene Filtratanfall $V_A = h_K/K^*$ beträgt für Filtrationen bei konstantem Druck

$$\frac{h_K}{K^*} = \sqrt{\left(\frac{X}{2}\right)^2 + Y \cdot t_F} - \frac{X}{2} \tag{5.29}$$

$$\text{mit} \quad X = \frac{2\beta}{\alpha \cdot K^*} \quad \text{und} \quad Y = \frac{2 \cdot \Delta p}{\alpha \cdot K^* \cdot \eta_L}$$

Damit lässt sich eine fiktive „Filtrationszeit" t_F berechnen:

$$t_F = \frac{1}{Y} \cdot \left[\left(\frac{h_K}{K^*} + \frac{X}{2}\right)^2 - \left(\frac{X}{2}\right)^2\right] \tag{5.40}$$

Daraus resultieren unmittelbar $l_F = c_B \cdot t_F$ und die benötigte Filterfläche $A = l_F \cdot b_F$. Die Filtrationsfläche macht beim Bandfilter jedoch nur einen kleinen Teil der gesamten Tuchfläche und auch der Grundfläche des Apparates aus, da Kuchenwäsche, Entfeuchtung, Kuchenabwurf, Tuchreinigung etc. weitere große Flächen beanspruchen.

Als Beispiel für ein *Vakuum-Drehfilter* soll das *Trommelfilter* (Abb. 5.15) dienen. Dieses besteht aus einer großen zylindrischen Trommel, die sich langsam um ihre waagrecht liegende Achse dreht und dabei mit ihrer Unterseite in einen *Suspensionstrog* eintaucht. Die Trommel ist auf ihrer Außenseite mit Filtermittel bespannt und wird durch innenliegende Filterkammern mit Unterdruck beaufschlagt, so dass sich während des Eintauchens ein Filterkuchen bildet. Nach dem Auftauchen aus dem Trog wird der Kuchen trockengesaugt und kann dann maximal 1–2 *Waschzonen* durchlaufen, die an der Oberseite der Trommel angebracht sind. Nachdem auch die *Waschflüssigkeit* abgesaugt ist, wird der Filterkuchen über ein Schabermesser abgeschält. Die Strecke bis zum erneuten Eintauchen in den Suspensionstrog kann zur *Filtertuchwäsche* genutzt werden.

Die *Filtrationszone*, die *Waschzone* und die *Kuchenabwurfzone* werden also nacheinander auf dem Trommelumfang durchlaufen, wobei die einzelnen Filterkammern auch nacheinander unterschiedliche Aufgaben erfüllen müssen. Zur Aufnahme des *Primärfiltrats* und der *Waschflüssigkeit* müssen die Kammern mit Unterdruck beaufschlagt sein; die beiden Flüssigkeiten sollten aber möglichst getrennt abgeführt werden können. Während des Kuchenabwurfs ist es sinnvoll, die betreffende Filterkammer mit Überdruck zu beaufschlagen, damit sich der Kuchen leichter vom Filtermittel löst. Diese wechselnden Verbindungen der Filterkammern in der drehenden Trommel mit den unterschiedlichen (ortsfesten) Verbindungsleitungen übernimmt ein *Steuerkopf*. Dieses zentrale Element sorgt z. B. dafür, dass die in der Filtrationszone befindlichen Kammern mit der Filtratabsaugung und die am Kuchenabwurf befindliche Kammer mit einer Druckluftleitung verbunden sind (in Abb. 5.15 durch Pfeile dargestellt) und dass die einzelnen Leitungsstränge gegeneinander abgedichtet sind.

Zwei wesentliche Vorteile zeichnen ein Trommelfilter gegenüber einem Bandfilter aus. Zum einen ist der Platzbedarf deutlich geringer, da die Filterfläche nicht eben ist, sondern durch ihre Anordnung auf der Mantelfläche der Trommel auch die Höhendimension nutzt. Der zweite Vorteil liegt in der Beanspruchung des Filtermittels. Wäh-

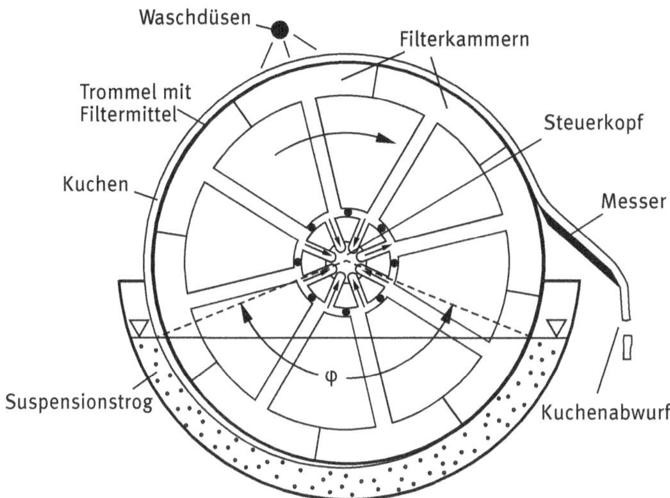

Abb. 5.15: Aufbau eines Vakuum-Trommelfilters

rend das Filtertuch beim Bandfilter lose über die Unterlage rutscht und durch fortwährendes Umlenken und Spannen ständiger Beanspruchung unterliegt, kann es beim Trommelfilter starr mit der Trommeloberfläche verbunden werden. Damit fallen die aufwändigen Regelungen zur Bandführung weg und die Standzeiten der Filtermittel steigen erheblich. Auch die Verwendung von empfindlichen Geweben wie z. B. Edelstahl-Feinstgewebe ist bei Trommelfiltern möglich. Diese weisen üblicherweise auch deutlich geringere Filtermittelwiderstände auf und lassen sich leichter reinigen.

Nachteilig gegenüber den Bandfiltern ist, dass sich Filtrations- und Waschzonen nicht unabhängig voneinander einplanen lassen. Auch sind die möglichen Waschzonen recht klein, da senkrecht stehende oder steile Bereiche der Filterfläche kaum zum Besprühen oder Berieseln genutzt werden können, um den Filterkuchen nicht wegzuspülen. An der Oberseite der Trommel sind aus Platzgründen höchstens 1–2 Waschzonen möglich. Jede Vergrößerung der Waschzonen, etwa durch Verlängerung der Trommel oder Erhöhung des Trommeldurchmessers, bedeutet somit gleichzeitig eine Erhöhung der Filterfläche. Aufwändige, mehrstufige Wäschen sollten darum besser mit Bandfiltern realisiert werden.

Ein weiterer Nachteil ist, dass der Feststoff auf Trommelfiltern von unten, also entgegen der Schwerkraftrichtung, an die Filterfläche gesaugt werden muss. Ist die Sinkgeschwindigkeit der Feststoffkörner also größer als die Aufstromgeschwindigkeit des durchgesaugten Filtrats, ist eine Filtration nicht möglich. Bei Suspensionen mit nennenswerter Sedimentationsneigung sollte darum ein Band- oder Planfilter vorgezogen werden.

Beim Durchlauf durch den Suspensionstrog steigt die Kuchendicke gemäß Gl. (5.29) von null bis h_K an. Zur Berechnung der Filterfläche geht man wie beim Bandfilter von einer vorgegebenen Kuchendicke h_K beim Auftauchen aus dem Suspensionstrog aus und berechnet daraus den bezogenen Filtratanfall V_A:

$$V_A = \sqrt{\left(\frac{X}{2}\right)^2 + Y \cdot t_F} - \frac{X}{2} \tag{5.29}$$

$$\text{mit} \quad X = \frac{2\beta}{\alpha \cdot K^*} \quad \text{und} \quad Y = \frac{2 \cdot \Delta p}{\alpha \cdot K^* \cdot \eta_L}$$

Dies führt wieder zu der *fiktiven Filtrationszeit* t_F:

$$t_F = \frac{1}{Y} \cdot \left[\left(\frac{h_K}{K^*} + \frac{X}{2}\right)^2 - \left(\frac{X}{2}\right)^2\right] \tag{5.40}$$

Dies entspricht der Zeitspanne, während der das Filtermittel in den Suspensionstrog eintauchen soll. Der Anteil des eingetauchten Trommelumfangs am Gesamtumfang lässt sich über den Kuchenbildungswinkel ϕ bestimmen, und der Zusammenhang mit der Trommeldrehzahl n_T wird

$$t_F = \frac{\phi^\circ}{360^\circ} \cdot \frac{1}{n_T} \tag{5.41}$$

Gleichsetzen liefert

$$n_T = \frac{\phi^\circ}{360^\circ} \cdot \frac{Y}{\left(\frac{h_K}{K^*} + \frac{X}{2}\right)^2 - \left(\frac{X}{2}\right)^2} \tag{5.42}$$

Drehzahl der Trommel und erzielbare Kuchendicke hängen also unmittelbar zusammen. Ist der Filtermittelwiderstand β sehr klein (z. B. bei Metallmaschengewebe), kann zusätzlich der Platzhalter X vernachlässigt werden und es ergibt sich der einfache Zusammenhang

$$n_T = \frac{\phi^\circ}{360^\circ} \cdot \frac{K^{*2} \cdot Y}{h_K^2} \tag{5.43}$$

Führt man analog zur Bandfilterberechnung (Gl. 5.38) eine „Kuchenbilanz" durch, so erhält man für den „Kuchenvolumenstrom"

$$\dot{V}_K = c_U \cdot h_K \cdot b_F = \frac{\dot{V}_T \cdot c_T}{(1 - \varepsilon)} \tag{5.44}$$

wobei die Vorschubgeschwindigkeit hier durch die Umfangsgeschwindigkeit der Trommel c_U gegeben ist. Diese lässt sich wiederum mit der Trommeldrehzahl n_T und dem Trommeldurchmesser D bilden:

$$c_U = \pi \cdot n_T \cdot D \tag{5.45}$$

Die Filterfläche A als das Produkt von Trommelbreite b_T und Trommeldurchmesser D wird dann

$$A = b_T \cdot D = \frac{\dot{V}_T \cdot c_T}{\pi \cdot n_T \cdot h_K \cdot (1 - \varepsilon)} \tag{5.46}$$

Aus konstruktiven Gründen wird häufig ein Verhältnis b_T/D von etwa 2 gewählt. Damit und mit Gl. (5.43) ergibt sich der Trommeldurchmesser D zu

$$D = \frac{\dot{V}_T \cdot c_T \cdot h_K}{2 \cdot \pi \cdot \frac{\phi^\circ}{360^\circ} \cdot K^{*2} \cdot Y \cdot (1 - \varepsilon)} \tag{5.47}$$

5.4 Filterzentrifugen

Bei den *Filterzentrifugen* (auch *Siebzentrifugen*) wird die Filtration nicht durch eine Druckdifferenz, sondern durch *Zentrifugalkräfte* bewirkt. Hierzu wird eine gelochte Zentrifugentrommel (*Siebtrommel*) von innen mit einem Filtermittel bespannt. Gelangt Suspension in die drehende Trommel, wirken Zentrifugalkräfte sowohl auf die Flüssigkeit als auch auf den Feststoff. Dies führt einerseits zur Sedimentation der Feststoffteilchen in Richtung Filterfläche und andererseits zur Durchströmung des Filtermittels und des sich bildenden Kuchens mit dem Filtrat.

Durch die Zentrifugalkräfte lassen sich rechnerisch hohe Druckdifferenzen erzeugen. Allerdings sind Siebtrommeln aufgrund der Perforation weniger reißfest als Vollmanteltrommeln und dürfen nur mit geringeren Umfangsgeschwindigkeiten betrieben werden. Der tatsächliche Vorteil einer Filterzentrifuge gegenüber einem Druckfilter liegt jedoch in der leichten Entfeuchtungsmöglichkeit des gebildeten Kuchens. Die Zentrifugalkräfte wirken auch noch auf die letzten verbliebenen Filtratreste im Kuchen und schleudern diese bei ausreichender Umfangsgeschwindigkeit bis auf einen minimalen, an den Partikeloberflächen haftenden Flüssigkeitsfilm ab.

Filterzentrifugen können absatzweise, ähnlich dem Betrieb einer Überlaufzentrifuge (vgl. Kap. 4.2.2) betrieben werden. Das Filtrat wird dann kontinuierlich ausgetragen und der Feststoffkuchen bei stehender Zentrifuge von Hand ausgeräumt. Bei größeren zu verarbeitenden Feststoffmengen empfiehlt sich ein kontinuierlicher oder zumindest teilkontinuierlicher Feststoffaustrag. Ein solcher ist z. B. in einer *Schälzentrifuge* (Abb. 5.16) realisiert. Die Suspension gelangt durch ein Rohr im vorderen Deckel in die Zentrifugentrommel. Auf der Innenseite des Trommelmantels befindet sich das Filtermittel, auf dem sich der Kuchen bildet. Das Filtrat wird durch die Sieböffnungen nach außen abgeschleudert, im Gehäuse gesammelt und zentral abgeleitet. Hat der Kuchen eine vorgewählte Stärke erreicht, wird die Zentrifugendrehzahl stark abgesenkt und ein Schälmesser hydraulisch bis dicht vor das Filtermittel bewegt. Der gebildete Kuchen wird auf diese Weise abgeschält und fällt unterhalb des Messers in eine feststehende, steile Schurre, wo er durch Schwerkraftwirkung nach unten fällt. Das geschilderte Austragsprinzip ist nur mit horizontaler Trommelachse möglich. Die Trommel wird fliegend gelagert und auf der Vorderseite mit weiter Öffnung versehen, damit Zuleitung und Feststoffschurre durch den Gehäusedeckel geführt werden können. Auch das Schälmesser einschließlich Hydraulik ist am Gehäusedeckel befestigt.

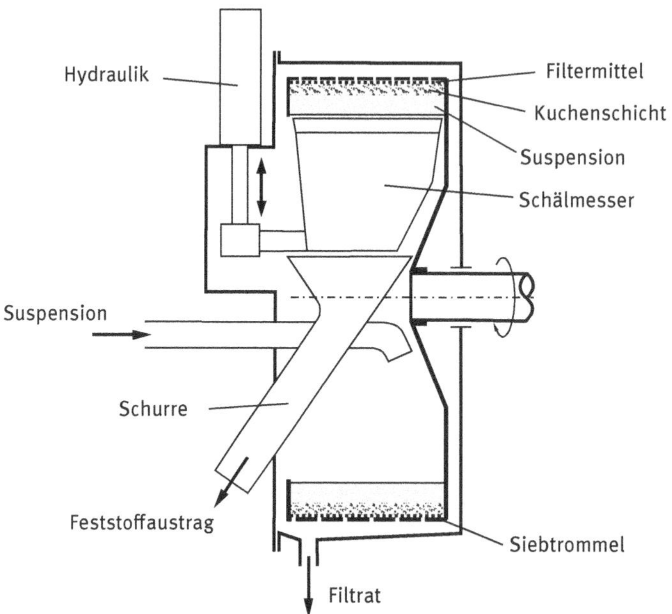

Abb. 5.16: Schälzentrifuge

Rechnerisch weist die Filtration in einer Zentrifuge viele Gemeinsamkeiten mit der Berechnung von Druck- bzw. Vakuumfiltern auf. Da die Zentrifugalkraft jedoch zusätzlich vom Radius abhängt und auch Filterfläche und Filtratgeschwindigkeit sich mit dem Radius ändern, ist die Aufstellung der Filtergleichungen sehr viel komplexer als bei einfachen Filtrationen. Zum Aufzeigen der gemeinsamen Gesetzmäßigkeiten werden darum folgende Vereinfachungen vorgenommen:

- Wie bei der Filtration durch Druckdifferenz werden laminare Strömung, inkompressibler Filterkuchen und ein homogener Aufbau des Filterkuchens vorausgesetzt.
- Es wird nur ein dünner Kuchen mit konstanter Stärke gebildet (in einer Schälzentrifuge näherungsweise realisiert).
- Radiale Geschwindigkeitsunterschiede innerhalb der Suspensionsschicht und innerhalb des Filterkuchens sind vernachlässigbar.

Abb. 5.17 dient zur Erläuterung des Rechenmodells. Auf dem Filtermittel befindet sich der gebildete Kuchen mit der quasi konstanten Dicke $(r_T - r_a)$. Darüber befindet sich ein Flüssigkeitsring aus Suspension mit der Stärke $s = (r_a - r_i)$. Die Flüssigkeit im Suspensionsring bewirkt aufgrund der Zentrifugalbeschleunigung eine Druckdifferenz zwischen r_i und r_a. Da die Zentrifugalbeschleunigung ihrerseits eine Funktion des Radius darstellt, muss die Kräftebilanz an einem dünnen Ringelement innerhalb des Suspensionsringes erfolgen. Es wird davon ausgegangen, dass das Ringelement mit

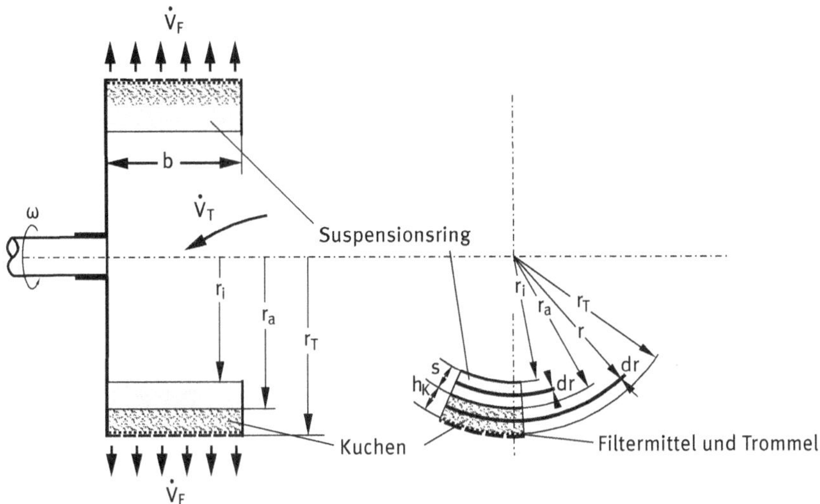

Abb. 5.17: Rechenmodell für eine Filterzentrifuge

dem Volumen dV eine nach außen gerichtete Volumenkraft erzeugt, wodurch eine Kräftedifferenz auf beiden Seiten des Ringelements entsteht:

$$dF_2 - dF_1 = \rho_T \cdot r \cdot \omega^2 \cdot dV \tag{5.48}$$

Mit dF = p dA ergibt sich die erzeugte Druckdifferenz

$$(p + dp) \cdot dA - p \cdot dA = \rho_T \cdot r \cdot \omega^2 \cdot dr \cdot dA$$

$$dp = \rho_T \cdot r \cdot \omega^2 \cdot dr \tag{5.49}$$

Diese Differentialgleichung lässt sich zwischen r_i und r_a bestimmt integrieren,

$$\int_{p_i}^{p_a} dp = \rho_T \cdot \omega^2 \cdot \int_{r_i}^{r_a} r \cdot dr$$

und die Lösung lautet:

$$\Delta p_{\text{Suspensionsring}} = p_a - p_i = \frac{\omega^2}{2} \rho_T \left(r_a^2 - r_i^2\right) \tag{5.50}$$

Berücksichtigt man, dass auch das im Kuchen befindliche Filtrat in gleicher Weise wie oben eine Druckdifferenz zwischen r_a und r_T erzeugt, lautet die Gleichung für die gesamte Druckdifferenz:

$$\Delta p_{\text{Ring}} = \frac{\omega^2}{2} \left[\underbrace{\rho_T \left(r_a^2 - r_i^2\right)}_{\substack{\text{Anteil des} \\ \text{Suspensionsrings}}} + \underbrace{\rho_L \left(r_T^2 - r_a^2\right)}_{\substack{\text{Anteil des} \\ \text{Filtrats im Kuchen}}} \right] \tag{5.51}$$

Nun stellt sich die Frage nach dem Druckverlust von Kuchen und Filtermittel, die vom Filtrat zu überwinden sind. Geht man von einem Filterkuchen konstanter Dicke aus, lässt sich direkt die *Darcy-Gleichung* anwenden:

$$\Delta p = \frac{\eta_L \cdot \dot{V}_F}{A} \cdot R_h \tag{5.17}$$

Gemäß Gl. (5.19) setzt sich der hydraulische Widerstand R_h und damit auch der Druckverlust additiv aus den Anteilen von Kuchen und Filtermittel zusammen:

$$\Delta p_{ges} = \Delta p_K + \Delta p_{FM} = \frac{\eta_L \cdot \dot{V}_F}{A} \cdot \alpha \cdot h_K + \frac{\eta_L \cdot \dot{V}_F}{A} \cdot ß \tag{5.52}$$

Der Druckverlust im Kuchen einer Filterzentrifuge muss über einen differentiellen Ansatz ermittelt werden, da die Durchtrittsfläche A und damit auch die Filtratgeschwindigkeit vom Radius abhängig sind. Über ein differentielles Teilstück dr der Höhe h_K entsteht der Druckverlust

$$d\Delta p_K = \frac{\eta_L \cdot \dot{V}_F}{2\pi \cdot r \cdot b} \cdot \alpha \cdot dr \tag{5.53}$$

wobei $A = 2\pi r b_T$ (mit b_T = Trommelbreite) gesetzt wird. Integration dieser Gleichung zwischen den Grenzen r_a und r_T liefert

$$\Delta p_K = \frac{\eta_L \cdot \dot{V}_F}{2\pi \cdot b_T} \cdot \alpha \cdot \int_{r_a}^{r_T} \frac{dr}{r} = \frac{\eta_L \cdot \dot{V}_F}{2\pi \cdot b} \cdot \alpha \cdot \ln \frac{r_T}{r_a} \tag{5.54}$$

Für das Filtermittel wird ein konstanter Radius r_T angenommen; Δp_{FM} muss nicht differentiell angesetzt werden. Damit wird der Gesamtdruckverlust mit Gl. (5.52)

$$\Delta p_{ges} = \frac{\eta_L \cdot \dot{V}_F}{2\pi \cdot b_T} \cdot \alpha \cdot \ln \frac{r_T}{r_a} + \frac{\eta_L \cdot \dot{V}_F}{2\pi \cdot b} \cdot \frac{ß}{r_T}$$

$$\Delta p_{ges} = \frac{\eta_L \cdot \dot{V}_F}{2\pi b_T} \left[\alpha \cdot \ln \frac{r_T}{r_a} + \frac{ß}{r_T}\right] \tag{5.55}$$

Die tatsächlich durchgesetzte Filtratmenge ergibt sich aus der Gleichsetzung von erzeugtem Druck des Flüssigkeitsrings (Gl. 5.51) mit der benötigten Druckdifferenz nach Gl. (5.55):

$$\frac{\omega^2}{2}\left[\rho_T\left(r_a^2 - r_i^2\right) + \rho_L\left(r_T^2 - r_a^2\right)\right] = \frac{\eta_L \cdot \dot{V}_F}{2\pi b_T}\left[\alpha \cdot \ln \frac{r_T}{r_a} + \frac{ß}{r_T}\right]$$

$$\dot{V}_F = \frac{\pi \cdot b_T \cdot \omega^2 \left[\rho_T\left(r_a^2 - r_i^2\right) + \rho_L\left(r_T^2 - r_a^2\right)\right]}{\eta_L\left[\alpha \cdot \ln \frac{r_T}{r_a} + \frac{ß}{r_T}\right]} \tag{5.56}$$

Deutlich lässt sich die quadratische Abhängigkeit zwischen Durchsatz und Winkelgeschwindigkeit, d. h. Drehzahl der Zentrifuge, erkennen.

5.5 Staubfiltration

Ein großer Teil der in verfahrenstechnischen Prozessen eingesetzten Staubabscheider verwendet ebenfalls das Prinzip der Filtration. Je nach Anforderung kommen hier zwei grundsätzlich unterschiedliche Prinzipien zum Einsatz (Abb. 5.18).

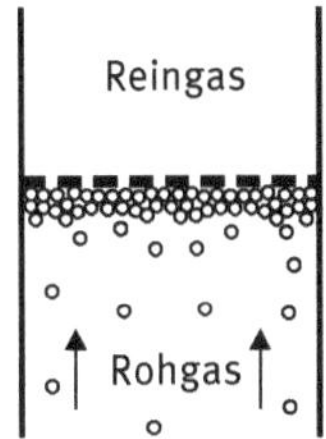

Abreinigungsfilter

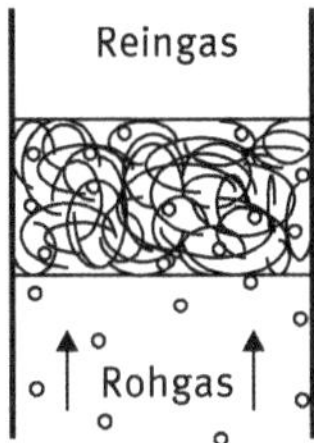

Speicherfilter

Abb. 5.18: Filterprinzipien bei Staubfiltern

Speicherfilter oder Tiefenfilter werden meist für geringe Staubmengen, aber hohe geforderte Reinheit des Gases eingesetzt. Sie bestehen aus einer dickeren Faserschicht (z. B. Nadelfilz) oder auch einer Schüttschicht aus feinen Partikeln. Ihre Abscheidewirkung beruht auf *Haftkräften* zwischen den Staubpartikeln und den Fasern bzw. den Schüttschichtpartikeln. Beim Durchströmen der Filterschicht gelangen gröbere Staubteilchen durch Trägheitskräfte, feinere hingegen durch diffusive Bewegungen an die innere Oberfläche der Filterschicht, wo sie adhäsiv gebunden werden. Die Filterschichten wachsen daher mit der Zeit von innen her zu. Bei Faserschichten ist in der Regel keine Reinigung möglich; das Filtermittel wird entsorgt, wenn ein Grenzwert für den Druckverlust überschritten ist. Bei Schüttschichten aus Partikeln ist eine teilweise Reinigung durch Rückspülen und damit Aufwirbeln der Schicht möglich.

Größere Staubmengen erfordern dagegen *Abreinigungsfilter*, die vom Prinzip her ähnlich arbeiten wie Kuchenfilter bei der Fest-Flüssig-Filtration. Die Filtermittel sind hierbei durchlässiger als bei der Tiefenfiltration, aber meist wesentlich dichter als solche, die für die Flüssigfiltration Verwendung finden. Da Staubfilter sehr oft die Abluft eines Prozesses reinigen, bevor diese in die Atmosphäre geblasen wird, darf auch bei neuen Filtermaterialien kein nennenswerter Durchtritt von Staub erfolgen. Bei Flüssigkeitsfiltern hingegen wird häufig ein anfänglicher Trüblauf akzeptiert (und das unzureichend gereinigte Filtrat dann zurück in die Filtervorlage gepumpt), bevor der sich bildende Kuchen die eigentliche Abscheidewirkung übernimmt. Auch bei Staubfiltern wird durch die sich mit der Zeit bildende Partikelschicht auf der Filteroberfläche die Filtration verbessert. Mit zunehmendem Einsatzalter steigen die Entstaubungsgrade auch der Filtermittel weiter an, da sich die Staubpartikeln auch innerhalb der Filtermaterialien ablagern (insoweit gibt es streng genommen keine reinen Abreinigungsfilter!).

Die physikalischen Vorgänge auf einem Abreinigungsfilter entsprechen prinzipiell denen einer Kuchenfiltration. Staubfilter arbeiten gewöhnlich in der Fahrweise „konstanter Volumenstrom“, da dieser durch den vorgeschalteten Prozess vorgegeben ist. Dies bedeutet, dass der Druckverlust im Filter analog zu Gl. (5.25) mit der Zeit ansteigt:

$$\Delta p(t) = \underbrace{c_F^2 \cdot \eta_G \cdot \alpha^* \cdot s_{roh} \cdot t}_{\Delta p(\text{Staubschicht})} + \underbrace{c_F \cdot \eta_G \cdot \beta^*}_{\Delta p(\text{Filtermittel})} \tag{5.57}$$

Anstelle des flächenbezogenen Filtratanfalls in der Fest-Flüssig-Filtration $\dot{V}_A$ steht hier die *Filtrationsgeschwindigkeit* c_F, denn ein auffangbares „Filtrat“ gibt es bei der Staubfiltration nicht. Da aber das Volumen der Staubpartikeln gegenüber dem Gasstrom vernachlässigt werden kann, lässt sich die Filtrationsgeschwindigkeit aus dem Volumenstrom des Gases bestimmen (der als Rohgasstrom vor oder als Reingasstrom hinter dem Filter als gleich angenommen wird):

$$c_F = \frac{\dot{V}_G}{A_F} \tag{5.58}$$

mit A_F als der gesamten Filterfläche des Staubfilters. In technischen Staubfiltern liegt c_F meist zwischen 60 und 300 m/h [11, 15].

Der auf einem Abreinigungsfilter gebildete „Staubkuchen“ ist nicht starr und stabil aufgebaut wie viele Fest-Flüssig-Filterkuchen. Daher macht auch die Angabe oder Verwendung einer *Porosität* keinen Sinn. Anstelle der Konstanten K^* enthält Gl. (5.57) darum nur den Rohgasstaubgehalt s_{roh}, dessen Höhe die Wachstumsgeschwindigkeit der Staubschicht bestimmt. Ferner muss beachtet werden, dass die Staubschichten fast immer kompressibel sind und der *Staubschichtwiderstand* α^* daher wiederum eine Funktion von Δp, also der Zeit wird. Auch der *Filtermittelwiderstand* β^* ist nicht konstant: Je höher die Filtrationsgeschwindigkeit wird, desto tiefer dringen gewöhnlich die Staubpartikeln in das Gewebe ein und erhöhen dessen Widerstand ebenfalls in Abhängigkeit von der Zeit. Für eine zuverlässige Filterauslegung ist es daher häufig notwendig, die Filtrationsgeschwindigkeiten und die zeitliche Entwicklung des Druckverlustes unter vergleichbaren Verhältnissen zu testen.

Der Druckverlust eines Abreinigungsfilters steigt darum nicht linear mit der Zeit an, wie nach Gl. (5.57) und analog Abb. 5.6 zu erwarten wäre, sondern wächst überproportional. Um die erforderliche Filterleistung dauerhaft zu gewährleisten, ist daher in regelmäßigen Zeitabständen bzw. beim Erreichen eines maximal zulässigen Δp eine *Abreinigung* erforderlich. Hierbei wird die Staubschicht mittels Druckstoß, durch Rütteln oder Straffen des Filtertuchs weitgehend entfernt.

Abb. 5.19 zeigt die Druckverluste eines Staubfilters in Abhängigkeit von der Zeit für einige Abreinigungsperioden. Da immer wieder Staubpartikeln in das Filtertuch eindringen, die sich durch die Abreinigung nicht mehr entfernen lassen, steigt auch der Widerstand des abgereinigten Filtertuchs mit zunehmender Periodenzahl an. Somit ist der Druckverlust Δp_0 für ein neues Filtertuch am kleinsten und steigt dann mit

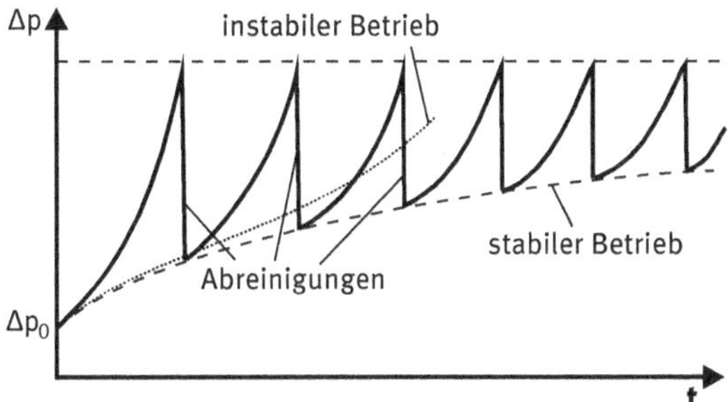

Abb. 5.19: Periodischer Abreinigungsbetrieb eines Staubfilters

jedem Abreinigungsvorgang an. Im Normalfall stabilisiert sich der „Grunddruckverlust" nach einigen erfolgten Abreinigungen; es gibt aber auch Fälle, in denen sich das Filtermittel immer weiter zusetzt und nach einiger Zeit gänzlich verstopft ist (instabiler Betrieb). Gründe hierfür sind oft zu hohe Filtrationsgeschwindigkeiten oder aber mangelhafte Abreinigungsvorrichtungen.

Die Filterelemente in einem Abreinigungsfilter bestehen gewöhnlich aus zylindrischen Schläuchen oder länglichen Taschen aus Filtertuch, die auf Stützkörbe aus Draht aufgezogen sind (Abb. 5.20). Die Elemente werden in einem Filtergehäuse so aufgehängt, dass das Gas von außen nach innen durch die Elemente strömen kann und der Staub sich auf der Außenseite anlagert. Beim periodischen Abreinigen fallen die zusammengepressten Staubschichten als weiche, platten- oder schalenförmige Bruchstücke in den Austragskonus, wo sie mittels Förderorganen ausgetragen werden. Während der Abreinigung wird der Filtrationsvorgang in aller Regel fortgesetzt.

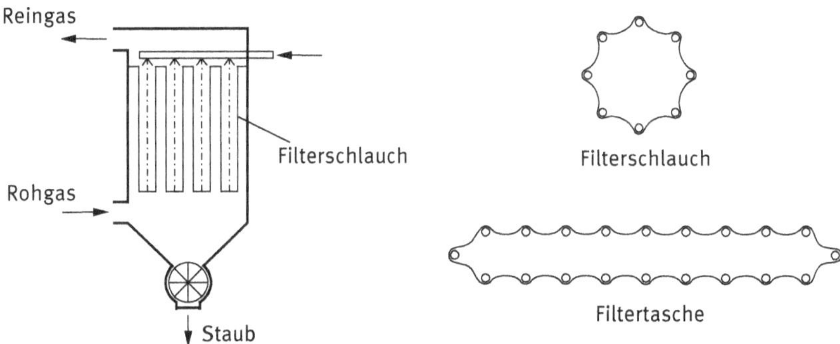

Abb. 5.20: Filterschlauch und Filtertasche

5.6 Wirbelschichten (Fließbetten)

Eine *Wirbelschicht* bzw. ein *Fließbett* ist eine Schicht aus Feststoffkörnern, die durch ein von unten (gegen die Schwerkraftrichtung) hindurchströmendes Fluid aufgelockert ist, so dass die Einzelpartikeln mehr oder weniger frei beweglich sind. Durch diese Beweglichkeit werden Stoff- bzw. Wärmeübertragungsprozesse zwischen den beteiligten Phasen deutlich beschleunigt. Wirbelschichten werden häufig bei heterogenen Katalysereaktionen, Kühlung bzw. Erwärmung von Partikelmassen oder bei der Beschichtung von Partikeln mit speziellen Oberflächen eingesetzt.

Wird eine ruhende Partikelschicht mit steigender Fluidgeschwindigkeit durchströmt, so steigt der Druckverlust zunächst nach der allgemeinen Durchströmungsgleichung für Schüttschichten (Gl. 5.11) an. Die Abhängigkeit zwischen Δp und der Anströmgeschwindigkeit c_0 ist quadratisch; stellt man den Zusammenhang doppeltlogarithmisch dar (Abb. 5.21 oben), ergibt sich eine Gerade. Wird eine bestimmte *Auflockerungsgeschwindigkeit* c^* erreicht, lösen sich evt. vorhandene Bindekräfte zwischen den Partikeln, die sodann im Fluidstrom schweben.

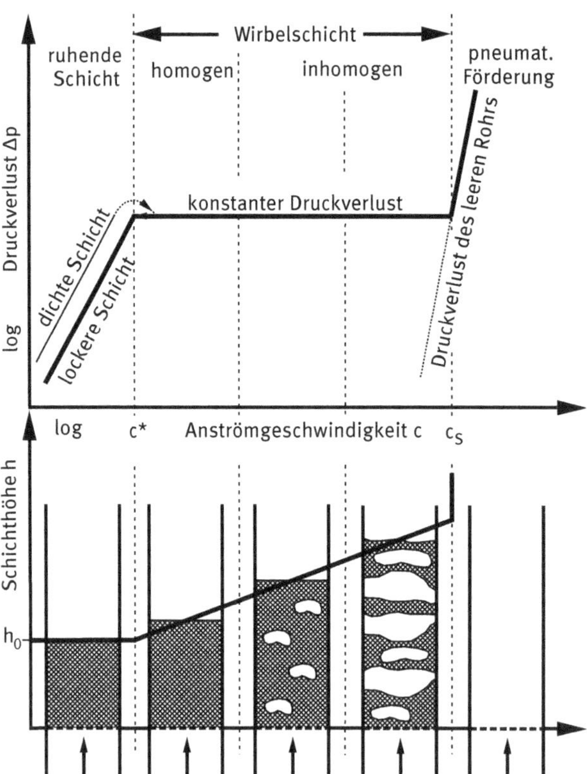

Abb. 5.21: Zustände einer Wirbelschicht bei verschiedenen Anströmgeschwindigkeiten

Bei nicht-kohäsiven Partikeln ergibt sich am *Auflockerungspunkt* ein relativ scharfer Knick, nach dem Δp trotz weiterer Erhöhung der Fluidgeschwindigkeit nicht weiter ansteigt. Wirken aber Haftkräfte zwischen den Partikeln, müssen diese zunächst durch einen geringfügig höheren Druckverlust überwunden werden; es ergibt sich ein kleines Druckmaximum vor dem eigentlichen Auflockerungspunkt. Senkt man umgekehrt die Strömungsgeschwindigkeit wieder unter den Auflockerungspunkt ab, sind die Bindekräfte weitgehend verschwunden; die Partikel bilden eine lockerere Schicht mit der *Lockerungsporosität* ε^*.

Bei homogener Ausdehnung der Wirbelschicht steigt mit weiterer Erhöhung der Fluidgeschwindigkeit nur noch der Lückengrad und damit die Schichthöhe an, nicht aber der Druckverlust (Abb. 5.21 oben). Das „Schwebegleichgewicht" für jedes Teilchen kann nur aufrechterhalten werden, wenn die Fluidgeschwindigkeit in unmittelbarer Teilchennähe, d. h. in den Zwischenräumen der Schicht, gleich bleibt. Eine Erhöhung der Anströmgeschwindigkeit (Leerrohrgeschwindigkeit) wird durch steigenden Lückengrad (Abstand zwischen den Teilchen innerhalb der Schicht) kompensiert.

Erreicht die Leerrohrgeschwindigkeit schließlich die Sinkgeschwindigkeit der Einzelpartikeln, so werden die Partikeln mitgerissen und das Wirbelbett freigeblasen. Hier befindet man sich dann im Bereich der *pneumatischen Flugförderung* (vgl. Kap. 5.7). Auflockerungsgeschwindigkeit und Sinkgeschwindigkeit der Einzelpartikeln stellen also die technischen Grenzen des Wirbelschichtbereichs dar.

Die *homogene Wirbelschicht* verwandelt sich bei höheren Fluidgeschwindigkeiten oft in eine *inhomogene Wirbelschicht* (Abb. 5.21 unten). Bei den meisten Gas-Feststoff-Wirbelschichten wird der Zustand der Schicht sogar unmittelbar nach dem Auflockerungspunkt inhomogen. Dabei koalesziert die Gasströmung zu großen Einzelblasen, die mit großer Geschwindigkeit aufsteigen. In technischen Anwendungsfällen ist ein solcher Zustand in den meisten Fällen unerwünscht.

Bei der homogenen Wirbelschicht kann sich leicht eine Entmischung der Partikeln einstellen, wenn Korngrößenunterschiede oder Dichteunterschiede vorhanden sind. Partikeln mit niedriger Sinkgeschwindigkeit ordnen sich innerhalb des Fließbettes an höherer Stelle ein als Partikeln mit hoher Sinkgeschwindigkeit. Der Grund hierfür sind höhere Partikelkonzentrationen im unteren Bereich des Bettes und damit verbunden höhere Lückengeschwindigkeiten. Der Effekt ist oft unerwünscht, wird aber z. B. bei Sortierprozessen in der Aufbereitungstechnik auch vorteilhaft genutzt. Durch konische Ausführung des Fließbettvolumens (nach oben erweitert) kann dieser Effekt stark begünstigt werden.

Für technische Prozesse ist meist die Kenntnis des Auflockerungspunktes von entscheidender Bedeutung. Die zur Fluidisierung notwendige Leerrohrgeschwindigkeit am Lockerungspunkt lässt sich durch die Bildung eines Kräftegleichgewichts berechnen. Hierzu muss die Druckkraft, die infolge der Durchströmung auf die Schüttung wirkt, gleich der Gewichtskraft (– Auftriebskraft) aller Partikeln in der Schüttung gesetzt werden:

$$\Delta p_{Sch} \cdot A = (m_P - m_L) \cdot g \tag{5.59}$$

Der Druckverlust Δp_{Sch} bei Durchströmung einer Schüttung beträgt allgemein

$$\Delta p_{Sch} = C_S \cdot \frac{H}{d_p} \cdot \frac{(1-\varepsilon)}{\varepsilon^3} \cdot \rho_L \cdot c_0^2 \tag{5.11}$$

Der Schüttschichtwiderstand C_s wird allgemein für Granulatschichten nach *Ergun* bestimmt:

$$C_s = \frac{150}{Re_h} + 1{,}75 \tag{5.12}$$

wobei als hydraulische Reynoldszahl

$$Re_h = \frac{Re_p}{1-\varepsilon} = \frac{w \cdot d_p \cdot \rho_L}{(1-\varepsilon) \cdot \eta_L} \tag{5.13}$$

zu setzen ist. Die Massenkraftdifferenz nach Gl. (5.59) lässt sich auch schreiben als:

$$(m_p - m_L) \cdot g = H \cdot A \cdot (1-\varepsilon) \cdot (\rho_P - \rho_L) \cdot g \tag{5.60}$$

Damit lautet das Kräftegleichgewicht am Lockerungspunkt

$$\left[150 \cdot \frac{(1-\varepsilon^*) \cdot \eta_L}{c^* \cdot d_p \cdot \rho_L} + 1{,}75\right] \cdot \frac{H}{d_p} \cdot \frac{(1-\varepsilon^*)}{\varepsilon^{*3}} \cdot \rho_L \cdot c^{*2} \cdot A = H \cdot A \cdot (1-\varepsilon^*) \cdot (\rho_P - \rho_L) \cdot g \tag{5.61}$$

Man erkennt, dass Schütthöhe H und Grundfläche A sich herauskürzen lassen und daher für die Lockerungsgeschwindigkeit nicht relevant sind. Aufgelöst nach c^* ergibt sich eine quadratische Gleichung:

$$1{,}75 \cdot \frac{\rho_L}{d_p \cdot \varepsilon^{*3}} \cdot c^{*2} + 150 \cdot \frac{(1-\varepsilon^*) \cdot \eta_L}{d_P^2 \cdot \varepsilon^{*3}} \cdot c^* - (\rho_P - \rho_L) \cdot g = 0 \tag{5.62}$$

Deren Lösung lautet nach algebraischer Umformung

$$c^* = 42{,}9 \cdot \frac{(1-\varepsilon^*) \cdot \eta_L}{d_P \cdot \rho_L} \cdot \left[\sqrt{1 + 3{,}11 \cdot 10^{-4} \cdot \frac{\varepsilon^{*3}}{(1-\varepsilon^*)^2} \cdot \frac{(\rho_P - \rho_L) \cdot \rho_L \cdot g \cdot d_P^3}{\eta_L^2}} - 1\right] \tag{5.63}$$

Verwendet man die dimensionslosen Kennzahlen

$$Re_P^* = \frac{c^* \cdot d_P \cdot \rho_L}{\eta_L}$$

$$Ar = \frac{(\rho_P - \rho_L) \cdot \rho_L \cdot g \cdot d_P^3}{\eta_L^2} \tag{4.11}$$

so lautet Gl. (5.63) in dimensionsloser Schreibweise

$$Re_P^* = 42{,}9 \cdot (1-\varepsilon^*) \cdot \left[\sqrt{1 + 3{,}11 \cdot 10^{-4} \cdot \frac{\varepsilon^{*3}}{(1-\varepsilon^*)^2} \cdot Ar} - 1\right] \tag{5.64}$$

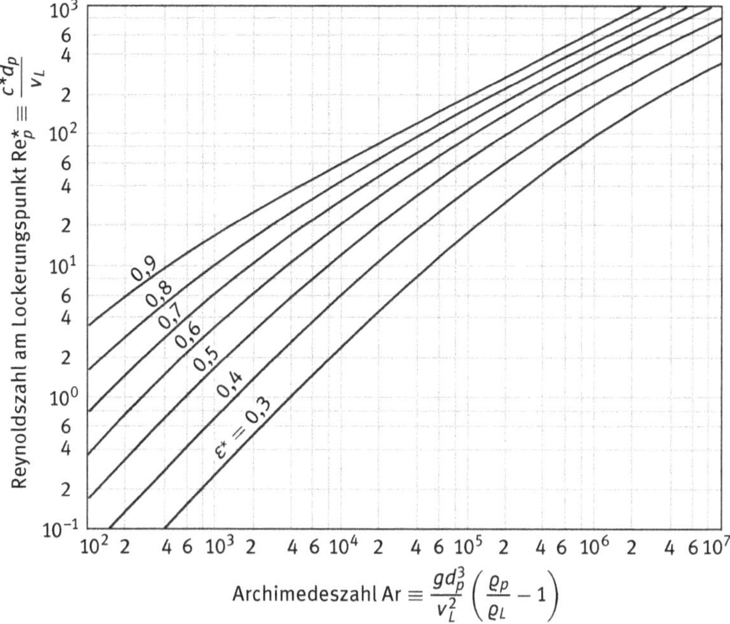

Abb. 5.22: Reynoldszahl am Lockerungspunkt in Abhängigkeit von der Ar-Zahl (nach [6])

Die Abhängigkeit lässt sich grafisch darstellen (Abb. 5.22). Die Archimedes-Zahl Ar lässt sich als Verhältnis zwischen wirksamen Gewichtskräften und Zähigkeitskräften deuten; sie wird bei großen Partikeln und hohen Dichteunterschieden groß, sinkt dagegen bei hohen Viskositätswerten. Man erkennt, dass die zur Auflockerung notwendige Reynoldszahl mit zunehmender Ar-Zahl ansteigt; im laminaren Strömungsbereich (unten links) steiler als im turbulenten Bereich (oben rechts). Mit zunehmender Porosität werden höhere Re-Zahlen, also auch höhere Anströmgeschwindigkeiten benötigt, da der Druckwiderstand der Schüttschicht mit zunehmendem Lückenanteil abnimmt.

5.7 Pneumatische Förderung

5.7.1 Einsatzbedingungen und Förderzustände

Würde man die Gasgeschwindigkeit in einer Wirbelschicht so stark steigern, dass die Partikeln nicht mehr aufwirbeln, sondern mit der Strömung mitgerissen werden, befindet man sich im Bereich der pneumatischen Förderung. Dieser Zustand ist in Abb. 5.21 mit „leeres Rohr“ bezeichnet. Hier steigt Δp mit steigender Gasgeschwindigkeit wieder an, und zwar nach einer quadratischen Funktion, da eine solche Gasströmung immer turbulent ist. Die pneumatische Förderung stellt eine sehr gebräuchliche Möglichkeit dar, Schüttgüter von einer Stelle A zu einer anderen Stelle B kontinuierlich zu transportieren. Heutzutage werden viele Rohstoffe und Fertigprodukte der chemischen Industrie, Lebensmittel, Futter- und Düngemittel, Baustoffe, Metallspäne und sogar heterogene Abfallgemische pneumatisch transportiert.

Pneumatische Förderanlagen sind in vielen Fällen kostengünstiger und auch wartungsfreundlicher als mechanisch arbeitende Förderorgane wie Band-, Trogketten-, Schneckenförderer oder Becherwerke. Das Verhalten des Schüttgutes sollte allerdings wenig *kohäsiv*, d. h. gut rieselfähig sein. Mit der Kohäsivität des Stoffes steigt der apparative Aufwand für eine pneumatische Förderanlage stark an. Gleiches gilt für *adhäsive* Stoffe, d. h. solche, die zum Anhaften an der Rohrwand neigen.

Durch den innigen Kontakt zwischen Feststoffpartikeln und Transportgas können oftmals während des pneumatischen Transports Wärme- und Stoffaustauschprozesse durchgeführt werden, z. B. Heizen, Kühlen, Trocknen, chemische Reaktionen etc.

Generell unterscheidet man zwischen Druck- und Saugförderanlagen (Abb. 5.23). Bei der *Druckförderanlage* wird das Fördergut nach einem Druckerhöhungsgebläse oder -kompressor in die Förderleitung eingespeist. Hierzu ist eine Druckschleuse (z. B.

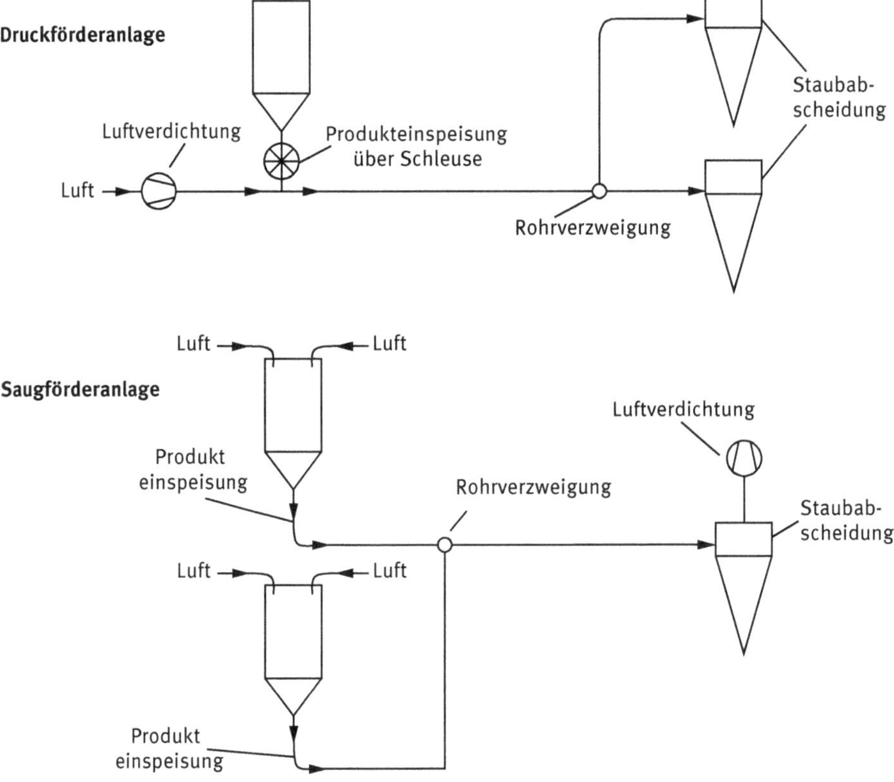

Abb. 5.23: Aufbau von Druck- und Saugförderanlagen

Zellradschleuse) notwendig. Am Ende der Förderleitung wird der Feststoff durch ein geeignetes Abscheideorgan (z. B. Filter oder Zyklon) vom Gasstrom getrennt. Der apparative Schwerpunkt bei einer Druckförderanlage liegt auf der Gutaufgabeseite; daher werden Druckförderungen oft für *Verteileranlagen* eingesetzt, die nur einen Aufgabepunkt, aber viele Zielpunkte haben.

Bei einer *Saugförderanlage* ist das Gebläse hinter dem Feststoffabscheider angeordnet. Die Gutaufgabe besteht im einfachsten Fall aus einem Schlauchmundstück. Da hierbei der apparative Schwerpunkt auf der Abscheideseite liegt, werden Saugförderungen meist für *Sammelanlagen* benutzt, die viele Aufgabepunkte, aber nur einen Zielpunkt aufweisen. Darüber hinaus sind Saugförderanlagen in ihrer Länge begrenzt, da das maximal mögliche Druckgefälle weit unterhalb von 1 bar liegt. In der Praxis benutzt man für kurze Förderdistanzen und unproblematische Schüttgüter die preisgünstigeren Saugförderanlagen, während bei langen Förderstrecken insbesondere im *Dichtstrombetrieb* Druckförderanlagen zum Einsatz kommen.

In der pneumatischen Fördertechnik unterscheidet man außerdem zwischen den Förderzuständen *Dünnstromförderung* und *Dichtstromförderung* (Abb. 5.24).

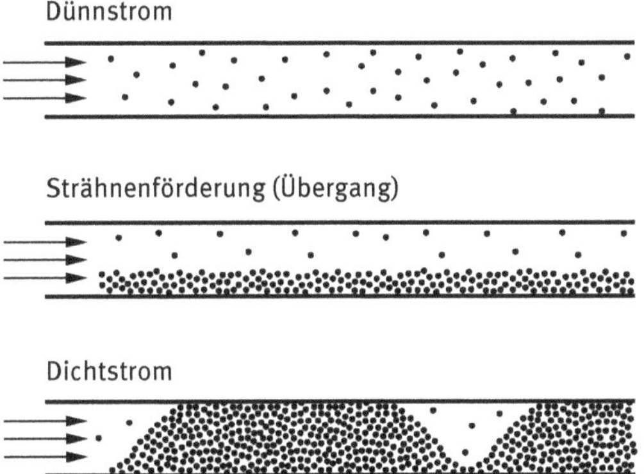

Abb. 5.24: Förderzustände bei pneumatischer Feststoffförderung

Bei der Dünnstrom- oder auch *Flugförderung* bewegen sich die Feststoffpartikeln, als Einzelteilchen im Gasstrom dispergiert, mit etwa 80 % der axialen Strömungsgeschwindigkeit des Gasstromes von ca. 15–30 m/s. Die mittlere Strömungsgeschwindigkeit sollte hierbei mindestens das 1,5-fache, besser das Doppelte der Sinkgeschwindigkeit des größten Gutkorns im gleichen Medium betragen.

Bei Verringerung der Gasgeschwindigkeit beginnt sich ab einem bestimmten Punkt der Feststoff in der Förderleitung abzulagern. Verringert man die Geschwindigkeit weiter, so bilden sich in waagrechten Förderleitungen Feststoffdünen oder -ballen. Die Ablagerung erfolgt bis zu dem Punkt, an dem der Querschnitt der Rohrleitung so weit verengt ist, dass die Gasgeschwindigkeit an diesen Stellen wieder zum Weitertransport des Fördergutes ausreicht.

Bei weiter sinkender Gasgeschwindigkeit und hoher Feststoffbeladung wird der Leitungsquerschnitt in einzelnen Abschnitten komplett versperrt; es baut sich über den entstandenen „Pfropf“ eine höhere Druckdifferenz auf, die schließlich den Pfropfen als Ganzes durch die Leitung schiebt oder ihn periodisch wieder auflöst. Diese *Dichtstromförderung* stellt für gut rieselfähige Schüttgüter einen stabilen Betriebszustand dar, der aufgrund seiner prinzipiellen Vorteile große technische Bedeutung erlangt hat. Obwohl der Leistungsbedarf durch den hohen Druckverlust sogar größer sein kann als bei der Flugförderung, ergibt sich doch ein wesentlich kleinerer Gasverbrauch und damit weniger Aufwand bei der Abscheidung des Gutes (z. B. kleinere Filterflächen). Vor allem aber bewirkt die Dichtstromförderung eine erhebliche Verschleißminderung durch die langsame Förderung des Gutes, da kein harter Feststoffaufprall in Abzweigen und Krümmern erfolgen kann. Hierdurch wird nicht nur das Fördergut geschont und vor Bruch und Abrieb bewahrt, sondern es wird auch Verschleiß an der Förderleitung, vor allem in Rohrkrümmern, vermieden.

5.7.2 Zustandsdiagramm einer Förderanlage

Die verschiedenen Förderzustände in einer pneumatischen Förderanlage werden durch ein Zustandsdiagramm beschrieben, in dem der Druckverlust über der Förderstrecke in Abhängigkeit von der Gasgeschwindigkeit im Förderrohr dargestellt wird (Abb. 5.25). In die Darstellung wird meist die Förderchrakteristik der reinen Gasströmung mit einbezogen (Feststoffmassenstrom = 0), hier ergibt sich eine quadratische Parabel aufgrund der allgemeinen Druckverlustgleichung im Rohr

$$\Delta p_V = \lambda \cdot \frac{\ell}{d} \cdot \frac{\rho}{2} \cdot c^2 \tag{5.1}$$

Für den Bereich der Dünnstrom- oder Flugförderung ergeben sich auch bei steigender Feststofftransportmenge quadratische Parabeln, allerdings bei höheren Werten für den Druckverlust, da zusätzliche Energie für den Transport der Feststoffpartikeln aufgebracht werden muss. Diese zusätzliche Energie wird benötigt für [14]:
- Partikelbeschleunigung auf Werte knapp unterhalb der Gasgeschwindigkeit. Diese Beschleunigung ist unmittelbar nach der Einspeisung des Feststoffs, aber auch nach jedem Bremsvorgang der Partikeln notwendig, z. B. nach dem Aufprall in einem Rohrkrümmer.
- Hubarbeit für die senkrechten Förderstrecken.
- Reibungsarbeit, z. B. beim Anprall des Gutes an die inneren Rohrwände oder bei Partikelkollisionen.

Mit fallender Gasgeschwindigkeit werden die Feststoffpartikeln in den waagrechten Leitungsabschnitten nicht mehr gleichmäßig über den Rohrquerschnitt verteilt, son-

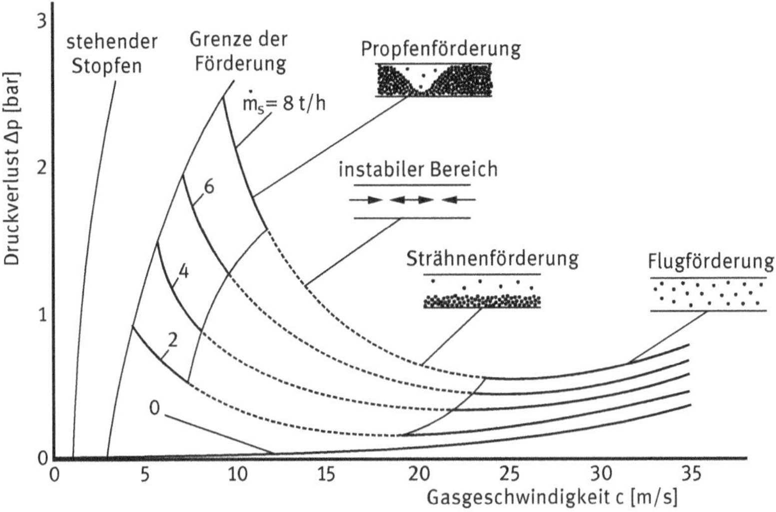

Abb. 5.25: Zustandsdiagramm einer pneumatischen Förderanlage

dern konzentrieren sich zunehmend in Bodennähe. Ab einem bestimmten Punkt heben die Körner nicht mehr vom Boden ab und rutschen als Strähne durch das Rohr. Diesen Förderzustand bezeichnet man als *Strähnenförderung*. Da durch die Feststoffsträhnen der freie Querschnitt für die Gasströmung verkleinert wird, beginnen die Druckverluste bei fallender Gasgeschwindigkeit in diesem Bereich wieder anzusteigen.

Verkleinert man die Gasgeschwindigkeit weiter, so wird ein Teil des Feststoffs im Rohr liegenbleiben. Der entsprechende Punkt im Zustandsdiagramm wird *Stopfgrenze* genannt, obwohl von einer Verstopfung der Leitung noch nicht die Rede sein kann. Die Ablagerung beginnt in der Regel in den Krümmern, die von den waagrechten in die senkrechten Leitungsabschnitte überleiten. Von diesem Punkt an wird der Förderzustand instabil. Da ein Gebläse aufgrund seiner Förderkennlinie mit steigendem Δp weniger Gasvolumen fördert, sinkt die Gasgeschwindigkeit weiter, und noch mehr Feststoffpartikeln setzen sich in der Leitung ab. Die Leitung füllt sich dann immer weiter mit Feststoff, bis der Leitungsquerschnitt an einigen Stellen (meist ebenfalls zuerst in Krümmerübergängen) komplett ausgefüllt ist. Auf diese Weise entsteht ein Pfropfen in der Förderleitung, dessen Druckverlust so groß wird, dass die entstehende Druckkraft den gesamten Pfropf durch das Rohr schiebt und auf diese Weise wieder für einen Weitertransport sorgt. Dabei muss man sich den Pfropfen nicht als stabiles Gebilde wie etwa bei der Rohrpost vorstellen. In waagrechter Leitung nimmt der Pfropfen vielmehr den dort abgelagerten Feststoff nach Art eines Schneepflugs an seiner Vorderseite auf, während sich gleichzeitig an seiner Rückseite Material löst und in der Leitung liegenbleibt. In senkrecht aufwärts führender Leitung verringert sich seine Länge rasch, da von seiner Rückseite ständig Partikeln hinunterfallen. Die

Gasgeschwindigkeit reicht zwar aus, um den gesamten Pfropfen nach oben zu bewegen, sie ist aber in diesem Bereich viel kleiner als die Sinkgeschwindigkeit einzelner Körner.

Im Bereich dieser *Pfropfenförderung* oder *Dichtstromförderung* ergeben sich meist wieder stabile Betriebspunkte. Senkt man allerdings die Gasgeschwindigkeit noch weiter ab, werden die Pfropfen immer länger. Hier ist dann irgendwann der Punkt erreicht, an dem die Gutreibung an der Rohrwand zu groß wird, so dass die Pfropfen nicht mehr transportiert werden und das Rohr gänzlich verstopft.

5.7.3 Dünnstromförderung

Um eine Flugförderung der Feststoffpartikeln zu erreichen, muss eine von der Art des Feststoffs abhängige Mindestgeschwindigkeit des Gasstroms eingehalten werden. In einer senkrechten Leitung ist leicht einsehbar, dass die Gasgeschwindigkeit größer sein muss als die Sinkgeschwindigkeit der Partikeln, um diese in Aufwärtsrichtung zu fördern.

Die Berechnung der Partikelsinkgeschwindigkeiten führt man durch wie in Kap. 4.1 beschrieben. Da man sich aufgrund der Partikelgrößen meist im *Reynolds*-Übergangsbereich befindet, wird zweckmäßigerweise die Ar-Zahl gebildet:

$$\mathrm{Ar} = \frac{d_p^3 \cdot g \cdot (\rho_P - \rho_L) \cdot \rho_L}{\eta_L^2} \tag{4.11}$$

Daraus bestimmt man Re mit Hilfe der empirischen Gleichung:

$$\mathrm{Re}_P = 18 \left[\sqrt{1 + \frac{\sqrt{\mathrm{Ar}}}{9}} - 1 \right]^2 \tag{4.12}$$

und schließlich die Sinkgeschwindigkeit zu

$$c = \frac{\mathrm{Re}_P \cdot \eta_L}{d_p \cdot \rho_L} \tag{4.13}$$

Natürlich kann c auch über die *Kaskas*-Gleichung (4.10) iterativ ermittelt werden.

Die tatsächlich notwendige Gasgeschwindigkeit für Flugförderung richtet sich nach den Erfordernissen in den waagrechten Leitungen. Hier muss die Geschwindigkeit deutlich über der Sinkgeschwindigkeit liegen, um zu gewährleisten, dass die ständig durch Wandstöße an Energie verlierenden Partikeln immer wieder vom Luftstrom erfasst und mitgerissen werden. Es hat sich bewährt, die Gasgeschwindigkeit so zu wählen, dass sie das 1,5 bis 2fache der errechneten Partikelsinkgeschwindigkeit beträgt. Fast immer besteht eine pneumatische Förderstrecke aus horizontalen und vertikalen Leitungsabschnitten, und die für die waagrechten Abschnitte maßgebliche Gasgeschwindigkeit sollte für die gesamte Rohrleitung beibehalten werden.

5.7.4 Dichtstromförderung

Der physikalische Vorgang der Dichtstromförderung lässt sich auf ein Kräftegleichgewicht zwischen der auf einen Pfropfen der Länge L wirkenden Druckkraft und seiner Reibungskraft an der Rohrwand zurückführen. Geht man von Inkompressibilität des Gases bei Strömung durch den Pfropfen aus (was näherungsweise erfüllt ist, wenn die Druckdifferenzen klein bleiben), lässt sich die wirksame Druckkraft leicht aus der Druckdifferenz einer ruhenden Schüttung nach Gl. (5.11) berechnen, indem diese mit der Anströmfläche (Rohrquerschnittsfläche) multipliziert wird:

$$F_D = \Delta p_{Sch} \cdot A = C_S \cdot \frac{L}{d_p} \cdot \frac{(1-\varepsilon)}{\varepsilon^3} \cdot \rho \cdot c_0^2 \cdot A_Q \tag{5.65}$$

Schwieriger ist die Berechnung der Reibungskraft, die zur Bewegung des Pfropfens erforderlich ist. Sie erfolgt prinzipiell ähnlich wie die Berechnung der Spannungsverteilung in einer ruhenden Siloschüttung (vgl. Exkurs: Spannungen in Silos). In beiden Fällen erfolgt ein seitliches *Verkeilen* der Feststofffüllung im Raum durch die entstehenden Querkräfte. Während in der ruhenden Siloschüttung allein das Gewicht des Feststoffs für die Querkräfte (Horizontalkräfte) verantwortlich ist, kommt bei der Pfropfenförderung auch die schiebende Druckdifferenz innerhalb des Pfropfens nach Gl. (5.65) hinzu.

Das Gewicht des Schüttgutpfropfens wirkt sich in horizontalen und vertikalen Förderleitungen unterschiedlich aus: In horizontalen Leitungen führt das Gewicht zu einer Vergrößerung der Reibungskräfte an der Unterseite des Innenrohres, während in vertikalen Leitungen die Gewichtskraft entgegen der Druckkraft wirkt, sofern aufwärts gefördert wird. Eine ausführliche Zusammenstellung dieses Rechenmodells findet sich z. B. bei *Lippert* [16].

Danach steigt die Druckdifferenz Δp, die zur Verschiebung eines Pfropfens notwendig ist, mit steigender Pfropfenlänge überproportional an. Der prinzipielle Verlauf von Δp wird durch die Kurve P in Abb. 5.26 wiedergegeben, wobei die Durchströmung von links nach rechts erfolgt. Hat der Pfropfen nur eine kleine Länge L" (ausgehend vom rechten Endpunkt), so muss fast nur seine Gewichtskraft bzw. die daraus resultierende Wandreibungskraft überwunden werden. Diese steigen naturgemäß linear mit der Pfropfenlänge, und der notwendige „Verschiebedruck“ $\Delta p''$ bleibt klein. Je länger aber der Pfropfen wird, desto größer wird der Anteil der „*Verkeilung*“: Durch das Zusammenschieben der Feststoffpartikel in Strömungsrichtung entstehen gleichzeitig Normalkräfte in Richtung der Rohrwand, die dort zusätzliche Reibungskräfte hervorrufen. Diese progressiv steigenden Kräfte lassen auch die benötigte Druckdifferenz immer steiler ansteigen.

Exkurs: Spannungen in Silos

Bei der Auslegung von *Schüttgutlagern* benötigt man die Belastung, die das Schüttgut auf seine Unterlage ausübt. Diese Belastung wird als Kraft pro Flächeneinheit ausgedrückt, was physikalisch einem Druck oder auch einer Spannung entspricht. Bei Schüttgütern wird die in der Feststoffmechanik gebräuchliche Größe „Spannung" häufiger verwendet.

Bei frei aufgeschüttetem Gut, sogenannten *Schüttgutkegeln*, entspricht die Druckspannung am Boden dem darüber liegenden Schüttgutgewicht. Beim Lagern eines Schüttguts in Bunkern oder Silos mit senkrechten Wänden wird dagegen ein Teil der Schüttgutmasse durch Abstützen des Gutes auf die Silowände aufgefangen.

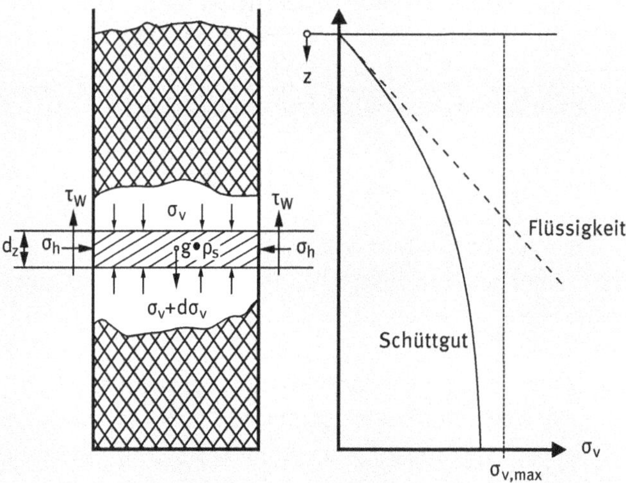

Abb. 5-E4: Spannungsverlauf in einem Feststoffsilo

Das häufig verwendete Rechenmodell nach *Janssen* [17] setzt voraus, dass die Spannungen in jedem horizontalen Querschnitt konstant sind. Diese Bedingung ist umso besser erfüllt, je größer die Silohöhe im Verhältnis zur Grundfläche wird. In einer beliebigen Höhe z wird eine infinitesimal dünne Scheibe aus der Silofüllung herausgeschnitten (Abb. 5-E4) und ein Kräftegleichgewicht aufgestellt. Die Gewichtskraft der Scheibe wirkt senkrecht nach unten:

$$dF_G = \rho_b \cdot g \cdot \frac{\pi}{4} \cdot D^2 \cdot dz \qquad (5\text{-J})$$

Die zwischen Schüttung und Silowand wirksame Reibungskraft ist das Produkt aus Wandschubspannung und Mantelfläche dA_M (beim Kreissilo ist $dA_M = \pi \cdot D \cdot dz$):

$$dF_R = \tau_W \cdot \pi \cdot D \cdot dz \qquad (5\text{-K})$$

Diese Wandschubspannung rührt daher, dass das Schüttgut beim Zusammendrücken eine Normalkraft in Richtung der Silowand aufbaut. Das Verhältnis von Schub- und Normalspannung stellt der *Reibungsbeiwert* μ dar, der, wie aus der Festkörperphysik bekannt, auch durch den Tangens des Wandreibungswinkels φ_W ausgedrückt werden kann. Bei Schüttgütern wird, im Gegensatz zu starren Festkörpern oder Flüssigkeiten, durch die innere Reibung der Partikeln nur ein Teil der herrschenden Spannung in Querrichtung weitergegeben. Daher sind die Normalspannungen quer zur

Siloachse kleiner als die vertikalen Druckspannungen längs der Achse. Das Verhältnis von Normalspannungen zu Druckspannungen in einem Schüttgut wird in der Silotechnik mit dem Begriff *Horizontallastverhältnis* λ^* bezeichnet. Damit wird die Reibungskraft

$$dF_R = \tan\varphi_w \cdot \sigma_h \cdot \pi \cdot D \cdot dz = \tan\varphi_w \cdot \lambda^* \cdot \sigma_v \cdot \pi \cdot D \cdot dz \tag{5-L}$$

Oberhalb der Scheibe herrsche im gesamten Querschnitt die vertikale Druckspannung $\sigma_v(z)$, unterhalb der Scheibe habe sie sich um $d\sigma_v$ erhöht. Zur Bestimmung der entsprechenden Druckkräfte werden die Spannungen mit der Querschnittsfläche A_Q (beim Kreissilo $\pi/4\ D^2$) des Silos multipliziert. Das Kräftegleichgewicht in z-Richtung lautet dann

$$\sigma_v \cdot \frac{\pi}{4} \cdot D^2 + dF_G = (\sigma_v + d\sigma_v) \cdot \frac{\pi}{4} \cdot D^2 + dF_R \tag{5-M}$$

und nach dem Einsetzen der Gln. (5-J) und (5-L) erhält man die Differentialgleichung

$$\left(\rho_b \cdot g \cdot \frac{\pi}{4} \cdot D^2 - \tan\varphi_w \cdot \lambda^* \cdot \sigma_v \cdot \pi \cdot D\right) \cdot dz = \frac{\pi}{4} \cdot D^2 \cdot d\sigma_v \tag{5-N}$$

Integration mit der Randbedingung $\sigma_v = 0$ für $z = 0$ liefert als Lösung

$$\sigma_v(z) = \frac{\rho_b \cdot g \cdot D}{4 \cdot \tan\varphi_w \cdot \lambda^*} \cdot \left(1 - e^{-\tan\varphi_w \cdot \lambda^* \cdot \frac{4}{D} \cdot z}\right) \tag{5-O}$$

Für sehr große z strebt der Klammerausdruck in Gl. (5-O) gegen eins, wodurch sich als maximal mögliche Vertikalspannung im Silo

$$\sigma_{v,max} = \frac{\rho_b \cdot g \cdot D}{4 \cdot \tan\varphi_w \cdot \lambda^*} \tag{5-P}$$

ergibt. Schüttgutsilos mit großer Kapazität werden daher gewöhnlich hoch und schlank ausgeführt. Abb. 5-E4 zeigt rechts den Verlauf der vertikalen Druckspannungen über der Silohöhe im Vergleich zwischen einem Schüttgut und einer Flüssigkeit.

Man kann sich aus diesem Verlauf heraus leicht vorstellen, dass die maximale Länge eines Pfropfens, der sich überhaupt noch verschieben lässt, begrenzt ist. Der Förderdruck lässt sich schließlich nicht beliebig steigern, sondern ist entweder durch das eingesetzte Gebläse oder durch die Materialfestigkeit der Rohrwände limitiert.

Große Unterschiede stellt man hier zwischen der Förderung von grobkörnigem, rieselfähigem Material und feinkörnigen Produkten fest. Bei grobkörnigen Feststoffen (etwa Kunststoffgranulat, Weizenkörner) existiert eine nennenswerte *Sickerströmung* in den Poren des Pfropfens auch bei kleineren Druckdifferenzen. Hinzu kommt, dass sich an der Oberseite eines waagrechten Pfropfens bei rieselfähigen Körnern fast immer ein kleiner Strömungskanal bildet, durch den ein Teil des Fördergases strömen kann. Der Druckabfall in der *Sickerströmung* (gemäß Gl. 5.11) wie auch der Druckabfall in einem Kanal (gemäß Gl. 5.1) hängen aber linear von der Länge des Strömungsweges ab. Der tatsächliche Druckverlauf innerhalb eines solchen Pfropfens folgt daher einer Geraden (Kurve K' in Abb. 5.26), sofern die Kompressibilität noch keine Rolle spielt.

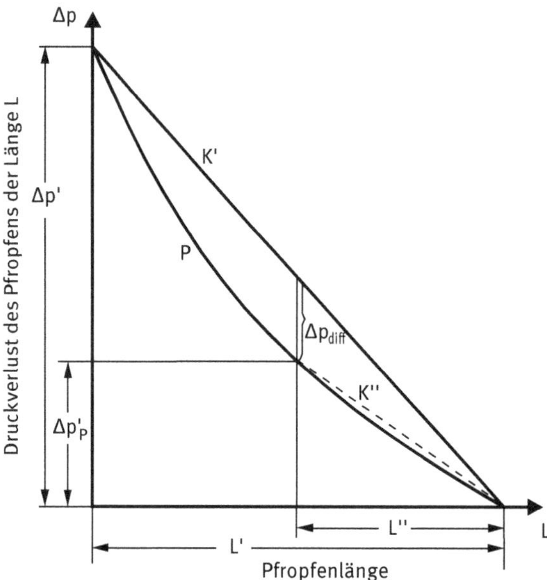

Abb. 5.26: Druckverhältnisse in einem Schüttgutpfropfen

Vergleicht man die Gerade K' mit der Kurve P des „Verschiebedrucks", so stellt man fest, dass der im Pfropfen herrschende Druck an jeder Stelle größer ist als der zum Verschieben des jeweiligen Pfropfenrestes benötigte Druck. Theoretisch müsste der Pfropfen also sofort in Einzelteile zerfallen. Hierzu müsste aber so viel Fördergas nachströmen, dass die Zwischenräume zwischen den „Teilpfropfen" aufgefüllt werden, und das ist aufgrund der langsamen Gasströmung innerhalb der Schüttung kaum möglich.

Die beschriebenen Effekte verhindern jedenfalls – oberhalb einer produktspezifischen Mindestgasgeschwindigkeit – dass sich bei grobkörnigen Produkten stehende Stopfen bilden können, die immer länger werden und schließlich die gesamte Leitung zuwachsen lassen. Bei feinkörnigen Produkten kann genau dies leicht passieren. Infolge der winzigen Porengrößen ist die *Sickerströmung* hier äußerst gering. Da feinkörnige Produkte zur *Kohäsion* (Zusammenhaften der Körner) neigen und kaum rieselfähig sind, bilden sich auch keine Strömungskanäle selbsttätig aus. Auch kurze stehende Stopfen erzeugen somit lokal hohe Druckverluste in der Förderleitung. Hierdurch wird der Stopfen weiter verdichtet und seine Klemmkräfte im Rohr werden verstärkt.

Solche Probleme bei der pneumatischen Förderung feinkörniger Feststoffe lassen sich mit Hilfe von *Nebenluftsystemen* lösen. Hierbei wird durch eine parallel zum Förderrohr geführte Nebenleitung eben jener Strömungskanal erzeugt, der sich innerhalb feinkörniger Produkte nicht von selbst bilden kann. Die Nebenleitung muss in kurzen Abständen mit dem Förderrohr verbunden werden, das Eindringen von Produkt in die

Nebenleitung muss verhindert werden und der Querschnitt der Leitung muss groß genug sein, um genügend Fördergas zur Aufteilung der Produktpfropfen bereitzustellen. Abb. 5.27 zeigt einige einfache Beispiele für solche Systeme. Nebenleitungen können z. B. als perforierter Schlauch in die Förderleitung integriert sein (a), als außenliegende Leitung in regelmäßigen Abständen mit dem Förderrohr verbunden sein (b) oder, mit Bohrungen in gewissen Abständen versehen, innerhalb der Förderleitung verlaufen (c). Da gemäß Abb. 5.26 der Druck in der Nebenleitung (Kurve K') stets größer ist als im Förderrohr (Kurve P), strömt ständig Fördergas von außen in den Pfropfen hinein, und das Eindringen von Partikeln in die Nebenleitung wird erschwert. Auf diese Weise ist es möglich, auch extrem feinkörnige Produkte (z. B. Zementpulver) im Dichtstrom pneumatisch zu fördern.

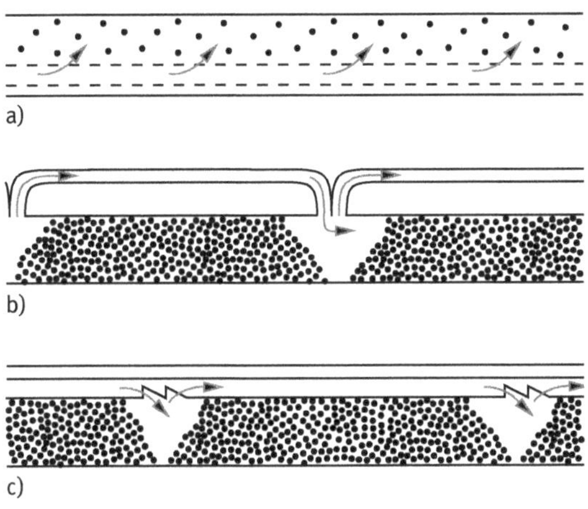

Abb. 5.27: Nebenluftsysteme

Die praktische Auslegung von Dichtstromförderanlagen erfolgt heute meist nach der Methode, die z. B. von *Muschelknautz* [18] beschrieben wird. Hierbei geht man von einer bestimmten „*Reibleistung*" dP_R aus, die erforderlich ist, um den Feststoffmassenstrom $\dot{m}_S$ um die Strecke dL im Förderrohr zu verschieben. Die Reibleistung entspricht dem Produkt aus Reibungskraft F_R und Fördergeschwindigkeit des Feststoffs c_S. Im Reibungsbeiwert μ_{ges} ist sowohl die durch Schwerkraft wie die durch Verkeilung des Pfropfens entstehende Reibung berücksichtigt:

$$dP_R = dF_R \cdot c_S = \dot{m}_S \cdot g \cdot \mu_{ges} \cdot dL \tag{5.66}$$

Bezeichnet man das Verhältnis von Feststoff- zum z. B. Luftmassenstrom mit x^* (es handelt sich um eine *Feststoffbeladung*)

$$x^* = \frac{\dot{m}_S}{\dot{m}_L} \tag{5.67}$$

und drückt den Luftmassenstrom durch das Produkt

$$\dot{m}_L = \rho_L \cdot c_L \cdot A \tag{5.68}$$

aus (wobei A die Querschnittsfläche des Förderrohres darstellt), so ergibt sich

$$\frac{dF_R}{A} = x^* \cdot \rho_L \frac{c_L}{c_S} \cdot g \cdot \mu_{ges} \cdot dL$$

Der Quotient dF_R/A entspricht der Druckdifferenz dp, die zur Überwindung der Produktreibung erforderlich ist. Die Luftdichte ρ_L ist insbesondere bei langen Förderleitungen vom herrschenden Druck abhängig, was sich bei Annahme eines idealen Gases und isothermer Strömung durch den einfachen Ansatz

$$\rho_L = \frac{p}{R \cdot T} \tag{5.69}$$

einbeziehen lässt. Damit wird die Differentialgleichung

$$\frac{dp}{p} = \frac{x^* \cdot \rho_L \cdot g \cdot \mu_{ges}}{R \cdot T} \cdot \frac{c_L}{c_S} \cdot dL \tag{5.70}$$

gebildet, die integriert über die gesamte Förderstrecke L zu der Lösung

$$\frac{p}{p_0} = e^{\frac{x^* \cdot \rho_L \cdot g \cdot L}{R \cdot T} \cdot \frac{c_L}{c_S} \cdot \mu_{ges}} \tag{5.71}$$

führt. Der Förderdruck steigt demnach exponentiell mit der Rohrlänge, was sich insbesondere bei langen Förderwegen auswirkt.

In Gl. (5.71) sind die feststoffspezifischen Parameter c_L/c_S sowie der Reibungsbeiwert μ_{ges} gewöhnlich unbekannt und müssen durch Messungen oder aus Erfahrungswerten bestimmt werden. Praktisch wird der Geschwindigkeitsquotient

$$C = \frac{c_S}{c_L} \tag{5.72}$$

mit dem Reibungsbeiwert μ_{ges} zu einem Faktor μ/C zusammengefasst. Damit wird Gl. (5.71) zu

$$\frac{p}{p_0} = e^{\frac{x^* \cdot \rho_L \cdot g \cdot L}{R \cdot T} \cdot \frac{\mu_{ges}}{C}} \tag{5.73}$$

μ/C kann z. B. über einer modifizierten Froude-Zahl aufgetragen werden, die auch relevante Daten des Feststoffs wie Porosität ε, Dichteverhältnis Feststoff/Luft sowie die Luftbeladung x^* enthält (Abb. 5.28). Eine solche Auftragung erlaubt den Vergleich der feststoffspezifischen Förderparameter für Schüttgüter mit unterschiedlichen Eigenschaften.

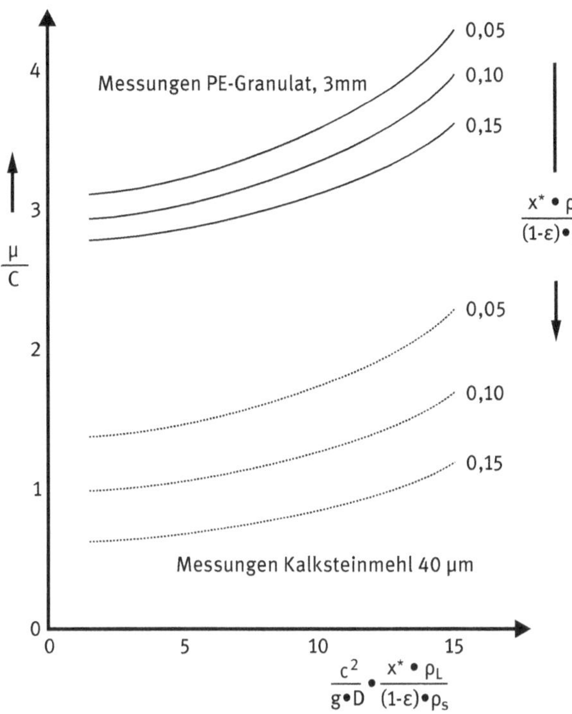

Abb. 5.28: Auslegungsparameter für verschiedene Feststoffe in Abhängigkeit von der Froude-Zahl

5.8 Übungsaufgaben

5.8.1 Übungsaufgabe Schüttschicht

Für ein laminar mit Wasser durchströmtes Festbett mit den Daten

$A = 1\,m^2$
$\varepsilon = 40\,\%$
$d_P = 1\,mm$ (Kugeln)
$H = 0{,}2\,m$

ergibt sich bei einem Volumenstrom von $1\,m^3/h$ ein Druckverlust von 1 bar.

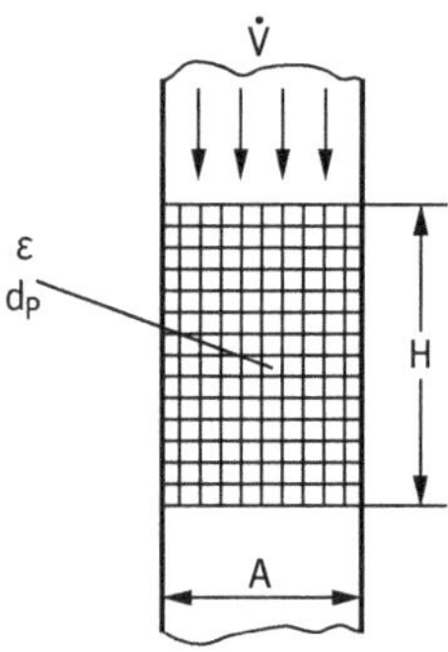

Berechnen Sie den Druckverlust für $d_P = 0{,}6\,mm$; $\varepsilon = 45\,\%$; $H = 0{,}1\,m$ mit ansonsten gleichen Daten!

5.8.2 Übungsaufgabe Druckfilter I

Ein Druckfilter wie in der Skizze gezeigt wird mit einer Suspension beschickt. Die Druckdifferenz p über das Filter beträgt konstant 5 bar.

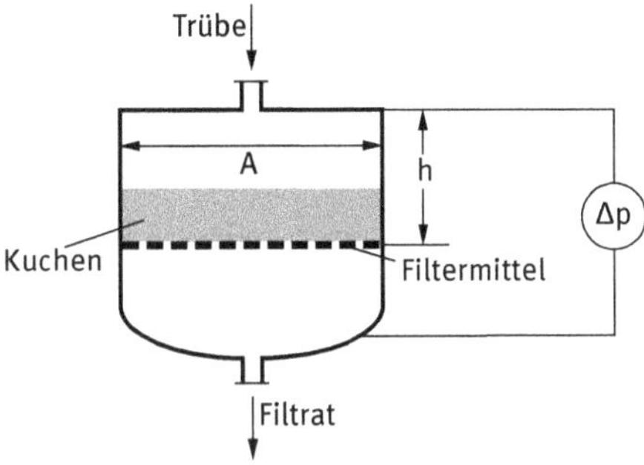

Gegebene Daten:

Volumenanteil des Feststoffs in der Trübe: 5 %-Vol.
Porosität des gebildeten Kuchens: 40 % (= konstant)
Höhe h des Kuchenraums: 1,5 m
Filterfläche A = 2 m^2
Viskosität des Filtrats: 0,0025 Pa s
Filterkuchenwiderstand = 10^{11} m^{-2}
Filtermittelwiderstand = 10^{10} m^{-1}

a. Wie viel Filtrat muss gewonnen werden, bis der Kuchenraum vollständig gefüllt ist?
b. Wie lange kann durchgehend filtriert werden (Zeit vom Start bei leerem Kuchenraum bis zur vollständigen Füllung)?

5.8.3 Übungsaufgabe Druckfilter II

Das Druckfilter aus Aufgabe 5.8.2 wird mit einer Suspension beschickt.

Gegebene Daten:

Filterfläche $A = 2\,m^2$
Höhe h des Kuchenraums: 1,5 m
Volumenanteil d. Feststoffs in der Trübe: 3 %-vol.
Porosität d. gebildeten Kuchens: 45 % (= konstant)
Viskosität des Filtrats: 0,002 Pa s
Filterkuchenwiderstand $\alpha = 10^{11}\,m^{-2}$
Filtermittelwiderstand $\beta = 10^{10}\,m^{-1}$

a. Welches Δp wird bei der Betriebsart „Filtration bei konstantem Volumenstrom“ maximal erreicht, wenn der Kuchenraum nach 30 min vollständig gefüllt ist?
b. Welches Δp muss bei der Betriebsart „Filtration bei konstantem Druck“ eingestellt werden, um den Kuchenraum innerhalb von 30 min vollständig zu füllen?

5.8.4 Übungsaufgabe Bandfilter

Legen Sie für eine Kalkstein/Wasser-Suspension mit folgenden bekannten Daten

Suspensionsvolumenstrom	$\dot{V}_T = 10\,m^{-3}/h$
Feststoffvolumenanteil	$c_T = 0{,}0215$
Druckdifferenz	$\Delta p = 0{,}5\,bar$
Filterkuchenwiderstand	$\alpha = 4 \cdot 10^{13}\,m^{-2}$
Filtermittelwiderstand	$\beta = 6 \cdot 10^{10}\,m^{-1}$
Kuchenporosität	$\varepsilon = 0{,}45$
Viskosität des Wassers	$\eta = 0{,}001\,Pa\,s$

die Filterfläche (Länge × Breite) für ein Bandfilter aus.

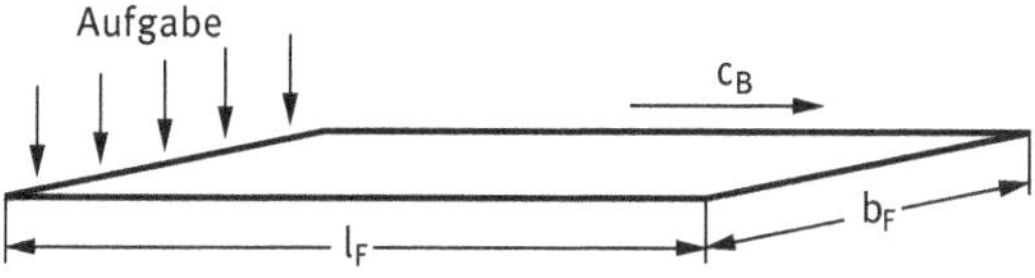

Die Kuchenhöhe $h_K = 5\,mm$ und die Bandgeschwindigkeit $c_B = 0{,}5\,m/min$ sollen vorgegeben sein.

5.8.5 Übungsaufgabe Wirbelschicht

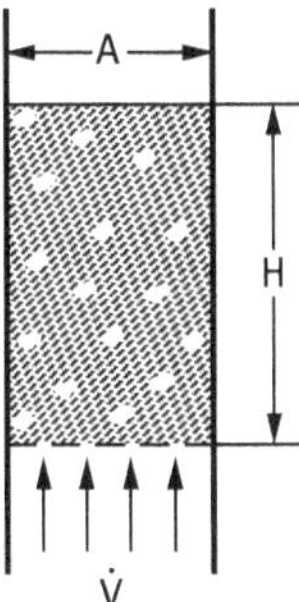

Eine Katalysatorschüttung mit den folgenden Eigenschaften soll mit Hilfe eines Luftstroms (ρ_L = 1,2 kg/m^3; η_L = 0,000018 Pa s) aufgewirbelt werden:

Fläche A = 1 m^2
Porosität ε = 40 % (bis zur Auflockerung konstant)
d_p = 1 mm (Granulat)
ρ_p = 1800 kg/m^3

a. Wie groß ist der mindestens zur Auflockerung benötigte Luftvolumenstrom $\dot{V}_1$?
b. Welcher Volumenstrom $\dot{V}_2$ darf maximal gewählt werden, damit das Wirbelbett nicht leergeblasen wird?

5.8.6 Übungsaufgabe Pneumatische Förderung

Für 200 kg/h eines Feststoffpulvers soll eine pneumatische Förderanlage ausgelegt werden. Die Daten betragen:

Partikeldurchmesser: 0,1–0,5 mm (kugelförmig)
Partikeldichte: 1800 kg/m^3
Luftdichte: 1,2 kg/m^3
Luftviskosität: 1,8 · 10^{-5} Pa s

Zur Flugförderung von 1 kg Feststoffpulver werden 1,5 kg Luft benötigt. Bestimmen Sie den notwendigen Durchmesser des Förderrohres, wenn vorausgesetzt wird, dass die Luftgeschwindigkeit das Doppelte der Sinkgeschwindigkeit beträgt.

5.9 Formelzeichen für Kapitel 5

A, A_Q, A_{ges} Anströmfläche, Querschnittsfläche, Filterfläche
A_F gesamte Filterfläche des Staubfilters
A_S Stirnfläche, durchströmter Querschnitt
A_W benetzte Wandfläche
b Breite
b_F Breite der Filtrationszone
b_T Trommelbreite
c_0 Anströmgeschwindigkeit
c_B Bandgeschwindigkeit
c_F Filtrationsgeschwindigkeit
c_L Lückengeschwindigkeit, Luftgeschwindigkeit im Förderrohr
$\overline{c}_L$ mittlere Lückengeschwindigkeit
c_U Umfangsgeschwindigkeit
C Geschwindigkeitsquotient Feststoff/Luft, Integrationskonstante
c_S Fördergeschwindigkeit des Feststoffs
c^* Auflockerungsgeschwindigkeit (Wirbelschicht)
c_T Feststoffvolumenanteil
C_s Schüttschichtwiderstand
$C_{s,lam}$ Schüttschichtwiderstand bei laminarer Durchströmung
d Durchmesser einer Kreiskapillare
d_p Partikeldurchmesser
d_h hydraulischer Durchmesser
dA differenzielle Fläche
dF differenzielle Kraft
dL differenzielle Rohrstrecke
dP_R Reibleistung
dr differenzieller Radius
dV differenzielles Volumen
dz differenzielle Höhe
$d\sigma_v$ differenzielle Zunahme der Vertikalspannung
D Trommeldurchmesser, Silodurchmesser
F_D Druckkraft
F_G Gewichtskraft
F_R Reibungskraft
g Erdbeschleunigung
h Höhe
h_K Kuchenhöhe, -dicke
H Schüttungshöhe
K Konstante
K_{lam} Konstante im Laminarbereich

K_{turb}	Konstante im Turbulenzbereich
K^*	suspensionsabhängige Konstante (Volumenverhältnis Kuchen/Filtrat)
ℓ, l	Länge
l_F	Länge der Filtrationszone
L	Pfropfenlänge
m_p	Partikelmasse
m_L	Luftmasse
$\dot{m}_S$	Feststoffmassenstrom
n	Anzahl
n_T	Trommeldrehzahl
p	Druck
p_0	Druck am Austritt des Förderrohrs
p_i	Druck an der Innenseite des Suspensionsrings
p_a	Druck an der Außenseite des Suspensionsrings
Δp_{Ring}	vom Suspensionsring erzeugte Druckdifferenz
Δp_K	Druckdifferenz zur Durchströmung des Kuchens
Δp_{FM}	Druckdifferenz zur Durchströmung des Filtermittels
Δp_v	Druckverlust
Δp_{Sch}	Schüttungsdruckverlust
Δp_{lam}	Schüttungsdruckverlust bei laminarer Durchströmung
r	Radius (variabel)
r_a	Außenradius des Suspensionsrings
r_i	Innenradius des Suspensionsrings
r_T	Trommelradius
R	Gaskonstante
R_h	Hydraulischer Widerstand
s	Dicke des Suspensionsrings
s_{roh}	Rohgasstaubgehalt
S	Partikeloberfläche
t	Zeit
t_T	Totzeit
t_F	Filtrationszeit
U, U_b	benetzter Umfang
V_L	Lückenvolumen
V_{ges}	Gesamtvolumen
V_F	Filtratmenge
V_A	flächenbezogenes Filtratvolumen
$\dot{V}_A$	flächenbezogener Filtratvolumenstrom, Filtrationsgeschwindigkeit
V_T	Suspensionsvolumen
V_F	Filtratvolumen
V_S	Feststoffvolumen
V_K	Kuchenvolumen

$V_{F,K}$	Filtratvolumen in den Poren des Kuchens
$\dot{V}_T$	Volumenstrom der Trübe
$\dot{V}_F$	Filtratvolumenstrom
$\dot{V}_L$	Luftvolumenstrom
x^*	Feststoffbeladung (Verhältnis von Feststoff- zum Luftmassenstrom)
X	Platzhalter (Filtration)
Y	Platzhalter (Filtration)
z	Höhenkoordinate
α	Kuchenwiderstand
α^*	Staubschichtwiderstand
β	Filtermittelwiderstand
β^*	Filtermittelwiderstand (Staubfilter)
ε	Porosität, Lückengrad
ε^*	Lockerungsporosität
ϕ	Kuchenbildungswinkel
η	dynamische Fluidviskosität
η_L	dynamische Flüssigkeitsviskosität
η_G	dynamische Gasviskosität
φ_W	Wandreibungswinkel
λ	Widerstandszahl (für Rohre), auch Rohrreibungszahl
λ^*	Horizontallastverhältnis
μ	Reibungsbeiwert
μ_{ges}	gesamter Reibungsbeiwert
μ^*	Verhältnis zwischen tatsächlicher Stromlinienlänge und Schüttungshöhe
ρ	Fluiddichte
ρ_b	Schüttdichte
ρ_T	Dichte der Trübe
σ_h	Horizontalspannung
σ_v	Vertikalspannung
τ	Schubspannung
τ_W	Schubspannung an der Wand
ω	Winkelgeschwindigkeit
ζ	Widerstandsbeiwert, auch Druckverlustbeiwert
Ar	Archimedeszahl
Re	Reynoldszahl
Re_h	Hydraulische „Schüttungs“-Reynoldszahl
Re_p	„Partikel“-Reynoldszahl
Re_p^*	Partikel-Reynoldszahl am Lockerungspunkt

6 Oberflächenprozesse

Als *Oberflächenprozesse* sollen hier solche technischen Vorgänge bezeichnet werden, bei denen die *Oberfläche* von Partikeln eine entscheidende Rolle spielt. So zeichnen sich alle *Zerkleinerungsprozesse* – gleichgültig ob Feststoffkörner, Flüssigkeits- oder Gaspartikeln zerkleinert werden – dadurch aus, dass neue Oberfläche oder auch *Grenzfläche* geschaffen wird. Die neugeschaffene Oberfläche beträgt in der Regel ein Vielfaches der ursprünglich vorhandenen. Die vergrößerte Oberfläche wird benötigt zur Beschleunigung von chemischen Reaktionen, Verbrennungsvorgängen, Auflöse- und anderen Stoffübergangsprozessen, zur Intensivierung von Geruch und Geschmack (z. B. bei Gewürzen) oder der Färbewirkung (bei Farbpigmenten). Viele andere Beispiele lassen sich hier nennen.

Die enorm hohen Energiebeträge, die in einen Zerkleinerungsprozess investiert werden müssen, sind zum einen von der Art der stofflichen Bindung abhängig, deren Aufbrechen zu der Schaffung neuer Oberfläche führt. Zum zweiten ist die Menge an neugeschaffener Oberfläche selbst maßgebend, und wichtig ist nicht zuletzt auch die Art, wie die Zerkleinerungsenergie an das Gut herangebracht werden kann. Hieraus ergeben sich je nach Beanspruchungsart unterschiedliche *Wirkungsgrade* der Zerkleinerung.

Mit dem Begriff „Zerkleinerung" wird meist nur das Zerkleinern von festen Stoffen verbunden. Es soll aber hier verdeutlicht werden, dass ganz ähnliche physikalische Beschreibungen anwendbar sind, wenn Flüssigkeitsströme in feinste Tröpfchen zu zerteilen sind (*Zerstäuben*) oder wenn in einer kontinuierlichen flüssigen Phase ein Gas oder eine zweite, nicht mischbare flüssige Phase feindispers zu verteilen ist (*Dispergieren*). Auch hierbei handelt es sich um den immer gleichen Vorgang des Schaffens neuer Oberfläche bzw. Grenzfläche. Es sollen aber auch die unterschiedlichen Eigenschaften von festen und fluiden Grenzflächen beschrieben werden.

Zu den Oberflächenprozessen zählt auch das Gegenteil des Zerkleinerns, nämlich das Agglomerieren. Dieser Vorgang kann gewollt oder auch ungewollt sein – man denke nur an das unerwünschte Verklumpen von Pulvern. Oft wird aber die Kornvergrößerung bewusst herbeigeführt, z. B. um klebrige Pulver streufähiger oder überhaupt lagerfähig zu machen. Hier werden durch geeignete Maßnahmen neue stoffliche Bindungen geschaffen, also Oberfläche verkleinert. Wie bei der Zerkleinerung spielen auch hier die Oberflächenkräfte und damit die Art der Bindung die entscheidende Rolle.

6.1 Feststoffzerkleinerung

Die technisch bedeutendste Zerkleinerung ist natürlich die von Feststoffen. Weltweit werden gewaltige Mengen an Baumaterial benötigt. Das Herstellungsverfahren z. B. für Zement besteht zum überwiegenden Teil aus Zerkleinerungsvorgängen. Straßen-

https://doi.org/10.1515/9783110739541-006

baumaterial wie Schotter oder Splitt wird durch technische Zerkleinerung gewonnen. Kohle für den Einsatz in Kraftwerken wird oft fein zerkleinert, um den Wirkungsgrad bei der Verbrennung zu steigern. Insgesamt fließen etwa 4 % der gesamten weltweit erzeugten elektrischen Energie in Zerkleinerungsprozesse. Wichtig ist hierbei die Tatsache, dass über 99 % dieser riesigen Energiemenge keineswegs in der Schaffung neuer Oberfläche stecken, sondern als Verluste größtenteils die Umwelt aufwärmen. Es lohnt sich daher sehr, die Art dieser Verluste zu kennen, um sie durch geeignete Maßnahmen so klein wie möglich zu halten.

6.1.1 Bindungen und Materialeigenschaften

Feste Materie ist entweder *kristallin*, d. h. in einer regelmäßigen räumlichen Anordnung, oder *amorph*, d. h. ungeordnet, aufgebaut. Zu den ersteren zählen insbesondere Metalle, aber auch viele Gesteine und Salze. Amorphen Aufbau weisen z. B. Glas und viele Kunststoffe auf.

Atome und Moleküle sind unterschiedlich stark miteinander verbunden. In Metallen liegt die *metallische Bindung* vor (Abb. 6.1 links). Da Metallionen immer positiv geladen sind, müssen die überschüssigen Elektronen ungebunden bleiben. Sie bewegen sich als *Elektronengas* zwischen den positiv geladenen Ionen und halten diese durch elektrostatische Kräfte zusammen. Die frei beweglichen Elektronen (*Valenzelektronen*) sind die Ursache für die gute elektrische Leitfähigkeit von Metallen. Vor allem aber sind gegenseitige Verschiebungen der positiv geladenen Gitterbausteine möglich, ohne dass die Festigkeit der metallischen Bindung aufgehoben wird. Daher sind Metalle plastisch verformbar. Ihr Bruchverhalten ist *duktil*, d. h. vor dem Bruch beginnt das Material regelrecht zu fließen.

Nichtmetallische anorganische Substanzen werden gewöhnlich durch *Ionenbindung* zusammengehalten (Abb. 6.1 rechts). Hierbei folgen im räumlichen Gitter jeweils positiv und negativ geladene Ionen abwechselnd aufeinander (z. B. Na^+-Cl^-; SiO_2). Die

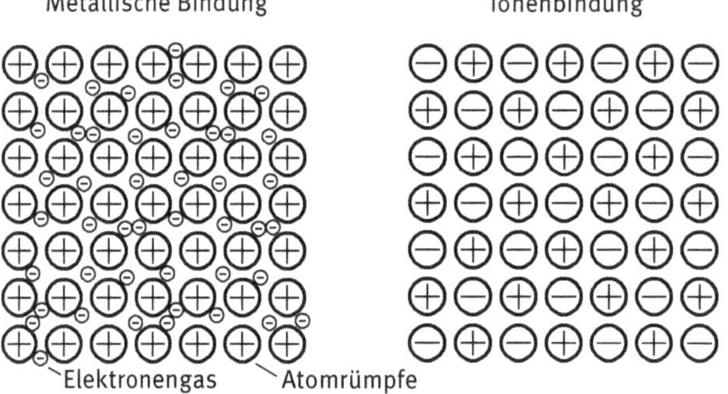

Abb. 6.1: Gitterbindungen in Festkörpern

starke elektrostatische Anziehung zwischen den gegenteilig geladenen Gitterbausteinen hält die Substanz zusammen. Bei der Ionenbindung würde eine Verschiebung der Ionen gegeneinander zu einer räumlichen Annäherung gleichsinnig geladener Ionen führen. Diese aber neigen zur Abstoßung. Daher sind solche Stoffe plastisch kaum verformbar. Ihr Bruchverhalten ist spröde, d. h. das Material trennt sich ohne nennenswerte vorherige Verformung.

Die *kovalente Bindung*, auf der z. B. der stabile Zusammenhalt der Luftmoleküle N_2 und O_2 beruht, ist im Feststoffbereich hauptsächlich bei Halbleiterwerkstoffen anzutreffen und hat daher für die großtechnische Zerkleinerung kaum Bedeutung. Man nennt die kovalente Bindung auch *Elektronenpaarbindung*, da benachbarte Atome Paare von Valenzelektronen gemeinsam nutzen.

Die *Van-der-Waals-Bindung* nutzt Dipolmomente zur Bindung aus. Auch unpolare Moleküle weisen eine asymmetrische Ladungsverteilung aus, die zur Ausbildung eines schwachen elektrischen Dipols führt. Ist der Abstand zwischen den Molekülen klein genug, beeinflussen sich die Dipole gegenseitig: Die Asymmetrie wird sich dann so ausbilden, dass sich gegensinnig geladene Seiten der Dipole gegenüberstehen. Hierdurch entstehen elektrostatische Anziehungskräfte zwischen den Molekülen. Andererseits sind auch Abstoßungskräfte wirksam, da sich bei kleinem Abstand der Atomkerne die Elektronenbahnen zu stark überlappen würden. *Van-der-Waals*-Bindungen treten z. B. in Kunststoffen zwischen (unvernetzten) Makromolekülketten auf. Auch werden durch *Pressagglomeration* verbundene Pulverpartikeln (z. B. in Tafelkreide, Tabletten) im Wesentlichen durch *Van-der-Waals*-Kräfte zusammengehalten.

Die stärkste Bindung ist gewöhnlich die kovalente Bindung, ihr folgen die Ionenbindung und die metallische Bindung. Die *Van-der-Waals*-Bindung ist gegenüber den vorgenannten deutlich schwächer.

6.1.2 Materialverhalten und Formänderungsarbeit

Das Verhalten fester Materialien bei Verformung lässt sich am einfachsten anhand einer Spannungs-Dehnungskurve verdeutlichen (Abb. 6.2). Eine solche Kurve kann z. B. in einer Zugprüfmaschine gemessen werden: eine Probe des Materials wird zwischen zwei Zangen geklemmt und langsam auseinandergezogen. Dabei lassen sich der relative Verformungsweg (Dehnung ε) sowie die hierfür erforderliche Kraft pro Flächeneinheit der Materialprobe (Spannung σ) erfassen.

Sprödes Materialverhalten lässt sich z. B. an keramischen Materialien beobachten: Schon nach extrem kurzem Verformungsweg entstehen hohe Spannungen, und das Material bricht beim Erreichen der Bruchspannung σ_B. Sprödigkeit ist meist auf Ionenbindung zurückzuführen, bei der sich die Gitterbausteine nicht gegeneinander verschieben lassen.

Das genaue Gegenteil finden wir bei *gummielastischem Material*. Hier lassen sich extreme Dehnungen mit vergleichsweise geringer Spannung erreichen, ohne dass das

Material zerreißt. Auch für dieses Materialverhalten ist die Molekülstruktur verantwortlich: Gummielastische Stoffe bestehen meist aus langkettigen Makromolekülen, die teilweise vernetzt und im Ruhezustand verknäult sind. Bei Belastung strecken sich die vernetzten Fadenmoleküle wie Federn; nimmt man die Belastung weg, so zieht sich die Struktur wieder auf ihre usprüngliche Länge zusammen.

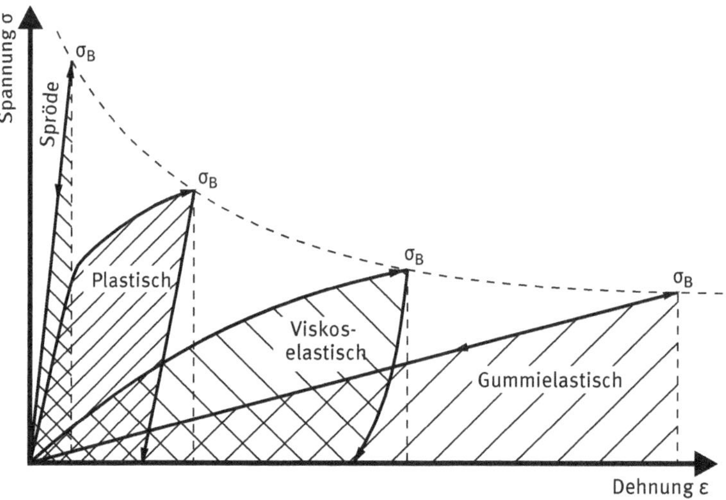

Abb. 6.2: Spannungs-Dehnungs-Kurve für verschiedene Materialien

Sowohl spröde als auch gummielastische Stoffe weisen oft ein *linear-elastisches Verhalten* auf, d. h. Spannung und Dehnung sind einander proportional und können mit dem *Hooke'schen Gesetz* beschrieben werden:

$$\sigma = \varepsilon \cdot E \tag{6.1}$$

Proportionalitätsfaktor ist der *Elastizitätsmodul* E. Je größer diese Materialkonstante ist, desto „spröder" verhält sich der Stoff. Da die Dehnung eine dimensionslose Größe ist (relative Längenänderung $\Delta L/L_0$), nimmt der E-Modul die Dimension N/m^2 der Spannung an.

Bei linear-elastischem Verhalten ist die aufgebrachte Verformung reversibel, d. h. nach Wegnahme der Belastung wird die ursprüngliche Form wieder erreicht. *Plastische Verformung* bedeutet im Gegensatz hierzu eine irreversible Formänderung. Viele plastische Materialien dehnen sich bei kleinen Belastungen linear-elastisch, beginnen dann aber zu fließen, d. h. die Moleküle werden dauerhaft gegeneinander verschoben. Dieses Materialverhalten wird *elastisch-plastisch* genannt. Nach Wegnahme der Spannung bildet sich lediglich der elastische Dehnungsanteil, also der anfängliche, lineare Verlauf zwischen Spannung und Dehnung, wieder zurück. Das plastische Fließen führt zu einer bleibenden Dehnung des Materials, die nicht wieder verschwindet.

Als *elastoviskos* bezeichnet man ein Material, das bei Belastung zunächst elastisch reagiert, dann aber die entstandenen Spannungen durch interne Umordnung der Moleküle langsam wieder abbaut. Viele Kunststoffe zeigen ein solches Verhalten. Hier hängt die Reaktion des Materials stark von der *Beanspruchungsgeschwindigkeit* und der Dauer der Belastung ab. Bei sehr schneller Verformung wird das Material elastisch bis zum Bruch gedehnt, noch bevor die innere Spannung durch Aneinander-Vorbeigleiten von Materialschichten wieder abgebaut werden kann (*Versprödung*). Dieser Effekt wird z. B. bei der Zerkleinerung von Kunststoffen durch Prallbeanspruchung ausgenutzt (vgl. Kap. 6.1.10).

Die in einen Festkörper durch Belastung eingebrachte Energiemenge lässt sich errechnen, wenn man den Zusammenhang zwischen Spannung σ und Dehnung ε kennt. Dann errechnet sich die volumenspezifische *Formänderungsarbeit* aus dem Integral der Spannungsfunktion

$$W_\sigma = \int \sigma(\varepsilon) \cdot d\varepsilon \tag{6.2}$$

Die spezifische Energiemenge zur Verformung eines festen Körpers entspricht demnach der Fläche unter der jeweiligen Spannungs-Dehnungs-Kurve in Abb. 6.2. Man erkennt leicht, dass die Fläche umso größer wird, je leichter sich das Material dehnen lässt.

Lässt sich das Materialverhalten mit dem Hooke'schen Gesetz beschreiben, so wird aus Gl. (6.2)

$$W_\sigma = \int \varepsilon \cdot E \cdot d\varepsilon = \frac{E}{2} \cdot \varepsilon^2 \tag{6.3}$$

Auch hier ist der starke Einfluss der erreichbaren Formänderung bis zum Bruch anhand der quadratischen Abhängigkeit der Formänderungsenergie von ε leicht zu sehen.

Spröde Materialien erfordern also bis zum Bruch eine vergleichsweise geringe spezifische Energie, während diese Energiemenge bis zum Bruch eines plastisch verformbaren oder gummielastischen Materials recht groß werden kann.

Plastische und selbst gummielastische Materialien können sprödes Bruchverhalten annehmen, wenn die Temperatur ausreichend weit herabgesetzt wird. Bei tiefen Temperaturen wird nämlich die gegenseitige Verschiebbarkeit der Moleküle im Materialverbund herabgesetzt, und die Verformung des Stoffes bei gleich bleibender Belastung sinkt. Durch Tiefkühlen kann man daher den Energieaufwand zur Zerkleinerung weicher plastischer oder gummiartiger Materialien stark herabsetzen. Oft ist die eingesparte Zerkleinerungsenergie bedeutend größer als der energetische Aufwand zur Kühlung des Gutes.

Exkurs: Grenzflächenenergie

Um Grenzfläche neu zu schaffen, müssen die vorhandenen Kohäsionskräfte zwischen den Atomen bzw. Molekülen überwunden werden. Hierzu wird Energie benötigt, die auf die erzeugte Grenzfläche bezogen und *spezifische Grenzflächenenergie* oder *spezifische Oberflächenenergie* γ genannt wird. Mit *Grenzfläche* wird üblicherweise die Grenze zwischen zwei Phasen eines dispersen Systems bezeichnet (z. B. Öltropfen in Wasser), während *Oberfläche* eher die freie Oberfläche (gegenüber Luft) meint.

Bei der Erzeugung neuer Feststoffoberfläche (Abb. 6-E1 links) entstehen aus einer Bruchfläche jeweils zwei neue Grenzflächen. Dieser Vorgang ist irreversibel. Wäre er reversibel, könnte man durch Zusammenfügen der Flächen die Oberflächenenergie wieder freisetzen. Feste Oberflächen lassen sich jedoch nur unter Aufbringung weiterer Energiebeträge wieder verbinden. Da die Oberflächen der Bruchstücke starr sind, kann die Oberflächenenergie nicht in der Oberfläche gespeichert und damit auch nicht zurückgewonnen werden.

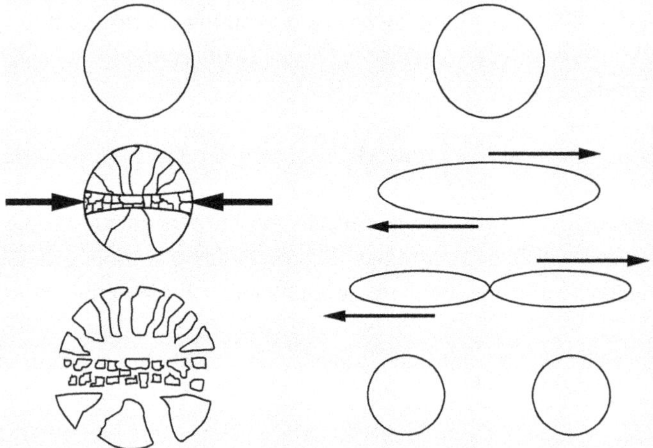

Zerkleinern von Feststoffteilchen   Zerkleinern von Tropfen oder Blasen

Abb. 6-E1: Zerkleinern unterschiedlicher Stoffe

Die theoretische Spannung, die zur Trennung eines Kristalls erforderlich wäre, lässt sich für spröde Materialien aus den atomaren Bindungskräften berechnen. Man geht bei dieser Abschätzung davon aus, dass die Gitterbausteine im gesamten Gitter und damit auch auf der gesamten Bruchfläche gleichzeitig bis zum Bruch auseinandergezogen werden, was einem Zerreißen zweier benachbarter kristallografischer Ebenen entsprechen würde.

Die hieraus resultierende Bruchspannung liegt z. B. für einen *Halit-Kristall* (Steinsalz) bei ca. 4000 N/mm^2. In der Realität reichen aber ca. 1–6 N/mm^2 aus, um einen solchen Kristall zu brechen [10]. Bei den meisten Materialien liegt die empirische (also durch Messungen ermittelte) Bruchspannung um das Zehn- bis Tausendfache niedriger als die theoretische Zerreißfestigkeit.

Die Erklärung für diesen großen Unterschied liegt darin begründet, dass kein Material aus einer absolut homogenen Kristallstruktur besteht. Eine Vielzahl von Mikrorissen und Strukturfehlern wie Versetzungen, Fremdeinschlüsse oder Korngrenzen bieten von vorneherein „Sollbruchstellen“, von denen ein Bruch ausgehen kann. Zur Ausbreitung einer vorhandenen Inhomogenität über den gesamten Materialquerschnitt wird erheblich weniger Spannung benötigt, da sich die Bruchfläche an den Rändern (der *Rissfront*) stetig vergrößert und die Bausteine des Gitters nicht gleichzeitig, sondern nacheinander aufreißen. Die an der Rißfront wirksamen Spannungsspitzen sind dabei um ein Vielfaches größer als die mittlere Spannung im gesamten Querschnitt.

In den neugeschaffenen Oberflächen macht die Grenzflächenenergie nur einen geringen Anteil der gesamten aufgewendeten *Bruchenergie* aus. Sie liegt beispielsweise für mineralisches Gestein in der Größenordnung von 1 J/m^2.

Bei Flüssigkeiten liegen im Gegensatz zu Feststoffen keine stabilen Molekülgitter vor. Die Eigenschwingungen von Flüssigkeitsmolekülen sind erheblich größer, was den Molekülen erlaubt, sich trotz der herrschenden Kohäsionskräfte frei zu bewegen. Um eine neue Flüssigkeitsgrenzschicht zu erzeugen, müssen die Kohäsionskräfte überwunden werden. Die hierfür benötigte Grenzflächenenergie bleibt aber dauerhaft in der neuen Flüssigkeitsgrenzfläche erhalten, was sich am Phänomen der *Grenzflächenspannung* zeigt. Tropfen und Blasen haben das Bestreben, nach der Zerkleinerung wieder Kugelform (kleinste mögliche Oberfläche) anzunehmen (Abb. 6-E1 rechts). Damit wird auch die Grenzflächenerzeugung reversibel. Flüssigkeitstropfen und Gasblasen in Flüssigkeiten zeigen häufig die Tendenz, sich wieder zu verbinden (*Koaleszenz*), da dies zu einer Verkleinerung der Grenzfläche und damit zu einem Energiegewinn führt. Die Grenzflächenspannung ist gleichbedeutend mit der spezifischen Grenzflächenenergie, denn es gilt

$$dE = \gamma \cdot dA \tag{6-A}$$

Die Werte der spezifischen Oberflächenenergie (also gegen Luft) liegen für Wasser im Bereich von 0,07 J/m^2 und für viele organische Flüssigkeiten bei 0,02 J/m^2 [8].

6.1.3 Bruchbedingung

Der Bruch einer Festkörperpartikel erfolgt, wenn die Bindungskräfte durch mechanische Spannungen im Material überwunden werden. Aus einer Bruchfläche entstehen dabei zwei neue Grenzflächen. Dabei reißen die Gitter aus Elementarbausteinen, aus denen ein Feststoffteilchen besteht, nicht gleichzeitig auseinander. Vielmehr bilden sich aus vorhandenen Inhomogenitäten in der Gitterstruktur Anrisse, die sich dann quer zur Spannungsrichtung ausbreiten (vgl. Exkurs: Grenzflächenenergie).

Griffith [19] hat im Jahre 1920 die Theorie aufgestellt, dass die Energie, die zum Durchtreiben eines vorhandenen Risses durch den gesamten Materialquerschnitt benötigt wird, bereits vorher im Material als elastische Energie gespeichert sein muss. Bei seiner Ausbreitung (Abb. 6.3) verbraucht der Riss ständig Energie. Diese besteht zunächst in der *spezifischen Grenzflächenenergie* γ, die zur Bildung neuer Oberfläche erforderlich ist. Da die neue Oberfläche doppelt so groß ist wie die Bruchfläche, muss die aufzuwendende Arbeit G mindestens 2γ betragen.

Von *Rumpf* [20] wurde die Theorie dahingehend erweitert, dass neben der Grenzflächenenergie weitere Energiebeträge für die Rissbildung benötigt werden. Dies betrifft vor allem die irreversiblen, plastischen Verformungen im Mikrobereich der Rissspitze. Fasst man diese zusätzlichen Energien mit der Grenzflächenenergie zusammen, ergibt sich der *Risswiderstand* β, der den Wert für γ um ein Vielfaches übersteigen kann.

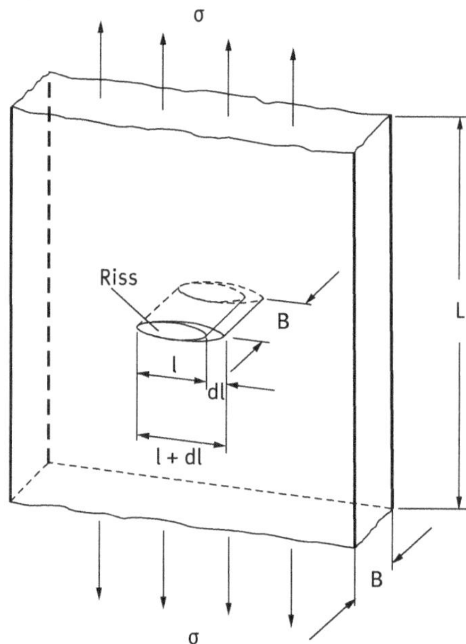

Abb. 6.3: Modell zur Rissausbreitung

Solange eine *kritische Risslänge*, die sogenannte *Griffith-Länge*, nicht überschritten ist, muss dem Riss von außen neue Energie zugeführt werden, wenn er sich vergrößern soll. Dies kann z. B. durch Erhöhung der Materialspannung mittels eines Zerkleinerungswerkzeugs geschehen. Die Spannung wird jedoch nicht nur auf den Riss übertragen, sondern im gesamten beanspruchten Material, z. B. einer Partikel, gespeichert. Ist die kritische Länge überschritten, breitet sich der Riss von selber weiter aus, indem die benötigte Energie aus der gespeicherten Spannungsenergie entnommen wird.

Ist die gespeicherte Energiemenge hoch genug, wird der Riss über den gesamten Bruchquerschnitt vorangetrieben. Sehr hohe gespeicherte Energiebeträge können sogar dazu führen, dass sich der Riss mehrfach verzweigt und die entstehenden Bruchstücke mit hoher kinetischer Energie weggeschleudert werden. Reicht die gespeicherte Energie nicht aus, bleibt der Bruch stecken, und es muss von außen neue Spannung erzeugt werden.

Die insgesamt erforderliche Zerkleinerungsarbeit zum Bruch einer Partikel errechnet sich analog zu Gl. (6.2) aus der Spannungs-Dehnungsfunktion und der Bruchdehnung

$$W_{B,\sigma} = \int_{0}^{\varepsilon_B} \sigma(\varepsilon) \cdot d\varepsilon \tag{6.2}$$

Als *integrale Bruchenergiebedingung* lässt sich somit formulieren:

$$W_{B,\sigma} \cdot V \geq 2 \cdot \beta \cdot A \tag{6.4}$$

wobei V das gesamte Partikelvolumen und A die Bruchfläche bedeuten sollen. Gl (6.4) besagt, dass die in einer Partikel gespeicherte elastische Energie größer sein muss als die Energie, die der Bruch zum Durchlaufen der gesamten Bruchfläche benötigt.

6.1.4 Zerkleinerungsenergie und Partikelgröße

Aus den bisherigen Ausführungen lässt sich ableiten, dass die Zerkleinerungsenergie sehr wesentlich von der Partikelgröße abhängt.

Betrachtet man die spezifische Zerkleinerungsarbeit $W_{B,\sigma}$ und den Risswiderstand ß für ein gegebenes Material als Konstanten, dann ist die integrale Bruchenergiebedingung (Gl. 6.4) umso eher erfüllt, je größer das vorhandene Volumen V und je kleiner die Bruchfläche A ist. Da die möglichen Bruchflächen mit steigender Partikelgröße x quadratisch anwachsen, die Partikelvolumina aber mit der dritten Potenz steigen, wächst die Bruchneigung einer Partikel quasi proportional zur Partikelgröße x.

Die Partikelgröße, ab der ein Riss infolge der gespeicherten Spannungsenergie automatisch bis zum Bruch weiterwächst, lässt sich für linear-elastische Materialien abschätzen. Aus den Gln. (6.3) und (6.4) folgt

$$\frac{E}{2} \cdot \varepsilon_B^2 \cdot \frac{V}{A} \geq 2 \cdot \beta \tag{6.5}$$

Nach dem Hooke'schen Gesetz ist $\varepsilon_B = \frac{\sigma_B}{E}$. Nimmt man Kugelform für die Partikeln an, so wird

$$\frac{V}{A} = \frac{\frac{\pi}{6} d^3}{\frac{\pi}{4} d^2} = \frac{2}{3} d\,.$$

Dann ergibt sich

$$\frac{1}{2} \cdot \frac{\sigma_B^2}{E} \cdot \frac{2}{3} d \geq 2 \cdot \beta \tag{6.6}$$

oder aufgelöst nach dem Kugeldurchmesser d:

$$d \geq 6 \cdot \beta \cdot \frac{E}{\sigma_B^2} \tag{6.7}$$

Für z. B. Glaskugeln ergeben sich nach dieser Beziehung Kugeldurchmesser von mindestens 10–100 µm [15]. Kleinere Kugeln könnte man also nur brechen, wenn man ständig neue Energie direkt an die Partikeln heranbringen kann. Dies würde entsprechend kleine Zerkleinerungswerkzeuge erfordern und ist daher technisch nur mit großem Aufwand realisierbar.

Aber auch andere Aspekte erschweren die Zerkleinerung sehr kleiner Partikeln. Je kleiner das betrachtete Volumen wird, umso weniger und umso kleinere Fehlstellen stehen von vorneherein für die Anrissbildung zur Verfügung. Dies führt dazu, dass auch die Bruchfestigkeit von der Partikelgröße abhängig ist.

6.1.5 Zerkleinerungshypothesen

In großen Feststoffpartikeln kann sehr viel elastische Energie gespeichert werden. Daher ist die aufzuwendende Zerkleinerungsarbeit für größere Brocken (etwa oberhalb von 100 mm Korngröße) praktisch nur noch vom Partikelvolumen abhängig. Hieraus formulierte *Kick* bereits 1885 eine nach ihm benannte Hypothese. Danach bleibt die volumenspezifische Zerkleinerungsarbeit W_V (und damit auch die massenspezifische Zerkleinerungsarbeit W_m) für solche groben Partikeln konstant. Praktisch bedeutet dies, dass es keine Rolle spielt, ob z. B. ein Felsklotz von 1 m Korngröße oder ein Felsbrocken von 100 mm Korngröße jeweils in 100 kleinere Einzelteile zerkleinert werden: Auf die jeweilige Masse bezogen, ergeben sich in beiden Fällen gleiche Energiebeträge.

Bei extrem feinen Partikeln gilt hingegen, dass die spezifische Zerkleinerungsenergie der neugeschaffenen Oberfläche proportional ist, denn unterhalb von etwa 100 µm ist die Bruchenergiebedingung (Gl. 6.7) kaum mehr erfüllt. Eine solche Hypothese hatte *von Rittinger* im Jahre 1867 aufgestellt. Da sich die spezifische Oberfläche von Partikeln umgekehrt proportional zum Partikeldurchmesser verhält (vgl. Kap. 2.3), wächst nach dieser Hypothese die spezifische Zerkleinerungsenergie mit abnehmender Partikelgröße steil an. Die Zerteilung einer 10 µm-Partikel in 1 µm große Teilstücke verbraucht demnach, auf die zerkleinerte Menge bezogen, zehnmal soviel Energie wie die Zerkleinerung eines 100 µm-Körnchens in 10 µm große Teile.

Der Ansatz von *Bond* [21] aus dem Jahre 1952 berücksichtigt beide der oben genannten Hypothesen und gilt entsprechend für einen mittleren Korngrößenbereich (ca. 100 µm bis 100 mm). Die von *Bond* angegebene Beziehung

$$W_m = \Phi_B \left[\frac{1}{\sqrt{d_{p,80,\omega}}} - \frac{1}{\sqrt{d_{p,80,\alpha}}} \right] \tag{6.8}$$

hat die größte praktische Bedeutung, da die weitaus größten Feststoffmengen in diesem Korngrößenbereich zerkleinert werden. Nach diesem Ansatz ist die Zerkleinerungsarbeit sowohl der neugeschaffenen Oberfläche als auch dem beanspruchten Volumen proportional.

Gl. (6.8) ermöglicht die grobe Abschätzung der benötigten Zerkleinerungsenergie je Masseneinheit für die Zerkleinerung von einer Anfangskorngröße $d_{p,\alpha}$ auf eine Endkorngröße $d_{p,\omega}$. Der enthaltene *Bond-Koeffizient* oder auch *Bond-Index* Φ_B ist in vielen Lehrbüchern für unterschiedliche Feststoffe tabelliert (z. B. *Pahl* [22]). Zu berücksichtigen ist allerdings, dass der Koeffizient auch stark von der verwendeten Zerkleinerungsmaschine abhängt, da die unterschiedlichen Beanspruchungsarten (vgl. weiter unten) sehr verschiedene Wirkungsgrade der Zerkleinerung hervorrufen. Die tabellierten Bond-Koeffizienten berücksichtigen vereinbarungsgemäß die 80 %-Werte (!) der Durchgangssummenkurven für die Bezugskorngrößen $d_{p,80,\alpha}$ und $d_{p,80,\omega}$.

In Abb. 6.4 ist die nach den 3 „*Zerkleinerungshypothesen*" zu erwartende spezifische Zerkleinerungsarbeit W_m als Funktion der Korngröße tendenziell aufgetragen. Für diese Auftragung wurden die jeweiligen Koeffizienten so gewählt, dass sich die durch Geraden dargestellten Hypothesenbeziehungen in ihren Gültigkeitsgrenzen schneiden. Anzunehmen ist sicherlich, dass die Übergänge zwischen den Geraden in der Realität keine Knickpunkte sind, sondern dass die Kurve stetig verläuft (gestrichelte Linie). Demnach steigt die spezifische Zerkleinerungsarbeit mit abnehmender Partikelgröße überproportional an. Dieses Verhalten ist in der Realität auch bei den meisten technischen Zerkleinerungsvorgängen anzutreffen.

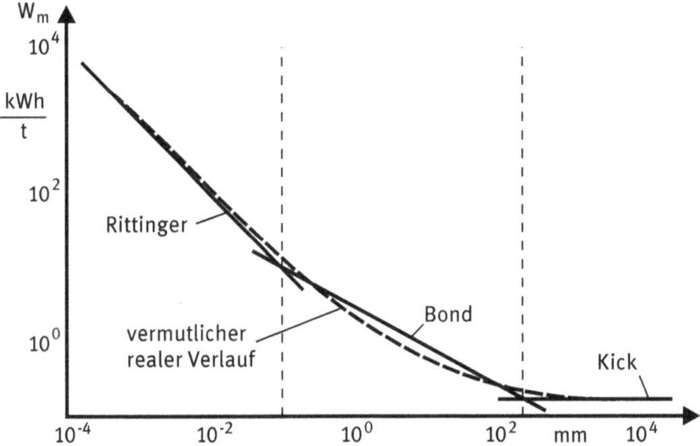

Abb. 6.4: Spezifische Zerkleinerungsarbeit in Abhängigkeit von der Korngröße

6.1.6 Wirkungsgrade, Effektivität und Mahlbarkeit

Die *Wirkungsgrade* technischer Zerkleinerungsprozesse sind sehr schlecht. Setzt man als „Nutzenergie" die *spezifische Grenzflächenenergie* γ (vgl. Kap. 6.1.3) an und multipliziert diese mit der tatsächlich neugeschaffenen Oberfläche, so ergeben sich gewöhnlich Energiemengen, die weniger als 1/100 der tatsächlich in einer Zerkleinerungsmaschine aufgewendeten Energie betragen. Nach dieser Definition liegen die „Wirkungsgrade" von Zerkleinerungsmaschinen zwischen 0,1 und 1 %. Dies bedeutet, dass über 99 % des Energieaufwandes auf der Verlustseite zu verbuchen ist. Solche Verlustanteile können sein:

- mikroplastische Verformungen an den Rissfronten und den Kontaktstellen
- plastische Deformation der Körner
- Reibung der Körner untereinander und an den Zerkleinerungswerkzeugen
- Verschleiß der Zerkleinerungswerkzeuge
- kinetische Energie der erzeugten Bruchstücke
- Erzeugung von Schallwellen
- Maschinenverluste, z. B. durch Lagerreibung

Die Verluste wiederum führen zur Erwärmung des Gutes, der Zerkleinerungsmaschine und der Mahlluft sowie zur Abstrahlung von beträchtlichem Lärm.

Die Angabe von Wirkungsgraden nach obiger Definition ist in der Praxis wenig hilfreich, da eine Abschätzung der Zerkleinerungsenergie aus der spezifischen Grenzflächenenergie wegen der hohen unsicheren Faktoren viel zu ungenau wäre. *Stairmand* [23] hat stattdessen vorgeschlagen, als Bezugswert die mindestens erforderliche spezifische Zerkleinerungsenergie eines Einzelkornes bei idealer Beanspruchung zu wählen. Setzt man diese Energie gleich 100 %, so ergibt sich für jede andere Zerkleinerungsmaschine eine *Effektivität* als Prozentsatz dieses Idealwertes.

Eine sehr häufig benutzte und brauchbare Größe für den Vergleich unterschiedlicher Zerkleinerungsbedingungen ist die *Mahlbarkeit* M, in vielen Veröffentlichungen auch als *Energieausnutzung* EA bezeichnet. Hier wird die beim Zerkleinern neugeschaffene Oberfläche ΔS_m auf die insgesamt aufgewendete Zerkleinerungsarbeit W_m bezogen (zweckmäßigerweise wählt man massenspezifische Werte, die bei kontinuierlichen Vorgängen leichter zu bestimmen sind):

$$M = \frac{\Delta S_m}{W_m} \tag{6.9}$$

Die Mahlbarkeit wird gewöhnlich in cm^2/J oder in m^2/kJ angegeben. Ihr Wert wird umso größer, je leichter das Gut zu zerkleinern ist und je vorteilhafter die Zerkleinerungsbedingungen sind.

6.1.7 Beanspruchungsarten

Feststoffpartikeln werden in Zerkleinerungsmaschinen unterschiedlichen Beanspruchungsarten unterworfen. Der Energieaufwand für die Zerkleinerung (Mahlbarkeit), die gewünschte Korngrößenverteilung und der Materialverschleiß an den Mahlflächen hängen oftmals ganz entscheidend von der Beanspruchungsart ab.

In Abb. 6.5 sind die wichtigsten Beanspruchungsarten für Feststoffpartikeln zusammengefasst. Bei der *Druckzerkleinerung* wird das Material zwischen zwei Werkzeugflächen zerdrückt. Bei der *Schlagzerkleinerung* liegen die Partikeln auf einer Werkzeugfläche auf und werden durch einen Schlag eines zweiten, bewegten Werkzeugs beansprucht. Unter *Reibzerkleinerung* versteht man die scherende Beanspru-

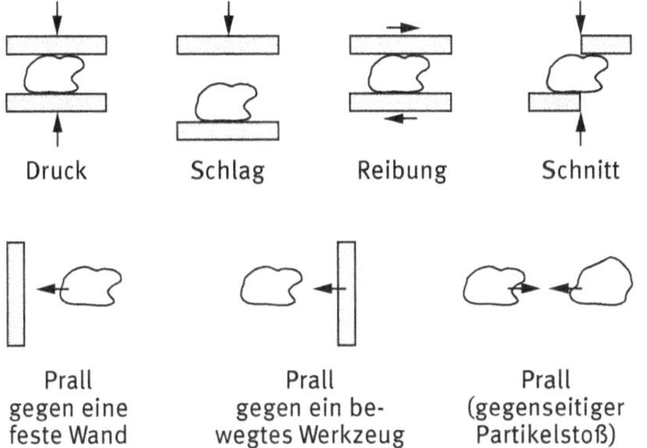

Abb. 6.5: Beanspruchungsarten von Einzelkörnern

chung zwischen zwei in entgegengesetzte Richtungen bewegten Werkzeugflächen. *Schneidzerkleinerung* liegt dann vor, wenn eine Partikel zwischen zwei Schneiden in genau zwei Teile zerlegt wird.

Die oben beschriebenen Beanspruchungsarten finden zwischen zwei *Beanspruchungsflächen* statt. Damit ist *Formzwang* gegeben, da die Verformung des beanspruchten Materials durch die Bewegung der Werkzeugflächen erzwungen wird. Die Beanspruchungsgeschwindigkeiten sind in diesen Fällen relativ klein.

Im Vergleich mit den oben beschriebenen Beanspruchungsarten stellt die *Prallzerkleinerung* (Abb. 6.5 unten) eine Besonderheit dar. Die Zerkleinerung wird durch Impulskräfte bewirkt. Hierzu werden entweder Partikel an eine feststehende Wand geschleudert oder es werden im freien Raum bewegte Partikeln von einer schnell bewegten Werkzeugfläche getroffen. In Sonderfällen wird Prallbeanspruchung auch durch gegenseitigen Partikelstoß erzielt, indem die Teilchen z. B. durch entgegengesetzt gerichtete Gasströmungen mit hoher Geschwindigkeit aufeinander geschossen werden. Bei der Prallbeanspruchung ist höchstens eine Werkzeugfläche beteiligt, es existiert kein Formzwang und die Beanspruchungsgeschwindigkeiten können sehr hoch sein.

Die technisch bedeutendsten Beanspruchungsarten aus der obigen Aufstellung sind Druck- und Prallzerkleinerung. Für spröde Stoffe ist vor allem die Druckzerkleinerung sehr verbreitet. Die Beanspruchung jedes Einzelkornes hängt hier zusätzlich von der Größenrelation zwischen Werkzeug und Partikel ab. Wird der Druck von den Werkzeugflächen direkt auf einzelne Partikeln übertragen, spricht man von *Einzelkornbeanspruchung* (Abb. 6.6). Hierbei wird der Formzwang unmittelbar ausgeübt und die Druckkräfte der Werkzeuge werden günstig in die Partikeln eingeleitet, so dass sich hierbei vom energetischen Standpunkt ein Optimum ergibt. Bei *Mehrkornbeanspruchung* wird die Krafteinleitung in die kleineren Körner meist durch die Existenz der größeren Partikel herabgesetzt. Bei der *Gutbettbeanspruchung* schließlich bewirken die Druckkräfte von den Werkzeugen hauptsächlich Umlagerungen und gegenseitige Verschiebung von Partikeln, ohne dass ausreichende Kräfte in die Einzelpartikeln

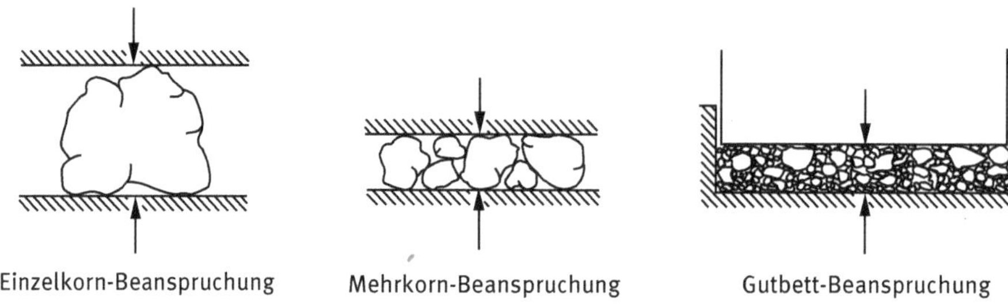

Abb. 6.6: Beanspruchungsarten bei Druckzerkleinerung

eingebracht werden. Durch viele vorhandene Feinpartikeln findet insbesondere kaum mehr eine Krafteinleitung in etwaige noch nicht zerkleinerte größere Körner statt. Man kann hier die Energieausbeute wesentlich verbessern, indem das bereits ausreichend zerkleinerte Feingut kontinuierlich aus dem Prozess entfernt wird.

Wird allerdings ein Gutbett mit extrem hohen Druckkräften beaufschlagt (z. B. 50 MPa), so ist das Material bereits so stark kompaktiert, dass keine Umlagerungen mehr stattfinden. Vielmehr werden dann die hohen Kräfte relativ gleichmäßig in alle Körner eingetragen und führen dort zur Bildung zahlreicher neuer Kerbstellen und Anrisse, die für eine nachgeschaltete zweite Zerkleinerungsstufe vorteilhaft sind.

6.1.8 Druckzerkleinerung

Bei der Druckzerkleinerung wird das Material zwischen zwei Flächen des Zerkleinerungswerkzeugs zerdrückt. Dabei kommt es auf die Druckkraft des Werkzeuges an, nicht aber auf die Beanspruchungsgeschwindigkeit. Letztere kann daher klein gehalten werden. Damit ist auch die kinetische Energie zwischen den beteiligten Materialien klein, wodurch der Verschleiß der (metallischen) Werkzeugflächen deutlich herabgesetzt wird. Mit Vorteil setzt man Druckzerkleinerer daher für grobkörnige, harte und spröde Stoffe ein.

Abb. 6.7 zeigt das typische *Bruchbild* einer durch Druckbeanspruchung belasteten Partikel. Spröde Materialien verformen sich bis zum Bruch elastisch. Zwischen den Kontaktbereichen Werkzeug-Partikel bildet sich daher eine Zone hoher Energiedichte aus (im Bild dunkel getönt). Innerhalb dieses Bereichs zerfällt das Material beim Bruch in eine Vielzahl feiner und feinster Staubpartikeln, während außerhalb eher gröbere, splittrige Bruchstücke entstehen. Die Druckzerkleinerung weist daher den Nachteil auf, dass im Vergleich zu anderen Beanspruchungsarten ein relativ hoher Staubanteil im zerkleinerten Gut vorliegt.

Zerkleinerungsmaschinen werden traditionell in *Brecher* (für grobkörniges *Endprodukt)* und *Mühlen* (feinkörniges Endprodukt) eingeteilt. Entsprechend nennt man das zerkleinerte Endprodukt *Brechgut* oder *Mahlgut*. Die Grenze zwischen diesen bei-

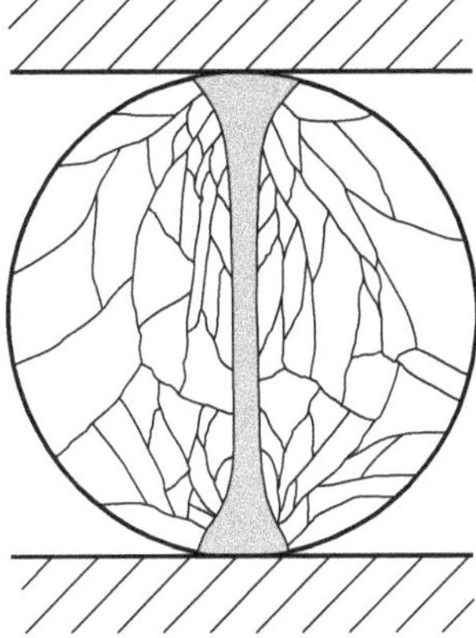

Abb. 6.7: Bruchbild bei Druckbeanspruchung eines kugelförmigen Korns

den Bezeichnungen liegt etwa bei 1–5 mm mittlerer Endkorngröße. Das Verhältnis der mittleren Korngrößen von Aufgabegut und Brech- oder Mahlgut bezeichnet man als *Zerkleinerungsgrad*.

Die größten vorkommenden Aufgabekorngrößen werden in *Backenbrechern* verarbeitet. Diese bestehen aus zwei Metallplatten, die einen V-förmigen Brechraum bilden, dessen obere Öffnung (*Brechmaul*) bis zu 1800 mm breit sein kann. Die untere Öffnung wird als *Brechspalt* bezeichnet. Eine der beiden Platten ist starr befestigt, die andere Platte ist nur an einem Ende drehbar gelagert, ihr anderes Ende wird über einen Stößelmechanismus vor- und zurückbewegt (Abb. 6.8). Das Aufgabegut fällt in das Brechmaul und rutscht beim Öffnen der Platten zunächst entsprechend seiner Korngröße nach unten, bis es festklemmt. Beim Schließen der Platten werden alle im Brechraum klemmenden Körner gleichmäßig zerdrückt. Die Bruchstücke fallen im

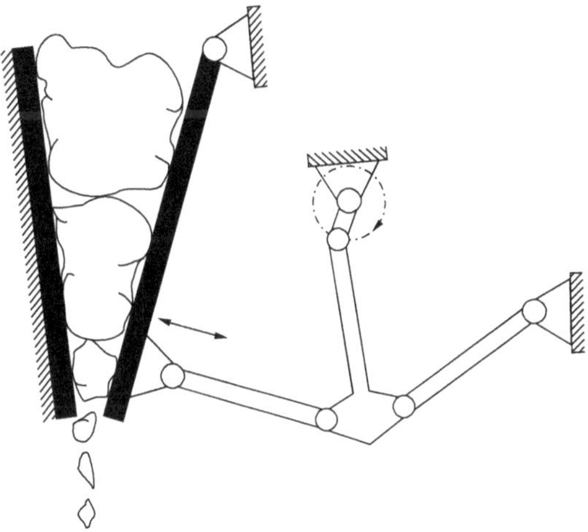

Abb. 6.8: Prinzip eines Backenbrechers

Brechraum weiter nach unten, wobei gröbere Stücke ggf. erneut festklemmen und weiter zerkleinert werden. Durch den Brechspalt können nur solche Partikeln fallen, die zumindest in einer Orientierungsrichtung kleiner sind als die Spaltweite.

Der erreichbare Zerkleinerungsgrad in solchen Maschinen hängt daher aus naheliegenden Gründen stark vom Verhältnis zwischen *Maulweite* und *Spaltweite* ab. Dieses ist aber nicht beliebig vergrößerbar. Wird nämlich der Winkel zwischen den beiden Brechplatten zu flach, dann klemmt das Gut nicht mehr im Spalt fest, sondern wird durch die Plattenbewegung wieder nach oben geschoben oder gar nach oben ausgeschleudert.

Der maximale Öffnungswinkel lässt sich anhand einer einfachen Betrachtung näherungsweise bestimmen (Abb. 6.9). Die Platten des Brechers, zwischen denen sich ein kugelförmiges Korn befindet, werden mit einer Kraft F zusammengedrückt. Spannt man ein Koordinatensystem in Richtung der Winkelhalbierenden des Öffnungswinkels α auf, so lässt sich F in Komponenten zerlegen. Die Komponente $F \sin(\alpha/2)$ in Richtung des Brechmauls beschreibt den Kraftanteil, der das Korn nach oben aus dem Spalt zu drücken versucht. Der Anteil $F \cos(\alpha/2)$ senkrecht hierzu beschreibt die Klemmkraft, die das Korn festhält. Die Reibungskraft wiederum wirkt normal zur Klemmkraft in Richtung des Austragsspaltes und hat den Wert $\mu F \cos(\alpha/2)$, wobei μ den Reibungsbeiwert zwischen Plattenmaterial und Kornmaterial darstellt. Da die Gewichtskraft F_G gegenüber F vernachlässigt werden kann, gilt im Grenzfall das Gleichgewicht

$$F \cdot \sin \frac{\alpha_{max}}{2} = \mu \cdot F \cdot \cos \frac{\alpha_{max}}{2} \tag{6.10}$$

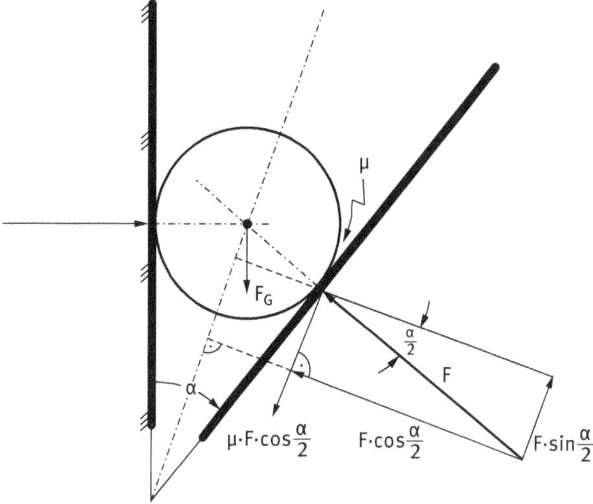

Abb. 6.9: Berechnung des maximalen Öffnungswinkels beim Backenbrecher

Die Druckkraft F fällt damit aus der Betrachtung heraus, und es folgt unmittelbar

$$\tan \frac{\alpha_{max}}{2} = \mu$$
$$\alpha_{max} = 2 \cdot \arctan \mu \tag{6.11}$$

Der maximale Öffnungswinkel α_{max} ist also lediglich eine Funktion des Reibungsbeiwertes. Für z. B. Kalkstein auf Stahl beträgt der Reibungsbeiwert μ ca. 0,3, daraus errechnet sich ein maximaler Öffnungswinkel von 33°. Da die Höhe der Brechplatten aus Stabilitätsgründen ebenfalls begrenzt ist, lassen sich in solchen Backenbrechern nur maximale Zerkleinerungsgrade von 8–10 realisieren.

Der Durchsatz von Backenbrechern ist von der Hubfrequenz, also der Drehzahl des Antriebes, abhängig. Bei kleinen Hubfrequenzen steigt der Durchsatz zunächst linear an. Er ist aber nicht beliebig steigerbar, da oberhalb einer optimalen Frequenz die Körner nicht mehr schnell genug nach unten rutschen können, bis die Brechbacken sich erneut schließen.

In einem Backenbrecher liegt nahezu ideale Einzelkorn-Druckbeanspruchung vor. Die Körner behindern sich im Brechraum kaum gegenseitig, da bei voll geöffneter Stellung der Brechbacken und optimaler Hubfrequenz alle Partikeln nahezu gleichmäßig im V-Spalt klemmen. Die *Effektivität* (nach Definition von *Stairmand* [23]) liegt bei Backenbrechern zwischen 70 und fast 100 %.

Die Aufgabekorngrößen solcher Maschinen liegen zwischen 50 mm und 1,5 m. Große Backenbrecher werden für Gesteinsbrocken, die durch Schaufelbagger oder Sprengungen direkt aus Steinbrüchen oder dem Tagebau gewonnen werden, eingesetzt.

Ein ganz ähnliches Prinzip ist in *Kegelbrechern* realisiert, die auch als *Rundbrecher* bezeichnet werden. Im konusförmig ausgebildeten Brechraum befindet sich ein Kegel, der an seiner Oberseite pendelnd aufgehängt ist. Seine Unterseite ist so gelagert, dass die Kegelachse eine kreisförmige Bewegung ausführt (Abb. 6.10). Der Kegel selbst dreht sich aber nicht um seine Achse, d. h. es stehen sich stets die gleichen Oberflächenbereiche von Außenkonus und Kegel gegenüber (würde sich der Kegel relativ zum Außenkonus drehen, wäre die Reibwirkung und damit der Verschleiß an den Metallflächen bei hartem Brechgut extrem hoch!). Beobachtet man einen Punkt im ringförmigen Brechraum, so ist zwischen Außenkonus und Kegel ein sich periodisch öffnender und schließender V-Spalt wie in einem Backenbrecher zu sehen.

Kegelbrecher haben gegenüber Backenbrechern den Vorteil, dass die Zerkleinerung quasi kontinuierlich vonstatten geht. Infolge der gleichmäßigen Druckbelastung im umlaufenden Spalt werden Lager und Fundamente der Maschine weniger belastet. Allgemein sind Kegelbrecher bei hohen Durchsätzen kostengünstiger als Backenbrecher. Kommt es jedoch auf eine möglichst große Aufgabekorngröße an, überwiegen meist die Vorteile des Backenbrechers.

Das Prinzip des Zerdrückens zwischen zwei Werkzeugflächen lässt sich auch durch zwei gegenläufig drehende Walzen realisieren (Abb. 6.11). Die auf diese Weise

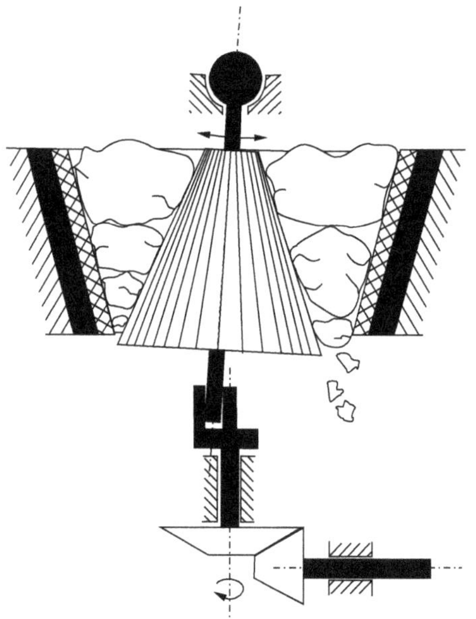

Abb. 6.10: Prinzip eines Kegelbrechers

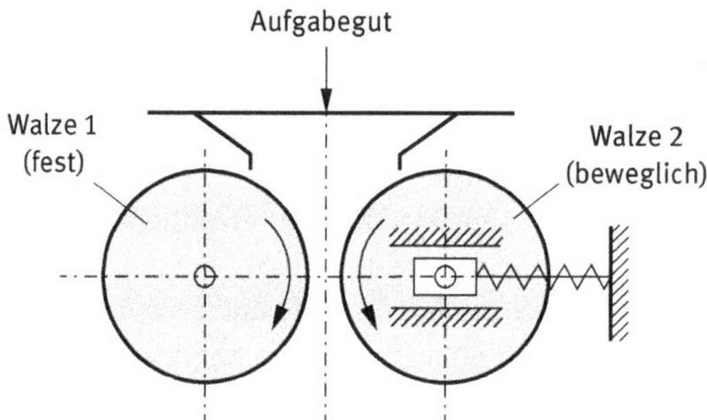

Abb. 6.11: Prinzip einer Walzenmühle

arbeitenden Zerkleinerungsmaschinen werden *Walzenbrecher* oder *Walzenmühlen* genannt. Die Walzen sind meist kurz im Verhältnis zum Durchmesser, um eine gleichmäßige Spaltweite sicherzustellen und eine Durchbiegung zu verhindern. Eine der Walzen ist gewöhnlich starr befestigt; die zweite Walze wird durch Federkraft gehalten, um Maschinenschäden (beim Einzug unzerkleinerbarer Teile) vorzubeugen.

Die Feststoffdurchsätze von Walzenzerkleinerern sind sehr hoch, da das Gut nur kurz zwischen den (meist schnelldrehenden) Walzen beansprucht wird. Der Massendurchsatz lässt sich aus dem Produkt aus Spaltfläche und Umfangsgeschwindigkeit der Walzen abschätzen:

$$\dot{m}_S = \rho_S \cdot L \cdot s \cdot c_u \cdot \psi = \rho_S \cdot L \cdot s \cdot \pi \cdot D \cdot n \cdot \psi \tag{6.12}$$

Dabei bedeuten ρ_S die Feststoffdichte, L die Länge des Spaltes, s die Spaltweite, D den Walzendurchmesser und n die Walzendrehzahl. Die *„Füllungsgrade"* ψ des Walzenspaltes liegen oft in der Größenordnung von 0,1.

Reine Druckzerkleinerung nach diesem Prinzip erfordert glatte Walzen, die gleichen Durchmesser aufweisen und sich mit gleicher Umfangsgeschwindigkeit drehen. Die Einzugsbedingungen sind aber aufgrund der gebogenen Wände des Einzugsspaltes ungünstiger als beim Backenbrecher. Die maximale Aufgabekorngröße hängt sowohl von der Spaltweite s als auch vom Walzendurchmesser D ab. Aus einer ähnlichen Gleichgewichtsbetrachtung wie für den Backenbrecher ergibt sich die Beziehung

$$D_{min} = \frac{d_{max} - s \cdot \sqrt{1 + \mu^2}}{\sqrt{1 + \mu^2} - 1} \tag{6.13}$$

Bei einer Spaltweite s von 10 mm und einem Reibungsbeiwert von $\mu = 0{,}3$ müsste man also, um eine Aufgabekorngröße von 100 mm zu realisieren, Walzendurchmesser von mindestens 2 m herstellen. Die Fertigung solcher Walzen ist aber sehr teuer. Anhand dieses Beispiels wird deutlich, dass glatte Walzen nur für kleinere Aufgabekorngrößen wirtschaftlich sind.

Für gröberes Aufgabegut verwendet man gezahnte Walzen, bei denen natürlich günstigere Einzugsbedingungen vorliegen. Allerdings liegt dann im Walzenspalt keine reine Druckzerkleinerung mehr vor, sondern es ergeben sich je nach Form der Zahnung zusätzliche Schlag-, Scher- und Schneidbeanspruchungen. Dies würde bei spröden und harten Stoffen zu übermäßigem Verschleiß der Zähne führen, weshalb man gezahnte Walzen meist für mittelhartes bis weiches Aufgabegut einsetzt.

Aufgrund der unterschiedlichen Aufgabe- und Endkorngrößen teilt man die Maschinen in *Walzenbrecher* (gröbere Materialien, *Zahnwalzen*) und *Walzenmühlen* (Aufgabekorngrößen bis ca. 50 mm, *Glattwalzen*) ein (Abb. 6.12). Walzenmühlen für harte Stoffe werden mit speziell gehärteten Walzenoberflächen ausgeführt. Die Zerkleinerungsgrade bei Walzenmühlen liegen meist unterhalb von 5. Da die Einzelkornzerkleinerung überwiegt, können wie bei Backen- und Kegelbrechern hohe Effektivitäten erreicht werden.

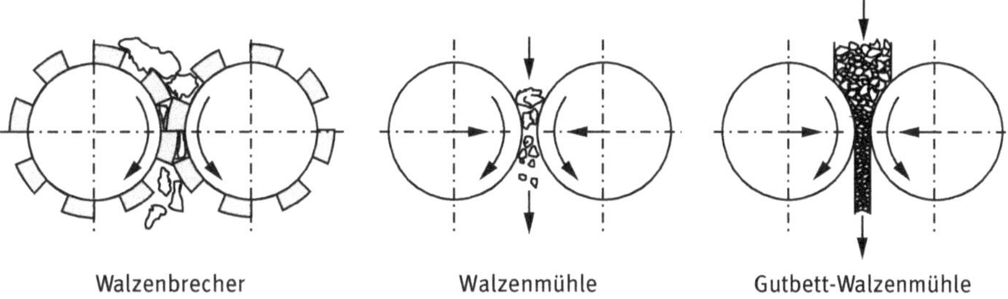

Abb. 6.12: Walzenbrecher und Walzenmühlen

Eine Besonderheit stellen die *Gutbett-Walzenmühlen* dar (Abb. 6.12 rechts). Ihr Einsatz für Zerkleinerungszwecke geht auf eine Entwicklung von *Schönert* [24] aus den 1970er Jahren zurück. Hierbei werden Partikeln, deren Aufgabekorngrößen deutlich kleiner als die Spaltweite sind, im Walzenspalt unter hohem Pressdruck (50–200 MPa) kompaktiert. Im engsten Spalt, also maximaler Kompaktierung, wird mit Füllungsgraden bis zu 90 % gearbeitet. Dabei werden die Feststoffpartikel zunächst zu einer plattenförmigen *Schülpe* verdichtet, die in einem nachgeschalteten Zerkleinerer wieder aufgebrochen werden muss. Durch den hohen Pressdruck entstehen aber in dem verdichteten Material viele neue Anrisse, so dass die Mahlbarkeit insgesamt signifikant steigt. Der überwiegende Einsatz erfolgt heute als Vorzerkleinerer für Rohrmühlen (vgl. Kap. 6.1.9), hauptsächlich in der Zementindustrie. In bestehenden Rohrmühlenanlagen lässt sich z. B. durch Vorschaltung einer Gutbett-Walzenmühle die Kapazität auf bis zu 150 % steigern [22].

Mit den Walzenmühlen nicht zu verwechseln sind die *Wälzmühlen* (Abb. 6.13). Sie bestehen aus einer ringförmigen Mahlbahn, auf die mehrere drehbare Mahlkörper gepresst werden. Die Mahlkörper können kugelförmig, rollenförmig oder kegelstumpfförmig ausgeführt sein. Die Anpressung erfolgt meist über hydraulische oder federbelastete Spannsysteme. Hierdurch lässt sich die Mahlkraft leicht an veränderte Bedingungen anpassen. Seltener werden die Mahlkörper durch Zentrifugalkräfte (bei schneller Rotation) oder durch ihr Eigengewicht auf die Mahlbahn gepresst. Die Mahlbahn ist der Mahlkörperoberfläche angepasst, so dass eingebrachte Partikeln über die gesamte Breite der Mahlbahn beansprucht werden. Häufig wird das Aufgabegut in der

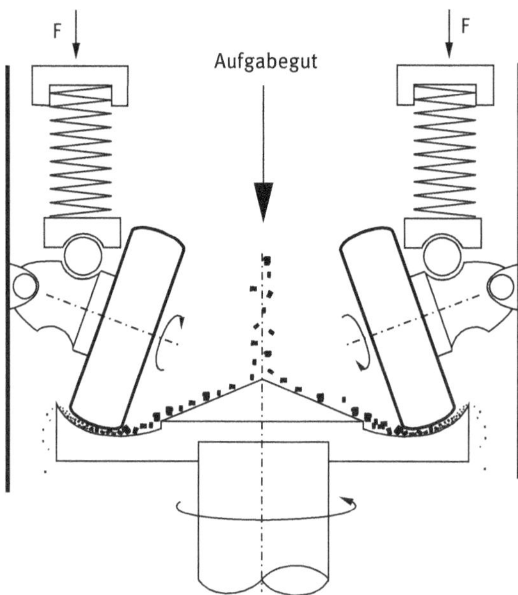

Abb. 6.13: Prinzip einer Wälzmühle

Mitte zugegeben und die Mahlplatte angetrieben, so dass die entstehende Zentrifugalkraft das Gut zur Mahlfläche fördert und auch wieder austrägt.

Prinzipiell handelt es sich bei den Wälzmühlen zwar ebenfalls um Druckzerkleinerer, gegenüber den bisher beschriebenen Bauarten existieren jedoch große Unterschiede. Es liegt kein Spalt zwischen den Werkzeugflächen vor, vielmehr werden die Mahlkörper mit gleich bleibender Kraft auf die Mahlbahn gepresst. Je nach Verweilzeit auf der Mahlbahn wird jedes Feststoffkorn sehr häufig beansprucht. Hieraus ergeben sich Zerkleinerungsgrade, die erheblich über den in Backen-, Rund- und Walzenbrechern liegen (50 und höher). Es ist also mit diesen Maschinen möglich, größere Feststoffkörner in einem Arbeitsgang zu feinem Pulver zu zermahlen.

Da das Mahlgut zunächst auf der Mahlbahn verbleibt und der Austrag nur allmählich erfolgt, findet die Zerkleinerung im Gutbett statt. Daraus ergeben sich sehr viel geringere Werte der Effektivität (7–15 %) als bei den weiter oben beschriebenen Bauarten, die überwiegend Einzelkornzerkleinerung herbeiführen. Man kann das Feingut kontinuierlich entfernen, indem der Mahlraum mit Luft durchströmt wird. Hierdurch lässt sich auch eine Kühlung der Mahlflächen sicherstellen.

Wälzmühlen werden z. B. für die Mahlung von Zementrohmehl oder von Kohle für Kraftwerke (Kohlestaubfeuerungen) in Kapazitäten von über 500 t/h eingesetzt. Infolge der Druckbeanspruchung des Gutes und geeigneter Oberflächenhärtung der Mahlflächen verschleißen diese kaum, so dass sich insgesamt günstige Betriebsbedingungen ergeben.

Allgemeine Regeln für Druckzerkleinerer:

- Reine Druckzerkleinerung ist gut geeignet für sprödes, hartes und *abrasives* (schleißendes) Aufgabematerial.
- Druckzerkleinerung bei spröden Materialen erzeugt einen relativ hohen Anteil an Feinstaub.
- In Backen- und Kegelbrechern sowie in Walzenmühlen liegt hauptsächlich Einzelkornbeanspruchung vor. Solche Maschinen weisen eine hohe Effektivität in der Größenordnung von über 70 % auf.
- Bei Backen- und Kegelbrechern sowie Walzenbrechern und Walzenmühlen ist der maximale Zerkleinerungsgrad begrenzt. Mit diesen Maschinen ist (bei einstufiger Anordnung) die Herstellung beliebig feinen Mahlgutes nicht möglich.
- Wälzmühlen erlauben einen erheblich höheren Zerkleinerungsgrad bei deutlich niedrigerer Effektivität.

6.1.9 Schlagzerkleinerung

Von Schlagbeanspruchung wird gesprochen, wenn das zu zerkleinernde Material auf einer Werkzeugfläche aufliegt und ihm von der anderen Werkzeugfläche Schläge versetzt werden. Die Beanspruchungsgeschwindigkeiten sind hier höher als bei der Druckbeanspruchung (bis ca. 10 m/s). Durch die höhere kinetische Energie beim Werkzeugaufschlag ist auch der Werkzeugverschleiß im Allgemeinen höher. Für die zu zerkleinernden Körner stellt sich die Belastung aber immer noch als *quasistatisch* dar, d. h. die Bruchphänomene und Bruchbilder sind vergleichbar mit denen der Druckzerkleinerung.

Vorteile ergeben sich häufig dadurch, dass das Material nicht wie bei der Druckzerkleinerung in einer Raumorientierung eingeklemmt, sondern relativ frei beweglich ist. Beispiele hierfür sind die den Backen- und Kegelbrechern vergleichbaren *Schlagbrecher* und *Flachkegelbrecher* (Abb. 6.14).

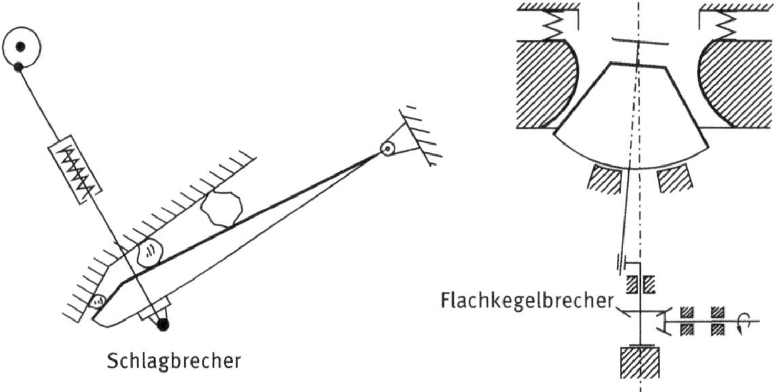

Abb. 6.14: Maschinen zur Schlagzerkleinerung

Durch die wesentlich flachere Neigung der Beanspruchungsflächen rutscht das Material nicht mehr durch Schwerkraft in die sich in Austragsrichtung verjüngenden Spalte hinein. Die Körner liegen vielmehr auf der beweglichen Brechbacke bzw. dem Flachkegel auf und werden bei der Aufwärtsbewegung gegen die obere Werkzeugfläche geschlagen. Durch die günstigere Orientierung der Körner zur Beanspruchungsfläche und das mehrfache „Wenden" entstehen weniger nadel- und plättchenförmige Bruchstücke, sondern überwiegend „kubisches" Brechgut, wie es z. B. für Baustoffe (Schotter, Splitt) vorteilhaft ist.

Die bekanntesten Schlagzerkleinerer sind die *Mahlkörpermühlen*, die seit mehr als 100 Jahren großtechnisch eingesetzt werden. Sie bestehen aus einer zylindrischen Trommel, in der sich eine Füllung aus *Mahlkörpern* zusammen mit dem zu mahlenden Gut befindet. Durch die Drehung der Trommel werden die Mahlkörper angehoben und zurück auf die Trommelfüllung geworfen. Dabei wird das Gut einerseits durch Zerreiben, andererseits durch Schlagwirkung der fallenden Mahlkörper zerkleinert. Als Mahlkörper kommen hauptsächlich Eisenkugeln („*Kugelmühle*") oder kurze bzw. lange Eisenstäbe zum Einsatz. Seltener benutzt man als Mahlkörper auch große Brocken des gleichen Materials, das gemahlen werden soll („*autogene Mahlung*"), womit man eine Verunreinigung des Mahlgutes z. B. durch Eisenpartikeln ausschließen kann („eisenfreie Mahlung“). Die Mahlkammern in der Trommel sind mit Sieben ausgerüstet, die das gemahlene Gut durchlassen und die Mahlkörper zurückhalten.

Bei kurzen Trommeln ($L \approx D$) spricht man von *Trommelmühlen*, bei langen Trommeln ($L \gg D$) von *Rohrmühlen*. Ihr großer Vorteil für den Betreiber liegt darin, dass ihr Funktionsprinzip sehr einfach ist. Trommelantrieb und Mahlraum sind praktisch vollständig entkoppelt, d. h. die Trommel dreht sich weiter, was auch immer im Mahlraum passiert (Über- oder Unterfüllung, Fremdkörper etc.). Dadurch haben solche Maschinen geringe Wartungskosten und eine sehr hohe Verfügbarkeit.

In Abb. 6.15 sind die möglichen Bewegungszustände einer Trommelfüllung gegenübergestellt. Bei kleiner Drehzahl vollführen die Mahlkörper zusammen mit dem Gut eine Art Abrollbewegung (*Kaskadenbewegung*). Hierbei wird das Gut ausschließlich durch Reibung zerkleinert. Diese Art der Mahlung kann für weicheres Material sinnvoll sein oder auch, wenn scharfkantiges, grobkörniges Material geglättet und abgerundet werden soll. Für hartes Gut wird in den meisten Fällen die sogenannte *Kataraktbewegung* angestrebt. Hierbei werden die Mahlkörper so weit angehoben, dass sie sich aus dem Verband lösen und in einer Wurfparabel wieder zurückstürzen können („*Sturzmühlen*“). Hieraus resultiert eine Schlagbeanspruchung des Gutes an der Oberfläche der Füllung.

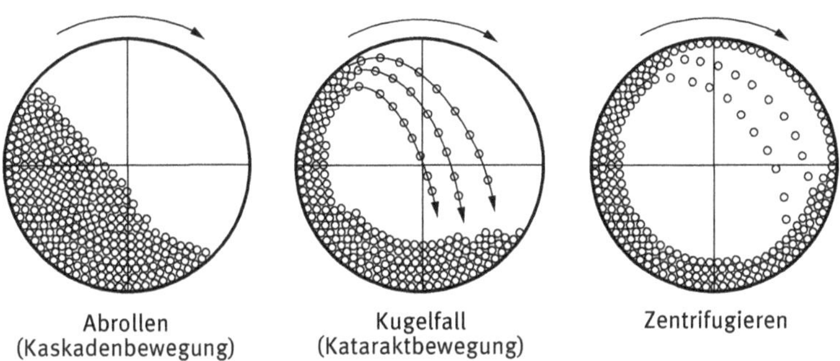

Abb. 6.15: Bewegungszustände in Mahlkörpermühlen

Die Kararaktbewegung erfordert eine bestimmte Mindestdrehzahl der Trommel, die durch einen Kräftegleichgewichts-Ansatz berechnet werden kann. Legt man den Abwurfpunkt so fest, dass die Fallhöhe der Mahlkörper maximal wird, so ergibt sich die optimale Trommeldrehzahl. Diese beträgt (Herleitung z. B. in [15])

$$n_{opt} = \frac{1}{3^{0,25} \cdot \pi} \cdot \sqrt{\frac{g}{2 \cdot D}} \tag{6.14}$$

Fasst man die Konstanten dieser Beziehung zusammen, so ergibt sich die gebräuchliche Zahlenwertgleichung

$$n_{opt} \approx \frac{32}{\sqrt{D}} \tag{6.15}$$

Bei der Anwendung von Gl. (6.15) ist darauf zu achten, dass sich n_{opt} in U/min ergibt, wenn D in Metern eingesetzt wird.

Beim Erreichen einer kritischen Trommeldrehzahl

$$n_{krit} \approx \frac{42}{\sqrt{D}} \tag{6.16}$$

schließlich verbleiben die Mahlkörper durch die starken Zentrifugalkräfte an der Trommelwand und lösen sich nicht mehr ab. Dieser Bereich ist natürlich zu meiden, da hier keine oder nur noch geringe Mahlwirkung vorhanden ist.

Der Leistungsbedarf von Mahlkörpermühlen ist leicht abzuschätzen. Hierbei geht man davon aus, dass die Drehbewegung der Trommel den Schwerpunkt der Mühlenfüllung mit dem Gewicht G um eine Strecke s aus der Mittellage auslenkt (Abb. 6.16). Dann ist die Mühlenleistung (ohne Maschinenverluste):

$$P = M_d \cdot \omega = G \cdot s \cdot \omega \tag{6.17}$$

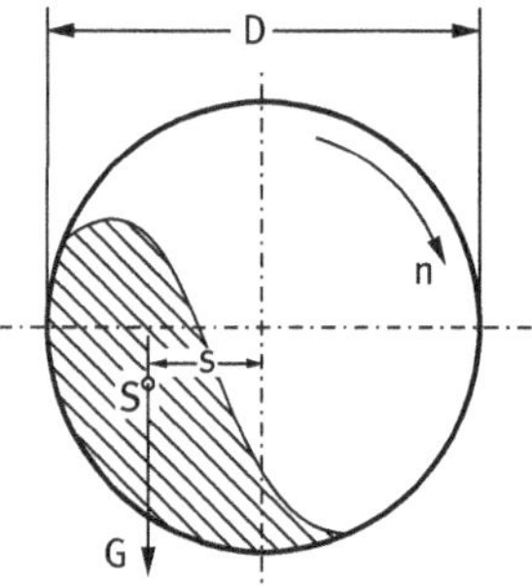

Abb. 6.16: Bestimmung des Schwerpunktes der Mahlkörperfüllung

Das Gewicht G hängt von der Masse der Mahlkörper m_K und der Mahlgutfüllung m_G ab:

$$G = g \cdot (m_K + m_G) \tag{6.18}$$

Die Auslenkung s ist von vielen Parametern abhängig. Wesentlich sind Trommeldurchmesser und Füllungsgrad der Trommel, aber auch Material- und Oberflächenbeschaffenheit von Trommelfüllung und -wandung sowie die Drehzahl sind wichtig. Gebräuchlich ist z. B. der Ansatz

$$s = K \cdot D \tag{6.19}$$

mit D als dem Trommeldurchmesser und K als einer Konstanten, die alle übrigen Einflussparameter abdeckt. Mit $\omega = 2\pi n$ wird dann

$$P = g \cdot (m_K + m_G) \cdot K \cdot D \cdot 2\pi \cdot n \tag{6.20}$$

K liegt bei ausgeführten Mühlen häufig zwischen 0,2 und 0,26, was eine grobe Leistungsabschätzung ermöglicht. Große Mühlen haben Durchmesser bis zu 6,5 m, Längen bis zu 30 m und einen Leistungsbedarf um die 10 MW. Aus Gl. (6.20) wird vor allem deutlich, dass die Leistung nur wenig vom durchgesetzten Gut abhängt. m_K ist in der Regel deutlich größer als m_G, und damit wird ein Großteil dieser enormen Leistung selbst dann verbraucht, wenn sich gar kein Produkt in der Mühle befindet. Daraus resultiert die sehr schlechte Effektivität solcher Mühlen von nur 6–9 %.

Dagegen hängt die Mahlfeinheit stark vom Feststoffdurchsatz ab. Das Zerkleinerungsgut bewegt sich in den Zwischenräumen der Mahlkörper, d. h. in einem näherungsweise konstanten Lückenvolumen, wodurch ein höherer Durchsatz automatisch zu einer kleineren Verweilzeit des Gutes in der Mühle führt. Je länger aber die Verweilzeit ist, desto häufiger wird das Gut von den herabfallenden Mahlkörpern getroffen.

Auch die kinetische Energie der fallenden Mahlkörper beeinflusst natürlich die erzielbare Feinheit (und damit mittelbar auch den möglichen Durchsatz). Sofern eine optimale Drehzahl gemäß Gl. (6.15) für eine Kataraktbewegung mit maximaler Fallhöhe sorgt, ist die kinetische Energie vom Trommeldurchmesser und von der Dichte der Mahlkörper abhängig. Daraus erschließt sich sofort der große Vorteil insbesondere eiserner Mahlkörper. Autogene Mahlungen – also die Verwendung großer Brocken aus Zerkleinerungsgut als Mahlkörper – erfordern hingegen sehr große Trommeldurchmesser, damit ihre geringere Dichte durch eine größere Fallhöhe kompensiert wird.

Die Größe der Mahlkörper wird üblicherweise sowohl dem Aufgabegut als auch der zu erzielenden Mahlfeinheit angepasst („*Gattierung*"). Oft werden mehrere Mahlkammern verwendet, wobei die Mahlkörpergrößen mit zunehmender Mahlfeinheit abnehmen. Durch Abrieb verringert sich die Größe aller bewegten Mahlkörper ohnehin ständig, so dass nur die großen regelmäßig nachgefüllt werden müssen; die kleinen entstehen von alleine und werden letztendlich feinkörnig mit dem Mahlgut ausgetragen. Sogenannte *Klassierpanzerungen* der Trommelwand bewirken, dass sich die Mahlkörper auch ohne Trennwände oder -siebe während der Drehbewegung selbsttätig nach Größe ordnen.

Große Rohrmühlen haben sich insbesondere in der Zementindustrie (Mahlung von Zementklinkern) sowie in der Erzindustrie bewährt. Zunehmend wird die Effektivität solcher Anlagen durch Zusammenschaltung mit Gutbett-Walzenmühlen gesteigert (vgl. [18]).

Allgemeine Regeln für Schlagzerkleinerer:
- Wie die Druckzerkleinerung ist auch die Schlagzerkleinerung gut geeignet für sprödes, hartes und *abrasives* (schleißendes) Aufgabematerial. Der Werkzeugverschleiß kann aufgrund der etwas höheren Beanspruchungsgeschwindigkeiten größer sein als bei Druckzerkleinerern.
- Schlagzerkleinerung erzeugt wie die Druckzerkleinerung bei spröden Materialen einen relativ hohen Anteil an Feinstaub.
- Schlagbrecher und Flachkegelbrecher erzeugen mehr „kubisches" Korn als die entsprechenden Druckzerkleinerer, was in vielen Fällen eine Verbesserung der Produktqualität bedeutet.
- Unter den Schlagzerkleinerern stellen die Mahlkörpermühlen äußerst flexible, zuverlässige und wartungsarme Maschinen dar. Sie erlauben einen hohen Zerkleinerungsgrad bei allerdings niedriger Effektivität.

6.1.10 Prallzerkleinerung

Bei der Prallzerkleinerung werden die Feststoffkörner hohen Beanspruchungsgeschwindigkeiten (ca. 20–300 m/s) ausgesetzt. Sie prallen vor Werkzeugflächen, die mit hoher Geschwindigkeit rotieren, oder werden an die Wände der Mahlräume geschleudert. Hierbei kann der Werkzeugverschleiß bei hartem, abrasivem Gut sehr hoch werden, was den Einsatz für spröde Stoffe meist auf den weichen bis mittelharten Bereich begrenzt. Gelingt es hingegen, die Körner ausschließlich gegenseitig aufeinanderprallen zu lassen, so liegt *autogene Mahlung* vor und der Verschleiß wird praktisch null.

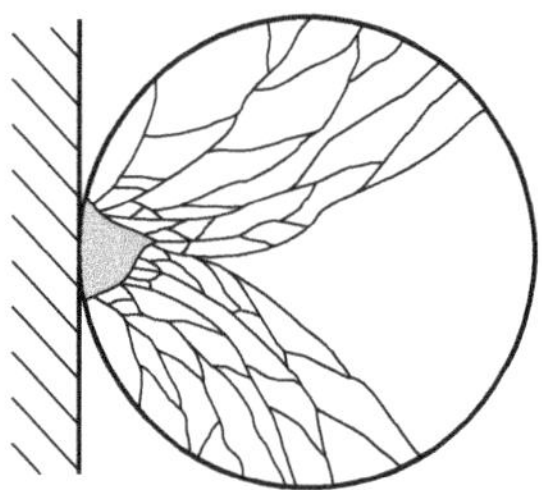

Abb. 6.17: Bruchbild bei Prallbeanspruchung eines kugelförmigen Korns

Das *Bruchbild* (Abb. 6.17) bei der Prallzerkleinerung unterscheidet sich erheblich von dem der Druckzerkleinerung (Abb. 6.7). An der Aufprallstelle liegt nur eine kleine Zone mit allerdings sehr hoher Energiedichte vor. Von dieser Stelle aus breiten sich die Bruchlinien strahlenförmig aus und lassen neben vielen mittelgroßen Bruchstücken meist einen größeren *Restkegel* unzerkleinert.

Die Korngrößenverteilung des Brech- bzw. Mahlgutes unterscheidet sich daher gewöhnlich von dem der Druckzerkleinerung (Abb. 6.18). Bei der Prallzerkleinerung entsteht deutlich weniger, aber infolge der hohen Energiedichte feinerer Staub. Auch im Bereich größerer Durchmesser ist die Kornverteilung der Prallzerkleinerung durch die großen Restkegel breiter als die der Druckzerkleinerung.

Bei der Prallzerkleinerung existiert kein *Formzwang*. Um zu vermeiden, dass zu grobe oder gänzlich unzerstörte Partikeln den Brech- oder Mahlraum verlassen, wird der Feingutaustrag in der Regel durch Siebroste versperrt. Somit handelt es sich hier bereits um Zerkleinerer/Klassierer-Kombinationen. Die resultierende Mehrfachbeanspruchung des Gutes bewirkt einen hohen Zerkleinerungsgrad, besonders bei grobkörnigem Aufgabegut.

Prallzerkleinerung wird gerne bei der Aufarbeitung von Erzen oder miteinander verwachsener inhomogener Mineralien eingesetzt. Durch die Körner laufen nach dem Aufprall elastische Stoßwellen, die bei richtig gewählter Beanspruchungsgeschwindigkeit bevorzugt längs der Korngrenzen zu Brüchen führen. Dies bedeutet geringeren Aufwand bei der Auftrennung der unterschiedlichen Bestandteile.

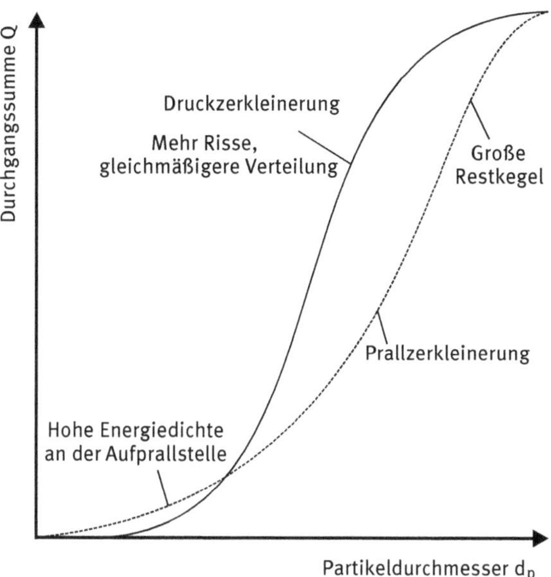

Abb. 6.18: Vergleich der Kornverteilungen bei Druck- und Prallzerkleinerung

Auch elastisch-plastische und elastoviskose Materialien lassen sich durch die hohen Beanspruchungsgeschwindigkeiten der Prallzerkleinerung vorteilhaft zerkleinern. Hierbei tritt direkt an der Aufprallstelle Versprödung ein: Sowohl die plastische Formänderung als auch die Relaxation des Materials wird durch die kurze Beanspruchungszeit minimiert. Es bildet sich ein starrer Kegel unterhalb der Kontaktfläche, der durch die Wucht des Aufpralls in das umgebende Korn getrieben wird. Hierdurch entstehen hohe Spannungen in Umfangsrichtung, und das Korn wird durch Meridianbrüche „von innen her" zerrissen (Abb. 6.19). Die entstehenden Bruchstücke haben die Form von Apfelsinenschnitzeln. Auf diese Weise lassen sich in Prallmühlen (weniger in Prallbrechern) Kunststoffpartikeln und sogar Körner mit wachsartiger Konsistenz zerkleinern.

Die Effektivitäten von Prallzerkleinerungsmaschinen sind üblicherweise kleiner als die von Einzelkorn-Druckzerkleinerern (bis ca. 40 %). Dies liegt hauptsächlich an

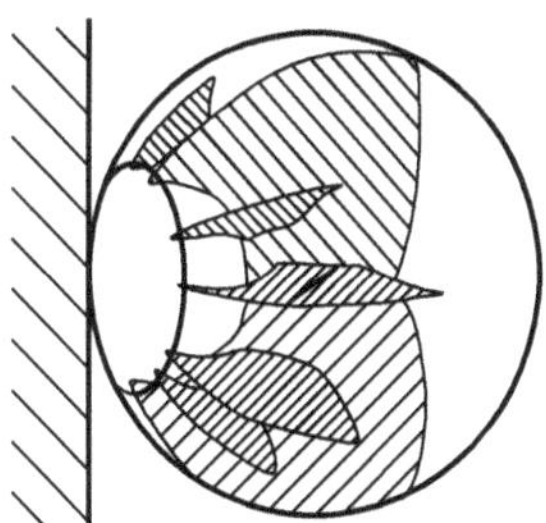

Abb. 6.19: Bruchbild bei der Prallbeanspruchung nicht-spröder Materialien

der eher zufälligen Art der Stöße. Selten werden die Körner von den Zerkleinerungswerkzeugen gerade und zentral getroffen. Nur dann aber würde der maximale Stoßimpuls (Partikelmasse multipliziert mit der Aufprallgeschwindigkeit) zur Verformung genutzt. Ein Großteil der Stöße erfolgt aber exzentrisch oder schief, und damit geht ein wesentlicher Teil der eingebrachten Energie durch Reibeffekte und Rotation der Körner verloren. Je abgerundeter die Kanten der Prallwerkzeuge sind, desto höher ist die Wahrscheinlichkeit von energetisch ungünstigen *Kantenstößen*. Sehr gering (max. 2 %) sind die Effektivitäten von Strahlmühlen, in denen feinste Partikeln durch schnelle Gasströmungen aufeinander geschossen werden. Hier sind die Körner selber die Zerkleinerungswerkzeuge, und durch ihre winzige Größe ist die Wahrscheinlichkeit von Zusammenstößen überhaupt und besonders von zentralen Stößen nur gering.

Ein typischer Prallzerkleinerer für grobes Aufgabegut ist der *Hammerbrecher* (Abb. 6.20). Er besteht aus einem Rotor, an dem bewegliche Hämmer befestigt sind. Die Hämmer können verschiedenartige Formen haben und damit an die Art des Aufgabegutes angepasst werden.

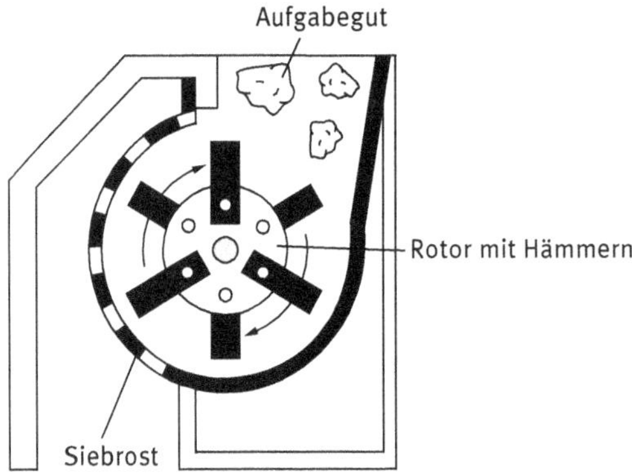

Abb. 6.20: Prinzip eines Hammerbrechers

Es können mehrere Hämmer nebeneinander an einer Rotorposition angebracht sein. Durch die Zentrifugalkraft richten sich die Hämmer in radialer Richtung aus und zertrümmern das durch den Einwurfschacht fallende Gut. Vorteilhaft ist, dass die beweglichen Hämmer ausweichen können, wenn z. B. unzerkleinerbares Gut in den Prallbereich gelangt. Aufgabegutkorngrößen liegen gewöhnlich im Bereich 0,05 bis 1 m; die Zerkleinerungsgrade sind hoch. Oft ist der Auswurfschacht durch einen Siebrost abgetrennt, durch den sich die Obergrenze der Brechgutkorngröße festlegen lässt. Zu grobe Partikeln werden erneut von den Hämmern erfasst und durch Prall und Schlag an den Wänden nachzerkleinert. Aufgrund der selektiven Zerkleinerungswirkung bei heterogenen Materialien setzt man Hammerbrecher gerne für die Erzzerkleinerung ein.

Die *Stiftmühle* (Abb. 6.21) ist ein Beispiel für eine Prallmühle. Sie weist mehrere konzentrische Schlägerkreise auf, die mit Metallstiften besetzt sind und kamm-

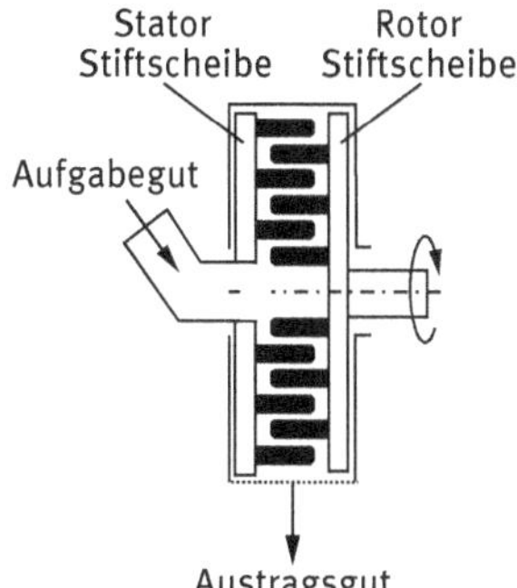

Abb. 6.21: Stiftmühle

artig ineinandergreifen. Das Aufgabegut gelangt zentral zwischen die Scheiben und wird durch Zentrifugalkräfte nach außen gefördert. Dabei bewegen sich die Körner zickzackförmig zwischen den Schlägerkreisen und werden durch Prall und z. T. auch Reibung zerkleinert. Die Rotordurchmesser weisen Durchmesser zwischen 100 und 900 mm auf; es werden Umfangsgeschwindigkeiten bis zu 200 m/s erreicht. Die Aufgabekorngrößen solcher Maschinen liegen im Bereich 2–10 mm. Sie werden für die Fein- und Feinstmahlung weicherer, spröder bis schmierender Stoffe wie Salzkristalle, Farbpigmente oder Gewürzkörner eingesetzt.

Eine Besonderheit unter den Prallzerkleinerern sind die *Strahlmühlen*. Diese kommen gänzlich ohne bewegte Maschinenteile aus. Das Beispiel in Abb. 6.22 stellt eine *Spiralstrahlmühle* dar. Das Aufgabegut wird in einen scheibenförmigen Mahlraum eingebracht, der gleichzeitig mit Luftstrahlen aus verschiedenen Richtungen beaufschlagt ist. Durch die Verwendung von *Lavaldüsen* können sehr hohe Luftgeschwindigkeiten (500–1200 m/s) erreicht werden. Die Partikeln werden im Mahlraum mit hoher Geschwindigkeit gegeneinander gelenkt. Insgesamt ergibt sich eine spiralförmige Strömung, in der die gemahlenen Partikeln zur zentralen Austragsöffnung gelangen. Der Vorteil dieses Mahlprinzips ist die *autogene Mahlung*, d. h. es

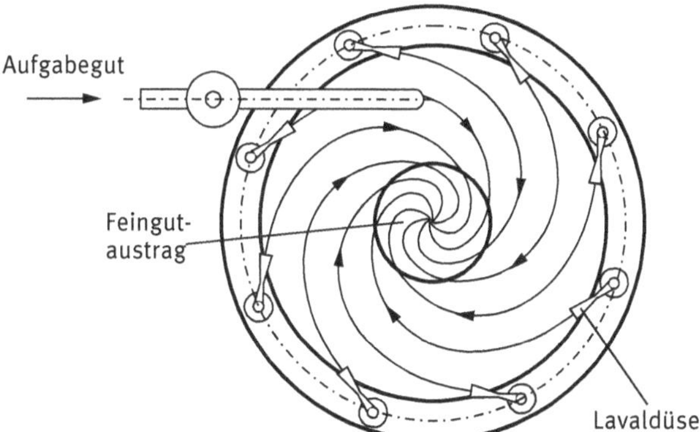

Abb. 6.22: Prinzip einer Strahlmühle

tritt kein Abrieb von Fremdmaterialien auf, der das Mahlgut verunreinigen könnte. Zudem haben die „Mahlwerkzeuge“ und das Mahlgut nahezu gleiche Korngrößen, so dass extrem feine Partikeln zerkleinert werden können. Nachteilig ist ihre äußerst schlechte Effektivität. Strahlmühlen werden daher meist zur Mahlung kleiner Mengen hochwertiger Produkte (Pharmazeutika-Wirkstoffe, Farbpigmente u. ä.) eingesetzt.

Allgemeine Regeln für Prallzerkleinerer:
- Die Prallzerkleinerung ist gut geeignet für sprödes, weiches bis mittelhartes Aufgabematerial. Aufgrund der hohen Beanspruchungsgeschwindigkeiten kann der Werkzeugverschleiß bei hartem, abrasivem Gut unwirtschaftlich hoch sein.
- Die Zonen hoher Energiedichte im beanspruchten Korn sind bei der Prallzerkleinerung vergleichsweise klein, entsprechend gering bleibt auch der entstehende Anteil an Feinstaub.
- Heterogene Materialien wie Erze werden bei der Prallbeanspruchung bevorzugt an den Gefügegrenzen getrennt. Dies erlaubt eine hohe Ausbeute.
- Aufgrund des Bruchmechanismus bei der hohen Beanspruchungsgeschwindigkeit ist auch die Zerkleinerung nichtspröden, plastischen Aufgabematerials durch Prallbeanspruchung oft möglich.
- Die Prallbeanspruchung ist immer mit hohen Energieverlusten durch unzureichend getroffenes Korn, unerwünschte Kornbewegungen uvm. verbunden. Die Effektivitäten sind durchweg sehr niedrig.
- Strahlmühlen erlauben durch gegenseitigen Partikelstoß die Vermahlung unter hochreinen Bedingungen (ohne Verwendung eines Werkzeugs).

6.1.11 Schneidzerkleinerung

Die Zerkleinerung weicher plastischer oder gummielastischer Materialien ist mit vertretbarem Energieaufwand meist nur durch Schneidzerkleinerung möglich. Solche Stoffe verformen sich bei Belastung sehr stark, ohne dass es zum Bruch kommt; entsprechend hoch wird die spezifische Formänderungsarbeit gemäß Gl. (6.2). Durch die Schneidzerkleinerung umgeht man dieses Problem, indem die Energie nur einem kleinen Volumenbereich konzentriert zugeführt wird; das beanspruchte Volumen besteht praktisch nur aus dem unmittelbar zwischen den Schneiden befindlichen Bereich (Abb. 6.23).

Alternativ lassen sich Materialien dieser Art zerkleinern, wenn sie auf sehr tiefe Temperaturen heruntergekühlt werden. In diesem Fall wird das Bruchverhalten spröde, und damit können auch die oben beschriebenen Beanspruchungsarten wie Druck, Schlag und Prall eingesetzt werden. Während hierbei wie bei allen spröden Stoffen eine Vielzahl unterschiedlicher Partikelgrößen entsteht, liegt bei der Schneidzerkleinerung eine Besonderheit vor: jeder Schneidvorgang erzeugt immer nur eine Schnittfläche und damit zwei Partikeln.

In Abb. 6.24 ist eine typische Schneidmühle gezeigt. Sie besteht in der Regel aus einem Schneidrotor, an dem auswechselbare Messer befestigt sind. Die Gegenschneiden (Ständermesser) befinden sich in der Gehäusewand. Das Gut wird der Mühle durch

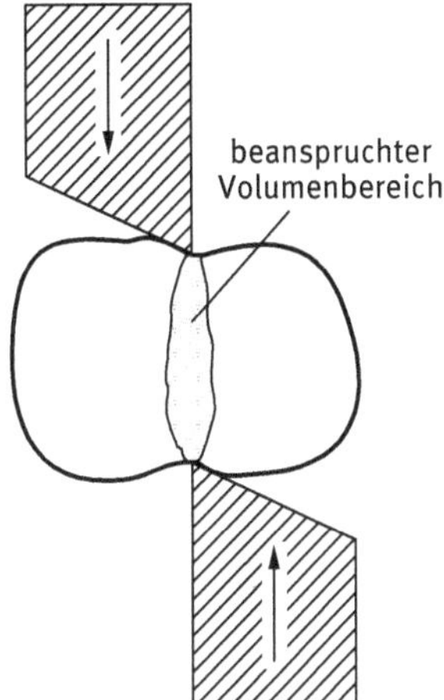

Abb. 6.23: Kornbeanspruchung bei Schneidzerkleinerung

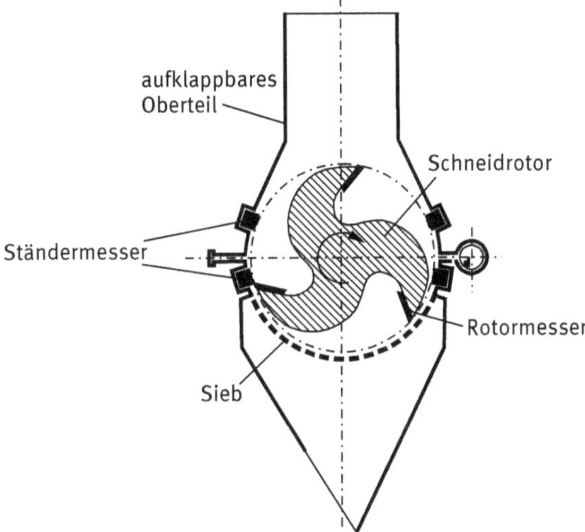

Abb. 6.24: Prinzip einer Schneidmühle

einen Einlaufschacht zugeführt. Oft wird der Schnittgutauslass durch ein Sieb abgegrenzt, so dass nur Partikel mit ausreichend kleiner Korngröße die Mühle verlassen können. Die Anzahl der Schneidmesser auf dem Rotor richtet sich nach der Konsistenz des Aufgabeguts und der gewünschten Gleichmäßigkeit des Schnittgutes: Mit wenigen Messern lassen sich große und leicht schneidbare Stücke (z. B. Kartons) besser erfassen, während viele Messer eher bei kompakterem Aufgabegut eingesetzt werden. Hierbei lässt sich ein gleichmäßig feinkörniges Schnittgut und auch eine gleichmäßigere Belastung des Schneidrotors erzielen.

Die Breite solcher Schneidmühlen und die damit verbundene Größe der Einlauföffnung richtet sich nach der Größe des Aufgabegutes. Bei breiten Rotoren ($b > d$) sind die Schneiden in der Regel schräg (scherenförmig) angeordnet, um die gleichzeitige schlagartige Belastung über die gesamte Schneidenbreite zu vermeiden.

Schneidmühlen dieser Art werden für Kartonagen, Kunststoffabfälle, Elektronikplatinen, Folien, Schaumstoffe, Autoreifen und vergleichbare Materialien eingesetzt. Große Rotoren weisen Durchmesser bis zu 1600 mm auf; ihre Umfangsgeschwindigkeiten betragen je nach Aufgabegut 5–30 m/s.

6.2 Flüssigkeitszerstäubung

6.2.1 Einsatzbeispiele

Unter *Zerstäubung* versteht man die Erzeugung kleinster Flüssigkeitströpfchen in gasförmiger Umgebung. Ziel dieser Operation ist meist, wie bei der Zerkleinerung von Feststoffen, die Schaffung einer vergrößerten Phasengrenzfläche, um Stoffaustauschvorgänge zu beschleunigen. Bei der Verbrennung flüssiger Kraftstoffe ist z. B. der Verbrennungswirkungsgrad entscheidend von der Oberfläche der zugeführten Flüssigkeit und von deren gleichmäßiger Verteilung in der Brennkammer abhängig. Beides wird durch eine möglichst kleine Tropfengröße begünstigt.

Das Gleiche gilt auch für andere chemische Gas-Flüssig-Reaktionen. Zerstäubung setzt man für solche Zwecke oft dann ein, wenn große Gasvolumenströme behandelt werden müssen, aber nur relativ kleine Flüssigkeitsströme zur Verfügung stehen. Ein bekanntes Beispiel ist die nasse Rauchgasreinigung in Kraftwerken, bei der Kalkmilch direkt im Rauchgasstrom versprüht wird, um das enthaltene SO_2 zu entfernen, wobei Gips ($CaSO_4$) entsteht. Auch wenn Gaskomponenten lediglich in einer Waschflüssigkeit gelöst werden sollen (*Physisorption*) oder wenn sich die Flüssigkeit nach Verdampfung im Gas lösen soll, sind eine große Flüssigkeitsoberfläche und damit kleine Tröpfchengrößen von Vorteil.

Zerstäubt wird aber auch, um Oberflächen möglichst gleichmäßig mit einem Flüssigkeitsfilm zu versehen. Hierbei kommt es weniger auf eine besonders kleine Tröpfchengröße an, sondern um die Einhaltung eines definierten, möglichst schmalen Tropfengrößenspektrums. Bei der *Sprühlackierung* z. B. führen zu große Farbtropfen zu einem ungleichmäßigen Auftrag, da die Farbe nicht schnell genug trocknet und Tränenbildung auftritt. Bei zu kleinen Tropfengrößen dagegen treffen die Partikeln schon fast trocken auf die Fläche auf und können nicht mehr richtig zerfließen, die Folge ist eine orangenhautähnliche Lackschicht.

Verwandte Operationen sind die Erzeugung von Granulaten durch Besprühen z. B. in einem *Wirbelschichtgranulator* (vgl. Kap. 6.4) oder die *Konditionierung* von Granulaten durch Überziehen mit einer Hilfsschicht. Solche Techniken sind beispielsweise in der Pharmaproduktion zur Herstellung von Dragees gebräuchlich. Ein anderes Beispiel ist die Konditionierung von Düngemittelgranalien, die man mit einer

Art Wachsschicht umhüllt, um ein Zusammenbacken der Körner zu verhindern. Auch bei diesen Vorgängen kommt es auf ein genau definiertes Tropfengrößenspektrum sowie gleichmäßige Verteilung auf die Oberflächen an.

Die *Zerstäubungstrocknung* ist ein weiteres Beispiel für die Notwendigkeit, ein genau definiertes Tropfengrößenspektrum zu erzeugen. Hierbei wird z. B. eine Salzlösung zerstäubt und die entstehenden Tropfen in einem Luftstrom getrocknet, wobei das Lösungsmittel verdampft und der gelöste Stoff als Pulver anfällt. Zu große Tropfen können dabei nicht vollständig trocknen, wobei das entstehende Pulver klebrig wird und zusammenbackt. Zu kleine Pulverpartikel werden dagegen vom Luftstrom mitgerissen und können nicht mehr einfach durch Schwerkraftwirkung abgeschieden werden. Die Zerstäubungstrocknung wird großtechnisch z. B. bei der Waschmittelherstellung angewendet.

Aus den genannten Beispielen wird deutlich, dass eine Beherrschung der physikalischen Zusammenhänge zwingend notwendig ist, wenn man die zahlreichen Anforderungen erfüllen will, die in jedem Einzelfall an einen Zerstäubungsvorgang gestellt werden.

6.2.2 Oberflächenspannung und Zerstäubungsenergie

Da die einzelnen Moleküle in einer Flüssigkeit nicht wie bei einem Feststoff in ein raumfestes Gitter eingebunden, sondern frei beweglich sind, ist die benötigte Energie zur Schaffung neuer Oberfläche bei Flüssigkeiten erheblich geringer als bei Feststoffen. Zwischen den Flüssigkeitsmolekülen herrschen aber auch starke Anziehungskräfte (Kohäsionskräfte), die eine vollständige Abtrennung einzelner Moleküle aus dem Verband erschweren. Daher muss wie auch bei der Zerkleinerung fester Stoffe bei der Zerteilung eines Flüssigkeitsvolumens in einzelne Tropfen Arbeit geleistet werden, damit neue Grenzfläche entstehen kann. Die hierfür maßgebliche Größe ist die *Oberflächenspannung* γ der Flüssigkeit (vgl. Exkurs: Oberflächenspannung und Weberzahl).

Die neugeschaffene spezifische Oberfläche bei Zerkleinerungsprozessen steigt umgekehrt proportional zum Partikeldurchmesser an (Gl. 2.1). Die zur Zerstäubung benötigte Energie wiederum steigt proportional mit der neugeschaffenen Oberfläche:

$$dE = \gamma \cdot dA \tag{6.21}$$

Damit wird auch die Mindestenergie zum Zerstäuben umgekehrt proportional zur erzeugten Tropfengröße.

Wie bei der Zerkleinerung fester Stoffe ist auch die zur Zerstäubung tatsächlich aufzuwendende Energie erheblich größer als die theoretisch berechnete Mindestenergie. Zur Zerstäubung sind meist hohe Fluidgeschwindigkeiten erforderlich;

Exkurs: Oberflächenspannung und Weberzahl

Oberflächenspannung entsteht, weil die an der Oberfläche einer Flüssigkeit befindlichen Moleküle nur in einer Richtung, nämlich zur restlichen Flüssigkeit hin, von Kohäsionskräften angezogen werden, nicht aber (in gasförmiger Umgebung) zur Gasseite hin. Jedes kleine Flüssigkeitsvolumen zeigt daher die Tendenz, sich zu einer Form mit möglichst kleiner Oberfläche zusammenzuziehen. Will man z. B. einen kugelförmigen Wassertropfen zu einer dünnen Haut auseinanderziehen, muss Arbeit gegen die wirksamen Kohäsionskräfte verrichtet werden, denn die Kugelform weist von allen denkbaren Körpern die kleinstmögliche Oberfläche je Volumeneinheit auf.

Aus einem solchen Experiment lässt sich auch die Größe der Oberflächenspannung einer Flüssigkeit ermitteln. Zieht man eine Flüssigkeitshaut der Breite b um eine Strecke dh auseinander (Abb. 6-E2), so ist hierfür eine messbare Kraft F notwendig, und die geleistete differentielle Arbeit beträgt

$$dE = F \cdot dh \tag{6-B}$$

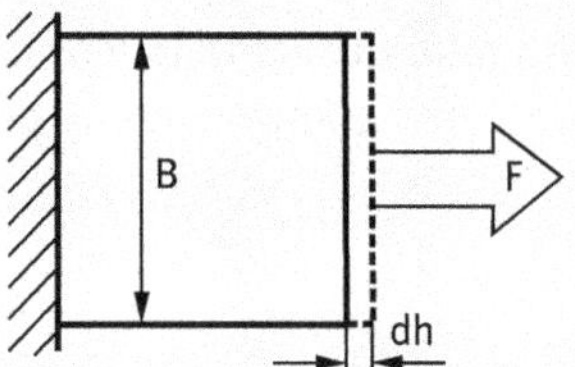

Abb. 6-E2: Modell zur Bestimmung der Oberflächenspannung

Andererseits beträgt die Arbeit zur Schaffung der neuen Oberfläche dA

$$dE = \gamma \cdot dA = \gamma \cdot 2 \cdot B \cdot dh \tag{6-C}$$

Der Faktor 2 ist hier notwendig, da auf beiden Seiten der Haut neue Oberfläche geschaffen wird. Nach Gleichsetzen und Kürzen ergibt sich

$$\gamma = \frac{F}{2 \cdot B} \tag{6-D}$$

Die Dimension der Oberflächenspannung ist Kraft pro Längeneinheit. Die Oberflächenspannung ist für jede Flüssigkeit eine (temperaturabhängige) Konstante und beträgt z. B. für Wasser bei 20 °C $\gamma_W = 0{,}073\,N/m$.

Die Oberflächenspannung γ geht als wichtige Einflussgröße in die *Weberzahl* We ein:

$$We = \frac{\bar{c}^2 \cdot d \cdot \rho_L}{\gamma} \tag{6.24}$$

Die Weberzahl ist eine wichtige dimensionslose Kennzahl, die bei der Dispergierung von Flüssigkeiten in einem zweiten flüssigen oder auch gasförmigen Medium eine große Rolle spielt. Der Zähler in Gl. (6.24) enthält Größen, die die Trägheit der Tropfen kennzeichnen: ihre Geschwindigkeit, ihr Durchmesser und ihre Dichte. Erhöht man eine (oder mehrere) dieser Größen, so werden die Tropfen mit ihrer beweglichen Grenzfläche stärker deformiert und neigen leichter zum Zerfallen. Erhöht man dagegen die Oberflächenspannung der Flüssigkeit, wird die Tropfenform stabilisiert und immer mehr in Richtung Kugelform entwickelt. We stellt also das Verhältnis von Trägheitskräften und Oberflächenkräften dar. Je größer die We-Zahl ist, desto instabiler wird eine Partikel mit beweglicher Phasengrenze.

erhebliche Energiebeträge müssen daher für Beschleunigung der Tropfen und für Reibungsverluste aufgewendet werden. Der „Wirkungsgrad" ist, bezieht man die theoretische Grenzflächenenergie auf die insgesamt aufzubringende Fluidenergie, ähnlich schlecht wie bei der Feststoffzerkleinerung, nämlich in der Größenordnung 0,1–1 % [6] (vgl. Kap. 6.1.6).

6.2.3 Tropfenbildungsmechanismen

Prinzipiell unterscheidet man zwei Mechanismen der Flüssigkeitszerstäubung: den *Strahlzerfall* und den *Lamellenzerfall.*

Beim *Strahlzerfall* wird ein Flüssigkeitsstrahl erzeugt, der eine hohe Relativgeschwindigkeit zum umgebenden Gas aufweist. Dies kann z. B. in einer kleinen Düsenöffnung mit hohem Vordruck erfolgen. Die Druckenergie wird in der Düse zunächst in hohe kinetische Energie des Flüssigkeitsstrahls umgewandelt. Durch die mit der Druckentspannung verbundenen Schwingungen und die hohen Scherkräfte relativ zum umgebenden Gas wird der Strahl in kleinste Tröpfchen zerrissen. Ein anderer Weg besteht darin, den mit geringerer Geschwindigkeit austretenden Flüssigkeitsstrahl mit einem Gasstrom hoher Geschwindigkeit zu umgeben und ihn dadurch zu zerreißen.

Für die Auslegung eines Strahlzerstäubers interessieren in erster Linie die zur Zerstäubung notwendige Austrittsgeschwindigkeit der Flüssigkeit bei vorgegebenem Düsendurchmesser. Als Zweites ist eine Vorausbestimmung der entstehenden Tropfengrößen anzustreben.

Wird ein Flüssigkeitsvolumenstrom durch eine enge Düsenöffnung gedrückt, so lässt sich die mittlere Austrittsgeschwindigkeit $\bar{c} = \dot{V}/A$ nach dem Kontinuitätsgesetz aus Volumenstrom und Austrittsquerschnitt berechnen. Zur Erzielung einer hinreichenden Austrittsgeschwindigkeit ist es also notwendig, die Querschnittsfläche der Düse bzw. die Anzahl parallelgeschalteter Düsen bei vorgegebenem Volumenstrom festzulegen. Der benötigte Düsenvordruck (Überdruck Δp) ergibt sich zu

$$\Delta p = \frac{\rho_L}{2} \cdot \left(\frac{\bar{c}}{\varphi}\right)^2 . \tag{6.22}$$

φ wird *Durchflussbeiwert* der Düse genannt. Setzt man $\zeta_W = \varphi^{-2}$, dann ergibt sich das bekannte allgemeine Widerstandsgesetz mit dem Widerstandsbeiwert ζ_W.

Ohnesorge [25] unterscheidet drei Phasen des Strahlzerfalls (Abb. 6.25). Bei kleinen Austrittsgeschwindigkeiten und größeren Düsenöffnungen löst sich der Strahl in einzelne, große Tropfen auf, deren Durchmesser in der Größenordnung der Düsenöffnung liegt. Dieser Vorgang wird als *Zertropfen* bezeichnet. *Walzel* [26] unterscheidet hier nochmals zwischen *Abtropfen* und Zertropfen. Im ersten Fall lösen sich die Tropfen direkt von einer festen Oberfläche oder aus einer Kapillare. Die Tropfengröße d ergibt sich beim Abtropfen aus einer Kapillare mit dem Durchmesser D aus einem Gleichgewicht zwischen der *Oberflächenkraft* und der Gewichtskraft des entstehenden Tropfens:

$$\pi \cdot D \cdot \gamma = \rho_L \cdot g \cdot \frac{\pi}{6} \cdot d^3$$

$$d = \sqrt[3]{\frac{6 \cdot \gamma \cdot D}{\rho_L \cdot g}} \tag{6.23}$$

Bei höheren Flüssigkeitsdurchsätzen durch die Kapillare geht das Abtropfen in *Zertropfen* über. Hierbei bildet sich zunächst ein Flüssigkeitsstrahl, der sich erst in einiger Entfernung vom Flüssigkeitsaustritt in Einzeltropfen auflöst. Dieser Vorgang wird auch als *laminarer Strahlzerfall* bezeichnet.

Bei höheren Geschwindigkeiten bilden sich Wellen, deren Schwingungen den Strahl in einzelne kurze Flüssigkeitsfäden zerreißen, aus denen sich wiederum Tropfen bilden (*Zerwellen*). Nur bei sehr hohen Geschwindigkeiten zerfällt der Flüssigkeitsstrahl in kleinste Tröpfchen, deren Durchmesser mehrere Größenordnungen kleiner als die Düsenöffnung sind. Erst hier spricht man vom *Zerstäuben* oder auch vom *turbulenten Strahlzerfall*.

Maßgebliche Einflussgrößen für den Zerstäubungsvorgang sind neben der Austrittsgeschwindigkeit der Durchmesser D der Düsenöffnung sowie Dichte und Viskosität der zerstäubten Flüssigkeit. Ein charakteristischer Stoffwert für die Tropfenbildung ist ferner die Oberflächenspannung γ. Aus den 5 erkannten Einflussgrößen lassen sich nach den Regeln der *Dimensionsanalyse* (bei 3 vorhandenen Grundeinheiten) 2 dimensionslose Kennzahlen ableiten. Neben der *Reynoldszahl* Re des Flüssigkeitsstrahls, die das Verhältnis von Trägheits- zu Viskositätskräften darstellt, ergibt sich als zweite Kennzahl z. B. die *Weberzahl* We

$$We = \frac{\bar{c}^2 \cdot D \cdot \rho_L}{\gamma} \tag{6.24}$$

Die Weberzahl stellt das Verhältnis von Trägheitskräften zu den wirksamen Oberflächenkräften dar (vgl. Exkurs: Oberflächenspannung und Weberzahl). Bei kleinen Werten der Weberzahl überwiegen die Oberflächenkräfte, die den Strahl zusammenhalten und stabilisieren. Bei großen Werten gewinnen die Trägheitskräfte die Oberhand, die versuchen, den Strahl zu zerreißen.

Um neben der Reynoldszahl (die ja bereits die Strahlgeschwindigkeit enthält) eine zweite dimensionslose Kennzahl zu haben, die von der Strahlgeschwindigkeit unabhängig ist, wird aus Weberzahl und Reynoldzahl eine neue Zahl Oh gebildet:

$$Oh = \frac{We^{0,5}}{Re} = \frac{\bar{c} \cdot D^{0,5} \cdot \rho_L^{0,5}}{\gamma^{0,5}} \cdot \frac{\eta_L}{\bar{c} \cdot D \cdot \rho_L}$$

$$Oh = \frac{\eta_L}{(\gamma \cdot D \cdot \rho_L)^{0,5}} \tag{6.25}$$

Diese neue Kennzahl enthält neben dem Durchmesser der Düsenöffnung nur noch Stoffdaten und wird als *Ohnesorge-Zahl* bezeichnet. Trägt man die Kennzahl Oh über der Reynoldszahl Re auf (Abb. 6.25), so lassen sich die drei Bereiche *Zertropfen*, *Zerwellen* und *Zerstäuben* durch Grenzgeraden voneinander abgrenzen [25].

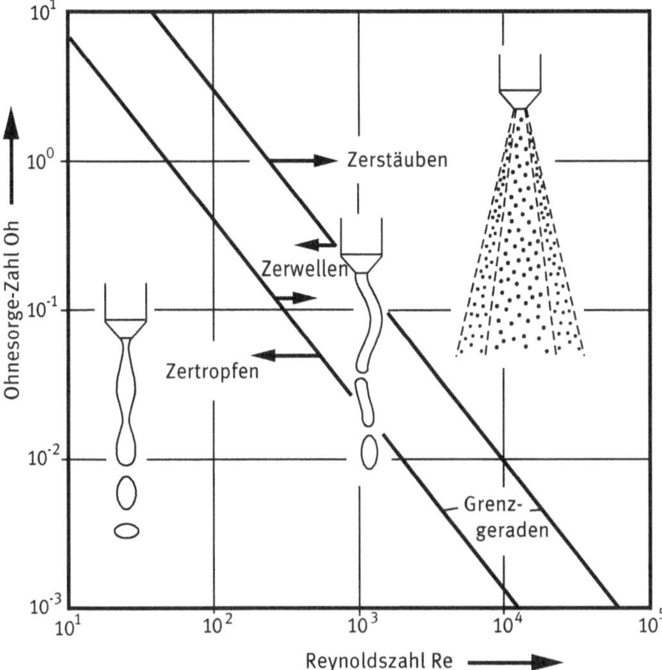

Abb. 6.25: Bereiche des Strahlzerfalls bei der Bildung von Tropfen

Für die Grenzgerade zwischen Zerwellen und Zerstäuben lässt sich folgende empirische Gleichung angeben:

$$We_{Grenz} = \frac{9{,}4 \cdot 10^5}{Re^{0{,}5}} \tag{6.26}$$

Daraus lässt sich die Mindestgeschwindigkeit für die Strahlzerstäubung näherungsweise berechnen:

$$c_{Grenz} = 245 \cdot \frac{\gamma^{0{,}4} \cdot \eta_L^{0{,}2}}{D^{0{,}6} \cdot \rho_L^{0{,}6}} \tag{6.27}$$

Die Tropfengrößenverteilung bei der Strahlzerstäubung kann bis heute nicht durch eine allgemeingültige Gleichung ermittelt werden. Theoretische Ansätze liefern lediglich prinzipielle Abhängigkeiten, zusätzlich existieren eine Reihe empirischer Gleichungen für einfache Stoffsysteme. Ein einfacher theoretischer Ansatz besteht darin, die Oberflächenkraft, die den Tropfen zusammenhält, mit der Widerstandskraft zu vergleichen, der er beim Austritt aus der Düse ausgesetzt ist. Die beiden Kräfte sind gerade gleich, wenn der Tropfen seinen maximalen Durchmesser d_{max} annimmt:

$$\pi \cdot d_{max} \cdot \gamma = \zeta_w \cdot \frac{\rho}{2} \cdot c^2 \cdot \frac{\pi}{4} \cdot d_{max}^2$$

$$d_{max} = \frac{8}{\zeta_w} \cdot \frac{\gamma}{\rho \cdot c^2} = \text{const.} \cdot \frac{\gamma}{\rho \cdot c^2} \tag{6.28}$$

In dimensionsloser Schreibweise lässt sich diese Abhängigkeit auch mit der maximalen Weberzahl We_{max} formulieren:

$$We_{max} = \frac{c^2 \cdot d_{max} \cdot \rho}{\gamma} = \text{const.} \tag{6.29}$$

Bis zu dieser maximalen Weberzahl bleibt der Tropfen stabil; wird We größer, zerfällt der Tropfen. Der mittlere Tropfendurchmesser ist häufig um den Faktor 2–2,5 kleiner als der maximale [6]. Der Strahlzerfall führt jedoch meist zu einem relativ breiten Tropfengrößenspektrum. Da im Zentrum des Strahles die kleinsten Schergefälle herrschen, werden hier die maximalen Tropfengrößen erzeugt. Zu den Rändern des Strahls hin nimmt das Schergefälle zu, und hier finden sich zum Teil deutlich kleinere Tropfen. In der Praxis findet man zusätzlich eine Abhängigkeit der mittleren Tropfengröße vom Durchmesser der Düse, da sich das Kernstrahlgebiet mit den großen Tropfen umso weiter ausdehnt, je größer der Düsendurchmesser ist [6].

Die praktische Anwendung der Gln. (6.28) und (6.29) scheitert auch daran, dass der Widerstandsbeiwert ζ_W der Tropfen bzw. die enthaltene Konstante nicht bestimmt werden kann. Stattdessen werden zur Abschätzung der mittleren Tropfengröße empirische Kennzahlenbeziehungen verwendet wie z. B. die Gleichung von *Tanasawa* und *Toyoda* [27] (zitiert nach [6]):

$$\frac{\overline{d}}{D} = 47 \cdot \left(\frac{1}{We \cdot Fr}\right)^{0{,}25} \cdot \left(\frac{\rho_L}{\rho_G}\right)^{0{,}25} \cdot \left[1 + 3{,}31 \cdot \left(\frac{We}{Re^2}\right)^{0{,}5}\right] \tag{6.30}$$

Weberzahl und Reynoldszahl werden hierbei mit der Austrittsgeschwindigkeit c aus der Düse und dem Düsendurchmesser D gebildet. Dichte, Viskosität und Oberflächenspannung sind die Stoffwerte der zu zerstäubenden Flüssigkeit. Die *Froudezahl* Fr berücksichtigt zusätzlich das Verhältnis Trägheit/Schwerkraft (vgl. Exkurs: Froudezahl) und ist wie folgt definiert:

$$Fr = \frac{c^2}{g \cdot D} \tag{6.31}$$

Die nach dieser Gleichung erhaltenen mittleren Tropfendurchmesser sind recht groß. Tatsächlich muss man in der Praxis sehr hohe Austrittsgeschwindigkeiten wählen, um mit einfachen Druckdüsen feine Tropfen zu erhalten. Hierfür müssen z. T. Düsenvordrücke von 100 bar und mehr gewählt werden [26].

Zur Erzeugung einer *Flüssigkeitslamelle* wird die Flüssigkeit mittels Zentrifugalkräften in Rotation versetzt. Hierdurch bildet sich am Düsenaustritt ein konischer Flüssigkeitsfilm, dessen Dicke δ_L mit zunehmender Entfernung y von der Düsenöffnung (und damit größer werdendem Konusdurchmesser) abnimmt (Abb. 6.26). Das Produkt $\delta_L \cdot y$ bleibt aus Kontinuitätsgründen für alle Abstrahlwinkel konstant, da sich die axiale Geschwindigkeit des Films nicht ändert. Die zunächst glatte Lamelle wird in sehr dünnem Zustand wellig und zerfällt dann zunächst in ein Netz aus Flüssigkeitsfäden, die sich ihrerseits schließlich in kleinste Einzeltröpfchen auflösen. Hier-

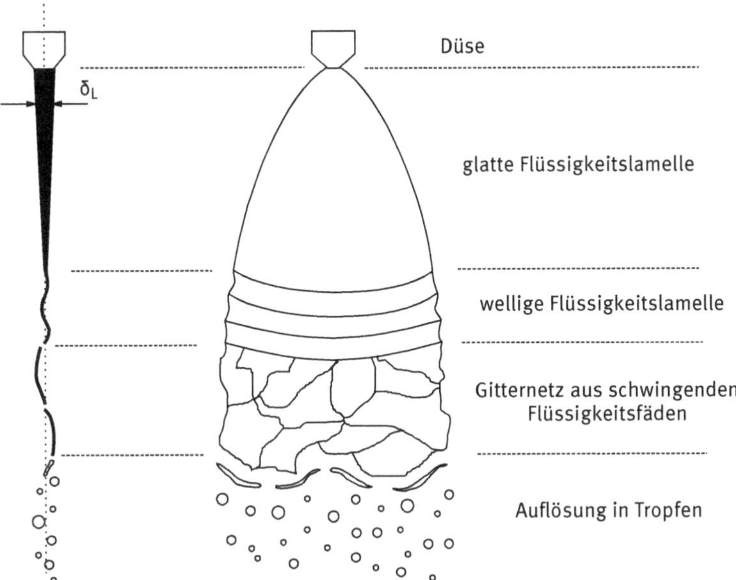

Abb. 6.26: Bildung von Tropfen durch Lamellenzerfall

bei ergibt sich in aller Regel ein wesentlich engeres Tropfengrößenspektrum als beim oben beschriebenen Strahlzerfall, da die Tropfen aus einem gleichmäßig dünnen Film heraus entstehen, für den über dem Konusumfang annähernd gleiche Bedingungen hinsichtlich Zentrifugalkraft und Schergefälle herrschen.

Wie bereits in Kap. 2.3 beschrieben, lässt sich die Gesamtoberfläche eines Partikelkollektivs durch einen mittleren Durchmesser, den *Sauterdurchmesser* d_{32}, beschreiben. Der Sauterdurchmesser wird in der Zerstäubungstechnik sehr häufig benutzt, da die eigentliche Zielgröße für Stoffaustauschprozesse die Gesamtoberfläche der Tropfen ist. Die theoretische Vorhersage des Sauterdurchmessers gelingt beim Lamellenzerfall wesentlich besser als beim Strahlzerfall. Er hängt im Wesentlichen von der Dicke d_L der erzeugten Lamelle und von der Austrittsgeschwindigkeit ab. Berechnungsmethoden finden sich z. B. bei Walzel [26].

6.2.4 Zerstäuberdüsen

Entsprechend den im vorigen Kapitel vorgestellten Bildungsmechanismen der Tropfen ist eine Vielzahl an Düsenkonstruktionen gebräuchlich, deren wichtigste Grundtypen im Folgenden behandelt werden sollen.

Die einfachsten Konstruktionen sind *Einstoff-Vollkegeldüsen* (Abb. 6.27), die nach dem Prinzip des Strahlzerfalls arbeiten. Sie werden normalerweise eingesetzt, wenn die Flüssigkeit unter Druck zugeführt werden kann, eine hinreichende Flüssigkeits-

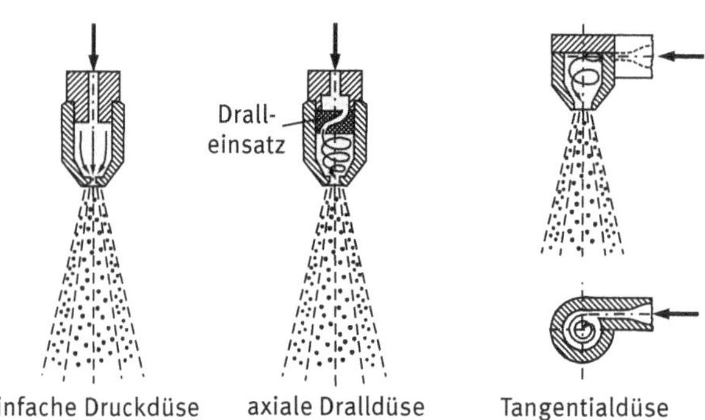

Abb. 6.27: Zerstäuberdüsen

menge pro Düse zur Verfügung steht und keine besonderen Anforderungen an das Tropfengrößenspektrum gestellt werden.

Einige *Vollkegeldüsen* sind so konstruiert, dass der zuströmenden Flüssigkeit im Einlauf ein Drall aufgeprägt wird, wodurch eine exakte kreisförmige Abstrahlung mit definiertem Strahlwinkel und gleichmäßiger Flüssigkeitsverteilung erfolgt. Man unterscheidet Vollkegeldüsen mit axialer und tangentialer Zuführung. Bei den *Axialdüsen* wird der Drall über einen eingebauten Drallkörper innerhalb der Düse erzeugt. Die *Tangentialdüsen* benötigen keine solchen Einbauten, da durch die Zuführungsrichtung und Strömungsumlenkung quasi automatisch ein Drall erzeugt wird. Dies ist z. B. für das Zerstäuben feststoffhaltiger oder anderweitig zum Verstopfen neigender Flüssigkeiten vorteilhaft. Für Vollkegeldüsen üblich sind Strahlwinkel im Bereich 45° bis 120°.

Bei Einstoff-Druckdüsen ist besonders nachteilig, dass die entstehenden Tropfengrößen sich mit dem Durchsatz verändern. Ist mit schwankenden Betriebsbedingungen zu rechnen, kann die Tropfengrößenverteilung nur durch gezieltes Zu- oder Abschalten von Elementen (bei mehreren parallel geschalteten Düsen) beeinflusst werden. In solchen oder auch in anderen schwierigen Einsatzfällen, z. B. bei sehr kleiner zu zerstäubender Menge oder bei drucklosem Zulauf, werden vorteilhaft *Zweistoffdüsen* (auch *Treibgasdüsen* oder *Pneumatikdüsen* genannt) verwendet (Abb. 6.28). Hierbei kommt die Energie zur Zerstäubung im Wesentlichen aus einem Treibgasstrahl, der aus einem ringförmigen Spalt um den Flüssigkeitsaustritt herum ausströmt. Der Flüssigkeitsstrahl selbst benötigt keine eigene kinetische Energie zur Auflösung in Tröpfchen. Durch gezielte Steuerung der Gasmenge und damit der Gasaustrittsgeschwindigkeit kann das Tropfenspektrum nach Bedarf variiert werden oder bei einer schwankenden Flüssigkeitsbelastung aufrechterhalten werden.

Hohlkegeldüsen (Abb. 6.29) arbeiten nach dem Prinzip des *Lamellenzerfalls*. Der Flüssigkeit wird axial durch Dralleinsätze oder tangential ein Drall aufgeprägt. Die Düsenöffnung ist ringschlitzförmig, so dass das Medium in Form eines dünnen Films austritt. Durch die Strahlaufweitung wird diese Flüssigkeitslamelle mit zunehmen-

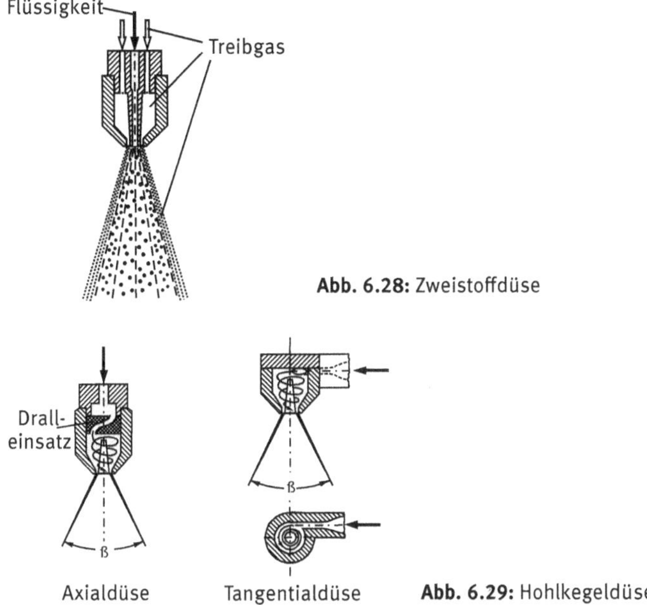

Abb. 6.28: Zweistoffdüse

Abb. 6.29: Hohlkegeldüsen

dem Abstand zur Düsenöffnung immer dünner, bis sie sich endlich, unterstützt durch die Drallwirkung, in feinste Einzeltröpfchen auflöst. Da die maximale Tröpfchengröße durch die erzielte Dicke der Flüssigkeitslamelle begrenzt ist, lassen sich mit Hohlkegeldüsen sehr enge Tropfengrößenspektren erzeugen.

Die *Fliehkraftzerstäubung* mittels rotierender *Zerstäuberscheiben* (Abb. 6.30) ermöglicht Lamellenzerfall bei minimaler kinetischer Energie der Flüssigkeit. Diese wird drucklos auf eine rotierende Scheibe gegeben, wird dort radial nach außen beschleunigt und strömt radial über die Kante der Scheibe ab, wobei sich ähnlich wie bei den Hohlkegeldüsen eine drallbehaftete, mit zunehmender Entfernung dünner werdende, jedoch ebene Lamelle ausbildet. Hierbei ist besonders vorteilhaft, dass auch z. B. feststoffhaltige Flüssigkeiten zerstäubt werden können, die die feinen Spalte von Hohlkegeldüsen verstopfen würden.

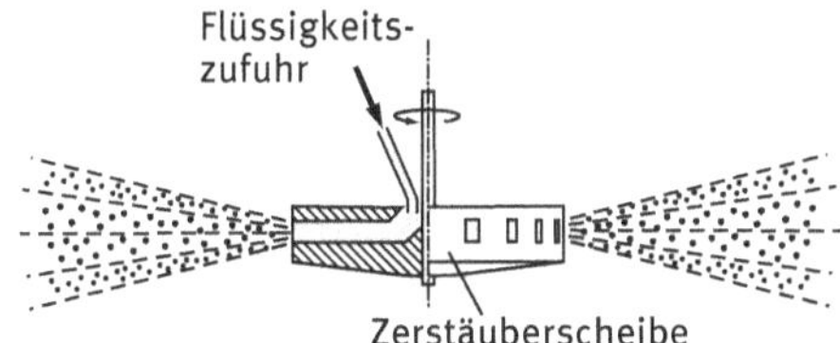

Abb. 6.30: Fliehkraftzerstäubung

6.3 Dispergierung in flüssiger Phase

6.3.1 Anwendung

Als Dispergieren wird allgemein das Zerteilen einer fluiden Phase, also die Zerkleinerung von Blasen oder Tropfen, in einer zweiten, flüssigen Phase verstanden. Mit einem Dispergierprozess können zwei unterschiedliche Aufgabenstellungen verbunden sein:

- die (vorübergehende) Erzeugung einer großen Oberfläche zwischen den beiden Phasen zum Zwecke der Verbesserung des Stoffübergangs. Die erzeugten Partikelgrößen müssen groß genug bleiben, damit sich die Phasen später wieder entmischen können. Ein sehr wichtiger Einsatzfall hierfür ist die *Extraktion* in flüssiger Phase, eine Grundoperation der thermischen Verfahrenstechnik.
- die Erzeugung einer stabilen *Gas/Flüssig-Dispersion* (z. B. Schlagsahne) oder einer stabilen *Flüssig/Flüssig-Emulsion* (z. B. Dispersionsfarbe, Mayonnaise, Milch). Ziel hierbei ist, die disperse Phase in so feine Einzelblasen oder -tröpfchen zu zerkleinern, dass diese weder zum *Sedimentieren* (vgl. Kap. 4) noch zum *Koaleszieren* neigen. Unter Koaleszieren versteht man die Wiedervereinigung mehrerer Blasen oder Tropfen zu größeren Partikeln der jeweiligen Sorte. Durch Zusatz oberflächenaktiver Fremdstoffe (*Emulgatoren*) werden die Blasen und Tropfen jedoch so formstabil, dass Koaleszenz vielfach verhindert wird.

6.3.2 Mechanismen beim Emulgieren

Wie auch bei der Zerstäubung, erfolgt die Tropfenzerkleinerung beim Dispergiervorgang aufgrund von Beanspruchung durch das umgebende Medium. Beim Zerstäubungsvorgang weist dieses Medium (meist Luft) aber eine um den Faktor 800–900 kleinere Dichte und um den Faktor 50–60 kleinere Viskosität auf als die Flüssigkeit, die die Tropfen bildet. Beim Dispergiervorgang flüssig/flüssig (Emulgieren) liegen dagegen ähnliche Dichten und Viskositäten von disperser und kontinuierlicher Phase vor. Somit können die zur Zerkleinerung notwendigen Kräfte viel leichter an die Tropfen herangebracht werden, und die notwendigen Schergeschwindigkeiten sind wesentlich geringer.

Ein *Tropfenaufbruch* ist bei vergleichbaren Viskositäten der beteiligten Phasen sogar in *laminarer Strömung* möglich. Hier wirken die durch Schergefälle hervorgerufenen Schubspannungskräfte als Zerteilungskräfte. Die im laminaren Strömungsbereich maßgebliche Weberzahl wird daher als Verhältnis von Schubspannungskräften und Oberflächenkräften definiert [28]:

$$\mathrm{We_{lam}} = \frac{\tau \cdot d}{\gamma} \tag{6.32}$$

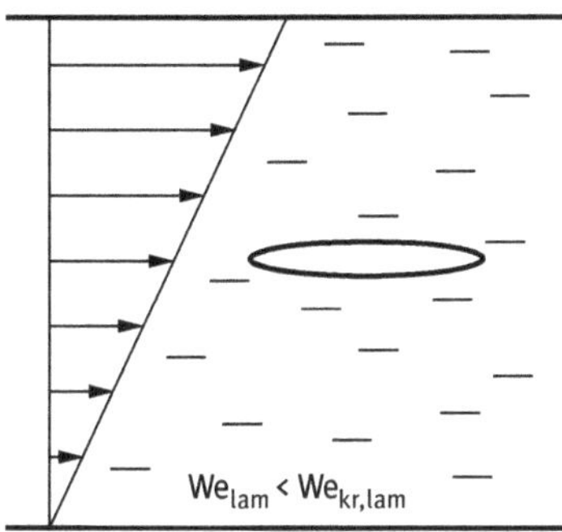

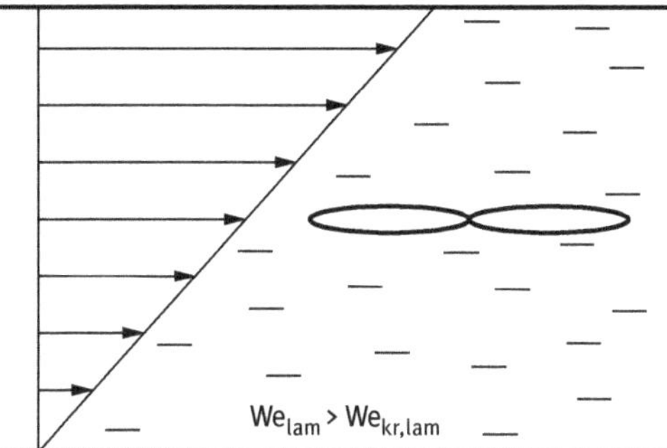

Abb. 6.31: Tropfenaufbruch in laminarer Strömung

Solange ein kritischer Wert $We_{kr,lam}$ nicht überschritten wird, wird ein im Strömungsfeld befindlicher Tropfen lediglich deformiert, aber nicht zerteilt. Oberhalb dieses kritischen Verhältnisses erfolgt der Tropfenaufbruch (Abb. 6.31). Für ein gegebenes Schubspannungsfeld ergibt sich somit ein maximaler Tropfendurchmesser, der gerade noch stabil bleibt:

$$d_{max} = \frac{We_{kr,lam} \cdot \gamma}{\tau} \tag{6.33}$$

Die kritische laminare Weberzahl hängt insbesondere von dem Verhältnis der Viskositäten in disperser und kontinuierlicher Phase ab. Sie weist ein deutliches Minimum in einem Bereich aus, in dem die Viskosität η_d der Tropfenflüssigkeit zwischen 0,1 und ca. 1,5 der *Emulsionsviskosität* η_e beträgt [28] (Abb. 6.32). Nur hier ist eine laminare Tropfendispergierung sinnvoll.

In turbulenter Strömung werden die Tropfen durch die turbulenten Geschwindigkeitsschwankungen zerkleinert. Eine turbulente Strömung setzt sich bekanntlich aus der in Hauptströmungsrichtung herrschenden mittleren Geschwindigkeit und einer

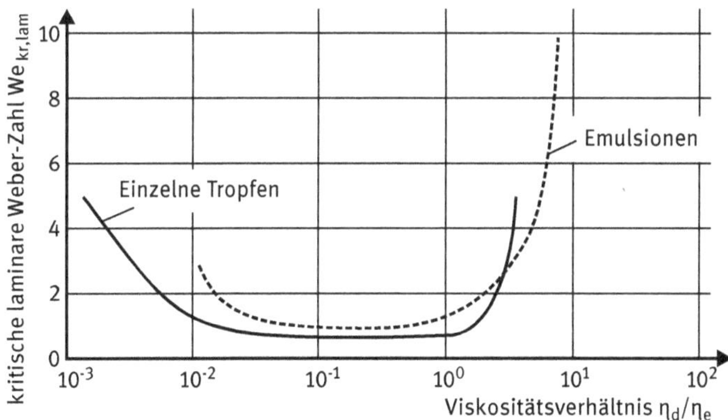

Abb. 6.32: Kritische laminare Weberzahl in Abhängigkeit vom Viskositätsverhältnis (nach [29])

Schwankungsgeschwindigkeit c' zusammen, deren Betrag und Richtung sich zeitlich stark verändert. Hieraus entstehen wiederum lokale Druckschwankungen, die den Tropfen deformieren und aufbrechen [28]. Die kleinste erzielbare Tropfengröße hängt daher in einer turbulenten Strömung von der Größe der kleinsten *Turbulenzwirbel* ab. Wären die Tropfen deutlich kleiner als die Wirbelgröße, so würden sie der Schwankungsbewegung folgen und nicht weiter zerkleinert werden können.

Die Größe der kleinsten Mikrowirbel in einer gleichmäßig (isotrop) turbulenten Strömung hängt nach *Kolmogoroff* [7] von der kinematischen Viskosität und vom massebezogenen Leistungseintrag ab:

$$\ell^* = \upsilon_L^{\frac{3}{4}} \cdot \left(\frac{P}{\dot{m}}\right)^{-\frac{1}{4}} \tag{6.34}$$

Demzufolge ist auch der erreichbare Sauterdurchmesser beim turbulenten Emulgieren im Wesentlichen eine Funktion des Leistungseintrags. *Karbstein* [29] gibt folgenden empirisch gefundenen Zusammenhang an (C und b sind stoffspezifische Konstanten):

$$d_{32} = C \cdot \left(\frac{P}{\dot{V}}\right)^{-b} \tag{6.35}$$

6.3.3 Stabilisierung

Emulsionen müssen unmittelbar nach der Zerkleinerung stabilisiert werden, um Koaleszenz der Tropfen zu vermeiden. Hierzu verwendet man *Emulgatoren*. Ein Emulgatormolekül besteht üblicherweise aus einer *lipophilen* („fettliebenden") Kohlenwasserstoffkette und einem hydrophilen („wasserliebenden") Rest, der in der Regel funktionelle OH^--Gruppen enthält. Die Emulgatormoleküle lagern sich bevorzugt an den Grenzflächen zwischen disperser und kontinuierlicher Phase an, und zwar derart, dass die lipophilen Molekülenden in Richtung der organischen (Öl-)Phase und die hydrophilen Enden in Richtung der wässrigen Phase ausgerichtet sind (Abb. 6.33). Sind die Oberflächen der dispergierten Tropfen dicht mit Emulgatormolekülen belegt, können die Tropfen aufgrund der abstoßenden Kräfte zwischen gleichartigen Molekülenden nicht mehr koaleszieren.

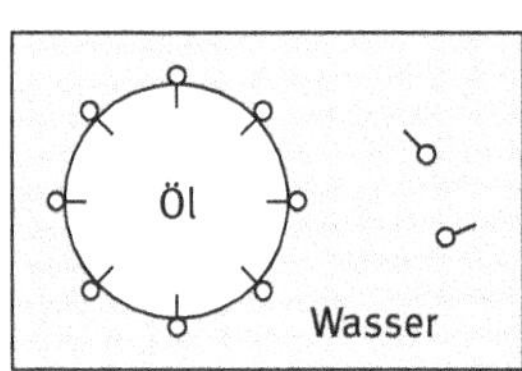

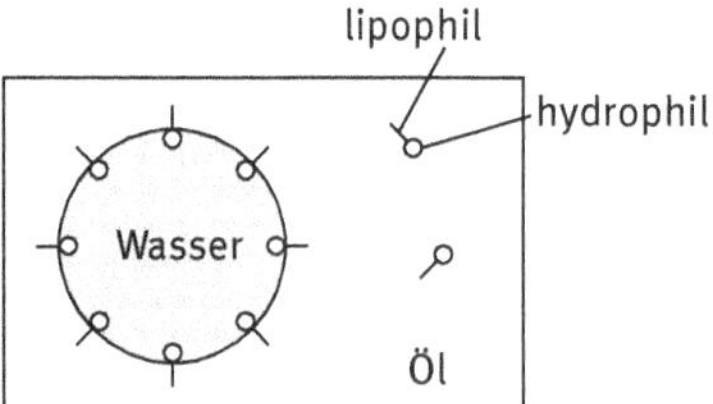

Abb. 6.33: Wirkungsweise von Emulgatoren

Zur Erzielung kleinster Tropfengrößen beim Emulgieren ist die Kinetik der Emulgatorbelegung sehr wichtig [28]. Sobald die Tropfen aufgebrochen sind, müssen die neu entstandenen Grenzflächen unverzüglich mit Emulgator belegt werden, da sie ansonsten bei Berührung der Grenzflächen sofort wieder koaleszieren würden. Untersuchungsergebnisse zeigen, dass das beim Emulgieren mit gleicher Energiedichte entstehende Tropfenspektrum, ausgedrückt durch den Sauterdurchmesser d_{32}, unter Verwendung schneller Emulgatoren sehr viel kleiner ist als bei Emulgatoren, die sich nur langsam an die Grenzflächen anlagern und so den Tropfen genügend Zeit für ein sofortiges Zusammenfließen lassen [28]. Der Wahl eines geeigneten Emulgators kommt also besondere Bedeutung zu. Dies gilt in verstärktem Maße für die Lebensmitteltechnik, in der Emulgiervorgänge recht häufig sind, wobei aber gesundheitlich unbedenkliche Stoffe als Emulgatoren ausgewählt werden müssen.

6.3.4 Emulgierapparate

Dispergieren und Emulgieren erfordern zur Erzeugung kleinster Partikelgrößen eine möglichst große Konzentration der Zerkleinerungsenergie auf engstem Raum, also die Schaffung hoher lokaler Schergefälle. Hierzu bieten sich technisch folgende Möglichkeiten:

- die Strömung durch Düsen oder statische Mischeinrichtungen mit entsprechenden Einbauten, wobei die Strömung selbst die erforderliche Energie zur Dispergierung liefert. Solche Anordnungen liefern nur ein recht grobes Tropfengrößenspektrum; sie werden im Allgemeinen als Vordispergierer eingesetzt.
- die Erzeugung von Scherströmungen durch schnell drehende Rührer (vgl. Kap.7.4). Sie werden in Flüssigkeitsbehälter eingebaut und dienen gleichzeitig zur Umwälzung des Behälterinhalts, wobei die Emulsionstropfen wiederholt in den Zerkleinerungsbereich gelangen. Günstige Emulgierrührer sind z. B. *Zahnscheibenrührer* (Abb. 6.34), die scharfkantige Ecken aufweisen und mit hohen Drehzahlen hohe lokale Scherkräfte erzeugen. Mit üblichen Rührsystemen lassen sich Tropfengrößen bis herunter zu ca. 150 µm erzeugen [30].

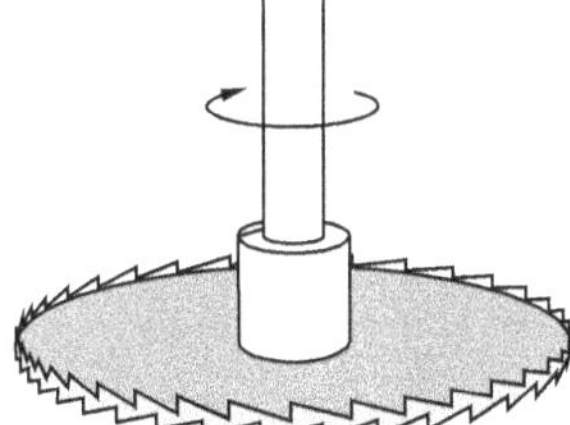

Abb. 6.34: Zahnscheibenrührer

- die kontinuierliche Förderung durch *Kolloidmühlen* (Abb. 6.35), die aus einem konischen Ringspalt zwischen feststehenden Statorwänden und einem drehenden

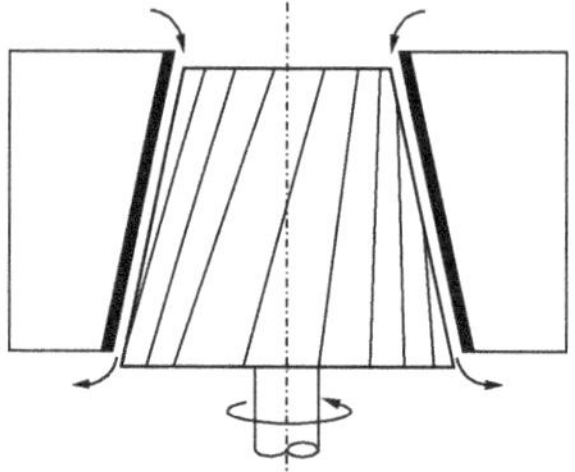

Abb. 6.35: Kolloidmühle

konischen Rotor bestehen. Mit glatten Spaltwänden lassen sich laminare Scherströmungen erzeugen und die Tropfen nach dem in Abb. 6.31 gezeigten Mechanismus aufbrechen. Auch gezahnte oder geriffelte Oberflächen sind üblich; die Spaltweite lässt sich durch axiale Verschiebung des Rotors leicht verstellen. Mit Kolloidmühlen lassen sich Tropfengrößen um 10 µm erzeugen.

– die Erzeugung von Scherströmungen durch *Zahnkranz-Homogenisatoren.* Diese bestehen meist aus mehreren konzentrisch angeordneten zylindrischen Kränzen, die geschlitzt oder gezahnt sind (Abb. 6.36). Die Kränze greifen so ineinander, dass die Flüssigkeit abwechselnd Rotor- und Statorkränze passieren muss. Die Rotoren laufen mit sehr hohen Drehzahlen, die Systeme sind aufgrund der wirksamen Zentrifugalkräfte selbstfördernd. Die Dispergierung erfolgt durch die ständig

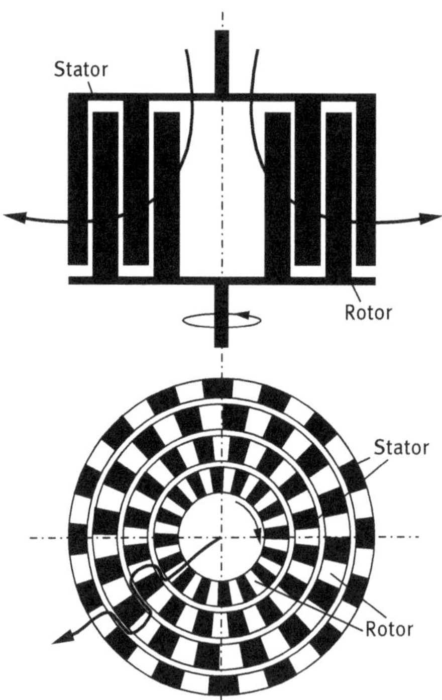

Abb. 6.36: Zahnkranz-Homogenisator

wechselnde hohe Scherbeanspruchung und auch durch Aufprall der Partikeln an den Schlitzkanten. Zahnkranz-Homogenisatoren sind hochwirksame Dispergiermaschinen, die Tropfengrößen bis unter 1 µm erzeugen können.

- durch *Hochdruck-Homogenisatoren.* In einer Hochdruckpumpe wird das voremulgierte Flüssigkeitsgemisch auf Drücke bis zu 50 bar gebracht und anschließend durch einen Ventilspalt gepresst. Dieser besteht aus einem Ventilsitz und einem beweglichen Stempel, durch dessen Anpresskraft der Gegendruck eingestellt werden kann (Abb. 6.37). Die Ventilsitze und die Oberfläche des Stempels können glatt, gezackt oder mit Messerkanten versehen sein. Die hohen Schergefälle entstehen bei diesem Prinzip durch die starke Beschleunigung der Flüssigkeit im radialen Spalt durch die herrschende Druckdifferenz. Es werden Tropfengrößen bis 0,5 µm erzeugt [28].

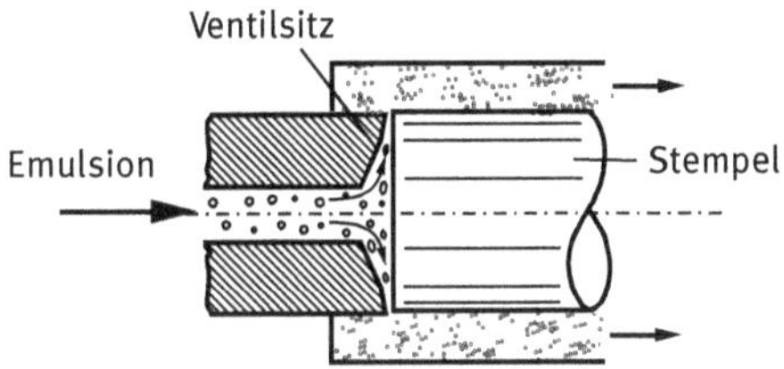

Abb. 6.37: Hochdruck-Homogenisator

6.4 Agglomeration

6.4.1 Einsatzbeispiele

Agglomeration ist ein Sammelbegriff für die Verfahren zur Kornvergrößerung durch Zusammenfügung von Körnern. Im Gegensatz zur Zerkleinerung wird hierbei die freie Oberfläche eines Partikelkollektivs reduziert. Leider ist damit kein Energiegewinn verbunden, denn die freiwerdende Grenzflächenenergie ist sehr klein im Vergleich zum mechanischen oder thermischen Aufwand, den die Verbindung der Partikeloberflächen erfordert.

Kornvergrößerungsverfahren werden in erster Linie bei feinkörnigen Produkten angewendet, um deren Rieselfähigkeit zu verbessern und sie anschließend besser fördern, lagern und verpacken zu können. Sehr feinkörnige Pulver haben oft eine äußerst geringe Schüttdichte, lassen sich leicht aufwirbeln, neigen zum Anhaften an Oberflächen usw. Durch Agglomeration verbundene Pulverteilchen sind erheblich besser handhabbar, und die Weiterverarbeitungsmöglichkeit leidet in den seltensten Fällen. Die Kräfte, die ein Agglomerat zusammenhalten, sind meist erheblich geringer als die im Feststoffgitter wirksamen Kräfte, so dass sich die Partikelverbände leicht wieder in Einzelpartikeln trennen lassen und die feindispersen Eigenschaften des ursprünglichen Pulvers nicht verlorengehen. So werden häufig z. B. Farbstoffpulver oder pharmazeutische Wirkstoffe schon im Verlauf des Herstellprozesses agglomeriert.

Bei Endprodukten ist in vielen Fällen eine einheitliche grobe Körnung bei konstanter Zusammensetzung des Einzelkorns vorteilhaft oder unumgänglich. Düngemittelgranulate lassen sich gleichmäßig auf die Felder verteilen und können vom Wind nicht wieder aufgewirbelt werden. Futtermittel können im granulierten oder kompaktierten Zustand gut verfüttert werden und lassen sich zudem gezielt mit geringen Mengen pulverförmiger Zusatzstoffe (Spurenelemente, Vitamine etc.) anreichern. Ohne Agglomeration würden sich solche Stoffe schnell entmischen und die richtige Dosierung wäre in Frage gestellt. In verstärktem Maße gilt dies für pharmazeutische Produkte wie Tabletten und Dragees, die in jedem einzelnen Element eine exakt gleiche Zusammensetzung erfordern.

6.4.2 Bindemechanismen und Verfahren

Agglomerieren basiert auf unterschiedlichen Bindemechanismen zwischen den Einzelpartikeln. Von Rumpf [31] stammt eine grundlegende Übersicht. Nach diesen Bindemechanismen lassen sich auch die einzelnen Verfahren zur Kornvergrößerung gliedern. Eine vereinfachte Zusammenstellung ist in Abb. 6.38 gegeben.

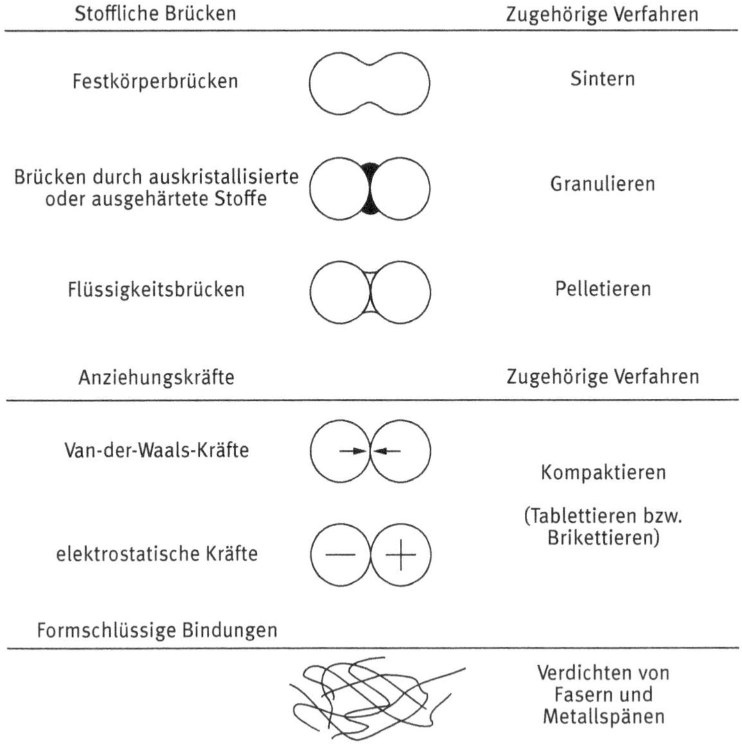

Stoffliche Brücken	Zugehörige Verfahren
Festkörperbrücken	Sintern
Brücken durch auskristallisierte oder ausgehärtete Stoffe	Granulieren
Flüssigkeitsbrücken	Pelletieren

Anziehungskräfte	Zugehörige Verfahren
Van-der-Waals-Kräfte	Kompaktieren (Tablettieren bzw. Brikettieren)
elektrostatische Kräfte	

Formschlüssige Bindungen	
	Verdichten von Fasern und Metallspänen

Abb. 6.38: Mechanismen und Verfahren der Agglomeration

6.4.3 Anschmelzagglomeration (Sintern)

Die härtesten Agglomerate entstehen bei der Ausbildung von *Festkörperbrücken*. Beim *Sintervorgang* wird eine körnige Partikelschicht üblicherweise von heißen Verbrennungsgasen durchströmt, wobei sich der Feststoff auf mindestens 60 %, aber deutlich unter 100 % seiner Schmelztemperatur aufheizen muss. In diesem Falle wird die Beweglichkeit der Atome an der Oberfläche der Partikeln so weit erhöht, dass sich Festkörperbrücken bilden können. Es darf höchstens eine leichte Verflüssigung der Partikeloberflächen stattfinden; die Körner selbst dürfen nicht schmelzen. Die Sinterung findet beispielsweise in Bandsinterapparaten statt (Abb. 6.39), wobei die auf einem bewegten Band ruhende Feststoffschicht vom Heizgas durchströmt wird.

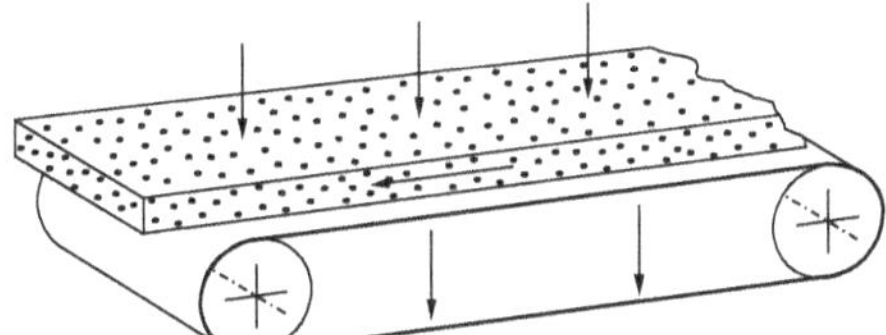

Abb. 6.39: Bandsinterapparat

Die größte Bedeutung hat das Sintern bei der Gewinnung und Verarbeitung von Eisenerz, da hier große Mengen an Feinmaterial anfallen, die zur Verhüttung nicht direkt eingesetzt werden können. Bekannte Sinterprodukte stellen auch keramische, metallische oder aus Kunststoffkugeln bestehende Porenkörper dar, die z. B. als Filtermittel für die Filtration oder als Belüftungselemente eingesetzt werden.

6.4.4 Aufbaugranulation

Aufbaugranulation bedeutet prinzipiell die Anlagerung immer neuer äußerer Schichten um einen vorhandenen Feststoffkern. Hierdurch entstehen *Granulate*, die von innen nach außen zwiebelartig aufgebaut sind. Man unterscheidet die einzelnen Verfahren gewöhnlich nach der Art, wie sich die Partikeln im Apparat bewegen und nach dem verwendeten Bindemittel. Leider sind die in der Literatur verwendeten Bezeichnungen nicht immer eindeutig und erlauben häufig keine klare Abgrenzung zwischen den Verfahren.

Der Begriff *Agglomerieren* wird immer dann verwendet, wenn sich mehrere kleine Partikeln zu größeren Verbänden zusammenlagern. *Aufbauagglomeration* meint also, dass die von außen aufgetragenen neuen Schichten ihrerseits aus feinen Partikeln bestehen, die durch Bindemittel am vorhandenen Kern anhaften. Dies geschieht durch Abrollen der Partikeln in einem feuchten Bett, wodurch an der Außenseite ständig neues Produkt anhaftet (Schneeballeffekt, Abb. 6.40).

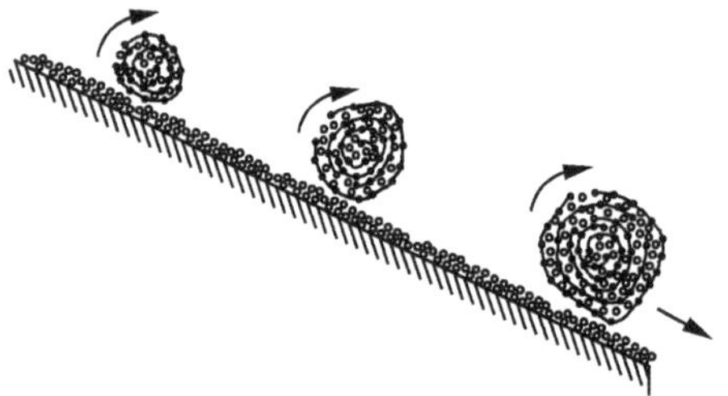

Abb. 6.40: Aufbauagglomeration

Von *Mischagglomeration* dagegen spricht man, wenn sich innerhalb einer angefeuchteten Pulvermenge durch die Bewegung von Mischwerkzeugen (Schaufeln, Paddeln) Agglomeratklumpen bilden. Hier werden die Agglomerate als Ganzes erzeugt und nicht schichtweise aufgebaut.

Eine häufig verwendete Art der *Aufbaugranulation* ist auch das Aufsprühen von flüssiger Lösung auf Körner, die in einer *Wirbelschicht* (*Fließbett*) fluidisiert sind. Die zur Kristallisation oder Erstarrung neigende Lösung verteilt sich gleichmäßig auf der Partikeloberfläche und trocknet im Fluidisiergas rasch auf (Abb. 6.41). Auf diese Weise entstehen oft sehr gleichmäßig kugelförmige Produkte. Beim letztgenannten Verfahren kann man strenggenommen nicht von Agglomeration sprechen, da das Zusammenlagern kleinerer Partikeln (durch gegenseitigen Zusammenstoß) im Fließbett nur eine untergeordnete Rolle spielt. Das Verfahren wird also als *Fließbettgranulation* bezeichnet.

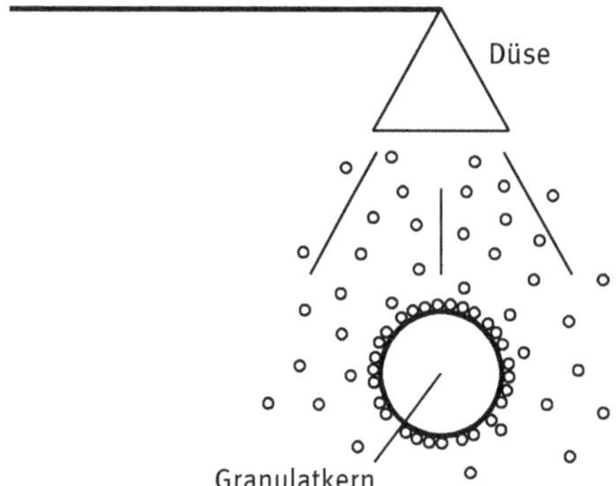

Abb. 6.41: Granulation in der Wirbelschicht

Der Begriff *Granulieren* ist leider am wenigsten eindeutig und wird für eine Vielzahl ganz unterschiedlicher Verfahren zur Erzeugung körniger Feststoffpartikeln gebraucht. Die Aufbauagglomeration im Rollbett und die Mischagglomeration werden oft synonym mit Aufbau- und Mischgranulation bezeichnet. Ebenso wird aber auch z. B. das Zerkleinern in bestimmten Brechern oder das Zerhacken von extrudierten Kunststoffsträngen in kleine zylinderförmige Einzelpartikeln „Granulieren" genannt. Diese Kunststoffzylinder nennt man ebenso *Granulate* wie die fast kugelförmigen Produkte aus der Wirbelschichtgranulation. In der Schüttguttechnik bedeutet „Granulat" dagegen eher kantiges, gebrochenes Gut.

Allen Agglomerationsverfahren ist gemeinsam, dass die Bindung zwischen den Partikeln primär durch Flüssigkeitsbrücken erfolgt. Aber auch hier lassen sich unterschiedliche Mechanismen abgrenzen.

Werden die Agglomerate ausschließlich durch frei bewegliche Flüssigkeitsbrücken aus einer niedrigviskosen Flüssigkeit zusammengehalten und die entstandenen feuchten Formlinge (*Grünpellets*) in einem zweiten Arbeitsgang durch Trocknung oder thermische Behandlung verfestigt, spricht man vom *Pelletieren*. Diese Verfahrensweise ist insbesondere in der Erzaufbereitung üblich.

Härtet die niedrigviskose Flüssigkeit noch während des Formungsvorgangs aus, weil sie aus einer kristallisierenden Lösung oder einer erstarrenden Schmelze besteht, ist wiederum der Begriff *Granulierung* gebräuchlich. Dieser Vorgang kann im Rollbett oder in der Wirbelschicht ablaufen, findet gewöhnlich bei hohen Temperaturen (100–200 °C) statt und ist das meistverwendete Verfahren zur Herstellung von Düngemittelgranulaten.

Bei der *Dampfstrahlagglomeration* werden die Oberflächen der Körner (die natürlich wasserlösliche Bestandteile enthalten müssen) durch Wasserdampf angelöst und anschließend gegeneinander bewegt, so dass sie aneinander haften bleiben.

Durch Zugabe hochviskoser oder klebriger *Bindemittel* wie Wachse oder Melasse ist praktisch jedes Pulver granulierbar. Agglomeration durch Bindemittel nutzt Haftkräfte durch Adhäsion zwischen Bindemittel und Körnern sowie durch Kohäsion im Bindemittel selbst.

Die Bindungskräfte, die in frei beweglichen Flüssigkeitsbrücken wirksam sind, lassen sich durch die Oberflächenspannung der Flüssigkeit erklären (Abb. 6.42). Die Flüssigkeit lagert sich an die Partikeloberfläche unter einem *Randwinkel* δ (vgl. Exkurs: Kohäsion, Adhäsion und Randwinkel), der von der Stoffpaarung abhängt. Hierdurch entsteht eine konkave Oberflächenkrümmung der Flüssigkeitsbrücke. Da die Flüssigkeit infolge ihrer Oberflächenspannung γ versucht, diese Krümmung zu minimieren, entsteht innerhalb der Flüssigkeitsbrücke ein Unterdruck, der die Partikeln zusammenhält. Die Brückenkraft ist der Oberflächenspannung der Flüssigkeit proportional und umgekehrt proportional zur Partikelgröße.

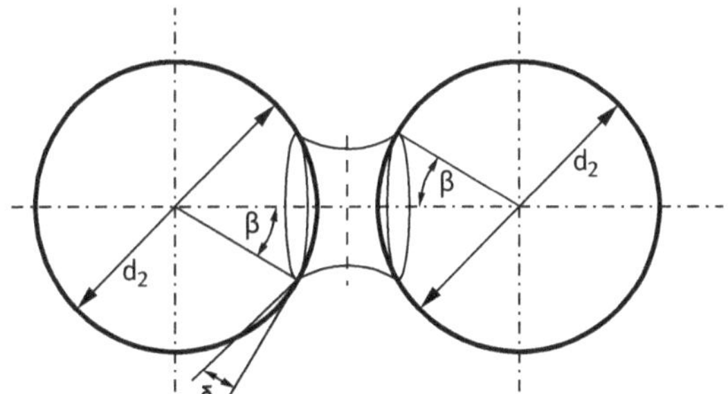

Abb. 6.42: Bindungskräfte durch Flüssigkeitsbrücken

Exkurs: Kohäsion, Adhäsion und Randwinkel

Der innere Zusammenhalt homogener Stoffe basiert auf der *Kohäsion* (lat: cohaerere = zusammenhängen). Kohäsionskräfte sind Anziehungskräfte, die zwischen Atomen oder Molekülen gleicher Art und in geringem Abstand wirken. Sie beruhen in der Regel auf elektrostatischer Anziehung.

Den Zusammenhalt von verschiedenartigen Materialien, z. B. die Anhaftung von Staubpartikeln an einer fremden Oberfläche oder das Anhaften eines Flüssigkeitsfilms an der Oberfläche einer Partikel nennt man dagegen *Adhäsion* (lat: adhaerere = anhaften). Sie ist eine Folge elektrostatischer Kräfte oder der *Van-der-Waals-Kräfte.*

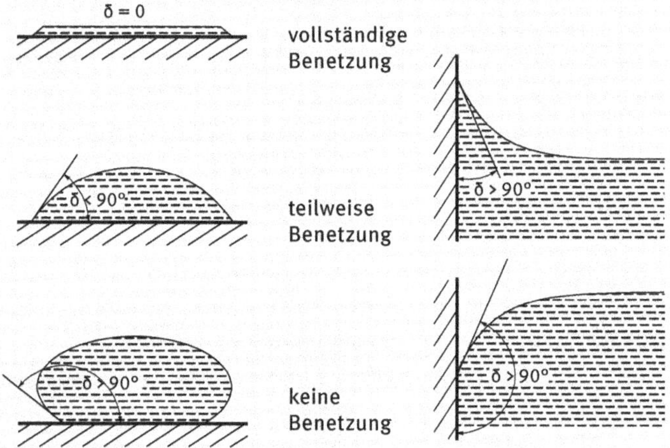

Abb. 6-E3: Benetzung von Oberflächen durch Flüssigkeiten

Befindet sich ein Flüssigkeitstropfen auf einer glatten Festkörperoberfläche (Abb. 6-E3 links), so ergibt sich die Oberflächenform des Tropfens aus dem Zusammenspiel von Kohäsions- und Adhäsionskräften. Wird die für Adhäsion verantwortliche *Haftspannung* zwischen Flüssigkeit und Wand größer als die (auf Kohäsion basierende) *Oberflächenspannung* der Flüssigkeit, dann versucht die Flüssigkeit, einen immer größeren Teil der Festkörperoberfläche zu benetzen. Der Flüssigkeitstropfen breitet sich immer weiter auf der Fläche aus, bis nur noch ein dünner Film vorhanden ist. Ist die Haftspannung geringer als die Oberflächenspannung, aber noch positiv, so erfolgt nur eine *Teilbenetzung*, und der Tropfen bildet eine konvex gekrümmte Oberfläche.

Bei negativer Haftspannung (abstoßendes Verhalten der Stoffe!) zieht die Oberflächenspannung den Tropfen zu einer Flüssigkeitsperle zusammen, und die flüssigkeitsberührte Fläche wird minimal.

Der gleiche Effekt lässt sich auch bei der Berührung einer horizontalen Flüssigkeitsoberfläche mit einer senkrechten Wand beobachten. Benetzende Flüssigkeiten, also solche mit positiver Haftspannung zur Wand, krümmen sich an der Wand nach oben. Dagegen bilden Flüssigkeiten mit negativer Haftspannung eine nach unten gerichtete Krümmung aus.

Der Winkel, der sich zwischen Flüssigkeitsoberfläche und Wand am Berührungspunkt einstellt, wird als *Randwinkel* δ bezeichnet. Sein Wert charakterisiert die Benetzbarkeit der Stoffpaarung Flüssigkeit/Wand: Je kleiner der Randwinkel wird, desto besser ist die Benetzbarkeit. Der Randwinkel ist experimentell schwierig zu bestimmen, da sein genauer Wert von der Beschaffenheit der Oberfläche (Rauigkeit) und der Neigung der Fläche abhängt.

Die ein Agglomerat zusammenhaltende Haftkraft ist in Abb. 6.43 in Abhängigkeit vom *Sättigungsgrad* dargestellt. Als Sättigungsgrad wird derjenige Anteil des Porenvolumens bezeichnet, der mit Flüssigkeit gefüllt ist. Er lässt sich durch die volumenbezogene Agglomeratfeuchte φ_V und die Agglomeratporosität ε^* folgendermaßen ausdrücken:

$$S = \frac{V_{L,L}}{V_{L,ges}} = \frac{\varphi_V \cdot V_{Agg.}}{\varepsilon^* \cdot V_{Agg.}} = \frac{\varphi_V}{\varepsilon^*} \tag{6.36}$$

Die Haftkraft steigt zunächst mit steigender Sättigung des Agglomerats mit Flüssigkeit an, da sich immer mehr Flüssigkeitsbrücken bilden (Phase II). Daran schließt sich eine Phase III an, in der sich keine weiteren Brücken bilden, sondern lediglich die vorhandenen Hohlräume mit Flüssigkeit füllen. Ist das Innere nahezu vollständig gefüllt, steigt die Haftkraft wieder an, da jetzt der starke *Kapillardruck* der zunehmend zusammenhängenden Flüssigkeit das Gebilde zusammenhält. Der Kapillardruck p_k ist ein Unterdruck, der von dem Bestreben der Flüssigkeit herrührt, innerhalb einer Kapillare infolge ihres Randwinkels δ und der Oberflächenspannung γ emporzusteigen (vgl. Exkurs: Kapillardruck).

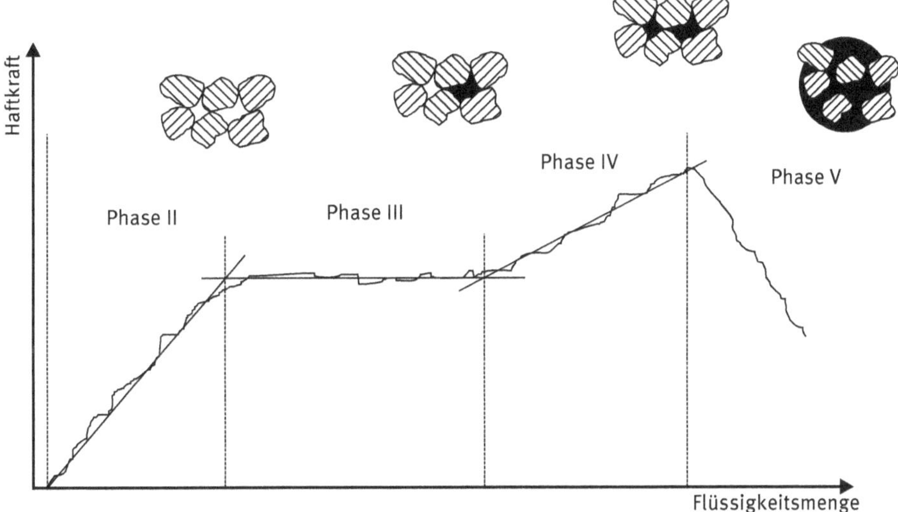

Abb. 6.43: Haftkräfte in Agglomeraten abhängig von ihrer Sättigung mit Flüssigkeit

Der kapillare Unterdruck ist ebenfalls der Oberflächenspannung direkt und der Partikelgröße umgekehrt proportional, führt aber zu einer deutlich höheren Bindungskraft als die Flüssigkeitsbrücken. Schließlich ist mit dem Erreichen der Phase V (Abb. 6.43) ein Zustand erreicht, bei dem das komplette Agglomerat in einem Flüssigkeitsüberschuss „schwimmt“ und die kapillaren Kräfte rapide abnehmen.

Exkurs: Kapillardruck

In engen Kapillaren wirkt sich die Haftspannung zwischen einer benetzenden Flüssigkeit und der Kapillarwand so stark aus, dass die Flüssigkeit um eine bestimmte Höhe innerhalb der Kapillare emporsteigt (Abb. 6-E4). Man nennt diese Höhe *kapillare Steighöhe* h_S. Sie lässt sich aus einer Kräftebilanz zwischen Haftkraft und Gewichtskraft der Flüssigkeit herleiten.

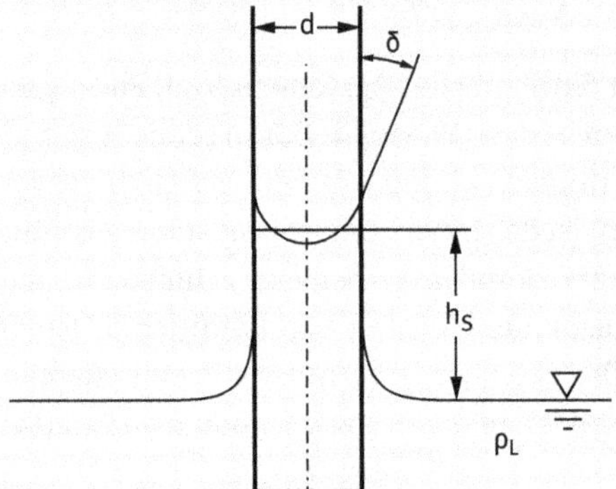

Abb. 6-E4: Bestimmung der kapillaren Steighöhe

Der Cosinus des Randwinkels δ stellt die Relation zwischen Oberflächenspannung γ und Haftspannung an der Wand dar. Die Oberflächenspannung bedeutet die wirksame Oberflächenkraft bezogen auf den Umfang des Oberflächenfilms. Die Multiplikation dieser Größen liefert also die Haftkraft des Flüssigkeitsfilms gegenüber der Kapillarinnenwand

$$F_H = \pi \cdot d \cdot \gamma \cdot \cos \delta \tag{6-E}$$

Wird Flüssigkeit in der Kapillare hochgezogen, beträgt ihre Gewichtskraft

$$F_G = \rho_L \cdot g \cdot \frac{\pi \cdot d^2}{4} \cdot h_S \tag{6-F}$$

Die beiden Kräfte sind im Gleichgewicht; ihre Gleichsetzung liefert die kapillare Steighöhe

$$h_S = \frac{4 \cdot \gamma \cdot \cos \delta}{\rho_L \cdot g \cdot d} \tag{6-G}$$

Nach der hydrostatischen Höhenformel $\Delta p = \rho_L \cdot g \cdot h_S$ lässt sich die kapillare Steighöhe in einen *Kapillardruck* umrechnen (Unterdruck in Höhe der normalen Flüssigkeitsoberfläche):

$$\Delta p_K = \frac{4 \cdot \gamma \cdot \cos \delta}{d} \tag{6-H}$$

Das Granulieren im Rollbettverfahren wird üblicherweise in *Granuliertellern* oder *Granuliertrommeln* (Abb. 6.44) durchgeführt. Die Drehachsen dieser Apparate sind geneigt, wodurch die Partikeln gleichzeitig Rollbewegungen vollführen und sich auf Kreisbahnen vorwärtsbewegen. Den Apparaten wird kontinuierlich Unterkorn sowie Flüssigkeit über Sprühdüsen zugegeben. Beim Granulierteller werden die Körner nicht nur vergrößert, sondern gleichzeitig *klassiert*, indem der *Böschungseffekt* ausgenutzt

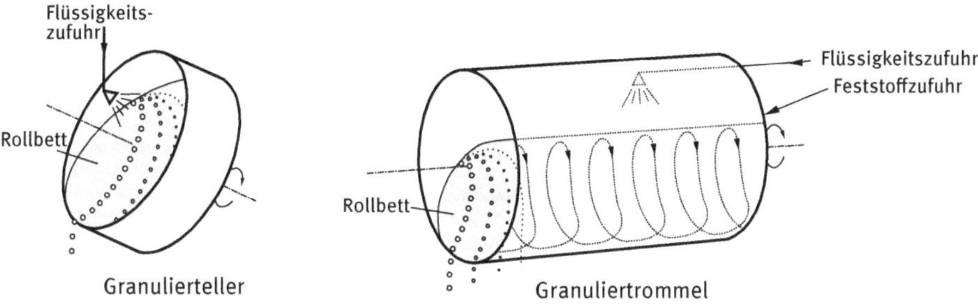

Abb. 6.44: Granulieren im Rollbett

wird. Grobkörniges Material neigt dazu, infolge der größeren Massenträgheit auf einer geneigten Ebene früher und weiter abzurollen. Daher sammelt sich das „fertig" granulierte Material bevorzugt am „Fuß" der Böschung bzw. an der Unterseite des Tellers, wo es leicht durch Überlaufen abgezogen werden kann. Bei Granuliertrommeln tritt dieser Effekt nicht auf, daher ist es hier oft unumgänglich, das entstehende Produkt nachzuklassieren. In der Düngemittelindustrie z. B. wird die interessierende Kornfraktion nach der Trocknung der Granulate üblicherweise durch Doppelsiebe abgetrennt. Das Überkorn wird in geeigneten Zerkleinerungsmaschinen gebrochen und zusammen mit dem Unterkorn wieder der Granuliertrommel zugeführt (Abb. 6.45). Dabei beträgt die rezirkulierte Menge oftmals ein Vielfaches der eigentlichen Produktmenge.

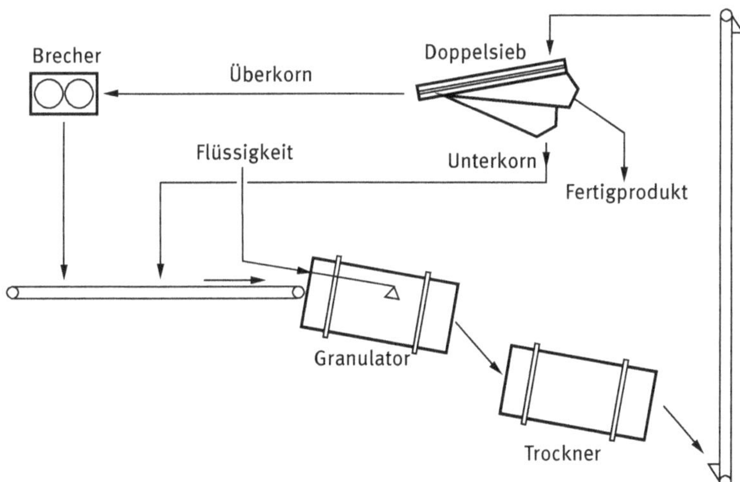

Abb. 6.45: Granulierkreislauf mit Rezirkulation von Über- und Unterkorn

Das Granulieren in einer Wirbelschicht erfolgt üblicherweise in konischen Apparaten (Abb. 6.46 links) oder in flachen wannenförmigen Kammern mit Lochböden (Abb. 6.46

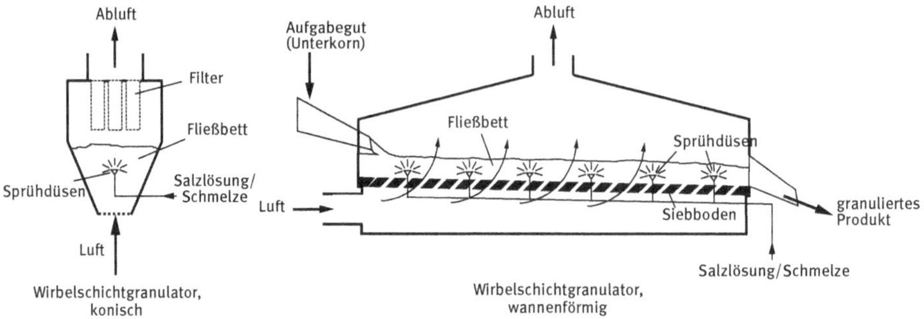

Abb. 6.46: Granulieren in der Wirbelschicht

rechts). Die im Apparat befindlichen Körner werden durch einen von unten gerichteten Luftstrom aufgewirbelt (fluidisiert). Die zugeführte Lösung wird durch Düsen, die entweder oberhalb oder direkt im Fließbett angeordnet sind, versprüht. Der Luftstrom dient gleichzeitig zur Trocknung der aufgesprühten Materialschicht. Konische Wirbelschichtapparate verwendet man z. B. in der Pharmaindustrie für absatzweise Granulierung oder auch zur Herstellung von *Dragees.* Die Trichterform des Fließbettes bewirkt eine Schichtung der fluidisierten Partikeln nach ihrer Größe. Da in den kleinsten Querschnitten an der Unterseite die höchsten Luftgeschwindigkeiten herrschen, sammeln sich hier die größten Granulate (diese weisen auch die höchste Sinkgeschwindigkeit auf!). Sind die Sprühdüsen im oberen Teil des Bettes angeordnet, lässt sich so die Bildung von Überkorn verhindern oder reduzieren.

Bei der Düngemittelherstellung sind Wirbelschichtgranulatoren meist als flache Wannen ausgebildet (Abb. 6.46 rechts). Die Sprühdüsen befinden sich direkt im Fließbett oder knapp oberhalb. Unterkorn wird auf einer Seite kontinuierlich zugeführt und das fluidisierte Bett bewegt sich langsam in Richtung des Austrags, wobei die Partikelgröße stetig wächst. Auch hierbei ist eine Nachklassierung, wie in Abb. 6.45 dargestellt, üblich.

6.4.5 Pressagglomeration

Die *Pressagglomeration*, auch als *Brikettierung* oder *Kompaktierung* bezeichnet, nutzt trockene Haftkräfte zwischen den Partikeln aus. Diese Kräfte steigen mit abnehmendem gegenseitigen Partikelabstand sehr stark an. Das Verpressen wirkt sich daher in mehrfacher Weise günstig auf den Partikelzusammenhalt aus: der Partikelabstand wird dabei sehr klein und die Anzahl der Kontaktstellen wird erhöht. Bei weicheren Partikeln können sich außerdem die Kontaktflächen durch plastische Verformung vergrößern, während spröde Partikeln zum Teil zerkleinert werden und die entstehenden „Bruchstücke" die Zwischenräume auffüllen.

Trockene Haftkräfte zwischen Partikeln können *Van-der-Waals-Kräfte* und *elektrostatische Kräfte* sein. Die elektrostatischen Kräfte wachsen jedoch nur umgekehrt proportional zum Abstand a der Partikeln (F ~ 1/a), während die Van-der-Waals-Kräfte umgekehrt proportional zum Quadrat des Abstands ansteigen ($F \sim 1/a^2$). Je stärker also die Partikel zusammengepresst werden, umso wirksamer sind die Van-der-Waals-Kräfte. Die elektrostatischen Kräfte sind dagegen eher für die Klumpenbildung in lockeren Pulverschüttungen oder für das Anhaften von Pulverpartikeln an fremde Oberflächen verantwortlich.

Schubert [32] gibt in einer Modellrechnung folgende Gleichung für die Van-der-Waals-Kräfte zwischen zwei Kugeln in Abhängigkeit von deren Durchmesser d und deren Abstand a an:

$$F_{\text{van-der-Waals}} = \frac{E_V}{32 \cdot \pi} \cdot \frac{d}{a^2} \qquad (6.37)$$

Mit der Van-der-Waals-Wechselwirkungsenergie $E_V = 8 \cdot 10^{-19}$ Nm ergeben sich die in Abb. 6.47 dargestellten theoretischen Haftkraftverläufe. Man erkennt, dass die Kräfte mit einer Verkleinerung des Abstands a sehr stark zunehmen. Zwar steigt die Haftkraft auch linear mit der Partikelgröße, hierbei ist jedoch zu berücksichtigen, dass sich bei kleineren Teilchen viel mehr Kontaktstellen ergeben.

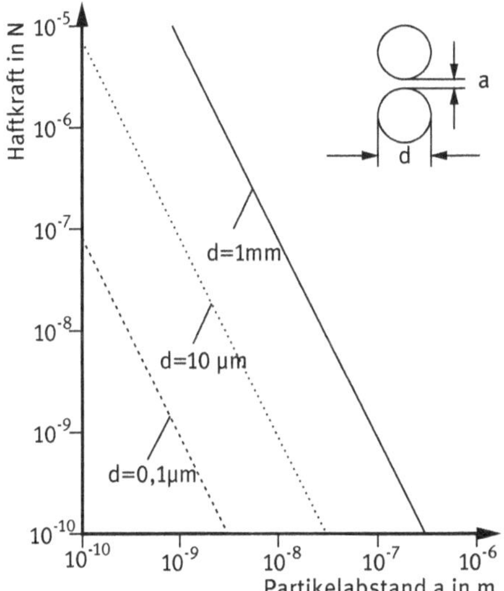

Abb. 6.47: Haftkräfte in Abhängigkeit vom Partikelabstand

Trockene Pulver werden in der Praxis mit Pressdrücken bis zu 10^9 Pa verpresst. *Stempelpressen* (Abb. 6.48 links), bei denen Metallstempel taktweise in *Matrizen* mit festen Seitenwänden und Boden gepresst werden, liefern sehr gleichmäßige *Presslinge*. Sie werden häufig in der Pharmaindustrie zur Herstellung von Tabletten eingesetzt, daher bezeichnet man das Agglomerieren in einer Stempelpresse auch als *Tablettieren*.

Walzenpressen arbeiten dagegen kontinuierlich. Zwei gegenläufig drehenden Walzen wird das Pulver unter Druck gleichmäßig zugeführt und im Walzenspalt verdichtet. Bei der Verwendung von *Glattwalzen* entstehen plattenförmige *Schülpen*, während *Formwalzen* mit eingefrästen Vertiefungen (Abb. 6.48, Mitte links) meist kissenförmige Presslinge erzeugen.

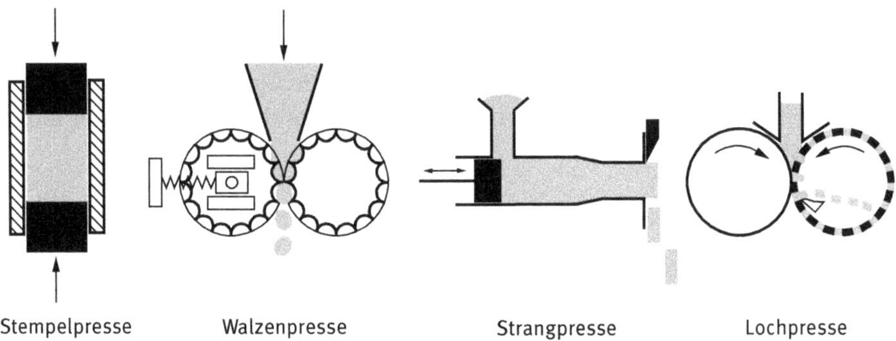

Abb. 6.48: Maschinen zur Pressagglomeration

Auf diese Weise werden z. B. auch Eierkohlen hergestellt. Oft wird dem Pulver zur Verbesserung der Festigkeit der Presslinge ein Bindemittel zugefügt.

Das *Strangpressen* (Abb. 6.48, Mitte rechts) ist an den Vorgang des Stempelpressens angelehnt, allerdings ist die Matrize einseitig offen und die Materialzufuhr erfolgt kontinuierlich. Oft verjüngen sich die Presskanäle in Richtung Ausgang, damit sich eine hinreichend hohe Presskraft aufbauen kann. Die entstehenden Stränge können am Austritt durch umlaufende Messer in gleichmäßige Stücke zerlegt werden. Viele weiche und teilweise auch feuchte Pulver, z. B. Tierfutter, können auf diese Weise verarbeitet werden. Die *Lochpresse* (Abb. 6.48 rechts) stellt eine Kombination von Walzen- und Strangpresse dar. Sie besteht aus einer glatten Druckwalze und einer Lochwalze, deren Bohrungen als Presskanäle dienen. Lochpressen können nur bei relativ leicht verpressbaren Stoffen eingesetzt werden.

Formschlüssige Bindungen ergeben sich, wenn weiche Metallspäne oder faserige Stoffe im verknäulten Zustand verpresst werden. Die Einzelpartikeln verhaken sich dabei intensiv und führen auf diese Weise den Zusammenhalt auch ohne die Wirkung von Adhäsionskräften herbei.

6.5 Übungsaufgaben

6.5.1 Übungsaufgabe Mahlleistung I

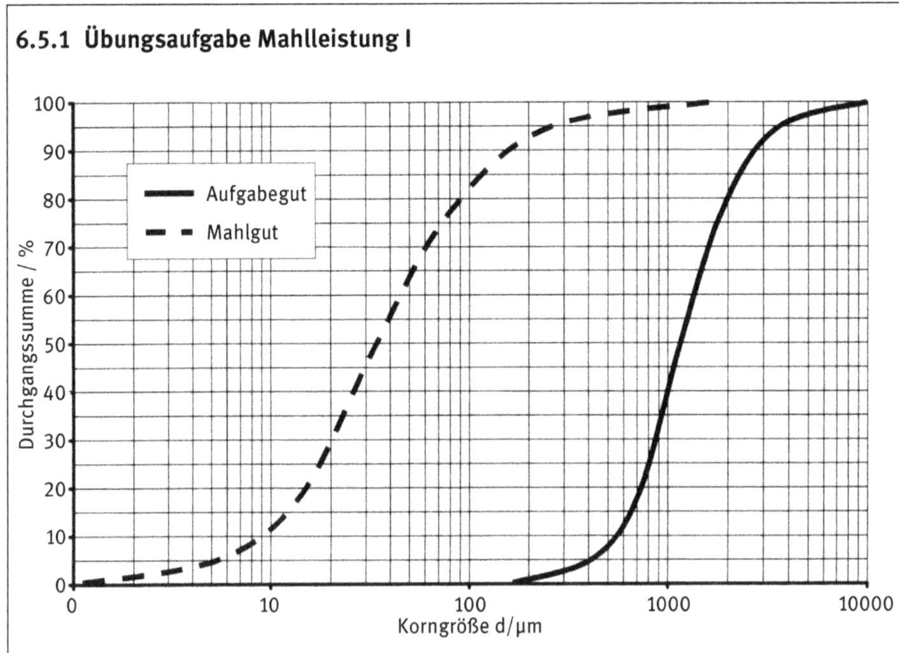

Schätzen Sie die Mahlleistung für die Mahlung von 10 t/h Kohle für ein Kraftwerk ab. Die Massen-Durchgangssummenkurven Q_m von Aufgabegut und Mahlgut sind in der obigen Abbildung dargestellt. Der Bond-Koeffizient für die Mahlung von Kohle betrage 550 $m^{2,5}/s^2$.

6.5.2 Übungsaufgabe Mahlleistung II

In einer Walzenmühle wird Kalkstein gemahlen. Die Abmessungen der Walzen betragen: Durchmesser 300 mm, Länge 50 mm, Spaltweite 0,5 mm. Die Dichte des Kalksteins beträgt 2600 kg/m^3 und der Bond-Koeffizient 1500 m^{2,5}/s^2.

a. Welchen Massendurchsatz schafft die Mühle bei einer Walzendrehzahl von 500 U/min und einem Füllungsgrad von 50 %?
b. Welche Leistung benötigt die Mühle, wenn Mahl- und Aufgabegut folgende Korngrößenverteilungen aufweisen:

Mahlgut:

du/µm	do/µm	ΔD/%
0,00	1,00	20
1,00	2,00	32
2,00	3,50	18
3,50	5,00	10
5,00	8,00	7
8,00	12,00	3

Aufgabegut:

du/mm	do/mm	ΔD/%
0,00	0,50	18
0,50	0,85	44
0,85	1,20	18
1,20	1,70	11
1,70	3,00	7
3,00	6,00	2

6.5.3 Übungsaufgabe Mahlbarkeit

Es soll ein geeignetes Zerkleinerungsverfahren für die Mahlung von Salzkristallen ausgesucht werden. Hierfür werden Testmahlungen mit 3 unterschiedlichen Maschinen vorgenommen:

- Eine **Kugelmühle** benötigt zur Mahlung von 2 t/h Salz eine Leistung von 0,5 MW. Die gemessene spezifische Oberfläche des Mahlgutes beträgt 7850 m^2/kg.
- In einer **Wälzmühle** wird zur Mahlung von 300 kg/h Salz eine Mahlleistung von 80 kW gemessen. Die spezifische Oberfläche des Mahlgutes beträgt 9520 m^2/kg.
- Eine **Prallmühle** erzielt eine spezifische Mahlgutoberfläche von 7140 m^2/kg bei einem Durchsatz von 0,7 t/h Salz und einer Leistung von 130 kW.

Das Aufgabegut habe eine einheitliche Korngröße von 0,5 mm. Der Formfaktor der Salzkristalle beträgt 1,5 und die Dichte des Salzes 2100 kg/m^3.

Alle oben genannten Verfahren liefern ein verwendbares Produkt. Es ist die Maschine auszuwählen, die die beste Energieausnutzung erzielt.

6.5.4 Übungsaufgabe Walzenmühle

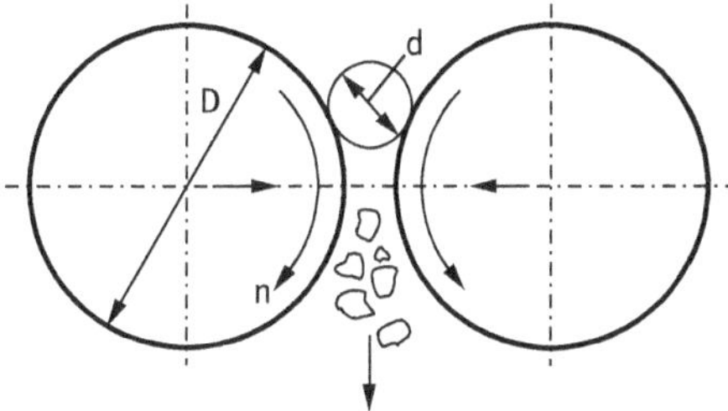

Es soll eine Walzenmühle für 1 t/h Düngergranulat ($\rho = 1800\,kg/m^3$) ausgelegt werden. Die maximale Korngröße im (nahezu kugelförmigen) Aufgabegut beträgt 15 mm. Die maximale Korngröße im Mahlgut soll 3 mm nicht überschreiten.

Bestimmen Sie für einen Füllungsgrad ψ von 0,1 den mindestens erforderlichen Walzendurchmesser D und die notwendige Walzendrehzahl n. Das Verhältnis Länge zu Durchmesser der Walzen soll 0,5 betragen. Der Reibungsbeiwert betrage $\mu = 0{,}3$.

6.5.5 Übungsaufgabe Zerstäubung

Schätzen Sie für die Zerstäubung von Wasser in Luft den durchgesetzten Volumenstrom und den mittleren Tropfendurchmesser ab, den eine Einstoff-Druckdüse mit einem Austrittsdurchmesser von 0,8 mm bei einer Druckdifferenz von 50 bar erzeugt. Der Durchflussbeiwert der Düse sei $\varphi = 0{,}5$.

Stoffdaten für Wasser: $\rho = 1000\,kg/m^3$
$\eta = 0{,}001\,Pa\,s$
$\gamma = 0{,}073\,N/m$

Stoffdaten für Luft: $\rho = 1{,}2\,kg/m^3$

6.6 Formelzeichen für Kapitel 6

a	Partikelabstand
A	Fläche, Bruchfläche, Querschnitt
b	stoffspezifische Konstante
B	Breite
$\overline{c}$	mittlere Geschwindigkeit
c'	Schwankungsgeschwindigkeit
c_u	Umfangsgeschwindigkeit
C	stoffspezifische Konstante
d	Partikeldurchmesser
d_{max}	maximaler Partikeldurchmesser
$\overline{d}$	mittlerer Tropfendurchmesser
d_{32}	Sauterdurchmesser
$d_{p,80,\alpha}$	Partikeldurchmesser des Aufgabeguts bei 80 % Durchgangssumme
$d_{p,80,\omega}$	Partikeldurchmesser des Mahlguts bei 80 % Durchgangssumme
dA	differenzielle Flächenvergrößerung
dE	differenzieller Energiebetrag
dh	differenzielle Längenänderung
D	Durchmesser Walze/Trommel/Düse
D_{min}	minimaler Walzendurchmesser
E	Elastizitätsmodul
EA	Energieausnutzung
E_v	van-der-Waals-Wechselwirkungsenergie
f	Formfaktor
F	Kraft
F_G	Gewichtskraft
F_H	Haftkraft
g	Erdbeschleunigung
G	Gewichtskraft
h_S	kapillare Steighöhe
K	Konstante
L	Länge
ΔL	Längenänderung
L_0	Ursprungslänge
ℓ^*	Länge der kleinsten Mikrowirbel
m_K	Masse der Mahlkörper
m_G	Masse der Mahlgutfüllung
M	Mahlbarkeit
M_K	Mahlbarkeit für Kugelmühle
M_W	Mahlbarkeit für Wälzmühle
M_P	Mahlbarkeit für Prallmühle

M_d	Drehmoment
$\dot{m}_S$	Feststoffmassenstrom
n	Drehzahl
n_{opt}	optimale Drehzahl
n_{krit}	kritische Drehzahl
p_k	Kapillardruck
Δp	Differenzdruck, Düsenvordruck
Δp_K	Kapillardruck
P	Leistung
Q_m	Durchgangssumme (Mengenart Masse)
s	Strecke (z. B. Spaltweite, Auslenkung)
S	Sättigungsgrad
S_m	massenspezifische Oberfläche
ΔS_m	neugeschaffene Oberfläche
V	Partikelvolumen
$V_{L,L}$	mit Flüssigkeit gefülltes Porenvolumen
$V_{L,ges}$	gesamtes Porenvolumen
$\dot{V}$	Volumenstrom
W_σ	Formänderungsarbeit (volumenspezifisch)
$W_{B,\sigma}$	Brucharbeit (volumenspezifisch)
W_m	Zerkleinerungsarbeit (massenspezifisch)
x	Partikelgröße
y	Entfernung von der Düsenöffnung
α	Öffnungswinkel
α_{max}	maximaler Öffnungswinkel
β	Risswiderstand
δ	Randwinkel
δ_L	Dicke einer Lamelle
ε	Dehnung
ε_B	Bruchdehnung
ε^*	Agglomeratporosität
Φ_B	Bond-Koeffizient, Bond-Index
γ	spezifische Grenzflächenenergie, Grenzflächen-, Oberflächenspannung
γ_W	Oberflächenspannung des Wassers
η_L	dynamische Flüssigkeitsviskosität
η_d	Viskosität der dispersen Phase (Tropfen, Blase)
η_e	Emulsionsviskosität
φ	Durchflussbeiwert einer Düse
φ_v	volumenbezogene Agglomeratfeuchte
μ	Reibungsbeiwert
ν_L	kinematische Flüssigkeitsviskosität
ρ_S	Feststoffdichte

ρ_L	Flüssigkeitsdichte
ρ_G	Gasdichte
σ	Spannung
σ_B	Bruchspannung
τ	Schubspannung
ω	Winkelgeschwindigkeit
ψ	Füllungsgrad
ζ_W	Widerstandsbeiwert
Fr	Froudezahl
Oh	Ohnesorge-Zahl
Re	Reynoldszahl
We	Weberzahl
We_{lam}	Weberzahl im laminaren Strömungsbereich
$We_{kr,lam}$	kritische Weberzahl im laminaren Strömungsbereich

7 Mischprozesse

7.1 Einteilung der Mischprozesse

Mischen bedeutet in der Prozesstechnik allgemein *Stoffvereinigung*. Aufgabe der Mischtechnik ist es, Stoffsysteme, in denen Konzentrations- und/oder Temperaturunterschiede vorliegen, so zu behandeln, dass diese Unterschiede möglichst verschwinden oder so klein wie möglich werden. Ist das Ergebnis des Mischprozesses von Dauer, d. h. bleibt das System auch nach dem Mischvorgang für eine vorgegebene Zeit stabil, spricht man vom *Homogenisieren*. Dabei spielt es keine Rolle, ob das System ein- oder mehrphasig ist. So nennt man das Vermischen zweier ineinander löslicher Flüssigkeiten, aber auch beispielsweise die Feinstverteilung von Fetttröpfchen in der Milch *Homogenisieren*, da es sich hierbei um eine stabile, nicht selbsttätig entmischende Emulsion handelt. Ein anderes Beispiel ist die Einarbeitung von Feststoffpulvern in zähe Flüssigkeiten. Das Mischen körniger Stoffe, also die Herstellung von Feststoffmischungen, ist ebenfalls ein Homogenisiervorgang und wird auch als *Vermengen* bezeichnet.

Das Vermischen kann aber auch dem Zweck dienen, den Kontakt zwischen zwei Phasen nur kurzzeitig zu intensivieren. Beispiele hierfür sind das Aufwirbeln von Salzpartikeln in wässriger Umgebung, um diese aufzulösen, die kurzzeitige Erzeugung eines 2-Phasen-Gemisches bei der Flüssig-flüssig-Extraktion oder die Verteilung von Glasblasen in einer Flüssigkeit bei Gas-flüssig-Reaktionen. In den genannten Fällen kommt es wesentlich auf die Schaffung einer möglichst großen Phasengrenzfläche zum Zwecke besseren Stoffübergangs an. Das vorübergehende Aufwirbeln von Feststoff in Flüssigkeiten wird *Suspendieren* und das vorübergehende Verteilen von Flüssigkeitströpfchen oder Gasblasen in einer Flüssigkeit *Dispergieren* genannt. Letzteres wird je nach Aggregatzustand der dispersen Phase noch einmal in *Emulgieren* und *Begasen* unterteilt.

Je nachdem, ob die Mischung durch die eigene Strömungsenergie oder durch bewegte mechanische Mischwerkzeuge geschieht, nennt man den Vorgang *statisches Mischen* oder *dynamisches Mischen*. Gase z. B. werden überwiegend durch statische Mischer homogenisiert. Zähe, pastöse oder teigige Substanzen vermischt man durch *Kneten*, mittel- bis niederviskose Flüssigkeiten durch *Rühren*. Das Rühren nimmt innerhalb der Mischtechnik eine herausragende Stellung ein. In Rührbehältern lassen sich Stoffsysteme homogenisieren, aber auch die unterschiedlichsten *Phasenkontakte* durch Suspendieren, Emulgieren oder Begasen schaffen, was z. B. für die Initiierung und Beschleunigung chemischer Reaktionen wichtig ist. Ausserdem dient der Rührer meist noch zur Verbesserung des Wärmeaustausches an Heiz- oder Kühlmänteln oder eingebauten Rohrschlangen.

Zur Vergleichmäßigung von Produkteigenschaften ist es allerdings nicht in jedem Fall nötig, energetisch aufwändige Mischvorgänge durchzuführen. Oft lässt

https://doi.org/10.1515/9783110739541-007

sich das gewünschte Ziel bereits durch systematisches *Sammeln und Wiederverteilen* einer Substanz erreichen, was man z. B. in so unterschiedlichen Einsatzfällen wie der Probenaufbereitung für Partikelanalysen oder der Schüttgut-Lagertechnik nutzt.

Einen Überblick über die Zusammenhänge und Begriffe liefert Abb. 7.1.

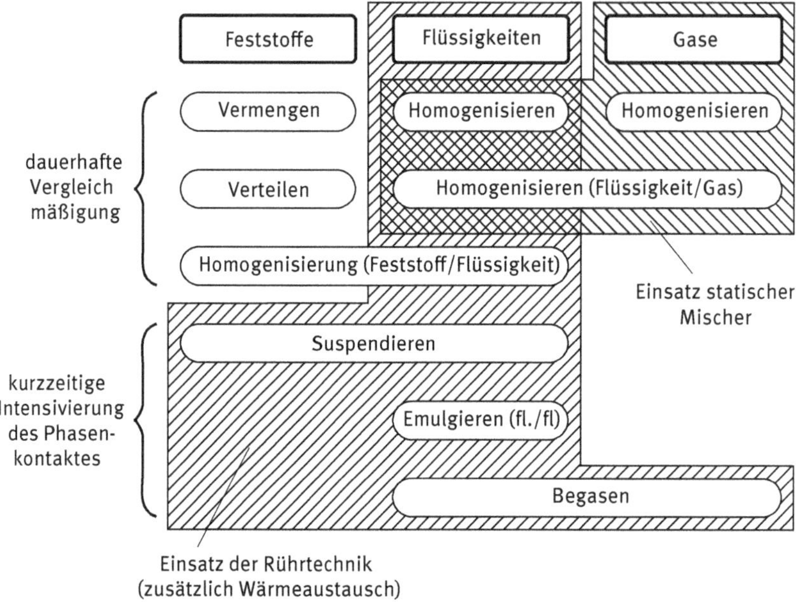

Abb. 7.1: Überblick über die Mischtechnik

7.2 Homogenisiermechanismen

Homogenisieren bedeutet Ausgleich von Konzentrations- oder Temperaturunterschieden in einem System, welches einphasig und auch mehrphasig sein kann. Grundsätzlich geht man davon aus, dass die beteiligten Komponenten zu Beginn des Homogenisiervorgangs vollständig getrennt vorliegen. Zum Schluss soll es möglichst keine Unterschiede mehr geben, d. h. die Zusammensetzung jeder noch so kleinen Teilprobe soll mit der Gesamtzusammensetzung übereinstimmen. Dies erreicht man in aller Regel dadurch, dass Volumenbereiche im System durch Bewegung aufgeteilt und in anderer Weise wieder zusammengeführt werden. Schematisch lässt sich der Vorgang bei zwei Komponenten als Raster darstellen (Abb. 7.2), dessen Feldgröße immer kleiner wird, bis sie schließlich (bei ineinander löslichen Stoffen) molekulare Dimensionen erreicht.

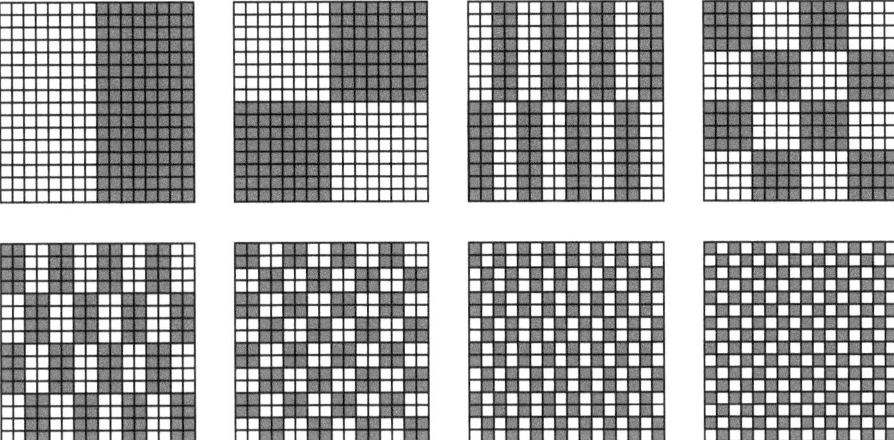

Abb. 7.2: Idealisierter Homogenisiervorgang

Der Homogenisiervorgang lässt sich meist in 2–3 Phasen gliedern (Abb. 7.3):

1. Teilen/Umschichten: Dieser Mechanismus ist in fast reiner Form beim Feststoffmischen und Kneten maßgeblich. Durch die Verdrängungswirkung beweglicher Werkzeuge werden Teilvolumina abgetrennt und zwangsweise an eine andere Stelle des Systems bewegt. Der Vorgang kommt augenblicklich zum Stillstand, wenn die Zwangsbewegung gestoppt wird. Auch statische Mischer im laminaren Strömungsbereich arbeiten nach dem Teil- und Umschicht-Prinzip.
2. Konvektion: Dieser Mechanismus ist sehr wirksam z. B. beim Rühren niedrigviskoser Flüssigkeiten, aber auch beim Strahlmischen oder im statischen Mischer: Durch die Schaffung hoher lokaler Geschwindigkeitsgefälle wird Turbulenz erzeugt, d. h. die Teilvolumina, einmal „angestoßen“, bewegen sich durch ihre eigene Massenträgheit in alle Bereiche des Systems, wodurch der Energielieferant (also Rührer, Freistrahl etc.) eine *Fernwirkung* auf das komplette System entfaltet.
3. Diffusion: Bei Flüssigkeiten und Gasen vollzieht sich der endgültige Konzentrationsausgleich auf molekularer Ebene und wird auch als *Mikrovermischung* bezeichnet. Für chemische Reaktionen ist gerade dieser Schritt sehr bedeutsam, da diese ebenfalls zwischen den Molekülen erfolgen. Anschaulich kann man Diffusion in einer Gasmischung beobachten: zwei Gase, die zu Beginn durch eine Wand vollständig getrennt sind, mischen sich nach deren Entfernung vollständig durch die zufällige Eigenbewegung der Moleküle. Bei Flüssigkeiten mit hoher Viskosität der beteiligten Stoffe werden diffusive Vorgänge jedoch extrem langsam (der Diffusionskoeffizient ist umgekehrt proportional der Flüssigkeitsviskosität); hier muss bereits eine gute Grobvermischung durch die Mechanismen 1 oder 2 vorliegen, damit die Diffusionswege kurz bleiben (vgl. Exkurs: Diffusion).

Exkurs: Diffusion

Als Diffusion bezeichnet man einen Stofftransportvorgang, der durch die thermische Eigenbewegung der Moleküle erfolgt. Dieser molekulare Stofftransport hat eine makroskopisch wahrnehmbare Relativbewegung der einzelnen Molekülbestandteile eines Stoffgemisches zur Folge und ist irreversibel.

Der molekulare Stofftransport durch Diffusion erfolgt immer dann, wenn ein Konzentrationsgradient der betreffenden Komponente im System vorliegt. Die Erklärung hierfür ist einfach: Herrschen zwischen zwei Punkten in einem Stoffsystem gleiche Konzentrationen z. B. der Molekülsorte A, dann werden sich durch zufällige Eigenbewegung in einer bestimmten Zeitspanne genauso viele A-Moleküle in die eine wie in die andere Richtung bewegen. Liegt aber in einem dieser Punkte eine höhere A-Konzentration vor, bewegen sich von diesem Punkt aus naturgemäß mehr Moleküle zum anderen Punkt als umgekehrt. Es findet also immer ein Transport von der hohen zur niedrigen Konzentration statt, und es besteht die Tendenz, die im System vorhandenen Konzentrationsunterschiede auszugleichen.

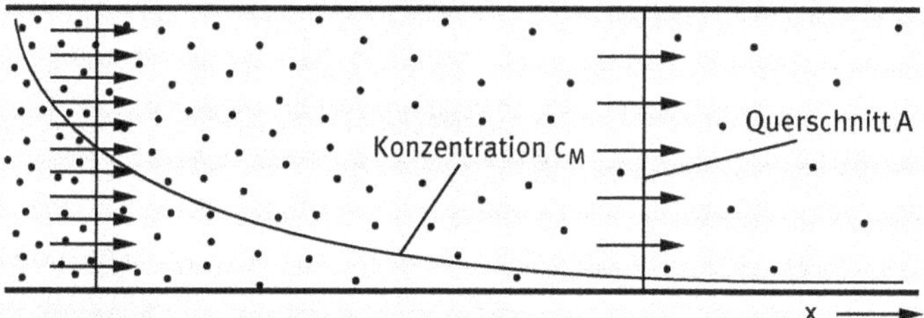

Abb. 7-E1: Stofftransport durch Diffusion

Nach dem *1. Fick'schen Gesetz* ist der Massenstrom durch Diffusion im Querschnitt A proportional zum herrschenden Konzentrationsgradienten in x-Richtung:

$$\frac{dm}{dt} = -\rho \cdot D_{AB} \cdot A \cdot \frac{dc_M}{dx} \tag{7-A}$$

Das Minuszeichen rührt daher, dass die Konzentration dc_M in x-Richtung abnimmt und somit dc/dx negativ ist. Proportionalitätsfaktor ist der Diffusionskoeffizient D_{AB}. Er hat die Dimension

$$\frac{m^3}{m \cdot s} = \frac{m^2}{s}$$

und gibt an, wie schnell sich Moleküle der Sorte A innerhalb der Molekülsorte B bewegen können. D_{AB} liegt bei Gasen in der Größenordnung von 10^{-5} bis 10^{-4} m^2/s und beträgt dagegen bei Flüssigkeiten nur 10^{-11} bis 10^{-9} m^2/s. Der Diffusionskoeffizient nimmt entsprechend der Beweglichkeit der Moleküle mit der Temperatur stark zu und mit der Viskosität von Flüssigkeiten stark ab.

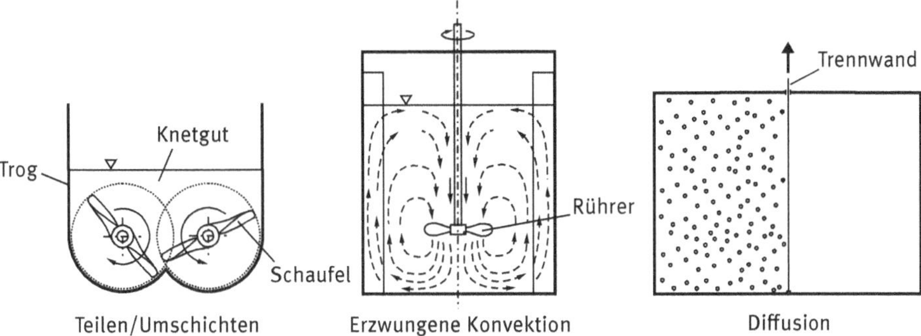

Abb. 7.3: Homogenisiermechanismen

7.3 Statisches Mischen

Bei statischen Mischern erfolgt die Energiezufuhr für den Mischvorgang aus der Strömungsenergie des Fluids. Sie werden meist zur Homogenisierung von Gas- oder Flüssigkeitsgemischen eingesetzt; in manchen Fällen können auch zwei- oder mehrphasige Systeme verarbeitet werden. Vorteilhaft ist der Einsatz statischer Mischsysteme dort, wo die zu mischenden Stoffe in Mengenstrom und Qualität gleich bleiben und bereits einen ausreichend hohen und konstanten Vordruck aufweisen, oder wo der Einsatz drehender Werkzeuge Probleme bereitet.

Im laminaren Bereich arbeitende statische Mischer wirken nach dem Prinzip des Teilens und Umschichtens (Abb. 7.3 links). So lässt sich z. B. die in Abb. 7.2 dargestellte Rasterung durch fortwährendes Aufteilen, Verschieben, Ausbreiten und Wiederzusammenführen des Produktstroms erreichen. Dies wird von Einbauten bewirkt, die entsprechend schräg gestellte oder gebogene Bleche aufweisen. In idealer Form ist das Prinzip beim sogenannten *Multiflux-Mischer* verwirklicht [33] (Abb. 7.4). Das beispielhaft aus einer weißen und einer schwarzen Substanz bestehende Ausgangsgemisch wird vom ersten Mischerelement zunächst aufgeteilt, die Teilvolumina werden sodann durch schräggestellte Wände gegeneinander verschoben und in Querrichtung wieder gedehnt. Jedes Mischelement bewirkt somit eine Verdopplung der Schichtenzahl. Be-

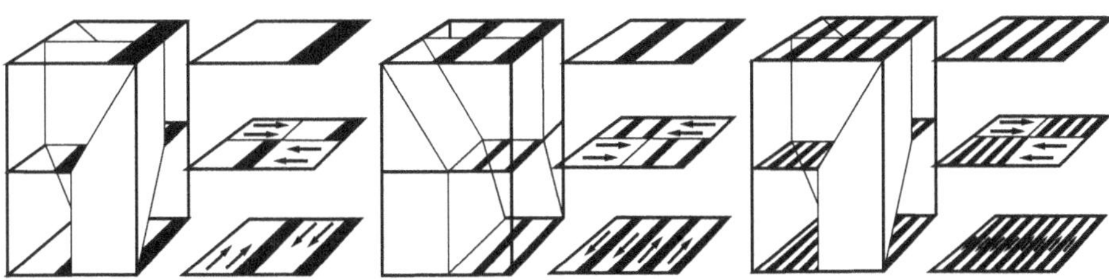

Abb. 7.4: Prinzip des Multiflux-Mischers

steht ein Mischelement aus k Kanälen und wird b-mal hintereinander geschaltet, so lässt sich die Vervielfachung der entstehenden Schichten N/N_0 nach einem Potenzgesetz abschätzen [33]:

$$N = N_0 \cdot k^b \tag{7.1}$$

k entspricht der Anzahl der Kanäle innerhalb eines Mischelementes, also die Zahl der entstehenden Schichten pro Element. Die Potenz b steht für die Anzahl der hintereinandergeschalteten Mischelemente. Im Beispiel aus Abb. 7.4 mit 2 Kanälen pro Mischelement ergibt sich nach 3 Elementen also $N = 8\,N_0$; eine Verachtfachung der Schichtenzahl.

Solche Einbauten aus Einzelelementen werden oft jeweils um 90° oder 180° versetzt hintereinander in Rohrleitungen oder Kanälen angeordnet. Durch eine genügend große Zahl hintereinandergeschalteter Elemente werden die Einzelschichten so dünn, dass die endgültige Vermischung auf molekularer Ebene durch Diffusion möglich ist.

Im turbulenten Bereich vollzieht sich die Grobvermischung durch Konvektion infolge der herrschenden Querströmungen. Auch die diffusive Feinvermischung vollzieht sich aufgrund der geringen Viskositäten sehr schnell; in aller Regel erfolgt diese parallel zur konvektiven Mischung und ist gleichzeitig mit ihr abgeschlossen. Im einfachsten Fall reicht für turbulentes statisches Mischen ein gerades Rohr aus. Nach Hartung und Hiby [34] ist für eine vollständige Homogenisierung eine Mischstrecke von ca. 100 Rohrdurchmessern notwendig. Durch turbulenzsteigernde Einbauten (*Schikanen*, Beispiele in Abb. 7.5) lässt sich die Mischstrecke jedoch wesentlich verkürzen. Für die erzielbare relative Standardabweichung von Mischelementen der Länge L_M und dem Durchmesser D, die im Abstand L_R aufeinanderfolgen, wird folgende Gleichung angegeben [33]:

$$\frac{s}{s_0} = K_M^{\frac{L_M}{D}} \cdot K_{LR}^{\frac{L_R}{D}} \tag{7.2}$$

Die bauartspezifischen Konstanten K_M und K_{LR} können einer Tabelle in [33] entnommen werden, die aus Einzelveröffentlichungen vieler Autoren zusammengestellt ist.

Für die Druckverluste statischer Mischer gelten ähnliche Überlegungen wie bei der Durchströmung von Schüttungen (Kap.5.1). Es lässt sich die einfache Druckver-

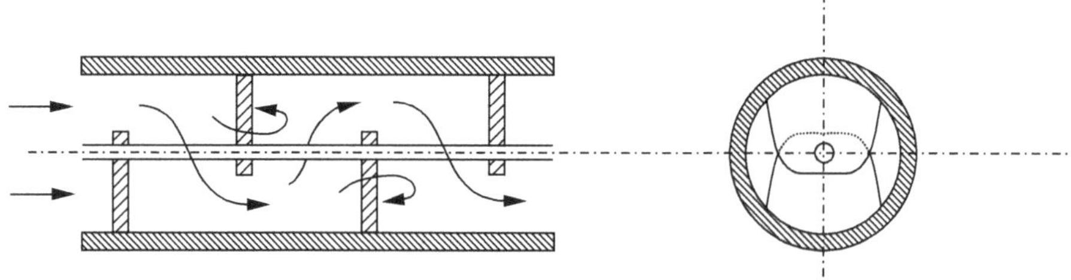

Abb. 7.5: Turbulenzsteigernde Einbauten in Rohrleitungen

lustgleichung für die Innenströmung anwenden:

$$\Delta p_M = \lambda_M \cdot \frac{L}{D} \cdot \frac{\rho}{2} \cdot \bar{c}_L^2 \tag{7.3}$$

wobei die Widerstandszahl statischer Mischer sich wie bei der *Ergun-Gleichung* (Kap. 5.1.4) durch einen laminaren Anteil λ_{lam}/Re und einen turbulenten Anteil λ_{turb} ausdrücken lässt:

$$\lambda_M = \frac{\lambda_{lam}}{Re} + \lambda_{turb} \tag{7.4}$$

Für einige Bauformen sind die Konstanten λ_{lam} und λ_{turb} in [35] angegeben. Der Leistungsbedarf eines statischen Mischers ergibt sich dann einfach aus

$$P_M = \Delta p_M \cdot \dot{V} \tag{7.5}$$

Statische Mischer benötigen im Vergleich zu dynamischen Mischeinrichtungen wie z. B. Rührern eine um 2–3 Größenordnungen kleinere Leistung [36].

7.4 Dynamisches Mischen von Flüssigkeiten (Rührtechnik)

7.4.1 Rührertypen

In Flüssigkeiten unterschiedlicher Viskositätsstufen werden Mischvorgänge meist mit Rührern durchgeführt. Die in Rührgefäßen durchführbaren Grundoperationen umfassen neben der reinen Flüssigkeitshomogenisierung auch solche Vorgänge, bei denen es auf die Erzeugung von Phasenkontakten und die Schaffung möglichst großer Grenzflächen ankommt. Mehrphasige Strömungen in Rührbehältern wie beim Suspendieren, Emulgieren oder Begasen gehören wegen der großen Zahl der Einflussparameter und der komplexen Strömungsverhältnisse zu den am schwierigsten berechenbaren Grundoperationen in der Verfahrenstechnik. Bis heute existieren für diese häufig eingesetzten Techniken keine universell gültigen Berechnungsmodelle.

Für die unterschiedlichen Mischaufgaben (Homogenisierung, Phasenkontakt, Wärmeübertragung) existieren eine Vielzahl von Rührertypen. Diese lassen sich meist grob nach der bevorzugten Strömungsrichtung, nach dem Viskositätsbereich und/oder dem Aufgabenbereich klassifizieren.

Nach der erzeugten *Primärströmung* im Rührgefäß unterscheidet man *axial, radial* und *tangential* wirkende Rührorgane (Abb. 7.6). Axial wirksame Rührer (hier: *Propeller*; meist nach unten fördernd) erzeugen einen großen *Ringwirbel* im Rührgefäß, der axialsymmetrisch angeordnet ist. Da dieser Wirbel das komplette Gefäß umfasst, eignen sich solche Rührer gut für Homogenisieraufgaben. Durch die direkte Bodenanströmung werden auch Feststoffe leicht vom Boden aufgewirbelt, also sind mit schnelllaufenden *Axialrührern* Suspendieraufgaben vorteilhaft durchführbar.

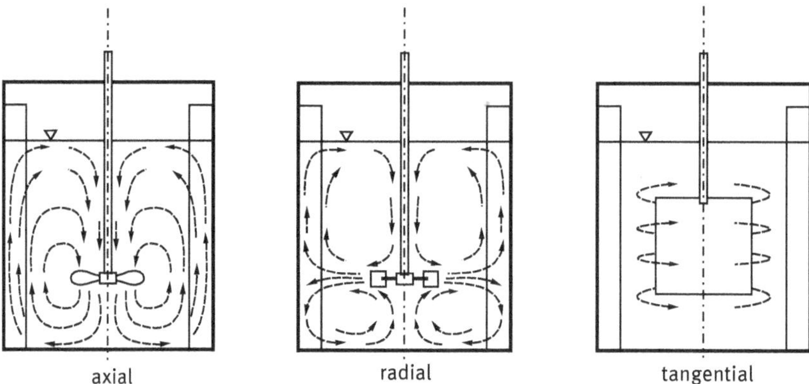

Abb. 7.6: Primärströmung in Rührbehältern

Radialrührer fördern primär radial nach außen und erzeugen zwei Ringwirbel, da bei diesen Rührern eine waagrecht angeordnete Scheibe den axialen Durchtritt durch das Rührorgan verhindert (der im Bild dargestellte Radialrührer wird daher *Scheibenrührer* genannt, s. auch in Abb. 7.8). Schnelldrehende Radialrührer erzeugen sehr hohe Schergefälle an ihren scharfen Außenkanten und tragen daher die Rührenergie sehr konzentriert in den Flüssigkeitsansatz ein; sie werden bevorzugt für Dispergiervorgänge (Emulgieren, Begasen) eingesetzt. Für Homogenisieraufgaben eignen sie sich weniger, da zwischen den beiden Ringwirbeln nur eingeschränkt Stoffaustausch stattfindet.

Tangentialrührer (im Bild dargestellt ist ein *Blattrührer*) eignen sich gut zum Homogenisieren mittelviskoser Ansätze. Eine andere Bauform, der *Ankerrührer* (s. auch Abb. 7.8), wird insbesondere zur Verbesserung des Wärmeaustausches verwendet, da dieser Tangentialrührer in geringem Abstand zu Wärmeübertragungsflächen (Rohrschlangen, Mantelkühlung etc.) rotiert.

Insbesondere bei schnelldrehenden Rührorganen setzt man feststehende Leitbleche ein, um ein Mitdrehen des Flüssigkeitsinhalts zu unterbinden. Sind diese wandnah angeordnet, bezeichnet man sie als *Stromstörer*. Ein solcherart *bewehrtes Rührgefäß* enthält i. d. R. 3–4 Stromstörer.

Zur gleichmäßigeren Verteilung des Energieeintrags in der Flüssigkeit, insbesondere bei schlanken und hohen Rührgefäßen, werden oft auch *mehrstufige Rühranordnungen* eingesetzt. Abb. 7.7 zeigt die Verteilung der lokalen Energiedissipation bei einem Scheibenrührer, einem Propellerrührer und einem zweistufigen *Mehrstufen-Impuls-Gegenstromrührer* (*INTERMIG®*) aus Untersuchungen der Fa. EKATO. Die dargestellten getönten Flächen und Linien stellen Bereiche gleicher Energiedissipation dar, ausgedrückt im Verhältnis des örtlichen zum mittleren Energieeintrag. Man erkennt die sehr hohe lokale Energiedichte an den Kanten des Scheibenrührers, die z. B. der Dispergierung förderlich ist und in kurzer Distanz zum Rührerblatt stark abnimmt.

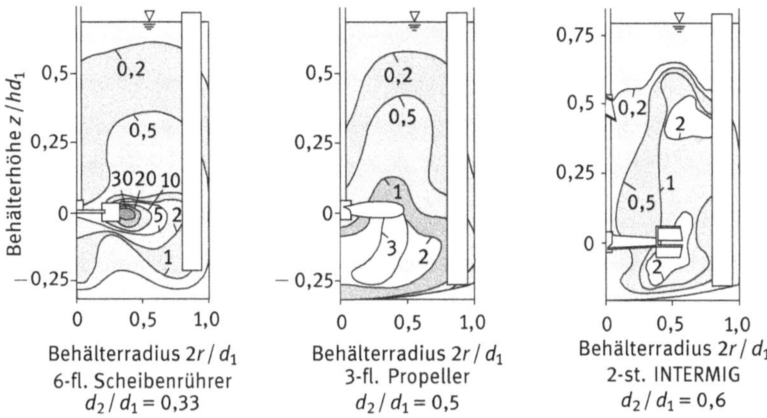

Abb. 7.7: Lokale Energieverteilung bei verschiedenen Rührorganen (nach [30])

Dagegen ist der Energieeintrag beim Propellerrührer und insbesondere beim mehrstufigen Rührer deutlich gleichmäßiger, was im Hinblick auf die Homogenisierung vorteilhaft ist.

Abb. 7.8 zeigt eine Auswahl gängiger Rührertypen. Hochviskose Flüssigkeiten erfordern langsam laufende, wandgängige Rührorgane, die einen möglichst großen Anteil des Behältervolumens direkt erfassen. Ihre Mischwirkung beruht hauptsächlich auf dem Prinzip Teilen/Verschieben. Beim axial fördernden *Wendelrührer* werden so nach und nach immer dünnere Flüssigkeitsschichten nebeneinander gebracht, so

Rührorgan	Propellerrührer	Wendelrührer	Scheibenrührer	Ankerrührer
typ. Einsatzgebiet	Homogenisierung	Homogenisierung	Dispergierung	Wärmeübertragung
Flüss.-Viskosität	niedrig	hoch	niedrig	hoch
Förderrichtung	axial	axial	radial	tangential
typische Einbaubedingungen	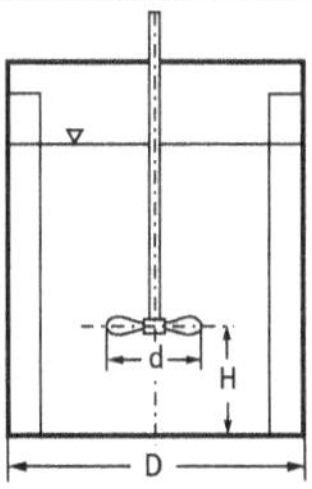 d, H, D	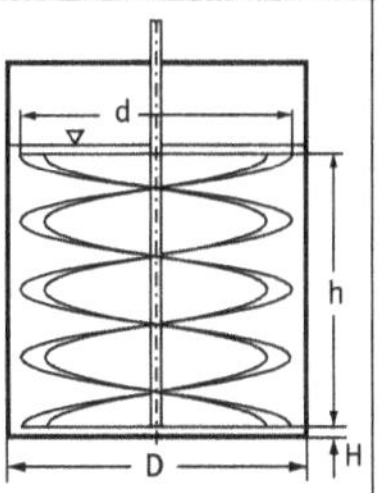 d, h, D, H	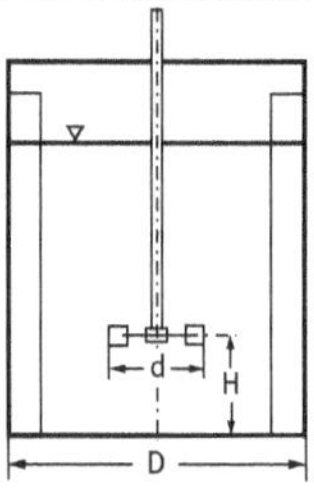 d, H, D	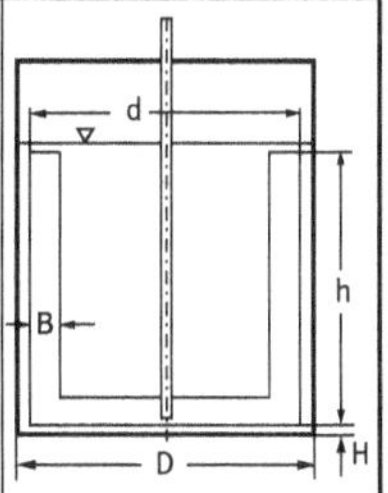 d, B, h, D, H
geometrische Verhältnisse	d/D = 0,3 H/d = 1,5 3 Flügel (Anstellwinkel 25°)	d/D = 0,98 h/d = 1 H/d = 0,01	d/D = 0,3 H/d = 1 6 Schaufeln	d/D = 0,98 h/d = 1 H/d = 0,01 B/d = 0,1

Abb. 7.8: Auswahl und Kennwerte gebräuchlicher Rührertypen

dass z. B. trotz der niedrigen Diffusionsgeschwindigkeiten eine Mikrovermischung möglich ist. Dagegen ist der tangential wirkende *Ankerrührer* besser zur Beschleunigung des Wärmeaustausches geeignet.

Propellerrührer und Scheibenrührer eignen sich gut für niedrigviskose Flüssigkeiten. Durch diese Rührertypen wird die Energie konzentriert eingetragen; das Rührorgan erzeugt ein örtlich hohes Geschwindigkeitsgefälle. Hierdurch wird erzwungene Konvektion und Turbulenz erzeugt, und die Teilvolumina bewegen sich durch ihre eigene Massenträgheit in alle Bereiche des Systems; der Rührer entfaltet Fernwirkung.

7.4.2 Dimensionsanalytische Betrachtung

Die Aufgabenstellung bei der Auslegung einer Rühranordnung besteht meist in der Auswahl des geeigneten Rührertyps, der Festlegung der Abmessungen von Rührer und Behälter sowie der Wahl von Rührerdrehzahl und installierter Antriebsleistung. Rührvorgänge sind jedoch sehr komplex; analytische Berechnungsansätze führen fast nie zu den gewünschten Zielgrößen. Daher bedient man sich gerade auf diesem Gebiet vorteilhaft der *Dimensionsanalyse* zur Herstellung von Zusammenhängen, zur Reduzierung der Einflussparameter und zur empirischen Bestimmung der wichtigsten Daten (vgl. Exkurs: Dimensionsanalyse).

Zunächst sollen alle (prozesstechnischen) Einflussgrößen zusammengestellt werden, die die Antriebsleistung P eines Rührers beeinflussen (Tab. 7.1). Der eigentliche Antrieb, z. B. ein Elektromotor, weist daneben eine Vielzahl zusätzlicher Einflussgrößen auf, die aber mit der Kernaufgabe nichts zu tun haben. Man klammert daher alle Einflüsse des Antriebs selbst aus der Betrachtung aus und bezeichnet die Zielgröße P als *Wellenleistung*.

Tab. 7.1: Einflussgrößen beim Homogenisieren im Rührgefäß

Einflussgröße	Formelbuchstabe	Dimension
Drehzahl	n	1/T
Rührerdurchmesser	d	L
Behälterdurchmesser	D	L
Rührerhöhe	h	L
Abstand Rührer/Boden	H	L
andere geometrische Maße…	X…	L
Fluiddichte	ρ	M/L^3
Dyn. Fluidviskosität	η	$M/(L * T)$
Erdbeschleunigung	g	L/T^2
Wellenleistung	P	$M * L^2/T^3$

(Kürzel für Dimensionen: M = Masse; L = Länge; T = Zeit)

Einschließlich des für die Gesamtgröße charakteristischen Längenmaßes „Rührerdurchmesser“ existieren also für dieses Problem 6 Einflussgrößen zuzüglich einer unbekannten Zahl zu berücksichtigender Form- bzw. Geometriegrößen. Bei k Geometriemaßen ergeben sich also k + 6 Einflussgrößen – 3 beteiligte Grundeinheiten = k + 3 relevante Kennzahlen $K_1 \ldots K_{k+3}$.

Die Durchführung der Analyse gestaltet sich bei so vielen Einflussgrößen recht komplex. Es ergeben sich folgende dimensionslose Kennzahlen:

$$K_1 = \frac{P}{n^3 \cdot d^5 \cdot \rho} \qquad K_4 = \frac{d}{D}$$

$$K_2 = \frac{n \cdot d^2 \cdot \rho}{\eta} \qquad K_5 = \frac{h}{d}$$

$$K_3 = \frac{n^2 \cdot d}{g} \qquad K_6 = \frac{H}{d} \qquad K_7 = \frac{X}{d} \ldots$$

Die ersten 3 erhaltenen Kennzahlen stellen eine Kombination unterschiedlicher System- und Stoffgrößen dar, während die übrigen Kennzahlen K_4–K_7 ff. reine Geometrieverhältnisse sind.

Durch die Wahl standardisierter Rühranordnungen kann der Einfluss der Geometriegrößen ausgeklammert werden. Die Vielzahl der offensichtlich relevanten Geometriekennzahlen erfordert zwingend eine Standardisierung der Rühranordnungen. Es werden also für jeden Rührertyp alle Verhältnisse von K_4 bis K_{k+3} festgeschrieben, womit sie als Einflussparameter zunächst aus der Betrachtung herausfallen. So hat sich für jeden Rührertyp eine bestimmte Anordnung im Behälter in Verbindung mit Stromstörern, Höhenverhältnissen etc. als optimal erwiesen. Abb. 7.8 zeigt auch empfohlene Abmessungen und Einbaubedingungen für die vier dort vorgestellten Rührertypen.

Selbstverständlich können für bestimmte Einsatzfälle auch Rühranordnungen mit abweichenden Geometrieverhältnissen vorteilhaft sein. Dann kann allerdings in der Regel nicht auf vorhandene Literaturergebnisse zurückgegriffen werden; je nach dem Grad der Abweichung vom Standard ist die Durchführung eigener Testreihen oft unerlässlich.

7.4.3 Leistungscharakteristik einer Rühranordnung

Die erste der in Kap. 7.4.2 aus der Dimensionsanalyse erhaltenen Kennzahlen

$$K_1 = \frac{P}{n^3 \cdot d^5 \cdot \rho} = \text{Ne} \tag{7.6}$$

stellt eine dimensionslose Rührer- (Wellen-)leistung dar. In der Rührtechnik bezeichnet man diese Kennzahl als *Newtonzahl* Ne. Man kann sie auch herleiten, indem man

Exkurs: Dimensionsanalyse

In der Verfahrenstechnik verwendet man eine große Zahl dimensionsloser Kennzahlen. Sie dienen zur Beschreibung solcher Systeme, die sich nicht oder nur mit sehr großem Aufwand mathematisch erfassen lassen, die man aber durch einen Vergleich zweier ähnlicher Systemzustände analysieren kann. Die Herleitung solcher Kennzahlen geschieht mit Hilfe der sogenannten *Dimensionsanalyse.*

Dimensionsanalyse bedeutet, eine oder mehrere für das gegebene Problem relevante Kennzahl(en) aus den am Problem beteiligten Dimensionen, also physikalischen Einheiten, abzuleiten. Die daraus erhaltenen Kennzahlen sind dimensionslos. Die Folge davon ist, dass sich die Zahl der Einflussgrößen entsprechend vermindert. Damit lassen sich wichtige und interessierende Einflussgrößen gezielt herausarbeiten, während die übrigen (oft geometrische Maße und Stoffwerte) zu Bezugsgrößen werden und aus der Betrachtung zunächst herausfallen.

Üblicherweise stellt man zunächst einen Satz (dimensionsbehafteter) Einflussgrößen E_1, E_2 ... E_n für ein gegebenes Problem auf (*Relevanzliste*). Diese sollen zu einer physikalischen Zielgröße Z führen:

$$Z = f(E_1, E_2, E_3 \ldots E_p) \tag{7-B}$$

Der funktionelle Zusammenhang ist natürlich nicht bekannt. Aus den Dimensionen der Einflussgrößen leitet man dann Kennzahlen K_1, $K_2 \ldots K_q$ ab, so dass sich eine ebenfalls dimensionslose Zielgröße Π ergibt:

$$\Pi = f(K_1, K_2, K_3 \ldots K_q) \tag{7-C}$$

Die Anzahl q der relevanten Kennzahlen ist dabei um die Anzahl der beteiligten Grundeinheiten kleiner als die Zahl der ursprünglichen Einflussgrößen p. Am Beispiel der *Reynoldszahl* soll die Herleitung dimensionsloser Kennzahlen im folgenden erläutert werden. Für den Strömungszustand in *Newtonschen Flüssigkeiten* sind vier Einflussgrößen maßgebend:

Abb. 7-T1: Einflussgrößen für den Strömungszustand in Fluiden

Einflussgröße	Formelbuchstabe	Dimension
Strömungsgeschwindigkeit	c	L/T
charakteristischer Durchmesser	d	L
Fluiddichte	ρ	M/L^3
Dyn. Fluidviskosität	η	M/(L * T)

(Kürzel für Dimensionen: M = Masse; L = Länge; T = Zeit)

Die Anzahl der für dieses Problem relevanten Kennzahlen ergibt sich aus: 4 Einflussgrößen – 3 beteiligte Grundeinheiten = 1 relevante Kennzahl K, die dem allgemeinen Zusammenhang

$$K = c^{\kappa} \cdot d^{\beta} \cdot \rho^{\tau} \cdot \eta^{\delta} \tag{7-D}$$

genügen soll, wobei sich die Exponenten κ, β, τ und δ aus den beteiligten Einheiten ableiten lassen. Es wird daher eine „Einheiten-Gleichung" analog zu Gl. (7-D) aufgestellt:

$$[1] = \left[\frac{L}{T}\right]^{\kappa} \cdot [L]^{\beta} \cdot \left[\frac{M}{L^3}\right]^{\tau} \cdot \left[\frac{M}{L \cdot T}\right]^{\delta} \tag{7-E}$$

Die Dimension der Zielkennzahl hat den Wert 1, da sie dimensionslos ist. Ausgeschrieben lautet die Gleichung

$$[1] = [L]^{\kappa} \cdot [T]^{-\kappa} \cdot [L]^{\beta} \cdot [M]^{\tau} \cdot [L]^{-3\tau} \cdot [M]^{\delta} \cdot [L]^{-\delta} \cdot [T]^{-\delta} \tag{7-F}$$

Nun kann man die Exponenten zusammenfassen:

$$[1] = [M]^{\tau+\delta} \cdot [L]^{\kappa+\beta-3\tau-\delta} \cdot [T]^{-\kappa-\delta} \tag{7-G}$$

Damit die Gleichung aufgeht, müssen die Exponenten für jede Grundeinheit den Wert 0 ergeben, da $[1] = [X^0]$. Daraus ergibt sich das lineare Gleichungssystem

$$0 = \tau + \delta \quad \Rightarrow \quad \tau = -\delta \tag{7-H}$$

$$0 = \kappa + \beta - 3\tau - \delta \quad \Rightarrow \quad \beta = 3\tau + \delta - \kappa \tag{7-I}$$

$$0 = -\kappa - \delta \quad \Rightarrow \quad \delta = -\kappa \tag{7-J}$$

Die einzelnen Exponenten lassen sich ermitteln, wenn man z. B. $\kappa = 1$ setzt:

$$\delta = -1 \qquad \tau = 1 \qquad \beta = 3 - 1 - 1 = 1$$

Gleichung (7-D) lautet dann

$$K = c^1 \cdot d^1 \cdot \rho^1 \cdot \eta^{-1} = \frac{c \cdot d \cdot \rho}{\eta} = Re \tag{7-K}$$

Anhand der Dimensionen ist leicht zu prüfen, ob die gebildete Kennzahl dimensionslos ist:

$$\frac{c \cdot d \cdot \rho}{\eta} [=] \frac{L}{T} \cdot L \cdot \frac{M}{L^3} \cdot \frac{L \cdot T}{M} [=] \frac{L \cdot L \cdot L}{L^3} \cdot \frac{T}{T} \cdot \frac{M}{M} [=] 1$$

die Leistung des drehenden Rührorgans aus einem differentiellen Momentenansatz bestimmt. Innerhalb dieses Ansatzes stellt die Newtonzahl die Zusammenfassung aller Konstanten dar, die für den Widerstand des Rührers bei der Drehbewegung verantwortlich sind. Sie kann also auch als eine Art „Widerstandsbeiwert" des Rührers aufgefasst werden. Die Analogie wird auch an folgenden proportionalen Zusammenhängen deutlich:

$$Ne = \frac{P}{n^3 \cdot d^5 \cdot \rho} = \frac{M_d \cdot \omega}{n^3 \cdot d^5 \cdot \rho} \sim \frac{F \cdot d \cdot n}{n^3 \cdot d^5 \cdot \rho} = \frac{F}{n^2 \cdot d^2 \cdot A \cdot \rho} = \frac{\Delta p}{\rho \cdot c^2}$$

$$Ne = \frac{P}{n^3 \cdot d^5 \cdot \rho} = \frac{\Delta p \cdot \dot{V}}{n^3 \cdot d^5 \cdot \rho} \sim \frac{\Delta p \cdot c \cdot d^2}{n^3 \cdot d^5 \cdot \rho} = \frac{\Delta p \cdot c \cdot d^2}{c^3 \cdot d^2 \cdot \rho} = \frac{\Delta p}{\rho \cdot c^2}$$

Die Newtonzahl stellt demzufolge das Verhältnis von *Druckkräften* (bzw. *Widerstandskräften*) und *Trägheitskräften* im Rührgefäß dar.

Die zweite der erhaltenen Kennzahlen

$$K_2 = \frac{n \cdot d^2 \cdot \rho}{\eta} = Re \tag{7.7}$$

lässt sich als Reynoldszahl der Rührerumströmung deuten; wenn man die maximale Umfangsgeschwindigkeit $c_u \sim n \cdot d$ des Rührers einsetzt, ergibt sich die bekannte Definition

$$Re = \frac{c \cdot d \cdot \rho}{\eta}.$$

Die Kennzahl beschreibt den Strömungszustand im gerührten Behälter. Bei schleichender Strömung überwiegen die Zähigkeitskräfte; die Strömung ist laminar. Mit zunehmender Turbulenz und Konvektion überwiegen mehr und mehr die Trägheitskräfte. Die Reynoldszahl stellt somit das Verhältnis der wirksamen Trägheitskräfte zu den wirksamen *Zähigkeitskräften* dar.

Die Abhängigkeit des Widerstandsbeiwerts von der Reynoldszahl wurde bereits mehrmals bei der Durchströmung von Anordnungen und bei der Umströmung von Körpern angesprochen. In der Rührtechnik ist der vergleichbare funktionale Zusammenhang Ne = f(Re) unter dem Begriff *Leistungscharakteristik* bekannt (Abb. 7.9)

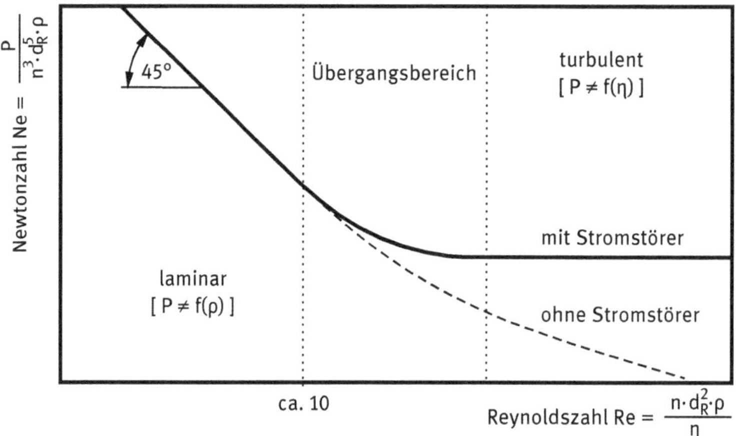

Abb. 7.9: Leistungscharakteristik eines Rührers

Die (immer doppeltlogarithmische) Auftragung der Leistungscharakteristik verläuft im Laminarbereich als Gerade unter einem Winkel von 45°. Hier gilt:

$$\mathrm{Ne} \cdot \mathrm{Re} = \frac{P}{n^3 d^5 \rho} \cdot \frac{n d^2 \rho}{\eta} = \frac{P}{n^2 d^3 \eta} = \mathrm{const.} = K \tag{7.8}$$

Die Leistung P ist also im Laminarbereich nur noch von η und nicht mehr von ρ abhängig, was eine grundsätzliche Eigenschaft laminarer Strömungen darstellt. Ab einer Re-Zahl von etwa 10 schließt sich ein Übergangsbereich an, in dem der Verlauf der Ne-Zahl allmählich abflacht. Der weitere Verlauf ist davon abhängig, ob das Rührgefäß mit Stromstörern bewehrt ist oder nicht. Bei genügend großen Re-Zahlen (vollturbulente Strömung) und bei Bewehrung mit Stromstörern stellt sich ein konstanter Ne-Wert ein. Da diese die Viskosität η nicht enthält, ist P im vollturbulenten Bereich nur noch von ρ abhängig.

Ohne Anwesenheit von Stromstörern tritt bei zentral angeordnetem Rührorgan im turbulenten Bereich ein Mitdrehen des Behälterinhalts auf. Dies führt zu einer Verminderung der Relativgeschwindigkeit zwischen Rührer und Fluid: es wird weniger Leistung in die Flüssigkeit übertragen. Dies äußert sich in der Leistungscharakteristik durch das kontinuierliche weitere Absinken der Ne-Zahl mit steigendem Re.

Die Leistungscharakteristik kennzeichnet eine bestimmte Rühranordnung, unabhängig von ihrer absoluten Größe, Rührerdrehzahl, Flüssigkeitsdichte und -viskosität. Liegt also die Leistungscharakteristik für eine gegebene Anordnung vor (z. B. für eine der Anordnungen aus Abb. 7.8), kann mit ihrer Hilfe die benötigte Rührerleistung für beliebige Rührerdurchmesser, beliebige Drehzahlen und beliebige Flüssigkeiten in dieser Anordnung bestimmt werden.

7.4.4 Trombenbildung und Froudezahl

Die dritte und letzte verbliebene Kennzahl aus der Dimensionsanalyse

$$K_3 = \frac{n^2 \cdot d}{g} = \mathrm{Fr} \tag{7.9}$$

weist den Einfluss der Erdbeschleunigung auf die dimensionslose Rührerleistung aus. Diese Kennzahl wird auch *Froudezahl* Fr genannt und stellt das Verhältnis der wirksamen Trägheitskräfte zur Schwerkraft dar (vgl. Exkurs: Froudezahl).

Sind die Trägheitskräfte sehr groß gegenüber der Schwerkraft, also bei hohen Werten der Fr-Zahl, ist die Neigung der Flüssigkeit zum Mitdrehen im Rührbehälter sehr groß. Die Flüssigkeit wird dann durch die Zentrifugalkraft nach außen verdrängt und es bildet sich eine trichterförmige Flüssigkeitsoberfläche aus, die auch *Trombe* genannt wird. Ob sich der Behälterinhalt tatsächlich mitdreht und damit einen verminderten Leistungseintrag hervorruft, hängt von den Einbaubedingungen des Rührers und insbesondere der *Bewehrung* des Rührbehälters ab. Bei kleineren Rührgefäßen kann man das Rührorgan schräg oder exzentrisch einbauen und damit ein Mitdrehen des Inhalts wirksam unterbinden. Bei sehr großen Rührern und Behältern würden in solchen Fällen aber zu starke und kaum beherrschbare asymmetrische Kräfte auf Welle und Lager wirken. Daher baut man die Rührerwellen zentral und senkrecht ein und verteilt 3–4 quer zur Wand stehende Leitbleche (*Stromstörer*) kreissymmetrisch an den Behälterwänden. Solche Maßnahmen verringern zwar nicht die wirksame Froudezahl, verhindern aber deren Einfluss auf die Leistungscharakteristik der Anordnung. Bei korrekt bewehrtem Rührbehälter entfällt somit der Einfluss der Froudezahl, und es verbleiben Ne und Re als relevante Kennzahlen.

Nachteilig an einer Trombenbildung ist nicht nur der verminderte Leistungseintrag, sondern auch ein möglicher Einzug von Luft bzw. Gas in den Rührerbereich (*Selbstbegasung*). Dies stört nicht nur den Mischprozeß als solchen, sondern kann auch extreme Schwingungsbelastung für die Rührerwelle und deren Lager zur Folge haben.

Exkurs: Froudezahl

Die *Froudezahl* beschreibt das Verhältnis von Zentrifugalkräften (Trägheitskräften) und der Schwerkraft. Sie ist überall dort von Bedeutung, wo Zentrifugalkräfte und die Schwerkraft gleichzeitig einen Vorgang beeinflussen.

Bei Zentrifugalabscheidern bestimmt das Verhältnis Zentrifugalkraft/Schwerkraft, wie stark die Abscheidewirkung durch Zentrifugalkräfte gegenüber der Schwerkraft gesteigert werden kann. Das Verhältnis

$$z = \frac{F_Z}{F_G} = \frac{m \cdot r \cdot \omega^2}{m \cdot g} = \frac{r \cdot \omega^2}{g} \tag{4.35}$$

wird in der Zentrifugentechnik als *Schleuderziffer* bezeichnet. In der Schwingsiebtechnik spricht man bei gleicher Definition von einer *Siebkennziffer*, denn hier ist das Verhältnis Trägheitskraft zu Schwerkraft für die Beschleunigung der Körner auf der Siebfläche verantwortlich, die von einer Schwingung mit der Amplitude r und der Winkelgeschwindigkeit ω herrührt. In Verbindung mit der Schwerkraft lassen sich die Wurfbahnen der Partikeln auf der Siebfläche vorhersagen.

In einem Rührgefäß ist der drehende Rührer für die Zentrifugalkräfte verantwortlich, gleichzeitig wirkt die Schwerkraft auf den kompletten Behälterinhalt. Somit wird zunächst der Leistungseintrag des Rührers von diesem Verhältnis mitbestimmt. Sind in der Flüssigkeit Partikeln vorhanden, die infolge eines großen Dichteunterschieds absinken oder aufsteigen, so ist das Verhältnis Zentrifugalkraft/Schwerkraft maßgeblich dafür, wie lange eine solche Partikel innerhalb der Flüssigkeitsschicht verbleibt, bevor sie endgültig am Boden oder an der Oberfläche ankommt. Damit werden die Rühraufgaben Suspendieren und Begasen stark von dem genannten Verhältnis beeinflusst.

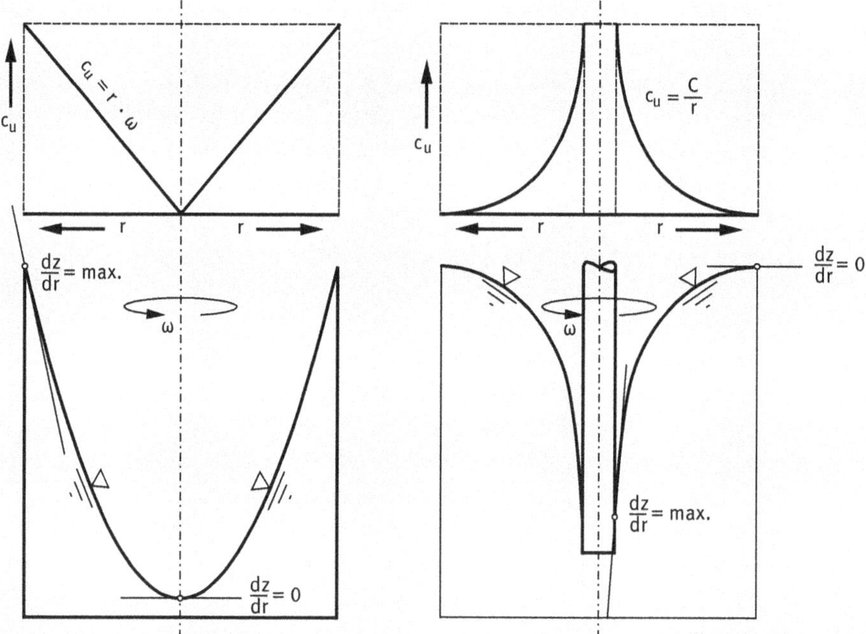

Abb. 7-E2: Oberflächenformen in Zentrifugen (links) und Rührgefäßen (rechts)

In der Rührtechnik ist der Gebrauch der Rührerdrehzahl n anstelle der Winkelgeschwindigkeit ω üblich, und man verwendet den Rührerdurchmesser anstelle des Radius. Damit wird

$$Fr = \frac{d \cdot n^2}{g} \tag{7.9}$$

Benutzt man die Rührerumfangsgeschwindigkeit $c_u \sim d \cdot n$, lässt sich die Froudezahl auch schreiben als

$$Fr = \frac{c_u^2}{g \cdot d} \tag{6.31}$$

Sowohl in gerührten Gefäßen wie auch in drehenden Zentrifugen nimmt die Flüssigkeitsoberfläche infolge des gleichzeitigen Einflusses von Zentrifugalkraft und Schwerkraft eine charakteristische Oberflächenform an. Die beiden Operationen führen jedoch zu unterschiedlich gekrümmten Oberflächen (Abb. 7-E2). Die größte Steigung dz/dr der Flüssigkeitsoberfläche tritt in beiden Fällen dort auf, wo die größte Umfangsgeschwindigkeit herrscht.

Durch das zentral wirksame Rührorgan treten im Rührgefäß die höchsten Umfangsgeschwindigkeiten in der Gefäßachse auf (Abb. 7-E2 rechts). An der Behälterwand ist die Geschwindigkeit dagegen infolge der Wandhaftung gleich null. Die vom Rührer hervorgerufene Umfangsgeschwindigkeit klingt hyperbolisch zur Gefäßwand hin ab, vergleichbar mit den Verhältnissen in einer Potentialströmung (vgl. Kap. 4.2.1). Die durch ein Mitdrehen der Flüssigkeit gebildete Trombe hat eine gänzlich andere Form als in einer Zentrifuge (Abb. 7-E2 links). Bei Letzterer handelt es sich um eine Rotationsströmung, also einen Starrkörperwirbel, bei dem die größte Umfangsgeschwindigkeit am Außenrand auftritt. Die Steigung der freien Flüssigkeitsoberfläche in der Trombe dz/dr entspricht dem Kräfteverhältnis $(r \cdot \omega^2)/g$, das praktisch gleichbedeutend mit der Fr-Zahl ist.

Für die in Abb. 7.8 dargestellten Standardanordnungen sind in Abb. 7.10 die zugehörigen Leistungscharakteristika gezeigt. Man erkennt deutlich, dass großflächige und

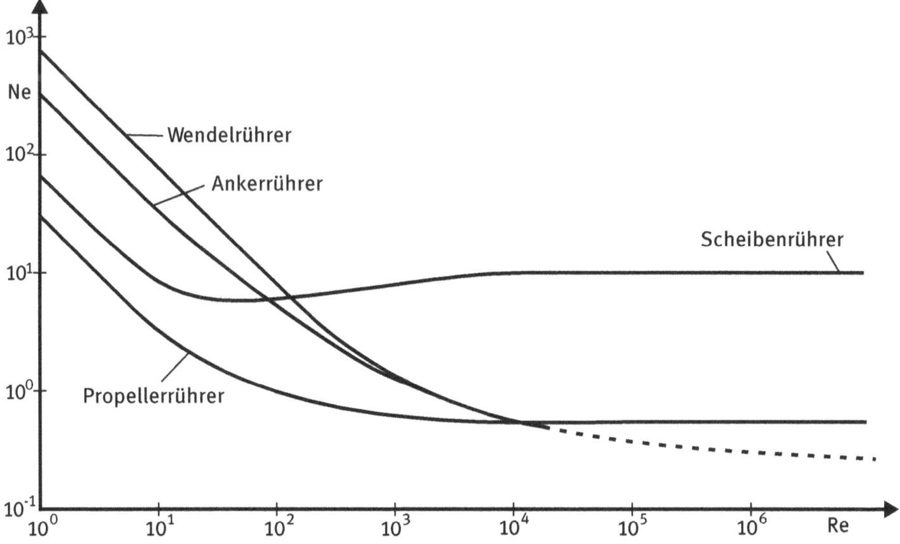

Abb. 7.10: Leistungscharakteristika verschiedener Rührertypen

wandgängige Rührer wie z. B. Wendelrührer und Ankerrührer im Laminarbereich höhere Ne-Zahlen (Widerstandsbeiwerte!) liefern. Der Einfluss von Strömstörern führt bei Scheiben- und Propellerrührer und hohen Re-Zahlen zu konstanten Ne-Werten und damit konstanten dimensionslosen Leistungswerten. Dagegen fallen die Leistungen bei den unbewehrten Behältern mit Wendel- und Ankerrührer im Turbulenzgebiet weiter ab.

7.4.5 Homogenisieren durch Rühren

Allgemeine Aussagen zur Homogenisierung und zur Charakterisierung des Mischungszustands sind bereits in Kap. 3 enthalten. Die in Kap. 3.9 beschriebene Homogenisierzeit Θ ergänzt als zusätzliche Zielgröße den bisherigen Satz der Einflussparameter. Ebenso ergibt sich daraus eine weitere dimensionslose Kennzahl: die *dimensionslose Homogenisierzeit* $n\Theta$, für die sich bislang noch kein Eigenname hat finden lassen. Durch die Multiplikation mit der Drehzahl stellt die dimensionslose Homogenisierzeit $n\Theta$ anschaulich die Gesamtanzahl der Rührerumdrehungen bis zum Erreichen der gewünschten Mischgüte dar.

Die Auftragung von $n\Theta$ über der Reynoldszahl bezeichnet man als *Mischzeitcharakteristik*. Abb. 7.11 zeigt die Charakteristika für einige ausgewählte Rührer. Man erkennt, dass typische zwangsfördernde, langsamlaufende Rührer im Laminarbereich, wie Wendel- und Schneckenrührer, nahezu konstante Werte für $n\Theta$ liefern; sie sind also in diesem Gebiet bestens für Homogenisieraufgaben geeignet. Dagegen steigen die Mischzeiten für alle Rührer, bei denen es auf Fernwirkung ankommt, bei niedrigen Re-Zahlen extrem stark an; allenfalls der mehrstufige und breite Kreuzbalkenrührer erzielt im Übergangsbereich noch akzeptable Resultate.

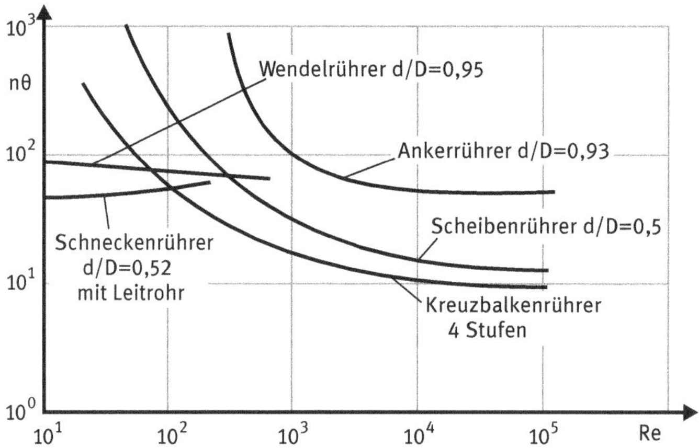

Abb. 7.11: Mischzeit- oder Homogenisiercharakteristik

Sowohl die Leistungscharakteristik als auch die Mischzeitcharakteristik sind für sich genommen ungeeignet zur Auswahl eines Rührers für die Homogenisierung, da ein von der Leistung her „optimaler" Rührer gewöhnlich nicht auch gleichzeitig die besten Mischzeiten liefert. Es wird vielmehr eine Auftragung benötigt, die beide Größen angemessen berücksichtigt. Die Idee zu einem solchen Optimierungsdiagramm stammt von *Zlokarnik* [37]; dieses Verfahren erlaubt die Auswahl nach der kleinstmöglichen *Mischarbeit*, die man sich als das Produkt aus Rührerleistung und Mischzeit vorstellen kann.

Zlokarnik leitet aus den bekannten Kennzahlen Ne, Re und $n\Theta$ zwei neue dimensionslose Kennzahlen ab, eine dimensionslose Rührerleistung und eine dimensionslose Mischzeit. Zur Eliminierung einer Kennzahl muss auch eine physikalische Größe aus der Betrachtung ausgeklammert werden. *Zlokarnik* wählte hierfür die Rührerdrehzahl n, da diese beim Vergleich mehrerer Rührertypen untereinander zunächst keine Rolle spielt.

So wird aus der *Newtonzahl* Ne und der *Reynoldszahl* Re durch Eliminierung der Drehzahl eine *Leistungskennzahl* LKZ erzeugt. Hierzu werden beide Kennzahlen nach der Drehzahl aufgelöst und gleichgesetzt:

$$\mathrm{Ne} = \frac{P}{n^3 \cdot d^5 \cdot \rho} \quad \Rightarrow \quad n^3 = \frac{P}{\mathrm{Ne} \cdot d_R^5 \cdot \rho}$$

$$\mathrm{Re} = \frac{n \cdot d^2 \cdot \rho}{\eta} \quad \Rightarrow \quad n = \frac{\mathrm{Re} \cdot \eta}{d_R^2 \cdot \rho}$$

$$\frac{P}{\mathrm{Ne} \cdot d_R^5 \cdot \rho} = \frac{\mathrm{Re}^3 \cdot \eta^3}{d_R^6 \cdot \rho^3}$$

Eine sinnvolle neue Kennzahlenkombination lautet also:

$$\mathrm{Ne} \cdot \mathrm{Re}^3 = \frac{P \cdot d_R \cdot \rho^2}{\eta^3}$$

Zlokarnik ersetzt in der neu gebildeten Kennzahl noch den Rührerdurchmesser d_R durch den Behälterdurchmesser D, um auch unterschiedlich große Rührer im gleich großen Behälter direkt vergleichen zu können, und erhält die Leistungskennzahl

$$\mathrm{LKZ} = \frac{P \cdot D \cdot \rho^2}{\eta^3} \tag{7.10}$$

In ähnlicher Weise werden die dimensionslose Homogenisierzeit $n\theta$ und die Reynoldszahl miteinander verknüpft:

$$n = \frac{\mathrm{Re} \cdot \eta}{d_R^2 \cdot \rho} = \frac{[n \cdot \Theta]}{\Theta}$$

Die Kennzahlenkombination lautet dann:

$$\frac{[n \cdot \Theta]}{Re} = \frac{\Theta \cdot \eta}{d_R^2 \cdot \rho}$$

Die Bildung der *Mischzeitkennzahl* erfolgt wieder unter Ersatz des Rührerdurchmessers durch den Behälterdurchmesser:

$$MKZ = \frac{\Theta \cdot \eta}{D^2 \cdot \rho} \tag{7.11}$$

Trägt man die *Leistungskennzahl* LKZ über der *Mischzeitkennzahl* MKZ für verschiedene Rührergeometrien in einem Diagramm auf (Abb. 7.12), so ergibt sich für jeden Rührer ein charakteristischer Kurvenzug. Da die Variation sowohl von Rührerleistung als auch von Mischzeit für jede Rührergeometrie durch Drehzahlveränderung erfolgt, lässt sich jedem Punkt der „Rührerkurve" ein Drehzahlwert zuordnen.

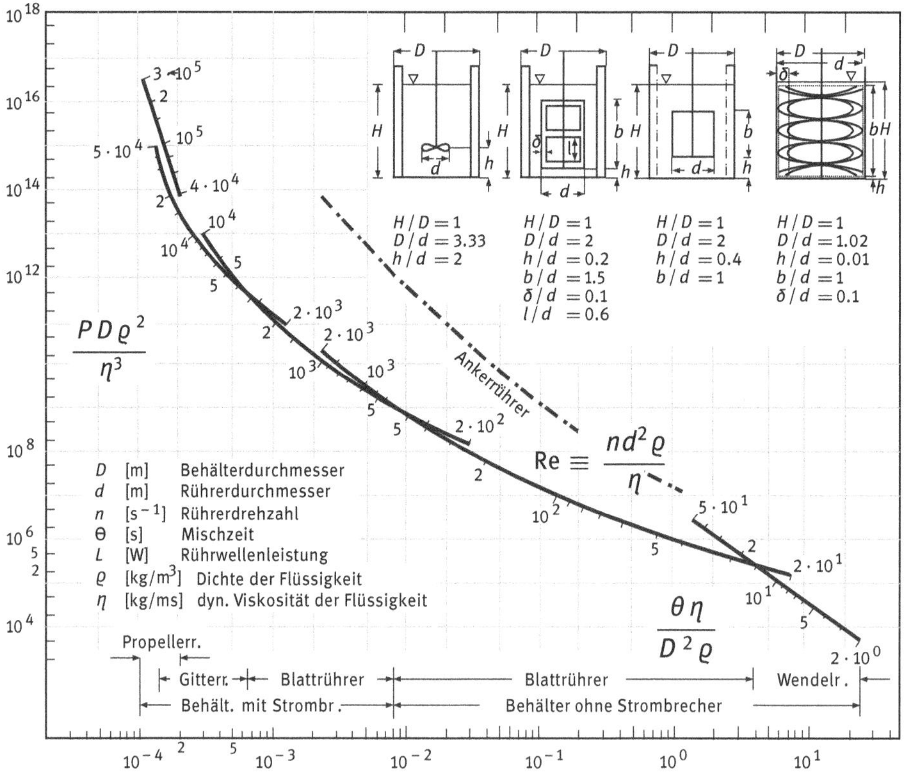

Abb. 7.12: Optimierungsdiagramm zur Homogenisierung nach *Zlokarnik* (aus [35])

Die kleinstmögliche Mischarbeit ist dann erreicht, wenn das Produkt aus LKZ und MKZ möglichst klein ist. Je näher die betreffende Kurve zum Koordinatenursprung angeordnet ist, d. h. je weiter links unten sie sich befindet, desto kleiner ist die benötigte Mischarbeit und desto besser ist der Rührer zur Homogenisierung geeignet.

Nach den von *Zlokarnik* [37] selbst durchgeführten Untersuchungen existiert eine *Grenzkurve* der bis dato bekannten und gebräuchlichen Rührertypen, die für bestimmte Anwendungsbereiche jeweils optimale Rührertypen darstellen. Für den niedrigviskosen Bereich (niedrige Mischzeitkennzahlen) ist dies der *Propellerrührer*, für den hochviskosen (hohe MKZ) der *Wendelrührer* und für die dazwischenliegenden Bereiche *Blatt-* bzw. *Gitterrührer*. Ein für praktische Auslegungszwecke vielfältig ergänztes Diagramm findet sich in [35] (Abb. 7.12). Zum Vergleich ist auch der zur Homogenisierung prinzipiell weniger geeignete *Ankerrührer* mit in die Darstellung einbezogen.

Das Optimierungsdiagramm lässt sich für praktische Zwecke auf zwei Arten nutzen. Wird nur ein guter Homogenisierrührer für eine Standardgeometrie gesucht, so braucht man lediglich die gewünschte Mischzeit zu wählen und die MKZ zu bilden; daraus lässt sich anhand der Grenzkurve sofort ein gut geeigneter Rührertyp ermitteln. Gleichzeitig ergibt sich die Leistungskennzahl LKZ, aus der sich die benötigte Rührerleistung direkt berechnen lässt. Zu guter Letzt kann man aus den längs der Kurvenverläufe mitgeführten Reynoldszahlen die benötigte Rührerdrehzahl ermitteln. Werden also keine weiteren Forderungen an die Rührergeometrie gestellt, erlaubt das Optimierungsdiagramm nach *Zlokarnik* eine sofortige und einfache Bestimmung aller benötigten Größen.

In anderen Fällen, z. B. wenn es notwendig wird, andere als Standardgeometrien zu verwenden oder wenn der Rührer primär aufgrund seiner Eignung für andere Rühraufgaben ausgewählt wurde, so lässt das Diagramm in Abb. 7.12 auch den Vergleich eigener Messergebnisse untereinander und mit den Grenzkurven zu. Hierzu müssen Rührerleistungen und Mischzeiten in Abhängigkeit von der Drehzahl gemessen werden. Aus den Messergebnissen werden dann die Kennzahlen LKZ und MKZ gebildet und die erhaltene Kurve wird in das Optimierungsdiagramm eingezeichnet. Aus dem Vergleich der aufgenommenen Daten mit den von *Zlokarnik* veröffentlichten Grenzkurven lässt sich beurteilen, wie gut die untersuchte Geometrie zur Homogenisierung geeignet ist. Auch mehrere gemessene Rührergeometrien bzw. veränderte Parameter sind auf diese Weise einfach vergleichbar.

7.4.6 Suspendieren

Suspendieren in der Rührtechnik bedeutet temporäres Aufwirbeln von zur Sedimentation neigenden Feststoffpartikeln in einer Flüssigkeit zum Zwecke besseren Phasenkontakts. Nur wenn sich die Feststoffteilchen in Schwebe befinden, ist deren gesamte Oberfläche für die Flüssigkeit zugänglich. Diese Rühraufgabe ist z. B. beim Auflösen von Feststoffen oder bei heterogenen Katalysen in Reaktoren von Bedeutung. Die Feststoffteilchen setzen sich nach Abschalten des Rührers wieder am Boden ab.

Zum Erreichen unterschiedlicher Suspendierzustände (Abb. 7.13) sind bestimmte Mindestdrehzahlen erforderlich. Unterhalb der ersten Mindestdrehzahl n_0 erfolgt gar keine Aufwirbelung (links). Die am häufigsten verwendete *Suspendierdrehzahl* n_S wird meist nach dem 1-s-Kriterium bestimmt: Keine Partikel darf länger als max. 1 Sekunde am Boden liegen bleiben. Hierbei ergibt sich im Allgemeinen ein wirtschaftliches Optimum mit ausreichend großem Phasenkontakt bei minimalem Leistungsaufwand.

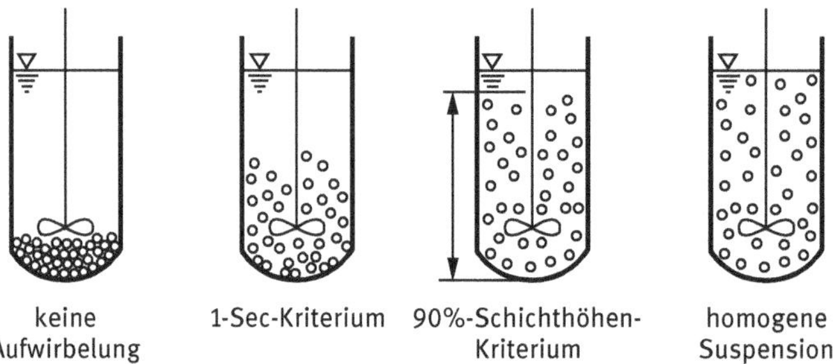

Abb. 7.13: Suspendierzustände im Rührgefäß

Werden höhere Ansprüche an die Gleichverteilung der Partikeln im Rührgefäß gestellt, z. B. bei Kristallisierprozessen, muss die Drehzahl weiter erhöht werden; etwa nach dem 90%-Schichthöhen-Kriterium. Der rechts dargestellte Zustand, in dem der Feststoff homogen in der gesamten Flüssigkeit verteilt ist, wird bei stark sedimentierenden Partikeln kaum erreicht. Meist liegt aber hierfür keine technische Notwendigkeit vor.

Zum Suspendieren benutzt man hauptsächlich axiale, nach unten fördernde Rührorgane mit vergleichsweise kleinem Bodenabstand. Flache Behälterböden sind ungeeignet; es empfehlen sich z. B. Klöpperböden. Oft werden verkürzte Stromstörer eingesetzt, die die untere Behälterhälfte oder das untere Behälterdrittel aussparen, da die Drehbewegung des Fluids im Bodenbereich das Aufwirbeln begünstigt.

Die Feststoffkörner zusammen erzeugen bei ihrer Sinkbewegung die sogenannte *Sinkleistung*. Diese lässt sich nach dem Ansatz:

$$\text{Leistung} = \text{Kraft} \cdot \frac{\text{Weg}}{\text{Zeit}} = \text{Kraft} \cdot \text{Geschwindigkeit}$$

einfach bestimmen. Für die Kraft wird die um den Auftrieb verminderte Gewichtskraft der Partikeln

$$F_{G-A} = (\rho_S - \rho_L) \cdot V_S \cdot g \tag{7.12}$$

verwendet, wobei V_S das gesamte Partikelvolumen im Ansatz V bedeutet:

$$V_S = c_V \cdot V \tag{7.13}$$

Als Geschwindigkeit muss die vom Feststoffvolumenanteil c_V abhängige *Schwarmsinkgeschwindigkeit* c_{SS} eingesetzt werden (vgl. Kap. 4.1). Dann beträgt die Sinkleistung

$$P_{Sink} = (\rho_S - \rho_L) \cdot c_V \cdot V \cdot g \cdot c_{SS} \tag{7.14}$$

Um die Feststoffpartikeln am Sedimentieren zu hindern, muss der Rührer mindestens diesen Leistungsbetrag in den Ansatz einbringen. Dieses einfache Modell stammt von *Einenkel* und *Mersmann* [38]. Die tatsächlich benötigte Rührleistung ist höher, da zusätzlich Leistung in der Flüssigkeit dissipiert wird. Das Flüssigkeitsvolumen V wiederum ist proportional der Größe d^3. Fasst man beide Proportionalitäten mit dem Proportionalitätsfaktor K zusammen, so lässt sich mit Gl. (7.6) schreiben:

$$P_{Rührer} = Ne \cdot \rho_L \cdot n_{min}^3 \cdot d^5 = K \cdot (\rho_S - \rho_L) \cdot c_V \cdot d^3 \cdot g \cdot c_{SS} \tag{7.15}$$

Diese Gleichung lässt sich auch in die folgende dimensionslose Form bringen:

$$\underbrace{\frac{n_{min}^2 \cdot d}{g}}_{A} \cdot \underbrace{\frac{\rho_L}{\rho_S - \rho_L}}_{B} \cdot \underbrace{\frac{n_{min} \cdot d}{c_{SS}}}_{C} \cdot \frac{1}{c_V} = \frac{K}{Ne} \tag{7.16}$$

Die für den Suspendiervorgang maßgeblichen dimensionslosen Kennzahlen können aus diesem Ausdruck abgelesen werden: Der Term A ist die zur Aufwirbelung mindestens erforderliche Froude-Zahl, B drückt das Dichteverhältnis zwischen Feststoff und Fluid aus und C ist das Verhältnis der Rührerumfangsgeschwindigkeit zur Schwarmsinkgeschwindigkeit der Partikeln.

Trägt man den Ausdruck auf der linken Seite der Gl. (7.16) über der *Reynoldszahl* Re auf, erhält man die sogenannte *Suspendiercharakteristik*. Bei bekannter Suspendiercharakteristik lassen sich die benötigten Aufwirbeldrehzahlen berechnen. Allerdings sind experimentell gewonnene Gleichungen nur sehr eingeschränkt auf andere Bedingungen übertragbar. Bevor man eine solche empirische Charakteristik zur Auslegung verwendet, sollte man sich daher genauestens die Bedingungen ansehen, unter denen sie erhalten wurde. Eine besondere Rolle spielt hierbei insbesondere das *Suspendierkriterium.*

7.4.7 Emulgieren

Emulgierung ist eine spezielle Form der *Dispergierung*, nämlich die Erzeugung und Verteilung feiner Tropfen einer flüssigen Phase in einer weiteren flüssigen Phase, die in der ersten nicht oder schwer löslich ist. Das Emulgieren (wie auch das nachfolgend behandelte *Begasen*) stellt also einen Zerkleinerungsvorgang in fluider Phase dar. Die grundsätzlichen Mechanismen für das Emulgieren wurden bereits im Kapitel 6.3 geschildert.

Werden Emulgiervorgänge in Rührgefäßen durchgeführt, ist das Ziel meist wie beim Suspendieren die vorübergehende Erzeugung einer möglichst großen Oberfläche zwischen den beiden Phasen zum Zwecke des Stoffübergangs. Beim Abschalten des Rührers entmischen sich die Phasen wieder und schichten sich übereinander. Ein sehr wichtiger Einsatzfall in der Praxis ist die *Extraktion* in flüssiger Phase, eine Grundoperation der thermischen Verfahrenstechnik. Ein anderer Anwendungsfall, bei dem es um die Einstellung einer definierten Tropfengröße geht, ist die sogenannte *Perlpolymerisation.* Um einen möglichst hohen Leistungseintrag in das Rührgefäß zu gewährleisten, werden die Rührbehälter bei Emulgierprozessen gewöhnlich mit Stromstörern bewehrt.

Das Ergebnis eines Emulgiervorgangs wird üblicherweise durch den *Sauterdurchmesser* d_{32} ausgedrückt (vgl. Kap. 2.3), der Partikeldurchmesser und erzielte spezifische Oberfläche zu einer aussagefähigen Größe verbindet. Würden alle Tropfen in einer Emulsion mit der spezifischen Phasengrenzfläche S_V einen einheitlichen Durchmesser aufweisen, so wäre dieser genau d_{32}:

$$d_{32} = \frac{6}{S_V} \tag{2.4}$$

In der Relevanzliste tauchen neben den bereits bekannten Einflussgrößen zusätzlich die *Grenzflächenspannung* γ und wie beim Suspendieren der Dichteunterschied der Phasen $\Delta\rho$ und der Volumenanteil c_V auf. Aus der Grenzflächenspannung ergibt sich die dimensionslose *Weberzahl* für Rührer

$$We = \frac{n^2 \cdot d^3 \cdot \rho_L}{\gamma} \tag{7.17}$$

die das Verhältnis von Trägheits- und Grenzflächenkraft darstellt. Der erzielbare Tropfendurchmesser bzw. Sauterdurchmesser hängt vom Verhältnis der zerteilenden Strömungskräfte zu den zusammenhaltenden Grenzflächenkräften ab. Die Reynoldszahl wird beim Emulgieren i. d. R. nicht berücksichtigt, da fast immer hochturbulent gerührt wird, wobei die Viskositätskräfte keinen Einfluss haben. Der Kennzahlensatz für die *Emulgiercharakteristik* lautet daher

$$\frac{d_{32}}{d_{\text{Rührer}}} = f\left(We; \frac{\Delta\rho}{\rho_L}; c_V\right) \tag{7.18}$$

Wie bei der Suspendiercharakteristik gilt aber auch hier, dass experimentell ermittelte Zusammenhänge und daraus abgeleitete empirische Beziehungen meist nur für ähnliche Stoffsysteme und Bedingungen gelten, unter denen sie erzielt wurden.

7.4.8 Begasen

Begasen in der Rührtechnik bedeutet das Feinverteilen (*Dispergieren*) von Gasblasen in einer Flüssigkeit durch ein Rührorgan. Solche Prozesse sind vor allem bei chemischen Gas-Flüssig-Reaktionen bedeutsam; z. B. bei Hydrierungen, Oxidationen oder Chlorierungen in flüssiger Phase.

Das Einbringen des Gases geschieht meist unterhalb des Rührorgans mittels einer *Ringbrause* oder eines *Gasverteilers*. Die Gasblasen gelangen dann beim Aufsteigen in den Einflussbereich des Rührorgans. Ebenso wie beim Emulgieren sind hierfür Scheiben- oder Zahnscheibenrührer geeignet, die hohe Schergefälle an den Blattkanten erzeugen. Speziell geformte *Hohlrührer* erzeugen bei der Rotation einen Unterdruck im Rührerinnern, der zum Ansaugen von Gas z. B. durch eine Hohlwelle genutzt werden kann. Die Dispergierung der Gasblasen geschieht dann an den Kanten und in den Wirbelschleppen der Rührerblätter.

Durch die Gaszufuhr steigt der Flüssigkeitsspiegel im Reaktor um den Betrag, der dem gerade in der Flüssigkeit befindlichen Gasvolumen V_G entspricht und auch *Hold up* genannt wird. Der Hold up hängt stark von der *Verweilzeit* des Gases in der Flüssigkeit und damit von der erzeugten Blasengröße ab.

Abb. 7.14 zeigt verschiedene Zustände beim Begasen, die im Wesentlichen vom Verhältnis Gaszufuhr $\dot{V}_G$/Rührerdrehzahl n abhängen. Ist die Gaszufuhr für die gewählte Drehzahl zu hoch, wird das Rührorgan *überflutet*, d. h. der Rührer dreht sich nur noch im Gas und überträgt keine Leistung mehr an die Flüssigkeit. Steigert man die Drehzahl, so verteilt der Rührer das aufsteigende Gas über den Behälterquerschnitt. Bei weiter gesteigerter Drehzahl gelangen die Gasblasen auch in den Bereich unterhalb des Rührers. Dies hängt einerseits mit der gesteigerten Konvektion in der Flüssigkeit, andererseits auch mit der verminderten Blasengröße bei gesteigertem

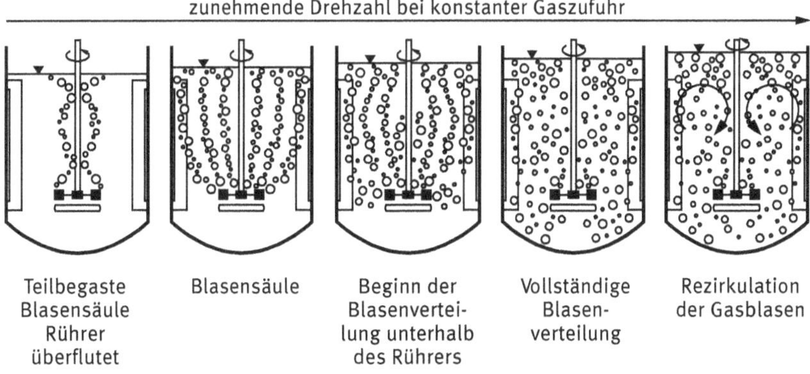

Abb. 7.14: Zustände bei der Begasung im Rührgefäß (nach [30])

Leistungseintrag zusammen. Werden die erzeugten Blasen schließlich intern rezirkuliert, ergibt sich maximaler Hold up und maximale Verweilzeit, was zu optimalem Stoffaustauschverhalten führt.

Eine wichtige Größe ist auch die Neigung der Gasblasen zur *Koaleszenz*, d. h. Wiedervereinigung. Koaleszenz erfolgt meist in rührerfernen Zonen mit vermindertem Energieeintrag; hierdurch sinkt die spezifische Oberfläche; dafür steigen die Blasen schneller auf: ein doppelt negativ wirkender Effekt. Durch die Zugabe oberflächenaktiver Substanzen (z. B. Elektrolyten) kann die Koaleszenzneigung beeinflusst werden.

Durch die vielen Einflussparameter ergeben sich auch viele relevante Kennzahlen. Man verwendet oft eine *Überflutungscharakteristik* sowie eine *Sorptionscharakteristik*.

Die *Überflutungscharakteristik* beschreibt den Zusammenhang zwischen der *Gasdurchsatzkennzahl*

$$Q_G = \frac{\dot{V}_G}{n \cdot d^3_{Rührer}} \tag{7.19}$$

und der Froudezahl sowie dem Durchmesserverhältnis D/d im Rührgefäß. Der Zusammenhang ist qualitativ in Abb. 7.15 wiedergegeben. Zu erkennen ist, dass die maximal erreichbare Gasdurchsatzkennzahl $Q_{G,max}$ primär von der Froudezahl des Rührers n^2d/g abhängt. Dies bestätigt nochmals den in Abb. 7.14 dargestellten und beschriebenen Zusammenhang zwischen Rührerdrehzahl und Gasdurchsatz. Zusätzlich ist der Einfluss des Verhältnisses D/d deutlich zu sehen: Bei (in Relation zum Rührer) großen Behälterdurchmessern wird bei gleichem Gasdurchsatz eine höhere Froudezahl, d. h. höhere Trägheitskräfte und mehr Energieeintrag erforderlich.

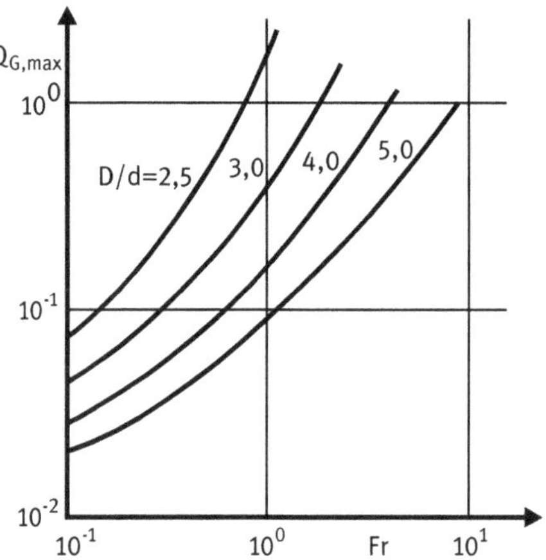

Abb. 7.15: Überflutungscharakteristik beim Begasen durch Rührer

Die *Sorptionscharakteristik* beschreibt den Stoffübergang beim Begasen. Zielgröße ist der sogenannte k_La-Wert, das Produkt aus dem *Stoffdurchgangskoeffizienten* k_L (bezogen auf die Flüssigphase) und der bezogenen Phasengrenzfläche

$$a = \frac{S_{Blasen}}{V_L} .$$

Der gasseitige Stoffübergang innerhalb der Blasen erfolgt wesentlich schneller und kann daher gegenüber dem flüssigkeitsseitigen vernachlässigt werden. Die Relevanzliste lautet

$$k_La = f(\dot{V}_G, V_L, P, \rho_L, \eta_L, g) \tag{7.20}$$

Daraus ergibt sich z. B. nach *Judat* [39] die Sorptionscharakteristik in der Form

$$\frac{k_La \cdot V_L}{\dot{V}_G} = f\left[\frac{P}{\dot{V}_G \cdot \rho_L \cdot \left(g \cdot \frac{\eta_L}{\rho_L}\right)^{\frac{2}{3}}}\right] \tag{7.21}$$

Die Charakteristik besagt prinzipiell, dass der dimensionslose Stoffübergangswert, mithin also der Stoffübergang selbst, mit steigender dimensionsloser Rührerleistung ansteigt. Im doppeltlogarithmischen Diagramm ergibt sich häufig eine Gerade (Abb. 7.16). Für einfache Stoffsysteme und Standardrührer (wie z. B.Wasser/Luft mit Scheibenrührer, [39]) sind solche Charakteristiken aus der Literatur zu entnehmen; für komplexere Systeme, insbesondere für höherviskose und/oder nicht-Newtonsche Flüssigkeiten, sind jedoch eigene Messungen noch unverzichtbar.

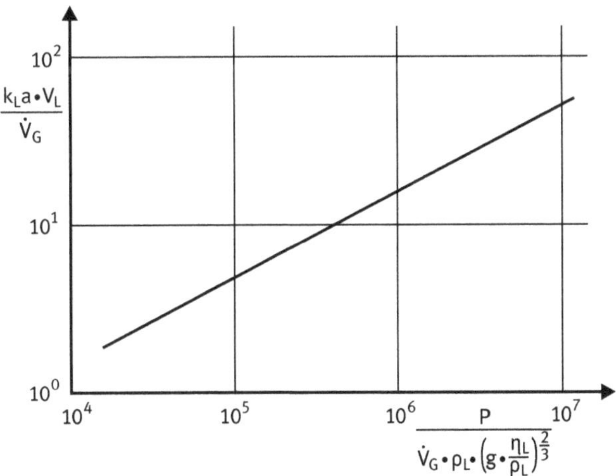

Abb. 7.16: Sorptionscharakteristik

7.4.9 Wärmeaustausch

Kühlung oder Beheizung in Rührbehältern erfolgt durch Doppelmäntel oder eingebaute Rohrschlangen und ist in vielen Fällen Nebenaufgabe des Rührers, der primär zur Homogenisierung oder Dispergierung dient. Bei höherviskosen oder nicht-Newtonschen Flüssigkeiten kann die Wärmeübertragung aber durch den Einsatz zusätzlicher Rührorgane, die sehr dicht an der Wärmeübertragungsfläche vorbeistreichen, oft wesentlich verbessert werden. Hierfür eignen sich besonders Ankerrührer oder Wendelrührer (vgl. Abb. 7.8). Beim Einsatz eines Ankerrührers ist es oft sinnvoll, ihn mit kleineren, zentral wirkenden Rührern zu kombinieren (*Koaxialsysteme*, Beispiel Abb. 7.17). Dabei übernimmt z. B. ein Scheibenrührer die Dispergierung einer zweiten Phase, während der Ankerrührer an der Wand für Kühlung sorgt.

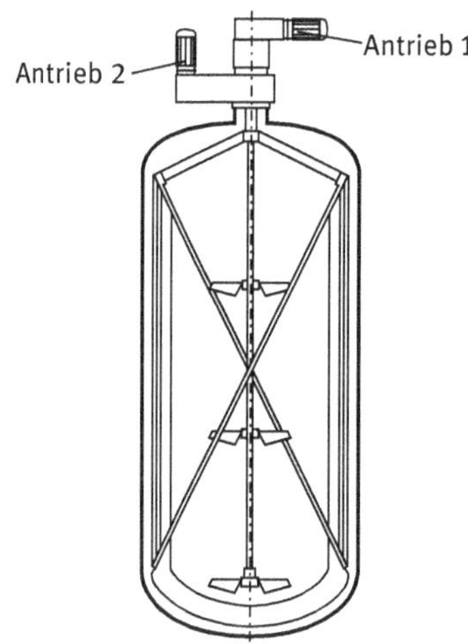

Abb. 7.17: Koaxiale Rühranordnung

Neben den bisher bekannten Parametern spielen bei der Wärmeübertragung der *Wärmeübergangskoeffizient* α, die *Wärmekapazität* des Rührguts c_p und die *Wärmeleitfähigkeit* χ eine Rolle. Die Temperaturdifferenz selbst berücksichtigt man in Form eines Viskositätsquotienten Rührgut/Wand: η_L/η_W. Die Relevanzliste lautet:

$$\alpha = f(n, d, \rho_L, \eta_L, \eta_W, c_P, \chi) \tag{7.22}$$

Die *Wärmeübergangscharakteristik* wird meist in der Form

$$Nu = f\left(Re, Pr, \frac{\eta_L}{\eta_W}\right) \tag{7.23}$$

verwendet. Neben der bereits bekannten *Reynoldszahl* Re ergeben sich hier die dimensionslosen Kennzahlen Nu und Pr. Die *Nusseltzahl* Nu stellt das Verhältnis von Wärmeübergang zur Wärmeleitung dar:

$$Nu = \frac{\alpha \cdot d}{\chi} \tag{7.24}$$

und die *Prandtlzahl* Pr, die nur Stoffdaten des betreffenden Fluides enthält, bezeichnet das Verhältnis von Konvektion und Wärmeleitung:

$$Pr = \frac{\eta_L \cdot c_P}{\chi} \tag{7.25}$$

7.4.10 Maßstabsvergrößerung von Rühranordnungen

Bei der Prozessentwicklung steht man häufig vor der Aufgabe, ein großes Rührwerk für eine oder mehrere Rühraufgaben auszulegen. Nicht immer ist es hierbei möglich, auf Standardanordnungen zurückzugreifen; oft sind die Zahl der Einflussparameter zu hoch und die empirische Berechnungsbasis ist zu schwach, um gesicherte Aussagen treffen zu können. Man muss daher auf Versuche mit der Originalsubstanz in einer Rühranordnung zurückgreifen, die der späteren Originalversion möglichst ähnelt. Aus Kostengründen ist man natürlich an einem möglichst kleinen Maßstab der Testapparatur interessiert. Andererseits sollen die gewonnenen Erkenntnisse auf die spätere Hauptausführung übertragbar sein.

Vielfach führt man daher zunächst eine erste *Maßstabsübertragung* (*scale-up*) von einer Labor- auf eine Technikumsapparatur durch. Verläuft die Testübertragung erfolgreich, d. h. ist ein für das gegebene Problem geeignetes *Übertragungskriterium* gefunden, kann mit einiger Sicherheit eine weitere Vergrößerung auf den Betriebsmaßstab vorgenommen werden. Das Risiko steigt jedoch mit zunehmendem Größenverhältnis an. Abb. 7.18 verdeutlicht beispielhaft mögliche Größenordnungen.

Notwendig bei einer Maßstabsübertragung ist auf jeden Fall, den Rührertyp und alle geometrischen Verhältnisse wie d/D, H/D, h/D usw. gleich zu halten. Dies bedeutet, dass sich alle geometrischen Maße um den gleichen Faktor vergrößern, den *Maßstabsvergrößerungsfaktor* μ:

$$\mu = \frac{d_H}{d_M} \qquad \text{H = Hauptausführung; M = Modellausführung} \tag{7.26}$$

Ideal wäre es außerdem, wenn die für den Prozess maßgeblichen dimensionslosen Kennzahlen beibehalten werden könnten. Neben der *Reynoldszahl* betrifft dies z. B. für den Homogenisiervorgang die Kennzahl $n\Theta$, für die Suspendierung die *Froude-Zahl* und für die Wärmeübertragung die *Nusseltzahl*. Eine solche Idealübertragung gelingt jedoch in der Praxis meist nicht, was am Beispiel der Homogenisierung verdeutlicht werden soll.

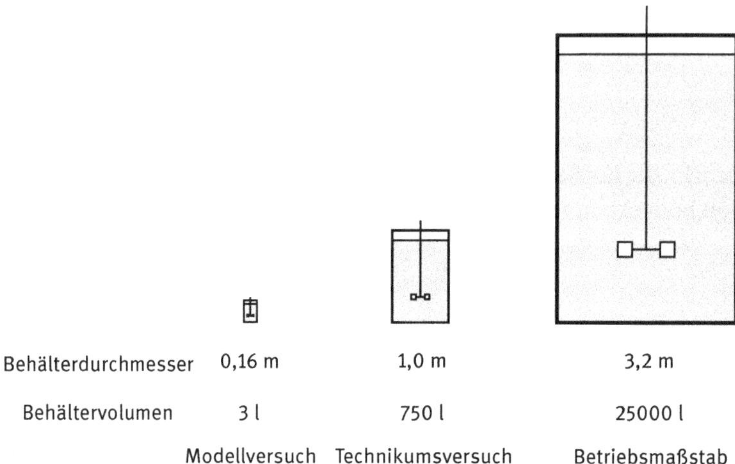

Abb. 7.18: Typische Größenordnungen bei der Maßstabsübertragung

Beibehaltung der Re-Zahl in Modell- und Hauptausführung ($Re_M = Re_H$) würde bedeuten:

$$\frac{n_M \cdot d_M^2 \cdot \rho_M}{\eta_M} = \frac{n_H \cdot d_H^2 \cdot \rho_H}{\eta_H} \tag{7.27}$$

Für gleiche Stoffsysteme (gleiche Dichten und Viskositäten) resultiert daraus unmittelbar

$$\frac{n_H}{n_M} = \left(\frac{d_M}{d_H}\right)^2 = \mu^{-2} \tag{7.28}$$

Wird gleichzeitig die dimensionslose Mischzeit $n\Theta$ konstant gehalten (was im turbulenten Strömungsbereich üblicherweise der Fall ist)

$$n_H \cdot \Theta_H = n_M \cdot \Theta_M \tag{7.29}$$

dann folgt aus Gl. (7.28) und (7.29)

$$\frac{\Theta_H}{\Theta_M} = \frac{n_M}{n_H} = \left(\frac{d_H}{d_M}\right)^2 = \mu^2 \tag{7.30}$$

Die Mischzeit würde also quadratisch mit dem Maßstabsvergrößerungsfaktor ansteigen, d. h. für einen 10mal größeren Behälter ergäbe sich eine 100fach längere Mischzeit. Diese Konsequenz wäre in der Praxis nicht hinnehmbar!

Würde man dagegen die Mischzeiten von Modell- und Hauptausführung als gleich voraussetzen, müssten gemäß Gl. (7.29) auch die Drehzahlen gleich groß sein. Daraus folgt für das Verhältnis der Rührerleistungen mit Gl. (7.6):

$$\frac{P_H}{P_M} = \frac{Ne_H \cdot \rho_H \cdot n_H^3 \cdot d_H^5}{Ne_M \cdot \rho_M \cdot n_M^3 \cdot d_M^5} \tag{7.31}$$

Im turbulenten Strömungsbereich und für gleiche Flüssigkeiten gilt $Ne_H = Ne_M$ und $\rho_H = \rho_M$, und es folgt

$$\frac{P_H}{P_M} = \left(\frac{d_H}{d_M}\right)^5 = \mu^5 \tag{7.32}$$

Auch eine hunderttausendfach höhere Rührerleistung bei einem nur um den Faktor 10 vergrößerten Maßstab ist völlig unrealistisch! Beide der oben gewählten Kriterien sind also für die Übertragungspraxis nicht brauchbar.

Als sinnvoller „Mittelweg“ hat sich für den Homogenisierprozess das sogenannte *Büche-Kriterium* erwiesen [40], das die volumenbezogene Rührerleistung für Modell- und Hauptausführung gleichsetzt:

$$P_{v,H} = P_{v,M} \quad \text{d.h.} \quad \frac{P_H}{d_H^3} = \frac{P_M}{d_M^3} \tag{7.33}$$

Mit den oben angeführten Gleichungen lässt sich leicht zeigen, dass sich bei Anwendung des Büche-Kriteriums sowohl die Mischzeit als auch die Rührerleistung nur in vertretbarem Maße erhöhen (vgl. Übungsaufgabe 7.7.5).

Das *Penney-Diagramm* (Abb. 7.19) zeigt die Vervielfachung der volumenspezifischen Leistung in Abhängigkeit vom volumetrischen Übertragungsfaktor μ^3 für verschiedene Übertragungskriterien. Versucht man Zielgrößen wie Homogenisierzeit Θ oder Wärmeübergangskoeffizient α konstant zu halten, steigt P_V teilweise drastisch an. Dagegen ergeben sich kleinere spezifische Leistungen, wenn hydrodynamische Größen wie Re-Zahl oder Rührerumfangsgeschwindigkeit c_u konstant gehalten werden. Hierbei sind natürlich z. B. wesentlich längere Mischzeiten bzw. niedrigere Wärmeübertragungsraten hinzunehmen.

Wesentlich komplizierter wird die Maßstabsübertragung, wenn mehrere Kriterien gleichzeitig einzuhalten sind. Soll z. B. in einem Reaktor ein Feststoff suspendiert und gleichzeitig Wärme abgeführt werden, müsste man eigentlich zur Aufrechterhaltung des Suspendierzustandes die volumenspezifische Leistung absenken. Dagegen müsste P_V angehoben werden, um die Wärmeübergangszahlen konstant zu halten. In einem Reaktor ist zudem die Reaktionskinetik zu beachten, denn eine veränderte Mischzeit kann auch einen veränderten Ablauf der beteiligten chemischen Reaktionen herbeiführen und sich ggf. nachteilig auf den Reaktionsumsatz auswirken.

In sehr vielen Fällen erweist sich P_V = const. als ein sinnvoller Kompromiss, der sowohl beim Homogenisieren als auch beim Suspendieren, Dispergieren und bei der Wärmeübertragung akzeptable Rührerleistungen ergibt bei gleichzeitig vertretbarer Verschlechterung der Zielgrößen. Liegt das Übertragungskriterium einmal fest, lassen sich mit Hilfe der relevanten Kennzahlen leicht alle geforderten Parameter wie Leistung und Drehzahl berechnen.

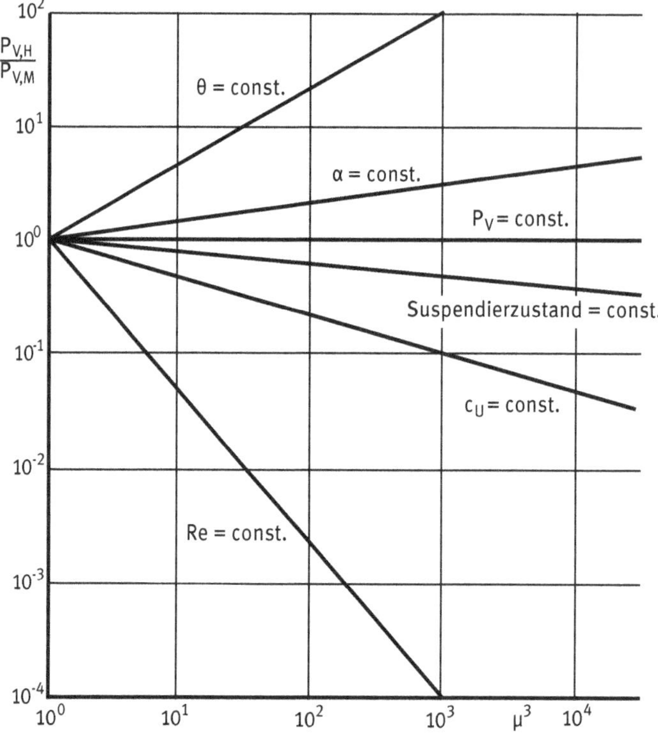

Abb. 7.19: Penney-Diagramm

7.5 Dynamisches Mischen körniger Stoffe

In Flüssigkeiten und Gasen kann eine Vermischung ohne jede Energiezufuhr stattfinden (sofern dem System genügend Zeit gegeben wird), denn selbst im Ruhezustand vollführen die Fluidmoleküle Eigenbewegungen und diffundieren ineinander, bis letztlich alle Konzentrationsunterschiede ausgeglichen sind. Dagegen ist eine selbsttätige *Entmischung* ineinander löslicher Fluide unmöglich.

Ruhende Schüttungen körniger Feststoffpartikeln können sich dagegen auch nach unendlich langer Wartezeit nicht selbstständig vermischen, da jedes Korn durch seine Nachbarn räumlich fixiert ist. Eine *Vermengung* körniger Stoffe kann also nur durch die Aufhebung dieser gegenseitigen Teilchenfixierung erfolgen, und dies ist nur durch Energiezufuhr von außen möglich. Dagegen sind *Entmischungserscheinungen* auch in ruhenden Kornschüttungen nicht ungewöhnlich, sofern es sich um trockene und rieselfähige, d. h. nicht kohäsive Schüttgüter handelt. Bei z. B. Kollektiven mit *bimodaler* Korngrößenverteilung (deren Verteilungsdichtekurve zwei deutlich unterscheidbare Maxima aufweist), können die kleineren Körner durch Schwerkrafteinfluss in den Kornzwischenräumen der größeren nach unten rieseln. Dieser Effekt wird natürlich durch jede Bewegung des Gesamtkollektivs verstärkt; besonders negativ wirkt er sich z. B. beim Transport von Schüttgütern in Silofahrzeugen o. Ä. aus.

Genau der gleiche Mechanismus, der eine Vermengung von körnigen Feststoffen erst möglich macht, nämlich die Aufhebung der gegenseitigen Teilchenfixierung, führt leider bei Kollektiven mit breiterem Korngrößenspektum, mehrmodalen Verteilungen, Dichte- oder Kornformunterschieden gleichzeitig wieder zur Entmischung. Wird die Qualität der Mischung z. B. über die Varianz oder die Streuung erfasst (vgl. Kap. 3.7 und 3.9), so ergibt sich bei Feststoffmischungen häufig der in Abb. 7.20 dargestellte Verlauf über der Zeit. Zunächst wird ein Absinken der Streuung, also eine Verbesserung der Mischgüte, beobachtet. Ab einer charakteristischen Mischzeit t_E lässt sich dann keine weitere Steigerung der Mischgüte mehr feststellen, da Mischungs- und Entmischungsvorgänge gleichzeitig stattfinden. Oft überwiegen im letzten Teil des Vorgangs sogar die Entmischungserscheinungen, so dass sich die Varianz oder Streuung wieder erhöht, wie in Abb. 7.20 dargestellt.

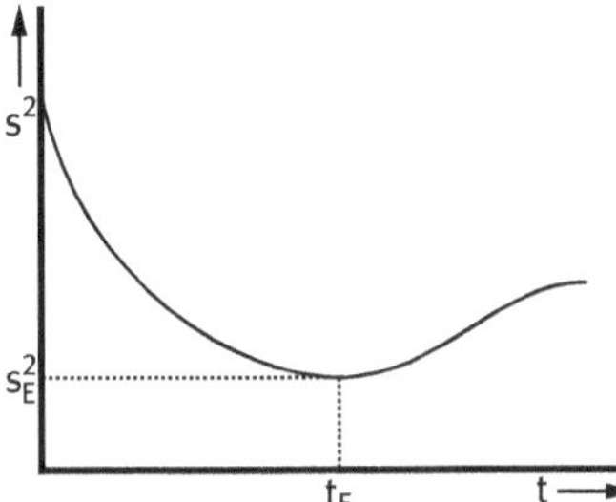

Abb. 7.20: Verlauf von Mischung und Entmischung bei körnigen Feststoffen

Entsprechend den vielfältigen Möglichkeiten, die gegenseitigen Teilchenfixierungen in einer Schüttung aufzuheben, existieren technische Feststoffmischer mit ganz unterschiedlichen Konzepten. So kann z. B. durch Bewegung eines Behälters, in dem sich der zu vermengende Ansatz befindet, der *Böschungseffekt* ausgenutzt werden. Durch taumelnde und/oder drehende Bewegung werden ständig wechselnde geneigte Oberflächen (Böschungen) erzeugt, auf denen die Körner durch Schwerkrafteinfluss nach unten rutschen und dadurch umgeschichtet werden. Die erzielbare Neigung der Böschung (Böschungswinkel) ist abhängig von der inneren Reibung der Körner und stellt eine materialspezifische Konstante dar.

Ein einfaches Beispiel für einen nach diesem Prinzip arbeitenden Mischer stellt der *Taumelmischer* (auch *Fassmischer*) dar (Abb. 7.21 links oben). Er eignet sich zur chargenweisen Mischung leicht kohäsiver Pulver recht gut. Für freifließende Güter mit Korngrößen- oder Dichteunterschieden sollte er nicht eingesetzt werden, da hier starke Entmischungserscheinungen auftreten. Schwerere Körner rutschen nämlich auf den entstehenden Böschungen weiter herunter als leichtere, wodurch sich das schwerere Gut am Rand und das leichtere im Zentrum des Mischers ansammelt.

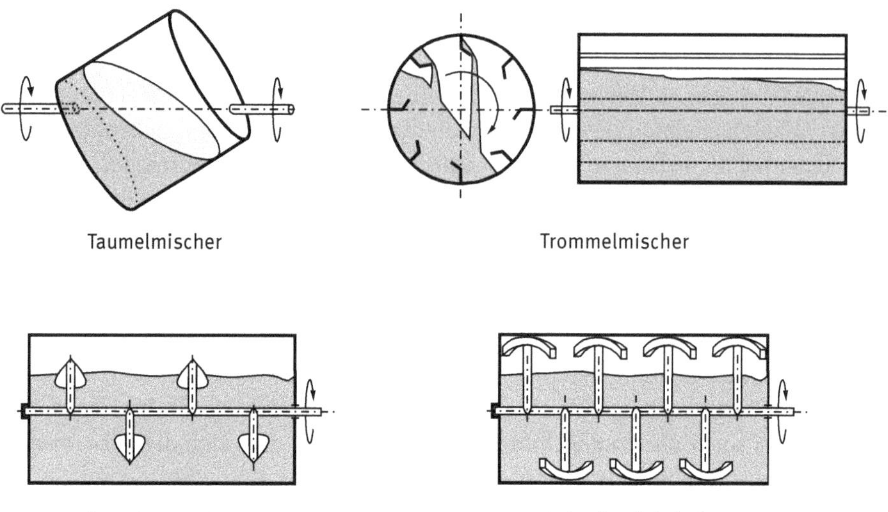

Abb. 7.21: Bauarten von Feststoffmischern

Ein entsprechender kontinuierlich arbeitender Apparat ist der *Trommelmischer* (Abb. 7.21 rechts oben). Er wird zur Verstärkung der Umwälzwirkung häufig mit *Hubleisten* oder anderen Einbauten ausgeführt. Hinsichtlich der Entmischung bei freifließenden Gütern gilt das Gleiche wie beim Taumelmischer. Werden solche Trommeln mit warmer oder kalter Luft durchströmt, können sie gleichzeitig als Heizer, Kühler oder Trockner für den Feststoff dienen.

Werden die Mischbehälter nicht selbst gedreht, sondern mit rotierenden Werkzeugen ausgerüstet, vollzieht sich das Vermengen nach dem Prinzip des Teilens und Umschichtens. Beispiele für solche rotierenden Einbauten sind *Pflugscharen* und *Leitschaufeln* (Abb. 7.21 unten). Bewegen sich die Einbauten langsam (Beispiel: Leitschaufelmischer), teilen und verdrängen sie den Feststoff zur Seite. Hinter dem Mischwerkzeug rieselt das Gut in die entstehenden Hohlräume, wodurch es umgeschichtet wird. Solche langsamlaufenden Werkzeuge werden zweckmäßigerweise wandgängig ausgeführt, um keine Toträume entstehen zu lassen. Bei schnelllaufenden Werkzeugen (Beispiel: Pflugscharmischer) spricht man auch von *Wurfmischern*. Hierbei führen die Zentrifugalkräfte zum Herausschleudern des Gutes aus der umlaufenden Gutmasse, wodurch die Mischwirkung erheblich verstärkt wird.

Oft lässt sich die gewünschte Mischwirkung auch direkt in einem Silobehälter erreichen, indem man diesen mit geeigneten Abzugsvorrichtungen oder mit Mischwerkzeugen ausstattet. Dabei wird in unterschiedlicher Weise die Schwerkraftwirkung zum Vermengen genutzt. So ist es häufig erwünscht, den Siloauslauf qualitativ zu vergleichmäßigen, obwohl der Siloinhalt aus einer größeren Anzahl aufgegebener Chargen mit evtl. unterschiedlichen Qualitäten besteht, z. B. weil sie von verschiedenen Lieferanten stammen. Durch ein zentral eingestecktes senkrechtes Rohr mit *Schlucköffnungen* in unterschiedlichen Höhen (*Mischsilo*, Abb. 7.22 links) lässt sich für viele Schüttgüter bereits eine zufriedenstellende Homogenisierung erreichen [41]. Drehende Mischwerkzeuge in Silos werden zur Minimierung der Antriebsleistung meist klein gehalten und können nur einen geringen Volumenbereich im Silo gleichzeitig erfassen. Durch den Einbau einer zentralen Förderschnecke wird das Gut konzentrisch im Silo umgewälzt (*Siloschneckenmischer*, Abb. 7.22 Mitte). Während sich die ersten beiden Verfahren gut für rieselfähige Güter eignen, wird bei kohäsiven Produkten vorzugsweise eine wandnah arbeitende, umlaufende Schnecke verwendet (Umlaufschneckenmischer, Abb. 7.22 rechts).

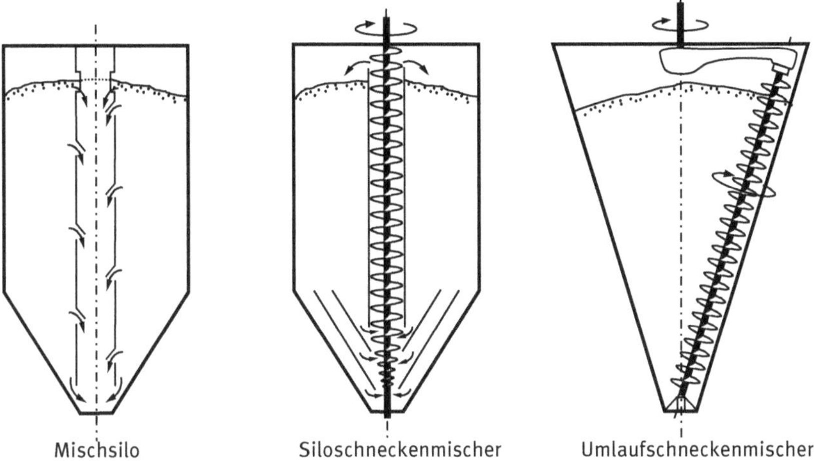

Abb. 7.22: Bauarten von Silomischern

Pneumatische Mischer führen eine Homogenisierung durch strömende Luft herbei. *Wirbelschichtmischer* (Abb. 7.23 links) weisen einen Lochboden auf, durch den die Luft mit Überdruck einströmt. Ist die Anströmgeschwindigkeit ausreichend groß, wird das Schüttgut nach dem Prinzip der *Wirbelschicht* fluidisiert (vgl. Kap. 5.6). Eine starke Umwälzbewegung im Schüttgut und damit eine gute Mischwirkung lässt sich z. B. durch Unterteilung des Lochbodens in Segmente und durch umlaufendes Abschalten der Luftzufuhr in den Segmenten erreichen. Wirbelschichtmischer sind eher für sehr große Silos und pulverige Produkte mit relativ enger Korngrößenverteilung geeignet, wobei sich lange Homogenisierzeiten (im Bereich von Stunden) ergeben können.

Ein anderes Prinzip weist der *Luftstoß*- oder *Strahlmischer* auf (Abb. 7.23 rechts). Hier wird Druckluft mit hohem Überdruck pulsierend in das Silo eingetragen. Die Luftdüsen sind so angeordnet, dass gleichzeitig eine Aufwärts- und eine Drallbewegung des Siloinhaltes erfolgt. Strahlmischer werden eher in kleineren Silos eingesetzt,

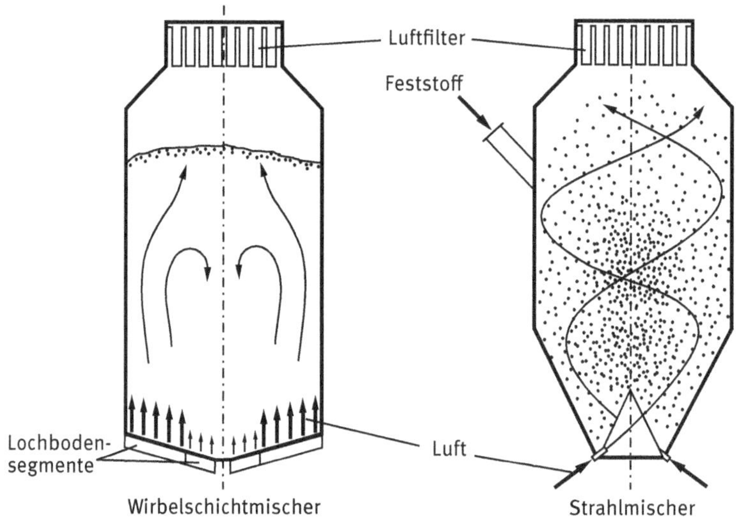

Abb. 7.23: Pneumatische Silomischer

wobei die Mischzeiten häufig nur wenige Minuten betragen. Sie sind auch für grobkörnige Produkte mit breiterem Kornspektrum gut geeignet, die sich in vielen anderen Feststoffmischern aufgrund der Entmischungsphänomene schlecht vergleichmäßigen lassen.

7.6 Teilen und Verteilen

Unter einer *Teilung* versteht man die Zerlegung einer *Grundgesamtheit* in Teile mit möglichst gleichen Merkmalen (vgl. auch Kap. 3.4). Gezieltes Teilen einer Stoffmenge in n Teilmengen gleicher Qualität und Zusammensetzung ist also dem Homogenisiervorgang durchaus vergleichbar. Der Vorgang des Teilens hat sogar gegenüber dem „normalen" Homogenisiervorgang in einem Mischer den Vorteil, dass sich Entmischungserscheinungen nicht mehr auf das Ergebnis auswirken können, solange die Teilmengen getrennt bleiben. Dieser Aspekt sowie die oftmals sehr einfache technische Realisierbarkeit einer Teilung sind wohl der Grund, warum Teilungen gerade bei körnigen Gütern häufig durchgeführt werden. Klassische Beispiele sind die Herstellung von *Analysenproben* durch *Probenteiler* sowie die Vergleichmäßigung von Rohstoff- und Produktqualitäten durch gezieltes Management der Feststofflager.

Die Qualität einer Teilung wird nicht durch die Anzahl der erzeugten Teilmengen bestimmt, sondern durch die Anzahl der Teilungsvorgänge. Dies kann am Beispiel eines *Drehprobenteilers* zur Herstellung von *Analysenproben* (Abb. 7.24) gut demonstriert werden. Ein Drehprobenteiler besteht aus einer Anzahl gleich großer Gefäße oder Kammern, die an einer mit konstanter Drehzahl rotierenden kreisför-

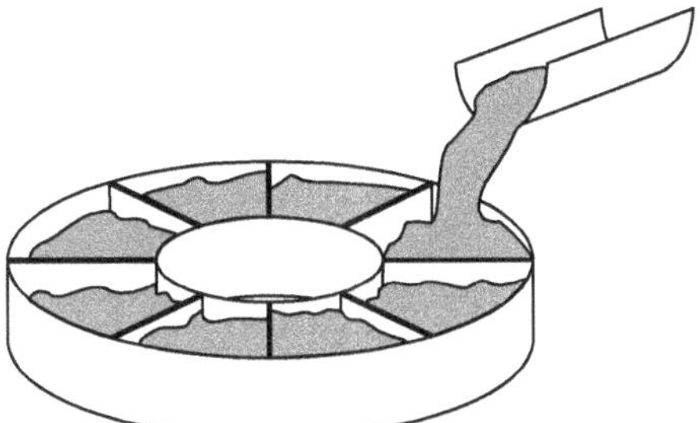

Abb. 7.24: Drehprobenteiler

migen Vorrichtung befestigt sind und von einem ortsfesten Förderorgan, z. B. einer Schwingrinne, gleichmäßig beschickt werden. Die Anzahl der Teilungsvorgänge n_T für eine gegebene Aufgabemasse m ist proportional zur Drehzahl n des Teilers und der Anzahl n_K der Kammern und umgekehrt proportional zum Zulaufmassenstrom:

$$n_T = \frac{m \cdot n \cdot n_K}{\dot{m}_{Zu}} \tag{7.34}$$

Teilt man z. B. eine Probenmasse von 1 kg auf diese Weise in 8 Portionen auf, so ergeben sich bei einem Massenstrom von 1 g/s und einer Drehzahl von $1\,s^{-1}$ bereits 8000 Teilungsvorgänge. Jeder Kammer des Probenteilers werden insgesamt 1000 regelmäßig entnommene Einzelmengen zugeteilt. Selbst bei stark inhomogener Aufgabemasse werden die erzeugten Teilproben nicht mehr messbar voneinander abweichen.

Eine Vergleichmäßigung der Produktqualität in einer Siloanlage lässt sich z. B. erreichen, indem mehrere gleichgroße Silos nacheinander befüllt, aber gleichzeitig entleert werden (Abb. 7.25). Hier ist die Anzahl der Teilungsvorgänge bedeutend geringer als beim Probenteiler; sie entspricht der Anzahl der parallel angeordneten Silos, wenn die gesamte Füllmenge aller Silos als Aufgabemasse betrachtet wird. Trotzdem erreicht man mit dieser Methode, dass die zeitlichen Qualitätsschwankungen des zu verschiedenen Zeiten angelieferten Produktes weitgehend eliminiert werden. Den Unterschied zwischen diskontinuierlicher und kontinuierlicher Arbeitsweise verdeutlicht Abb. 7.25: Im ersten Fall (links) benötigt man zwei Siloblöcke A und B, wobei Block A gefüllt und aus Block B abgezogen wird. Im kontinuierlichen Fall wird in nur einem Block gleichzeitig gefüllt und abgezogen (rechts). Um die gleiche Lagerkapazität zu erreichen, muss das Silovolumen im kontinuierlichen Betrieb die doppelte Größe aufweisen.

Das vorgestellte Prinzip des Einlagerns in Abschnitten und des anschließenden Produktabzugs quer zur Einlagerungsrichtung kann auch bei der *Haldenlagerung* angewendet werden. In Halden lassen sich sehr große Rohstoff- oder Produktmengen kostengünstig lagern. Je größer aber die Lagermenge ist, desto bedeutsamer wird das Problem der zeitlichen Qualitätsschwankungen. Diese lassen sich z. B. durch längsseitigen Aufbau der Halde und späteren stirnseitigen Abbau (Abb. 7.26) weitgehend eliminieren.

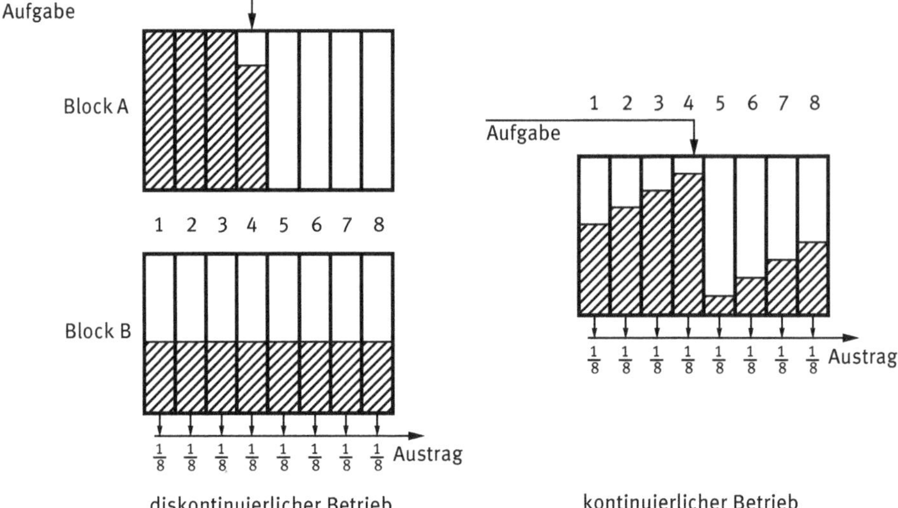

Abb. 7.25: Vergleichmäßigung in einer Siloanlage

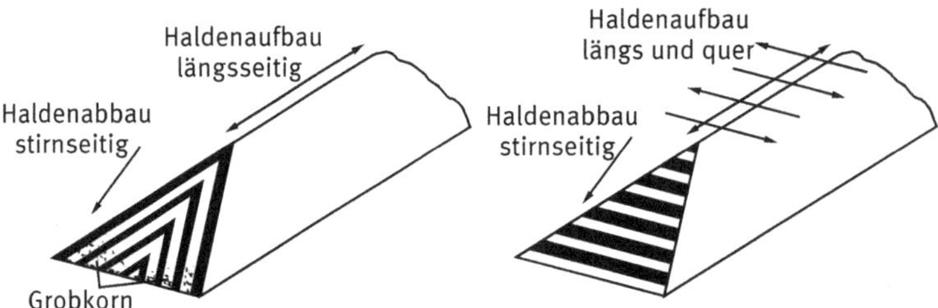

Abb. 7.26: Vergleichmäßigung bei Feststoffhalden

Zu beachten ist jedoch, dass sich bei zentraler Aufschüttung des Haldenkegels durch ein Förderband (wie im Bild links gezeigt) gröberes Gut infolge des Böschungseffekts am Fuß der Halde sammelt. Durch diesen Entmischungseffekt können auch die Eigenschaften des abgezogenen Produktstroms schwanken. Besser ist es, die Halde durch Längs- und Querbewegungen des Abwurfbandes aufzuschütten, so dass der Haldenaufbau in waagrechten Schichten erfolgt (im Bild rechts). Die Anzahl der Teilungsvorgänge ist proportional zur Anzahl der beim Aufbau erzeugten und beim Abbau abgenommenen Schichten. Je dünner diese sind, umso besser wird die Vergleichmäßigung der Qualität sein.

7.7 Übungsaufgaben

7.7.1 Übungsaufgabe Leistungscharakteristik

In einem bewehrten Behälter von 2 m Durchmesser wird ein Flüssigkeitsgemisch der Dichte $\rho = 900\,kg/m^3$ und der Viskosität $\eta = 0{,}01\,Pa\,s$ mit einem Scheibenrührer gerührt. Alle geometrischen Verhältnisse im Rührgefäß sind so wie in untenstehender Leistungscharakteristik gezeigt.

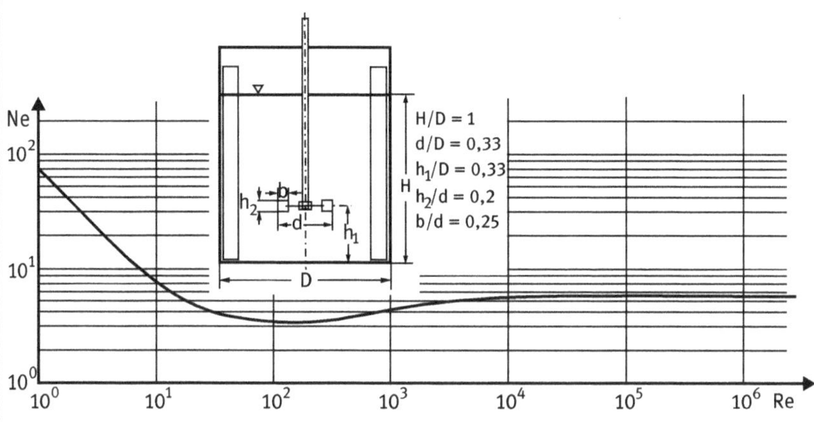

Ermitteln Sie die benötigte Rührerleistung bei einer Rührerdrehzahl von $300\,min^{-1}$!

7.7.2 Übungsaufgabe Leistungs- und Mischzeitcharakteristik

Die Leistungscharakteristik eines Rührers mit dem Rührerdurchmesser $d = 0{,}9\,m$ folgt folgender Gesetzmäßigkeit:

$$Ne = \frac{100}{Re} + 1$$

Die Mischzeitcharakteristik lautet:

$$n \cdot \Theta = 150$$

Ein Flüssigkeitsansatz mit der Dichte $\rho = 1100\,kg/m^3$ und einer Viskosität $\eta = 10\,Pa\,s$ soll innerhalb von 60 Sekunden homogenisiert sein.

Berechnen Sie

a. die notwendige Rührerdrehzahl
b. die benötigte Wellenleistung
c. das Drehmoment an der Rührerwelle.

7.7.3 Übungsaufgabe Rührprozess

Eine Rühranordnung für einen Fermentationsprozess ist mit einer Wellenleistung von maximal 4 MW ausgestattet. Die Flüssigkeitsviskosität erhöht sich während des Prozesses. Wie hoch kann die Viskosität der Flüssigkeit ansteigen, damit der Motor nicht überlastet wird?

Die Daten betragen: Rührerdurchmesser d = 1,0 m
Drehzahl des Rührers n = 60 U/min = const.
Flüssigkeitsdichte ρ = 1000 kg/m^3 = const.

Die Leistungscharakteristik der Rühranordnung sieht folgendermaßen aus:

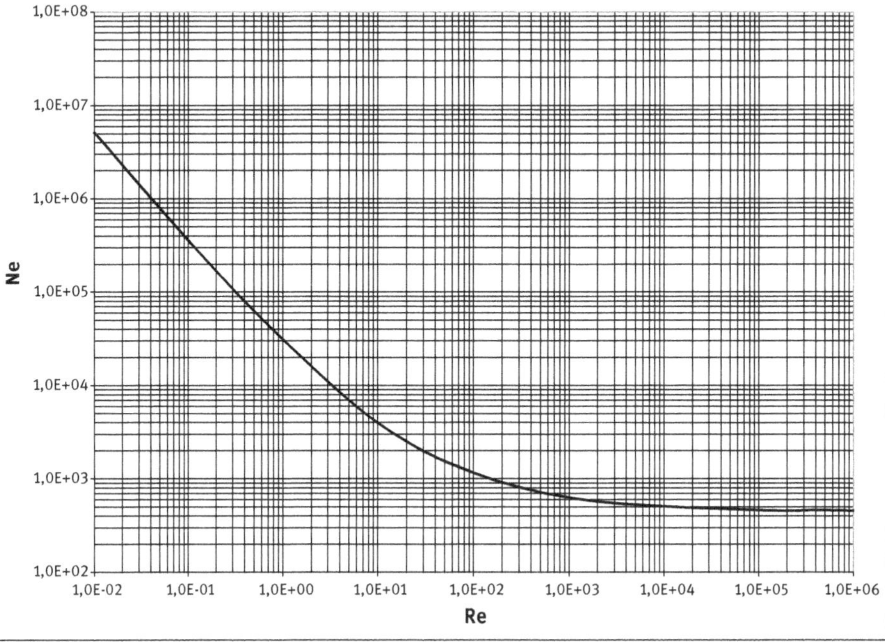

7.7.4 Übungsaufgabe Homogenisierung

Für die Homogenisierung eines Fruchtsaftkonzentrats steht ein Rührbehälter mit einem ebenen Boden und einem Durchmesser von D = 1,48 m zur Verfügung. Die Mischzeit soll 30 s betragen.

Stoffdaten des Fruchtsaftkonzentrats:

Dichte: $1300\,kg/m^3$
Viskosität: 1,9 Pa s

Beantworten Sie mit Hilfe des *Zlokarnik*-Diagramms (Abb. 7.12) folgende Fragen:
a. Welcher Rührer ist der energetisch günstigste zur Lösung dieser Aufgabe?
b. Welche Rührerleistung ist notwendig?
c. Welche Drehzahl muss eingestellt werden?

7.7.5 Übungsaufgabe Maßstabsvergrößerung I

Eine Rühranordnung zum Homogenisieren von Flüssigkeiten soll im Maßstab 10:1 vergrößert werden. Es gelten die Voraussetzungen
- turbulenter Strömungsbereich (Ne = const. und $n\Theta$ = const)
- Stoffdaten = const.
- volumenbezogene Rührerleistung = const.

Um welchen Faktor steigen jeweils die Rührerleistung, die Drehzahl und die Mischzeit der Hauptausführung gegenüber der Modellausführung?

7.7.6 Übungsaufgabe Maßstabsvergrößerung II

Eine Rühranordnung zur Reaktorkühlung soll im Maßstab 10:1 vergrößert werden. Es gelten die Voraussetzungen
- Wärmeübergangszahl α = const.
- Ne = const.
- Stoffdaten = const.

Für Modell- und Hauptausführung gilt die Gleichung

$$Nu = C \cdot Re^m \cdot Pr^k$$
$$\text{mit} \quad C = \text{Konstante}\,; \quad m = 0{,}7\,; \quad k = 0{,}2$$

Im Modell hat der Rührer bei einer Drehzahl von 20 U/min einen Leistungsbedarf von 5 kW. Wie groß werden Drehzahl und Rührerleistung bei der Hauptausführung?

7.8 Formelzeichen für Kapitel 7

a	bezogene Phasengrenzfläche
A	Fläche, Querschnitt
b	Anzahl der hintereinandergeschalteten Mischelemente
B	Breite
c	Geschwindigkeit
$\bar{c}_L$	mittlere Strömungsgeschwindigkeit im Mischelement
c_M	Molekülkonzentration
c_p	Wärmekapazität des Rührguts
c_u	Umfangsgeschwindigkeit
c_{SS}	Schwarmsinkgeschwindigkeit
c_t	Tangentialgeschwindigkeit
c_V	Feststoffvolumenanteil
d, d_R	Rührerdurchmesser
d_{32}	Sauterdurchmesser
D	Durchmesser statischer Mischer oder Behälter
dc_M	differenzieller Konzentrationsunterschied
dm	differenzielle Masse
dr	differenzieller Radius
dt	differenzielle Zeitspanne
dx	differenzielle Länge
dz	differenzielle Höhe
D_{AB}	Diffusionskoeffizient
E	Einflussgröße
F	Kraft
F_G	Gewichtskraft
F_{G-A}	um den Auftrieb verminderte Gewichtskraft
F_Z	Zentrifugalkraft
g	Erdbeschleunigung
h	Rührerhöhe
H	Abstand Rührer/Boden
H (Index)	Hauptausführung
k	Anzahl der Kanäle innerhalb eines Mischelementes, Anzahl Geometriemaße
k_L	flüssigkeitsseitiger Stoffübergangskoeffizient
k_La	Produkt aus k_L und a
K	Proportionalitätsfaktor
K_M	bauartspezifische Konstante (Mischelement)
K_{LR}	bauartspezifische Konstante (Zwischenräume)
L_M	Länge eines Mischelements
L_R	Abstand

m Masse, Probenmasse
$\dot{m}_{Zu}$ Zulaufmassenstrom
M_d Drehmoment
M (Index) Modellausführung
n Drehzahl
n_{min} Mindest-Suspendierdrehzahl
n_K Anzahl der Kammern (Probenteiler)
n_T Anzahl der Teilungsvorgänge
N Anzahl der entstehenden Schichten
N_0 Anzahl der ursprünglichen Schichten
p Zahl der ursprünglichen Einflussgrößen
Δp Druckverlust
Δp_M Druckverlust eines statischen Mischers
P Leistung an der Rührerwelle (Wellenleistung)
P_M Leistungsbedarf eines statischen Mischers
P_v volumenbezogene Rührerleistung
P_{SS} Sinkleistung
q Anzahl der relevanten Kennzahlen
Q_G Gasdurchsatzkennzahl
$Q_{G,max}$ maximal erreichbare Gasdurchsatzkennzahl
r Radius, Amplitude
s Standardabweichung
s_0 Standardabweichung in vollständig entmischtem Zustand
S_V spezifischen Phasengrenzfläche
V_G Gasvolumen, Hold up
$\dot{V}_G$ Gaszufuhr
V Ansatzvolumen
V_S gesamtes Partikelvolumen im Ansatz V
$\dot{V}$ Volumenstrom
x Längenkoordinate
X Platzhalter für andere geometrische Maße
z Schleuderziffer
Z Zielgröße
α Wärmeübergangskoeffizient
β Exponent
χ Wärmeleitfähigkeit
γ Grenzflächenspannung
δ Exponent
η, η_L Dynamische Fluidviskosität
η_W Viskosität an der Wand
κ Exponent
λ_M Widerstandszahl eines statischen Mischers

λ_{lam}	Widerstandszahl im laminaren Bereich
λ_{turb}	Widerstandszahl im turbulenten Bereich
μ	Massstabsvergrößerungsfaktor
Θ	Homogenisierzeit, Mischzeit
ρ, ρ_L	Fluiddichte
ρ_S	Feststoffdichte
$\Delta\rho$	Dichteunterschied der Phasen
τ	Exponent
ω	Winkelgeschwindigkeit
Π	Zielkennzahl
K	Kennzahl allgemein
Fr	Froudezahl
Ne	Newtonzahl
Nu	Nusseltzahl
Pr	Prandtlzahl
Re	Reynoldszahl
We	Weberzahl
$n\Theta$	dimensionslose Homogenisierzeit
LKZ	Leistungskennzahl
MKZ	Mischzeitkennzahl

8 Lösungen der Übungsaufgaben

Übungsaufgabe Partikelgrößenverteilung (S. 25)

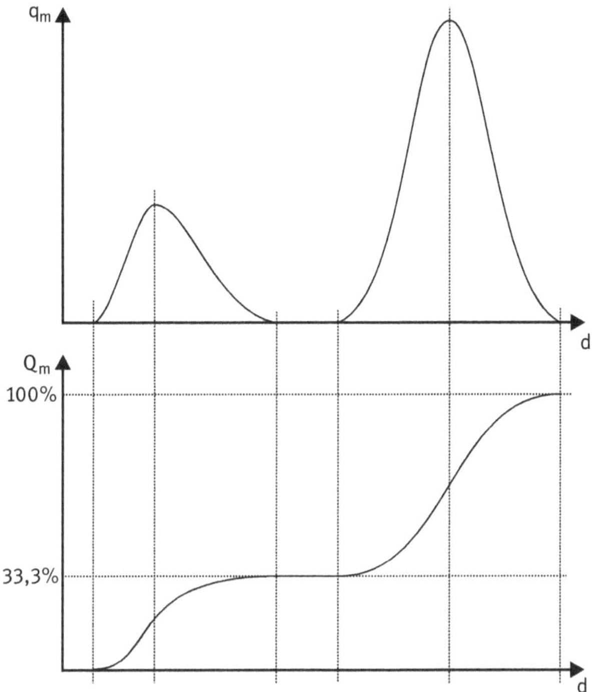

Die bimodale Verteilung führt zu einer „Doppel-S"-Form bei der Durchgangssummenkurve. Die Summe aller Staubpartikeln beträgt 33,3 % der Gesamtmasse; auf dieser Höhe liegt auch das Plateau zwischen den „S"-Abschnitten. Die Maxima der Verteilungsdichtekurven entsprechen Wendepunkten der Summenkurve.

https://doi.org/10.1515/9783110739541-008

Übungsaufgabe Partikelanalyse (S. 26)

Die Lösung dieser Übungsaufgabe erfolgt zweckmäßigerweise tabellarisch. Man beginnt mit der Fraktion mit den kleinsten Durchmessern.

Untere Maschenweite d_u/µm	Obere Maschenweite d_o/µm	Mittlerer Durchmesser der Fraktion i/µm $d_i = (d_o + d_u)/2$	Zugehöriger Siebrückstand	
			ΔQ_i/g	ΔQ_i/%
0	70	35	17	10,9
70	120	95	35	22,4
120	200	160	78	50,0
200	300	250	26	16,7
300			0	
			Summe: 156	Summe: 100,0

a. Die Durchgangssumme Q_m wird immer auf eine Klassengrenze, hier d_o, bezogen. Sie bezeichnet die Summe aller Fraktionen kleiner als d_o.

Bezugs-Maschenweite do/µm	Durchgangssumme Q_m/%
70	10,9
120	33,3
200	83,3
300	100,0

Die Durchgangssumme Q_m beträgt für 300 µm 100 %, da alle Partikeln durch das Sieb mit der Maschenweite 300 µm durchgegangen sind.

b. Die Verteilungsdichte q_m wird immer auf den mittleren Durchmesser der Fraktion d_i bezogen.

Mittlerer Durchmesser der Fraktion d_i/µm	Klassenbreite der Fraktion/µm $\Delta d_i = d_o - d_u$	Verteilungsdichte q_m in %/µm $q_{mi} = \Delta Q_i/\Delta d_i$
35	70	0,156
95	50	0,448
160	80	0,625
250	100	0,167

c. Die gewogene mittlere Partikelgröße wird nach Gl. (2.10) berechnet (siehe Tabelle unter d.):

$$\overline{d} = \sum_{(i)} d_i \cdot \Delta Q_i$$

d. Die volumenspezifische Oberfläche wird nach Gl. (2.11) berechnet, wobei f_i wegen der Kugelform der Partikel =1 gesetzt werden kann:

$$S_V = \sum_{(i)} \frac{6}{d_i} \cdot \Delta Q_i$$

d_i/µm	ΔQ_i/-	$d_i \cdot \Delta Q_i$/µm	$6/d_i \cdot \Delta Q_i$/µm^{-1}
35	0,109	3,8	0,0187
95	0,224	21,3	0,0141
160	0,500	80,0	0,0188
250	0,167	41,8	0,0040
	∑ 1,000	**∑ 146,9**	**∑ 0,0556**

Die gewogene mittlere Partikelgröße beträgt 146,9 µm.
Die volumenspezifische Oberfläche des Kollektivs beträgt 0,0556 µm^{-1} oder 55600 m^2/m^3.

Übungsaufgabe Oberflächen (S. 26)

Der *Sauter-Durchmesser* ergibt sich aus der gemessenen spezifischen Oberfläche nach Gl. (2.4):

$$d_{32} = \frac{6}{\rho \cdot S_m} = \frac{6}{2500\,\frac{kg}{m^3} \cdot 343\,\frac{m^2}{kg}} = 6{,}997\ \mu m$$

Der mittlere Formfaktor f wird nach Gl. (2.11) berechnet:

$$S_V = \sum_{(i)} f_i \cdot \frac{6}{d_i} \cdot \Delta Q_i = \bar{f} \cdot \sum_{(i)} \frac{6}{d_i} \cdot \Delta Q_i$$

Hierzu müssen zunächst die mittleren Durchmesser der Fraktionen und die entsprechenden Mengenanteile bestimmt werden, was zweckmäßigerweise tabellarisch durchgeführt wird:

Partikelgröße/µm	Durchgangssumme Q_3/%	mittlerer Durchmesser d_i der Fraktion i/µm $d_i = (d_o + d_u)/2$	Mengenanteil ΔQ_3/% $\Delta Q_3 = Q_{3,o} - Q_{3,u}$
1,0	0,0		
5,0	14,5	3,0	14,5
12,0	48,7	8,5	34,2
19,0	69,3	15,5	20,6
25,0	87,1	22,0	17,8
32,0	100,0	28,5	12,9
			Summe: 100,0

Bestünde das Kollektiv nur aus Kugeln (f = 1), hätten diese die volumenspezifische Oberfläche

$$S_{V,\text{Kugeln}} = \sum_{(i)} \frac{6}{d_i} \cdot \Delta Q_i$$

$$S_{V,\text{Kugeln}} = \frac{6}{3{,}0} \cdot 0{,}145 + \frac{6}{8{,}5} \cdot 0{,}342 + \frac{6}{15{,}5} \cdot 0{,}206 + \frac{6}{22{,}0} \cdot 0{,}178 + \frac{6}{28{,}5} \cdot 0{,}129$$
$$= 0{,}687 \frac{1}{\mu m}$$

also eine massenspezifische Oberfläche von

$$S_{m,\text{Kugeln}} = \frac{S_{V,\text{Kugeln}}}{\rho} = \frac{0{,}687 \cdot 10^6 \mu m \cdot m^3}{\mu m \cdot m \cdot 2500 \cdot kg} = 274{,}7 \frac{m^2}{kg}$$

Da tatsächlich aber eine Oberfläche von 343 m^2/kg gemessen wurde, beträgt der Formfaktor f:

$$f = \frac{S_{m,\text{gemessen}}}{S_{m,\text{Kugeln}}} = \frac{343 \frac{m^2}{kg}}{274{,}7 \frac{m^2}{kg}} = \underline{\underline{1{,}25}}$$

Übungsaufgabe Bilanzierung I (S. 42)

Da der Eingangsstrom bekannt ist, wird zunächst eine Bilanz um den Eindicker durchgeführt:

Gesamtbilanz um Eindicker:

$$\dot{m}_S = \dot{m}_{Ü1} + \dot{m}_{Sch1}$$

Feststoffbilanz um Eindicker:

$$\dot{m}_S \cdot c_m = \dot{m}_{Ü1} \cdot c_{Ü1} + \dot{m}_{Sch1} \cdot c_{Sch1} = (\dot{m}_S - \dot{m}_{Sch1}) \cdot c_{Ü1} + \dot{m}_{Sch1} \cdot (1 - \varphi_{Sch1})$$

Auflösung der Bilanzgleichungen liefert den Schlamm-Massenstrom aus dem Eindicker:

$$\dot{m}_S \cdot c_m = \dot{m}_S \cdot c_{Ü1} - \dot{m}_{Sch1} \cdot c_{Ü1} + \dot{m}_{Sch1}(1 - \varphi_{Sch1})$$

$$\dot{m}_S \cdot (c_m - c_{Ü1}) = \dot{m}_{Sch1}(1 - \varphi_{Sch1} - c_{Ü1})$$

$$\dot{m}_{Sch1} = \dot{m}_S \cdot \frac{(c_m - c_{Ü1})}{(1 - \varphi_{Sch1} - c_{Ü1})} = 5000\,kg/h \cdot \frac{0{,}1 - 0{,}001}{1 - 0{,}12 - 0{,}001}$$
$$= 563{,}14\,kg/h$$

Daraus lässt sich auch der Überlaufstrom aus dem Eindicker berechnen:

$$\dot{m}_{Ü1} = \dot{m}_S - \dot{m}_{Sch1} = 5000\,kg/h - 563{,}14\,kg/h = \underline{\underline{4436{,}86\,kg/h}}$$

Mit Hilfe des Schlammstromes aus dem Eindicker lässt sich nun die Bilanz um die Zentrifuge aufstellen:

Gesamtbilanz um Zentrifuge:

$$\dot{m}_{Sch1} = \dot{m}_{Ü2} + \dot{m}_{Sch2}$$

Feststoffbilanz um Zentrifuge:

$$\dot{m}_{Sch1} \cdot c_{Sch1} = \dot{m}_{Sch2} \cdot c_{Sch2}$$

bzw.

$$\dot{m}_{Sch1} \cdot (1 - \varphi_{Sch1}) = \dot{m}_{Sch2} \cdot (1 - \varphi_{Sch2})$$

$$\dot{m}_{Sch2} = \dot{m}_{Sch1} \cdot \frac{(1 - \varphi_{Sch1})}{(1 - \varphi_{Sch2})} = 563{,}14\,\text{kg/h} \cdot \frac{1 - 0{,}12}{1 - 0{,}03} = \underline{\underline{510{,}89\,\text{kg/h}}}$$

$$\dot{m}_{Ü2} = \dot{m}_{Sch1} - \dot{m}_{Sch2} = 563{,}14\,\text{kg/h} - 510{,}89\,\text{kg/h} = \underline{\underline{52{,}25\,\text{kg/h}}}$$

Damit sind alle abfließenden Massenströme bekannt. Zur Kontrolle wird eine Gesamtbilanz um beide Apparate empfohlen:

$$\dot{m}_S = \dot{m}_{Ü1} + \dot{m}_{Ü2} + \dot{m}_{Sch2} = 4436{,}86\,\text{kg/h} + 52{,}25\,\text{kg/h} + 510{,}89\,\text{kg/h} = 5000\,\text{kg/h}$$

Übungsaufgabe Bilanzierung II (S. 43)

Eine Bilanzierung geht immer von Stellen aus, an denen Daten bekannt sind. Als Massenströme sind A, C und J bekannt. Zunächst werden diese Stellen markiert (Punkte). Man erkennt jetzt, dass ein Bilanzraum um die oberen vier Blöcke gelegt werden kann (gestrichelter Rahmen). Von den vier Strömen, die in diesen Bilanzraum eintreten oder ihn verlassen, ist nur der Strom G unbekannt.

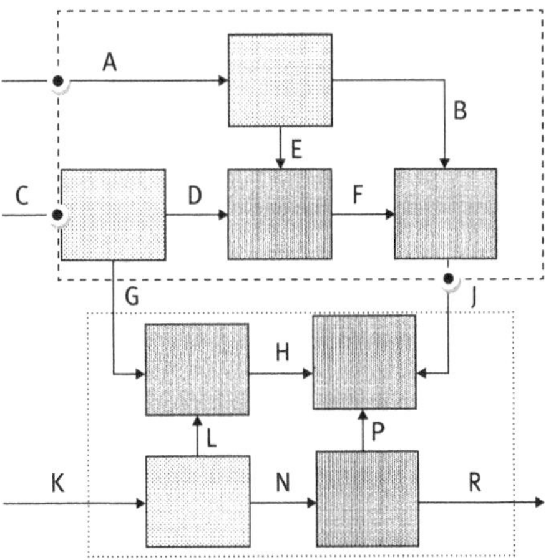

Dieser kann jetzt berechnet werden:

$$A + C = G + J$$

$$G = A + C - J = 200\,\frac{kg}{h} + 500\,\frac{kg}{h} - 400\,\frac{kg}{h} = 300\,\frac{kg}{h}$$

Um die unteren 4 Blöcke des Systems lässt sich ebenfalls ein Bilanzraum zeichnen (punktierter Rahmen). Die Massenbilanz lautet:

$$G + J + K = R$$

Die Ströme G und J sind bekannt, die Ströme K und R unbekannt. Bei zwei Unbekannten benötigt man eine zweite Gleichung. Diese liefert die Feststoffbilanz:

$$G \cdot c_G + J \cdot c_J + K \cdot c_K = R \cdot c_R$$

Da alle benötigten Feststoffmassenanteile bekannt sind, lässt sich das Gleichungssystem durch Einsetzen lösen:

$$K = R - G - J$$

$$G \cdot c_G + J \cdot c_J + (R - G - J) \cdot c_K = R \cdot c_R$$

Diese Gleichung enthält nur noch eine Unbekannte und kann nach R aufgelöst werden:

$$G \cdot c_G + J \cdot c_J + R \cdot c_K - G \cdot c_K - J \cdot c_K = R \cdot c_R$$

$$R \cdot c_K - R \cdot c_R = G \cdot c_K + J \cdot c_K - G \cdot c_G - J \cdot c_J$$

$$R = \frac{G \cdot (c_K - c_G) + J \cdot (c_K - c_J)}{(c_K - c_R)}$$

Mit eingesetzten Zahlenwerten erhält man das Ergebnis:

$$R = \frac{300\,\frac{kg}{h} \cdot (0{,}05 - 0{,}2) + 400\,\frac{kg}{h} \cdot (0{,}05 - 0{,}15)}{(0{,}05 - 0{,}1)}$$

$$\underline{\underline{R = 1700\,kg/h}}$$

Übungsaufgabe Verteilungsdiagramm (S. 44)

Die Grenzen der S-förmigen Trenngradkurve entsprechen dem Überschneidungsbereich von Feingut- und Grobgutkurve im Verteilungsdiagramm. Als ersten Schritt werden daher die Grenzen x_u und x_o sowie die Trennkorngröße x_T in das Verteilungsdiagramm übertragen. Dazu verlängert man einfach die senkrechten gestrichelten Linien (siehe Zeichnung).

Der Schnittpunkt der Verteilungsdichtekurven liegt bei $T(x) = 0{,}5$. Diese Stelle wird durch einen Punkt markiert, indem die gestrichelte Linie bei x_T zwischen Aufgabegutkurve und x-Achse halbiert wird (siehe Zeichnung).

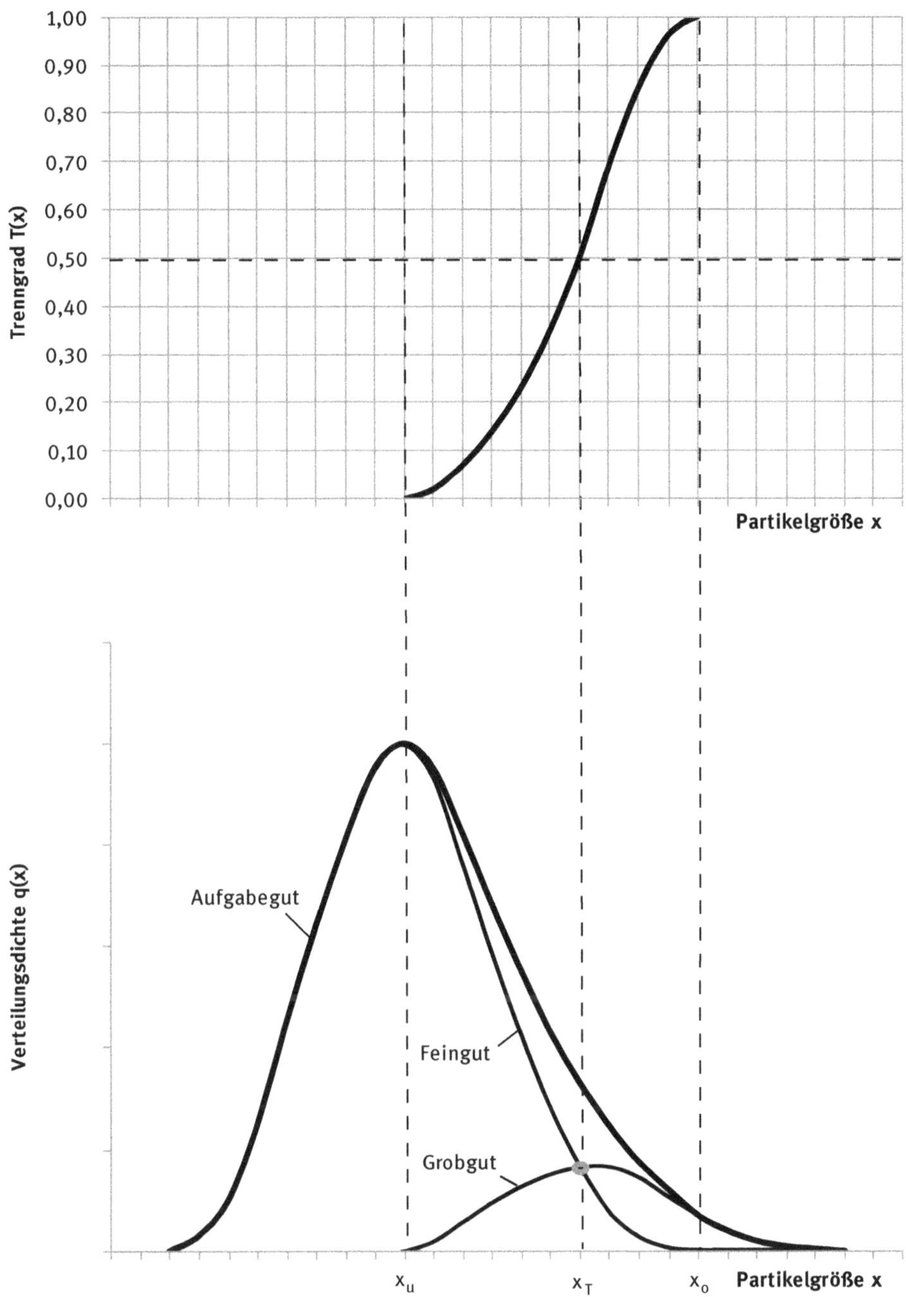
1,00
0,90
0,80
0,70
0,60
0,50
0,40
0,30
0,20
0,10
0,00
Trenngrad T(x)
Partikelgröße x
Verteilungsdichte q(x)
Aufgabegut
Feingut
Grobgut
x_u
x_T
x_o
Partikelgröße x

Jetzt liegen Anfangspunkt, Schnittpunkt und Endpunkt beider neu zu zeichnenden Kurvenverläufe fest. Eine genaue Darstellung der Verteilungskurven erhält man, wenn man zusätzliche Trenngrade T(x) aus der Trenngradkurve abgreift und in das Verteilungsdiagramm überträgt. Der Trenngrad entspricht jeweils dem Verhältnis Grobgutkurve/Aufgabegutkurve; die Feingutkurve ist so zu zeichnen, dass die Summe aus Grobgutwert und Feingutwert den Aufgabegutwert ergibt.

Die Feingutkurve trennt sich im Punkt x_u von der Aufgabegutkurve, verläuft durch den Schnittpunkt bei x_T und endet im Punkt x_o bei Null. Die Grobgutkurve beginnt dagegen im Punkt x_u bei Null, verläuft durch den Schnittpunkt und vereint sich im Punkt x_o mit der Aufgabegutkurve. Man sollte auf einen stetigen Übergang der Kurven zur x-Achse und zur Aufgabegutkurve achten!

Übungsaufgabe Homogenität (S. 45)

Der Erwartungswert c_A^* beträgt (Gl. 3.17)

$$c_A^* = \frac{Z_A}{Z_A + Z_B} = \frac{1\,\text{kg}}{1\,\text{kg} + 99\,\text{kg}} = 0{,}01$$

Die Streuung s^2 lässt sich aus den Einzelanalysen wie folgt berechnen (Gl. 3.19):

$$s^2 = \frac{1}{n} \cdot \sum_{i=1}^{n} (c_{Ai} - c_A^*)^2$$

$$s^2 = \frac{1}{5} \cdot \left[\left(\frac{1{,}06\,\%}{100\,\%} - 0{,}01\right)^2 + \left(\frac{0{,}99\,\%}{100\,\%} - 0{,}01\right)^2 + \left(\frac{1{,}02\,\%}{100\,\%} - 0{,}01\right)^2 + \left(\frac{0{,}94\,\%}{100\,\%} - 0{,}01\right)^2 + \left(\frac{1{,}04\,\%}{100\,\%} - 0{,}01\right)^2\right]$$

$$\underline{\underline{s^2 = 1{,}86 \cdot 10^{-7}}}$$

Zur Berechnung der empirischen Streuung s'^2 (Gl. 3.22) muss zunächst der Mittelwert aller Analysen berechnet werden (Gl. 3.21):

$$\bar{c}_A = \frac{1}{n} \cdot \sum_{i=1}^{n} c_{Ai}$$

$$\bar{c}_A = \frac{1}{5} \cdot (1{,}06\,\% + 0{,}99\,\% + 1{,}02\,\% + 0{,}94\,\% + 1{,}04\,\%) = 1{,}01\,\% \quad (= 0{,}0101)$$

$$s'^2 = \frac{1}{n-1} \cdot \sum_{i=1}^{n} (c_{Ai} - \bar{c}_A)^2$$

$$s'^2 = \frac{1}{4} \cdot \left[\left(\frac{1{,}06\,\%}{100\,\%} - 0{,}0101\right)^2 + \left(\frac{0{,}99\,\%}{100\,\%} - 0{,}0101\right)^2 + \left(\frac{1{,}02\,\%}{100\,\%} - 0{,}0101\right)^2 + \left(\frac{0{,}94\,\%}{100\,\%} - 0{,}0101\right)^2 + \left(\frac{1{,}04\,\%}{100\,\%} - 0{,}0101\right)^2\right]$$

$$\underline{\underline{= 2{,}20 \cdot 10^{-7}}}$$

Streuung und empirische Streuung liefern Werte, die in der gleichen Größenordnung liegen. Dabei täuscht s'^2 eine etwas schlechtere Homogenität vor als s^2. Der Wert ist ungenauer, da sein Bezugswert ein gemessener (empirischer) Mittelwert ist, also lediglich eine Schätzung des Erwartungswertes darstellt. Würde die Summe der Abweichungsquadrate auch hier wie bei s^2 durch n und nicht durch n – 1 dividiert, ergäbe die empirische Streuung dagegen stets (!) eine bessere Homogenität. Dies wäre nicht gerechtfertigt, da der Mittelwert den Messwerten selbst entstammt und somit alle Abweichungen zu diesem Mittelwert minimal werden müssen.

Übungsaufgabe Sedimenter (S. 94)

Zur Berechnung des Überlaufstroms muss zunächst eine Bilanz um den Eindicker durchgeführt werden:

Gesamtbilanz um Eindicker:

$$\dot{V}_T = \dot{V}_Ü + \dot{V}_{Sch}$$

Feststoffbilanz um Eindicker:

$$\dot{V}_T \cdot c_V = \dot{V}_{Sch} \cdot c_{Sch}$$

Die Feststoffbilanz liefert den Schlammvolumenstrom aus dem Eindicker:

$$\dot{V}_{Sch} = \dot{V}_T \cdot \frac{c_V}{c_{Sch}} = 180 \frac{m^3}{h} \cdot \frac{0,1}{0,4} = 45 \frac{m^3}{h}$$

und die Gesamtbilanz den Überlaufstrom:

$$\dot{V}_Ü = \dot{V}_T - \dot{V}_{Sch} = 180 \frac{m^3}{h} - 45 \frac{m^3}{h} = 135 \frac{m^3}{h}$$

Die Berechnung der Partikelsinkgeschwindigkeit erfolgt zunächst über die *Stokes-Gleichung* (4.9):

$$c_{St} = \frac{d_P^2 \cdot g \cdot (\rho_P - \rho_L)}{18 \cdot \eta_L}$$

$$c_{St} = \frac{(2 \cdot 10^{-5} m)^2 \cdot 9,81 \frac{m}{s^2} \cdot (2000 - 1000) \frac{kg}{m^3}}{18 \cdot 1,14 \cdot 10^{-3}\,Pa\,s} = 1,91 \cdot 10^{-4} \frac{m}{s}$$

Ob die Abwendung der *Stokes-Formel* berechtigt war, wird mit Hilfe der *Reynoldszahl* untersucht:

$$Re_p = \frac{c_{St} \cdot d_P \cdot \rho_L}{\eta_L} = \frac{1,91 \cdot 10^{-4} \frac{m}{s} \cdot 2 \cdot 10^{-5} m \cdot 1000 \frac{kg}{m^3}}{1,14 \cdot 10^{-3}\,Pa\,s} = 0,0034$$

Da die Reynoldszahl deutlich kleiner als 0,1 ist, war die Anwendung der Stokes-Gleichung berechtigt.

Die Schwarmsinkgeschwindigkeit css beträgt nur 80 % der Einzelkornsinkgeschwindigkeit:

$$c_{SS} = 0{,}8 \cdot c_{St} = 0{,}8 \cdot 1{,}91 \cdot 10^{-4}\,\frac{m}{s} = 1{,}53 \cdot 10^{-4}\,\frac{m}{s}$$

Die notwendige Abscheiderfläche liefert Gl. (4.21):

$$A_K = \frac{\dot{V}_{Ü}}{c_{Sink}} = \frac{\dot{V}_{Ü}}{c_{SS}} = \frac{135\,\frac{m^3}{h}}{3600\,\frac{s}{h} \cdot 1{,}53 \cdot 10^{-4}\,\frac{m}{s}} = 245{,}4\,m^2$$

Daraus ergibt sich der Durchmesser zu

$$D = \sqrt{\frac{4 \cdot A_K}{\pi}} = \sqrt{\frac{4 \cdot 245{,}4\,m^2}{\pi}} = \underline{\underline{17{,}7\,m}}$$

Übungsaufgabe Steigrohrsichter (S. 95)

Zur Berechnung des Sichtluftvolumenstroms wird zunächst Gl. (4.29) verwendet:

$$\dot{V}_{Sichtluft} = \frac{\dot{m}_{Aufgabegut}}{x^*_{max}} \quad \text{mit} \quad x^*_{max} = 0{,}5\,\frac{\text{kg Aufgabegut}}{\text{m}^3\text{ Sichtluft}}$$

$$\dot{V}_{Sichtluft} = \frac{100\,\frac{kg}{h}}{0{,}5\,\frac{kg}{m^3}} = \underline{\underline{200\,\frac{m^3}{h}}}$$

Die Berechnung der Partikelsinkgeschwindigkeit erfolgt zunächst über die *Stokes-Gleichung* (4.9). Für die Partikeldichte ist zur Erzielung einer möglichst vollständigen Trennung der Mittelwert der Dichten von Sand und Alu-Pulver einzusetzen. Die Sinkgeschwindigkeitsberechnung erfolgt somit für ein fiktives Trennkorn und liefert einen Wert, der genau in der Mitte zwischen den Sinkgeschwindigkeiten der einzelnen Stoffe liegt. Somit ist gewährleistet, dass die Sinkgeschwindigkeit für alle Sandkörner deutlich kleiner und für alle Aluminiumkörner deutlich größer ist als der Auslegungswert.

$$\overline{\rho}_P = \frac{\rho_{Alu} + \rho_{Sand}}{2} = \frac{2700\,\frac{kg}{m^3} + 1800\,\frac{kg}{m^3}}{2} = 2250\,\frac{kg}{m^3}$$

$$\overline{c}_{ST} = \frac{d_P^2 \cdot g \cdot (\overline{\rho}_P - \rho_L)}{18 \cdot \eta_L}$$

$$\overline{c}_{ST} = \frac{(1 \cdot 10^{-4})^2 m^2 \cdot 9{,}81\,\frac{m}{s^2} \cdot (2250 - 1{,}2)\frac{kg}{m^3}}{18 \cdot 1{,}8 \cdot 10^{-5}\,Pa\,s} = 0{,}681\,\frac{m}{s}$$

Die Überprüfung mit Hilfe der *Reynoldszahl* ergibt:

$$Re_p = \frac{c_{St} \cdot d_P \cdot \rho_L}{\eta_L} = \frac{0{,}681 \, \frac{m}{s} \cdot 1 \cdot 10^{-4} m \cdot 1{,}2 \, \frac{kg}{m^3}}{1{,}8 \cdot 10^{-5} \, Pa\,s} = 4{,}54$$

Da die Reynoldszahl deutlich über 1 liegt, muss eine erneute Berechnung der Sinkgeschwindigkeit entweder iterativ über die *Kaskas-Gleichung* (4.10) oder über das Näherungsverfahren mit Hilfe der *Archimedes-Zahl* (Gln. 4.11–4.13) erfolgen. Letzteres liefert

$$Ar = \frac{d_P^3 \cdot g \cdot (\overline{\rho}_P - \rho_L) \cdot \rho_L}{\eta_L^2} = \frac{(1 \cdot 10^{-4} m)^3 \cdot 9{,}81 \, \frac{m}{s^2} \cdot (2250 - 1{,}2) \frac{kg}{m^3} \cdot 1{,}2 \, \frac{kg}{m^3}}{(1{,}8 \cdot 10^{-5} \, Pa\,s)^2}$$

$$Ar = 81{,}71$$

$$Re = 18 \cdot \left[\sqrt{1 + \frac{\sqrt{Ar}}{9}} - 1 \right]^2 = 18 \cdot \left[\sqrt{1 + \frac{\sqrt{81{,}71}}{9}} - 1 \right]^2 = 3{,}11$$

$$c_{Ar} = \frac{Re \cdot \eta_L}{d_P \cdot \rho_L} = \frac{3{,}11 \cdot 1{,}8 \cdot 10^{-5} \, Pa\,s}{1 \cdot 10^{-4} \cdot 1{,}2 \, \frac{kg}{m^3}} = 0{,}467 \, \frac{m}{s}$$

Die Sinkgeschwindigkeitsberechnung nach dem Näherungsverfahren liefert einen etwas kleineren Wert als die Stokes-Formel, da Letztere von einer schleichenden Umströmung der Partikeln ohne zusätzlichen Druckwiderstand ausgeht. Wird dieser zusätzlich berücksichtigt, ergibt sich ein höherer Widerstand und damit eine kleinere Sinkgeschwindigkeit.

Die notwendige Fläche des Steigrohrs liefert Gl. (4.30):

$$A_{Steigrohr} = \frac{\dot{V}_{Sichtluft}}{c_{Ar}} = \frac{200 \, \frac{m^3}{h}}{3600 \, \frac{s}{h} \cdot 0{,}467 \, \frac{m}{s}} = 0{,}119 \, m^2$$

Daraus ergibt sich der Durchmesser des Steigrohrs zu

$$D = \sqrt{\frac{4 \cdot A_{Steigrohr}}{\pi}} = \sqrt{\frac{4 \cdot 0{,}119 \, m^2}{\pi}} = \underline{\underline{0{,}389 \, m}}$$

Übungsaufgabe Staubsauger (S. 95)

Für diese Aufgabe ist wieder die Berechnung der Partikelsinkgeschwindigkeit entscheidend, die zunächst über die *Stokes-Gleichung* (4.9) erfolgt. Um Staub- und Sandkörner möglichst vollständig zu trennen, wählt man eine fiktive Partikelgröße, die genau in der Mitte zwischen dem größten Staubkorn und der kleinsten Kiespartikel liegt, d. h. $d_P = 2\,\text{mm}$. Auf diese Weise erzielt man die größtmögliche Wahrscheinlichkeit, Fehlkorn zu vermeiden.

$$\bar{c}_{ST} = \frac{\bar{d}_P^2 \cdot g \cdot (\rho_P - \rho_L)}{18 \cdot \eta_L} = \frac{(2 \cdot 10^{-3})^2 m^2 \cdot 9{,}81 \,\frac{m}{s^2} \cdot (2600 - 1{,}2)\frac{kg}{m^3}}{18 \cdot 1{,}8 \cdot 10^{-5}\,\text{Pa s}}$$

Die erhaltene *Stokes*-Sinkgeschwindigkeit von 315 m/s und die resultierende *Reynolds*zahl von 42000 zeigen, dass man hier weit außerhalb des *Stokes*-Bereiches liegt. Die Sinkgeschwindigkeit muss also z. B. über die *Archimedes*zahl (Gl. 4.11) bestimmt werden:

$$\text{Ar} = \frac{\bar{d}_P^3 \cdot g \cdot (\rho_P - \rho_L) \cdot \rho_L}{\eta_L^2} = \frac{(2 \cdot 10^{-3})^3 m^3 \cdot 9{,}81 \,\frac{m}{s^2} \cdot (2600 - 1{,}2)\frac{kg}{m^3} \cdot 1{,}2\,\frac{kg}{m^3}}{(1{,}8 \cdot 10^{-5}\,\text{Pa s})^2}$$

$$\text{Ar} = 755385$$

Jetzt kann die gesuchte Geschwindigkeit aus den Gln. (4.12) und (4.13) berechnet werden:

$$\text{Re} = 18 \cdot \left[\sqrt{1 + \frac{\sqrt{\text{Ar}}}{9}} - 1\right]^2 = 18 \cdot \left[\sqrt{1 + \frac{\sqrt{755385}}{9}} - 1\right]^2 = 1419$$

$$\bar{c}_{Ar} = \frac{\text{Re} \cdot \eta_L}{d_P \cdot \rho_L} = \frac{1419 \cdot 1{,}8 \cdot 10^{-5}\,\text{Pa s}}{2 \cdot 10^{-3}\,\text{m} \cdot 1{,}2\,\frac{kg}{m^3}} = 10{,}64\,\frac{m}{s}$$

Dann ergibt sich nach dem Kontinuitätsgesetz:

$$A_{\text{Düse}} = \frac{\dot{V}_L}{\bar{c}_{Ar}} = \frac{1\,\frac{m^3}{min}}{60\,\frac{s}{min} \cdot 10{,}64\,\frac{m}{s}} = 0{,}0016\,m^2$$

$$\underline{\underline{A_{\text{Düse}} = 0{,}0016\,m^2}} \quad (\text{entspricht } 16\,cm^2)$$

Übungsaufgabe Tropfenreaktor (S. 96)

Auch wenn es sich hier um eine Steigbewegung handelt, berechnet man die Partikelsinkgeschwindigkeit, zunächst über die *Stokes-Gleichung* (4.9). Da alle Tröpfchen zur Oberfläche aufgestiegen sein müssen, wird als kritischer Partikeldurchmesser der kleinste angegebene Tropfendurchmesser von 0,5 mm gewählt, denn die kleinsten Tropfen benötigen die längste Zeit.

$$c_{ST} = \frac{d_{P,min}^2 \cdot g \cdot (\rho_P - \rho_L)}{18 \cdot \eta_L} = \frac{(5 \cdot 10^{-4})^2 m^2 \cdot 9{,}81\,\frac{m}{s^2} \cdot (850 - 1050)\frac{kg}{m^3}}{18 \cdot 2 \cdot 10^{-3}\,\text{Pa s}}$$

Die *Stokes*-Geschwindigkeit errechnet sich zu $c_{ST} = -0,0136\,\mathrm{m/s}$. Das negative Vorzeichen zeigt nur, dass die Partikelbewegung entgegen der Schwerkraftrichtung erfolgt. Für die weitere Berechnung kann es weggelassen werden. Die *Reynolds*zahl von 3,58 liegt aber außerhalb des *Stokes*-Bereiches, und die Sinkgeschwindigkeit wird über die *Archimedes*zahl (Gl. 4.11) neu berechnet:

$$\mathrm{Ar} = \frac{d_{P,min}^3 \cdot g \cdot (\rho_P - \rho_L) \cdot \rho_L}{\eta_L^2}$$

$$\mathrm{Ar} = \frac{(5 \cdot 10^{-4})^3 \mathrm{m}^3 \cdot 9,81\,\frac{\mathrm{m}}{\mathrm{s}^2} \cdot (850 - 1050)\frac{\mathrm{kg}}{\mathrm{m}^3} \cdot 1050\,\frac{\mathrm{kg}}{\mathrm{m}^3}}{(2 \cdot 10^{-3}\,\mathrm{Pa\,s})^2}$$

$$\mathrm{Ar} = -64,38$$

Auch hier ergibt sich aus dem gleichen Grund wie oben ein negatives Vorzeichen, welches für die weitere Rechnung weggelassen werden muss, sonst wäre Gl. (4.12) nicht lösbar:

$$\mathrm{Re} = 18 \cdot \left[\sqrt{1 + \frac{\sqrt{\mathrm{Ar}}}{9}} - 1\right]^2 = 18 \cdot \left[\sqrt{1 + \frac{\sqrt{64,38}}{9}} - 1\right]^2 = 2,536$$

Mit Gl. (4.13) ergibt sich als Steiggeschwindigkeit für die kleinsten Tropfen:

$$c_{Ar} = \frac{\mathrm{Re} \cdot \eta_L}{d_P \cdot \rho_L} = \frac{2,536 \cdot 2 \cdot 10^{-3}\,\mathrm{Pa\,s}}{5 \cdot 10^{-4}\,\mathrm{m} \cdot 1050\,\frac{\mathrm{kg}}{\mathrm{m}^3}} = 9,66 \cdot 10^{-3}\,\frac{\mathrm{m}}{\mathrm{s}}$$

Die maximale Zeit ist dann erreicht, wenn die Tropfen die längste mögliche Distanz $h_{max} = 1,5\,\mathrm{m}$ überwunden haben:

$$c_{Ar} = \frac{h_{max}}{t_{Steig}}$$

$$t_{Steig} = \frac{h_{max}}{c_{Ar}} \Rightarrow \frac{1,5\,\mathrm{m}}{9,66 \cdot 10^{-3}\,\frac{\mathrm{m}}{\mathrm{s}}} = \underline{\underline{155,3\,\mathrm{s}}}$$

Übungsaufgabe Zentrifuge (S. 96)

Die Trennwirkung einer Zentrifuge wird durch Gl (4.53) beschrieben:

$$d_T = \frac{3}{\omega \cdot r} \cdot \sqrt{\frac{\eta_L \cdot \dot{V}_z}{\pi \cdot L_{eff} \cdot (\rho_s - \rho_L)}}$$

Diese Gleichung muss nach $\dot{V}_z$ umgestellt werden:

$$\dot{V}_z = \frac{\pi \cdot L_{eff} \cdot (\rho_s - \rho_L)}{9 \cdot \eta_L} \cdot (\omega \cdot r \cdot d_T)^2$$

Mit der Winkelgeschwindigkeit $\omega = 2\pi \cdot n$, der effektiven Länge $L_{eff} = L$ und dem Überlaufradius $r = d/2$ wird daraus

$$\dot{V}_z = \frac{\pi \cdot L \cdot (\rho_s - \rho_L)}{9 \cdot \eta_L} \cdot (\pi \cdot n \cdot d \cdot d_T)^2$$

$$\dot{V}_z = \frac{\pi \cdot 1\,m \cdot (2600 - 1000)\frac{kg}{m^3}}{9 \cdot 10^{-3}\,Pa\,s} \cdot \left(\pi \cdot \frac{10000}{60\,s} \cdot 0{,}18\,m \cdot 1 \cdot 10^{-6}\,m\right)^2$$

$$\dot{V}_z = 4{,}96 \cdot 10^{-3}\,\frac{m^3}{s} = 17{,}86\,\frac{m^3}{h}$$

Aus einer Bilanz (Gl. 4.56) ergibt sich hieraus schließlich der Trübevolumenstrom:

$$\dot{V}_T = \frac{\dot{V}_Z}{1 - c_T} = \frac{17{,}86\,\frac{m^3}{h}}{1 - 0{,}01} = \underline{\underline{18{,}04\,\frac{m^3}{h}}}$$

Übungsaufgabe Zyklon (S. 97)

Die Trennwirkung eines Zyklons wird durch Gl (4.46) beschrieben:

$$d_T = \frac{3 \cdot r}{C_{Wirbel}} \cdot \sqrt{\frac{\eta_L \cdot \dot{V}_L}{\pi \cdot H \cdot (\rho_s - \rho_L)}}$$

Die Wirbelstärke C_{Wirbel} lässt sich näherungsweise nach Gl. (4.57) berechnen:

$$C_{Wirbel} = c_e \cdot r_e = \frac{\dot{V}_L}{h_e \cdot b_e} \cdot \left(r_a - \frac{b_e}{2}\right)$$

$$C_{Wirbel} = \frac{2000\,\frac{m^3}{h}}{3600\,\frac{s}{h} \cdot (0{,}2\,m)^2} \cdot \left(\frac{1}{2}\,m - \frac{0{,}2}{2}\,m\right) = 5{,}56\,\frac{m^2}{s}$$

a. Die größte abscheidbare Teilchengröße $d_{T,max}$ tritt am Radius $r_a = D/2$ auf:

$$d_{T,max} = \frac{3 \cdot D}{2 \cdot C_{Wirbel}} \cdot \sqrt{\frac{\eta_L \cdot \dot{V}_L}{\pi \cdot H \cdot (\rho_s - \rho_L)}}$$

$$d_{T,max} = \frac{3 \cdot 1\,m}{2 \cdot 5{,}56\,\frac{m^2}{s}} \cdot \sqrt{\frac{2 \cdot 10^{-5}\,Pa\,s \cdot 2000\,\frac{m^3}{h}}{3600\,\frac{s}{h} \cdot \pi \cdot 4{,}5\,m \cdot (1800 - 2)\frac{kg}{m^3}}}$$

$$d_{T,max} = 5{,}65 \cdot 10^{-6}\,m = \underline{\underline{5{,}65\,\mu m}}$$

b. Die kleinste abscheidbare Teilchengröße $d_{T,min}$ tritt am Radius $r_i = d/2$ auf:

$$d_{T,min} = \frac{3 \cdot d}{2 \cdot C_{Wirbel}} \cdot \sqrt{\frac{\eta_L \cdot \dot{V}_L}{\pi \cdot H \cdot (\rho_s - \rho_L)}} = d_{T,max} \cdot \frac{d}{D}$$

$$d_{T,min} = 5{,}65 \cdot 10^{-6}\,m \cdot \frac{0{,}5\,m}{1\,m}$$

$$d_{T,min} = 2{,}78 \cdot 10^{-6}\,m = \underline{\underline{2{,}78\,\mu m}}$$

Übungsaufgabe Elektroabscheider (S. 97)

Der geforderte Gesamtabscheidegrad g^* beträgt mit Gl. (3.10)

$$g^* = \frac{s_{roh} - s_{rein}}{s_{roh}} = \frac{54\frac{g}{m^3} - 20 \cdot 10^{-3}\frac{g}{m^3}}{54\frac{g}{m^3}} = 0{,}9996$$

Zur Berechnung der Abscheidefläche verwenden wir die Deutsch-Formel (Gl. 4.72):

$$g^* = 1 - e^{-\frac{c_W \cdot A}{\dot{V}_L}}$$

und stellen sie nach der benötigten Fläche A um:

$$A = -\frac{\dot{V}_L}{c_W} \cdot \ln(1 - g^*)$$

$$A = -\frac{100000\,\frac{m^3}{h}}{3600\,\frac{s}{h} \cdot 0{,}1\,\frac{m}{s}} \cdot \ln(1 - 0{,}9996) = \underline{\underline{2173\,m^2}}$$

Diese große Fläche ließe sich z. B. mit Abscheideelektroden von 6×4 m realisieren, die im Abstand von jeweils 0,2 m parallel angeordnet sind und entsprechend breite Gassen bilden. Mit 2×6×4 = 48 m^2 Gesamtfläche pro Elektrodenplatte bräuchte man 46 Platten, was zu einer Gesamtbreite von 9,2 m führt. Mit 9,2×6×4 m hätte dieser Elektroentstauber (ohne Reserveflächen) also bereits die Größe eines kleinen Reihenhauses.

Übungsaufgabe Schüttschicht (S. 148)

Für laminare Schüttungsdurchströmung gilt Gl. (5.15):

$$\Delta p_{lam} = K \cdot \eta_L \cdot \frac{H}{d_P^2} \cdot \frac{(1-\varepsilon)^2}{\varepsilon^3} \cdot c_0$$

Es ist der Druckverlust bei veränderten Bedingungen zu bestimmen, daher bildet man zweckmäßigerweise das Verhältnis zweier Druckverluste (0: Ursprungsbedingungen; 1: veränderte Bedingungen):

$$\frac{\Delta p_{lam,1}}{\Delta p_{lam,0}} = \frac{K_1}{K_0} \cdot \frac{\eta_{L,1}}{\eta_{L,0}} \cdot \frac{H_1}{H_0} \cdot \left(\frac{d_{p,0}}{d_{p,1}}\right)^2 \cdot \left(\frac{1-\varepsilon_1}{1-\varepsilon_0}\right)^2 \cdot \left(\frac{\varepsilon_0}{\varepsilon_1}\right)^3 \cdot \frac{c_{0,1}}{c_{0,0}}$$

Da K, η_L sowie c_0 unverändert bleiben, sind die entsprechenden Verhältnisse 1, und die Gleichung reduziert sich auf

$$\frac{\Delta p_{lam,1}}{\Delta p_{lam,0}} = \frac{H_1}{H_0} \cdot \left(\frac{d_{p,0}}{d_{p,1}}\right)^2 \cdot \left(\frac{1-\varepsilon_1}{1-\varepsilon_0}\right)^2 \cdot \left(\frac{\varepsilon_0}{\varepsilon_1}\right)^3$$

$$\frac{\Delta p_{lam,1}}{\Delta p_{lam,0}} = \frac{0{,}1\,\text{m}}{0{,}2\,\text{m}} \cdot \left(\frac{1\,\text{mm}}{0{,}6\,\text{mm}}\right)^2 \cdot \left(\frac{1-0{,}45}{1-0{,}4}\right)^2 \cdot \left(\frac{0{,}4}{0{,}45}\right)^3 = 0{,}8197$$

Mit $\Delta p_{lam,0} = 1$ bar wird also $\underline{\underline{\Delta p_{lam,1} = 0,82\ \text{bar}}}$.

Übungsaufgabe Druckfilter I (S. 149)

a. Fläche A und maximale Kuchenhöhe $h_{K,max}$ sind gegeben. Somit lässt sich $V_{F,max}$ einfach aus Gl. (5.23) und der Definitionsgleichung für V_A bestimmen:

$$h_{K,max} = V_{A,max} \cdot K^* = \frac{V_{F,max}}{A} \cdot K^*$$

Die Konstante K^* wird nach Gl. (5.22) berechnet:

$$K^* = \frac{c_T}{1-\varepsilon-c_T} = \frac{0{,}05}{1-0{,}4-0{,}05} = 0{,}0909$$

und damit wird die maximale Filtratmenge

$$V_{F,max} = \frac{h_{K,max}}{K^*} \cdot A = \frac{1{,}5\,\text{m}}{0{,}0909} \cdot 2\,\text{m}^2 = \underline{\underline{33\,\text{m}^3}}$$

b. Mit Hilfe des flächenbezogenen Filtratanfalls

$$V_{A,max} = \frac{V_{F,max}}{A} = \frac{33\,\text{m}^3}{2\,\text{m}^2} = 16{,}5\,\text{m}$$

wird die maximale Filtrationszeit bei konstantem Δp nach der umgestellten Gl. (5.29) bestimmt:

$$V_{A,max} = \sqrt{\left(\frac{X}{2}\right)^2 + Y \cdot t_{max}} - \frac{X}{2}$$

$$t_{max} = \frac{1}{Y} \cdot \left[\left(V_{A,max} + \frac{X}{2}\right)^2 - \left(\frac{X}{2}\right)^2\right]$$

Nach Ermittlung der Platzhalter X und Y

$$X = \frac{2 \cdot \beta}{\alpha \cdot K^*} = \frac{2 \cdot 10^{10}\,\text{m}^{-1}}{10^{11}\,\text{m}^{-2} \cdot 0{,}0909} = 2{,}2\,\text{m}$$

$$Y = \frac{2 \cdot \Delta p}{\alpha \cdot K^* \cdot \eta_L} = \frac{2 \cdot 500000\,\text{Pa}}{10^{11}\,\text{m}^{-2} \cdot 0{,}0909 \cdot 0{,}0025\,\text{Pa s}} = 0{,}044\,\frac{\text{m}^2}{\text{s}}$$

ergibt sich die Filtrationszeit zu

$$t_{max} = \frac{1}{0{,}044\,\frac{\text{m}^2}{\text{s}}}\left[\left(16{,}5\,\text{m} + \frac{2{,}2\,\text{m}}{2}\right)^2 - \left(\frac{2{,}2\,\text{m}}{2}\right)^2\right] = \underline{\underline{7012{,}5\,\text{s}\ (\approx\ 117\,\text{min})}}$$

Übungsaufgabe Druckfilter II (S. 150)

Diese Aufgabe soll insbesondere die verschiedenen Vorgehensweisen für die Betriebsarten „konstanter Volumenstrom“ und „konstante Druckdifferenz“ gegenüberstellen und verdeutlichen.

a. Für die Betriebsart „konstanter Volumenstrom“ verwendet man Gl. (5.25) zur Berechnung der maximalen Druckdifferenz nach 30 Minuten:

$$\Delta p(30\,\text{min}) = \dot{V}_A^2 \cdot \eta_L \cdot \alpha \cdot K^* \cdot t + \dot{V}_A \cdot \eta_L \cdot \beta$$

Die Konstante K^* ergibt sich nach Gl. (5.22) zu

$$K^* = \frac{c_T}{1 - \varepsilon - c_T} = \frac{0{,}03}{1 - 0{,}45 - 0{,}03} = 0{,}0577$$

Die Filtrationsgeschwindigkeit $\dot{V}_A$ ist für diese Betriebsart konstant und kann einfach aus dem maximalen V_A nach der Filtrationszeit t bestimmt werden:

$$\dot{V}_A = \frac{V_{A,max}}{t}$$

$V_{A,max}$ wiederum lässt sich aus der Kuchenhöhe nach Umformung von Gl. (5.23)

$$V_{A,max} = \frac{h_{K,max}}{K^*} = \frac{1{,}5\,\text{m}}{0{,}0577} = 26\,\text{m}$$

berechnen. Damit wird

$$\dot{V}_A = \frac{26\,\text{m}}{30\,\text{min} \cdot 60\,\text{s/min}} = 0{,}0144\,\text{m/s}$$

und die maximale Druckdifferenz

$$\Delta p(30\,\text{min}) = \left(0{,}0144\,\frac{\text{m}}{\text{s}}\right)^2 \cdot 0{,}002\,\text{Pa s} \cdot 10^{11}\,\text{m}^{-2} \cdot 0{,}0577 \cdot 30\,\text{min} \cdot 60\,\frac{\text{s}}{\text{min}} + 0{,}0144\,\frac{\text{m}}{\text{s}} \cdot 0{,}002\,\text{Pa s} \cdot 10^{10}\,\text{m}^{-1}$$

$$\underline{\underline{\Delta p(30\,\text{min}) = 4{,}623 \cdot 10^6\,\text{Pa}}}$$

b. Für die Betriebsart „konstanter Druck“ gilt Gl. (5.29):

$$V_A = \sqrt{\left(\frac{X}{2}\right)^2 + Y \cdot t} - \frac{X}{2}$$

Zur Lösung ist hier der Ausdruck Y von Interesse, da er die gesuchte Druckdifferenz Δp enthält. Um nach Y aufzulösen, ist Gl. (5.28) besser geeignet als die schon nach V_A umgeformte Gl. (5.29):

$$V_A^2 + X \cdot V_A - Y \cdot t = 0$$

$$Y = \frac{V_A^2 + X \cdot V_A}{t}$$

Die gebildete Kuchenmenge nach 30 min ist die gleiche wie in Aufgabenteil a. Bei konstantem K* bleibt also auch der bezogene Filtratanfall $V_{A,max}$ mit 26 m gleich.

$$X = \frac{2 \cdot \beta}{\alpha \cdot K^*} = \frac{2 \cdot 10^{10}\,\text{m}^{-1}}{10^{11}\,\text{m}^{-2} \cdot 0{,}0577} = 3{,}47\,\text{m}$$

$$Y = \frac{(26\,\text{m})^2 + 3{,}47\,\text{m} \cdot 26\,\text{m}}{30\,\text{min} \cdot 60\,\text{s/min}} = 0{,}426\,\frac{\text{m}^2}{\text{s}}$$

Der Platzhalter Y steht andererseits für

$$Y = \frac{2 \cdot \Delta p}{\alpha \cdot K^* \cdot \eta_L}$$

Daraus kann Δp bestimmt werden:

$$\Delta p = \frac{Y \cdot \alpha \cdot K^* \cdot \eta_L}{2} = \frac{0{,}426\,\frac{\text{m}^2}{\text{s}} \cdot 10^{11}\text{m}^{-2} \cdot 0{,}0577 \cdot 0{,}002\,\text{Pa s}}{2}$$

$$\underline{\underline{\Delta p = 2{,}46 \cdot 10^6\,\text{Pa}}}$$

Die nach b. ermittelte Druckdifferenz ist etwa halb so groß wie die unter a. Dies ist mit Blick auf die unterschiedlichen Fahrweisen auch erklärlich: Bei Fahrweise a. beginnt die Druckdifferenz zum Zeitpunkt t=0 bei einem kleinen Wert (dem Druckverlust des Filtermittels) und wächst dann linear auf Δp_{max} an. Dagegen liegt bei Fahrweise b. das Δp konstant über den kompletten Vorgang an. Letztlich führen beide Fahrweisen im vorgegebenen Zyklus zu gleichen Kuchen- und Filtratmengen.

Übungsaufgabe Bandfilter (S. 150)

Die Bestimmung der Breite b_F kann direkt nach Gl. (5.39) erfolgen:

$$b_F = \frac{\dot{V}_T \cdot c_T}{c_B \cdot h_K \cdot (1-\varepsilon)} = \frac{10\,\frac{\text{m}^3}{\text{h}} \cdot 0{,}0215 \cdot 60\,\frac{\text{s}}{\text{min}}}{3600\,\frac{\text{s}}{\text{h}} \cdot 0{,}5\,\frac{\text{m}}{\text{min}} \cdot 0{,}005\,\text{m} \cdot (1-0{,}45)} = 2{,}61\,\text{m}$$

Zur Ermittlung der „fiktiven Filtrationszeit“ dient Gl. (5.40)

$$t_F = \frac{1}{Y} \cdot \left[\left(\frac{h_K}{K^*} + \frac{X}{2} \right)^2 - \left(\frac{X}{2} \right)^2 \right]$$

Die Konstante K^* wird nach Gl. (5.22) berechnet:

$$K^* = \frac{c_T}{1 - \varepsilon - c_T} = \frac{0{,}0215}{1 - 0{,}45 - 0{,}0215} = 0{,}0407$$

Nach Ermittlung der Platzhalter X und Y

$$X = \frac{2 \cdot \beta}{\alpha \cdot K^*} = \frac{2 \cdot 6 \cdot 10^{10}\,\text{m}^{-1}}{4 \cdot 10^{13}\,\text{m}^{-2} \cdot 0{,}0407} = 0{,}0737\,\text{m}$$

$$Y = \frac{2 \cdot \Delta p}{\alpha \cdot K^* \cdot \eta_L} = \frac{2 \cdot 50000\,\text{Pa}}{4 \cdot 10^{13}\,\text{m}^{-2} \cdot 0{,}0407 \cdot 0{,}001\,\text{Pa s}} = 6{,}142 \cdot 10^{-5}\,\frac{\text{m}^2}{\text{s}}$$

ergibt sich die fiktive Filtrationszeit zu

$$t_F = \frac{1}{6{,}142 \cdot 10^{-5}\,\frac{\text{m}^2}{\text{s}}} \left[\left(\frac{0{,}005\,\text{m}}{0{,}0407} + \frac{0{,}0737\,\text{m}}{2} \right)^2 - \left(\frac{0{,}0737\,\text{m}}{2} \right)^2 \right] = 393\,\text{s}$$

Die Länge des Bandes beträgt dann

$$l_F = c_B \cdot t_F = \frac{0{,}5\,\frac{\text{m}}{\text{min}}}{60\,\frac{\text{s}}{\text{min}}} \cdot 393\,\text{s} = \underline{\underline{3{,}28\,\text{m}}}$$

Hinzu kommen noch Entwässerungs- und Waschzonen, so dass die gesamte Länge des Bandfilters deutlich größer wird. Als reine Filterfläche ergibt sich:

$$A = l_F \cdot b_F = 3{,}28\,\text{m} \cdot 2{,}61\,\text{m} = \underline{\underline{8{,}55\,\text{m}^2}}\,.$$

Übungsaufgabe Wirbelschicht (S. 151)

a. Zweckmäßigerweise bestimmt man die Auflockerungsgeschwindigkeit mit Hilfe der dimensionslosen Gl. (5.64):

$$Re_P^* = 42{,}9 \cdot (1 - \varepsilon^*) \cdot \left[\sqrt{1 + 3{,}11 \cdot 10^{-4} \cdot \frac{\varepsilon^{*3}}{(1 - \varepsilon^*)^2} \cdot Ar} - 1 \right]$$

Die *Lockerungsporosität* ε^* kann hier gleich der Porosität ε gesetzt werden, da diese konstant bleibt. Die *Archimedes-Zahl* wird nach Gl. (4.11) bestimmt:

$$Ar = \frac{(\rho_P - \rho_L) \cdot \rho_L \cdot g \cdot d_P^3}{\eta_L^2} = \frac{(1800 - 1{,}2)\frac{\text{kg}}{\text{m}^3} \cdot 1{,}2\,\frac{\text{kg}}{\text{m}^3} \cdot 9{,}81\,\frac{\text{m}}{\text{s}} \cdot (10^{-3}\,\text{m})^3}{(1{,}8 \cdot 10^{-5}\,\text{Pa s})^2}$$

$$Ar = 65356$$

Damit lässt sich die Reynoldszahl am Lockerungspunkt berechnen:

$$\mathrm{Re}_P^* = 42{,}9 \cdot (1-0{,}4) \cdot \left[\sqrt{1 + 3{,}11 \cdot 10^{-4} \cdot \frac{0{,}4^3}{(1-0{,}4)^2} \cdot 65356} - 1\right] = 29{,}55$$

Die Auflockerungsgeschwindigkeit beträgt somit

$$c^* = \frac{\mathrm{Re}_P^* \cdot \eta_L}{d_P \cdot \rho_L} = \frac{29{,}55 \cdot 1{,}8 \cdot 10^{-5}\,\mathrm{Pa\,s}}{10^{-3}\,\mathrm{m} \cdot 1{,}2\,\frac{\mathrm{kg}}{\mathrm{m}^3}} = 0{,}443\,\frac{\mathrm{m}}{\mathrm{s}}$$

und der notwendige Mindestvolumenstrom wird

$$\dot{V}_{L,min} = c^* \cdot A = 0{,}443\,\frac{\mathrm{m}}{\mathrm{s}} \cdot 1\,\mathrm{m}^2 = \underline{\underline{0{,}443\,\frac{\mathrm{m}^3}{\mathrm{s}} \quad \left(= 1596\,\frac{\mathrm{m}^3}{\mathrm{h}}\right)}}$$

b. Das Wirbelbett wird leergeblasen, wenn die Luftgeschwindigkeit die Sinkgeschwindigkeit der Einzelpartikel erreicht. Bei der hier vorliegenden Partikelgröße (1 mm) und dem großen Dichteunterschied wird die Reynoldszahl deutlich größer als 1 sein, so dass die *Stokes-Gleichung* (4.9) nicht gültig ist. Auch hier ist daher die Berechnung über die *Archimedes-Zahl* sinnvoll, deren Zahlenwert sich gegenüber a. nicht verändert. Die empirische Gl. (4.12) ermöglicht daraus die Berechnung der *Reynoldszahl* der Partikelsinkgeschwindigkeit:

$$\mathrm{Re} = 18 \cdot \left[\sqrt{1 + \frac{\sqrt{\mathrm{Ar}}}{9}} - 1\right]^2 = 18 \cdot \left[\sqrt{1 + \frac{\sqrt{65356}}{9}} - 1\right]^2 = 352$$

Der Wert ist tatsächlich deutlich größer als 1. Die Partikelsinkgeschwindigkeit beträgt somit

$$c_S = \frac{\mathrm{Re}_P \cdot \eta_L}{d_P \cdot \rho_L} = \frac{352 \cdot 1{,}8 \cdot 10^{-5}\,\mathrm{Pa\,s}}{10^{-3}\,\mathrm{m} \cdot 1{,}2\,\frac{\mathrm{kg}}{\mathrm{m}^3}} = 5{,}28\,\frac{\mathrm{m}}{\mathrm{s}}$$

und der maximale Volumenstrom wird

$$\dot{V}_{L,max}g = c_S \cdot A = 5{,}28\,\frac{\mathrm{m}}{\mathrm{s}} \cdot 1\,\mathrm{m}^2 = \underline{\underline{5{,}28\,\frac{\mathrm{m}^3}{\mathrm{s}} \quad \left(= 19000\,\frac{\mathrm{m}^3}{\mathrm{h}}\right)}}$$

Übungsaufgabe Pneumatische Förderung (S. 151)

Um alle vorhandenen Partikeln transportieren zu können, wird der größte enthaltene Partikeldurchmesser (0,5 mm) als Berechnungsgrundlage herangezogen. Dessen

Sinkgeschwindigkeit wird über die *Archimedes*zahl (Gl. 4.11) bestimmt:

$$\mathrm{Ar} = \frac{\overline{d}_P^3 \cdot g \cdot (\rho_P - \rho_L) \cdot \rho_L}{\eta_L^2} = \frac{(5 \cdot 10^{-4})^3\,\mathrm{m}^3 \cdot 9{,}81\,\dfrac{\mathrm{m}}{\mathrm{s}^2} \cdot (1800 - 1{,}2)\,\dfrac{\mathrm{kg}}{\mathrm{m}^3} \cdot 1{,}2\,\dfrac{\mathrm{kg}}{\mathrm{m}^3}}{(1{,}8 \cdot 10^{-5}\,\mathrm{Pa\,s})^2}$$

$$\mathrm{Ar} = 8170$$

Jetzt kann die gesuchte Geschwindigkeit aus den Gln. (4.12) und (4.13) berechnet werden:

$$\mathrm{Re} = 18 \cdot \left[\sqrt{1 + \frac{\sqrt{\mathrm{Ar}}}{9}} - 1\right]^2 = 18 \cdot \left[\sqrt{1 + \frac{\sqrt{8170}}{9}} - 1\right]^2 = 97{,}1$$

$$\overline{c}_{Ar} = \frac{\mathrm{Re} \cdot \eta_L}{d_P \cdot \rho_L} = \frac{97{,}1 \cdot 1{,}8 \cdot 10^{-5}\,\mathrm{Pa\,s}}{5 \cdot 10^{-4}\,\mathrm{m} \cdot 1{,}2\,\dfrac{\mathrm{kg}}{\mathrm{m}^3}} = 2{,}91\,\frac{\mathrm{m}}{\mathrm{s}}$$

Die Luftgeschwindigkeit im Förderrohr muss das Doppelte dieser Geschwindigkeit betragen. Der Luftmassenstrom beträgt das 1,5-fache des Feststoffmassenstroms.

$$A_{Rohr} = \frac{\dot{V}_L}{\overline{c}_{Ar} \cdot 2} = \frac{\dot{m}_L}{\rho_L \cdot \overline{c}_{Ar} \cdot 2} = \frac{1{,}5 \cdot 200\,\mathrm{kg/h}}{3600\,\dfrac{\mathrm{s}}{\mathrm{h}} \cdot 1{,}2\,\mathrm{kg/m^3} \cdot 2{,}91\,\dfrac{\mathrm{m}}{\mathrm{s}} \cdot 2} = 0{,}0119\,\mathrm{m}^2$$

$$D_{Rohr} = \sqrt{\frac{4 \cdot A_{Rohr}}{\pi}} = \sqrt{\frac{4 \cdot 0{,}0119\,\mathrm{m}^2}{\pi}} = \underline{\underline{0{,}123\,\mathrm{m}}}$$

Übungsaufgabe Mahlleistung I (S. 213)

Die Gleichung zur Abschätzung der spezifischen Zerkleinerungsarbeit (Gl. 6.8) lautet

$$W_m = \Phi_B \left[\frac{1}{\sqrt{d_{p,80,\omega}}} - \frac{1}{\sqrt{d_{p,80,\alpha}}}\right]$$

Zunächst müssen die repräsentativen Korngrößen für Aufgabegut ($d_{p,80,\alpha}$) und Mahlgut ($d_{p,80,\omega}$) den Durchgangssummenkurven entnommen werden. Die Aufgabegutkurve schneidet die 80 %-Marke der Durchgangssumme bei einer Korngröße von 2000 µm (0,002 m), d. h. 80 % der Masse dieses Gutes weist eine Korngröße von weniger als 2 mm auf. Für die Mahlgutkurve beträgt der 80 %-Wert 90 µm, d. h. 0,00009 m.

Danach ergibt sich

$$W_m = 550\,\frac{\mathrm{m}^{2,5}}{\mathrm{s}^2}\left[\frac{1}{\sqrt{0{,}00009\,\mathrm{m}}} - \frac{1}{\sqrt{0{,}002\,\mathrm{m}}}\right]$$

$$W_m = 550\,\frac{\mathrm{m}^{2,5}}{\mathrm{s}^2} \cdot 83{,}05\,\frac{1}{\mathrm{m}^{0,5}}$$

$$W_m = 45677\,\frac{\mathrm{m}^2}{\mathrm{s}^2}$$

An dieser Rechnung wird die ungewöhnliche Dimension des Bond-Koeffizienten deutlich: Aus der Multiplikation mit dem Klammerausdruck, der die Dimension $1/m^{0,5}$ aufweist, ergibt sich die spezifische Zerkleinerungsarbeit in der richtigen Dimension m^2/s^2. Diese entspricht übrigens der (besser nachvollziehbaren) Einheit J/kg (Energie/Masseneinheit), wie man sich anhand einer Dimensionsbetrachtung schnell klarmachen kann:

$$\frac{J}{kg} [=] \frac{Nm}{kg} [=] \frac{kg \cdot m \cdot m}{s^2 \cdot kg} [=] \frac{m^2}{s^2}$$

Zur Berechnung der Zerkleinerungsleistung muss die spezifische Arbeit noch mit dem Massenstrom multipliziert werden:

$$P = \dot{m}_S \cdot W_m$$

$$P = \frac{10000\,kg}{3600\,s} \cdot 45677\,\frac{m^2}{s^2} = \underline{\underline{126{,}9\,kW}}$$

Übungsaufgabe Mahlleistung II (S. 214)

a. Die Berechnung des Massendurchsatzes erfolgt nach Gl. (6.12)

$$\dot{m}_S = \rho_S \cdot L \cdot s \cdot \pi \cdot D \cdot n \cdot \psi$$

$$\dot{m}_S = 2600\,\frac{kg}{m^3} \cdot 0{,}05\,m \cdot 0{,}0005\,m \cdot \pi \cdot 0{,}3\,m \cdot \frac{500\,1/min}{60\,\frac{s}{min}} \cdot 0{,}5$$

$$\dot{m}_S = 0{,}255\,\frac{kg}{s} = \underline{\underline{919\,\frac{kg}{h}}}$$

b. Die Berechnung der Mahlleistung kann, da der *Bond*-Index bekannt ist, mit der *Bond*-Hypothese (Gl. 6.8) erfolgen. Hierzu sind die 80%-Werte der Durchgangssummenkurven von Aufgabegut und Mahlgut erforderlich.
Gegeben sind die Mengenanteile ΔD aller Fraktionen von Mahlgut und Aufgabegut. Summiert man die Mengenanteile Fraktion für Fraktion, beginnend bei der Fraktion mit den kleinsten Korngrößen, erhält man jeweils die Durchgangssumme bezogen auf d_o.

Mahlgut:

du/µm	do/µm	ΔD/%	Q_m/% (für d_o)
0,00	1,00	20	20
1,00	2,00	32	52
2,00	3,50	18	80
3,50	5,00	10	
5,00	8,00	7	
8,00	12,00	3	

Aufgabegut:

du/mm	do/mm	ΔD/%	Q_m/% (für d_o)
0,00	0,50	18	18
0,50	0,85	44	62
0,85	1,20	18	80
1,20	1,70	11	
1,70	3,00	7	
3,00	6,00	2	

Man erkennt, dass der 80%-Wert für Mahlgut bei einem d_0 von 3,50 µm und der 80%-Wert für Aufgabegut bei einem d_0 von 1,20 mm erreicht ist.
Gemäß Gl. (6.8.) errechnet sich die massenspezifische Zerkleinerungsarbeit zu

$$W_m = \Phi_B \cdot \left[\frac{1}{\sqrt{d_{p,80,\omega}}} - \frac{1}{\sqrt{d_{p,80,\alpha}}} \right]$$

$$= 1500 \frac{m^{2,5}}{s^2} \cdot \left[\frac{1}{\sqrt{3,5 \cdot 10^{-6}\,m}} - \frac{1}{\sqrt{1,2 \cdot 10^{-3}\,m}} \right]$$

$$W_m = 758482 \frac{m^2}{s^2} \quad \text{oder} \quad J/kg$$

Diese muss lediglich noch mit dem Massenstrom aus a. multipliziert werden, um die Mahlleistung P zu erhalten:

$$P = \dot{m} \cdot W_m = 0,255 \frac{kg}{s} \cdot 758482 \frac{J}{kg} = 193413 \frac{J}{s} \quad \text{oder} \quad \underline{\underline{193\,kW}}$$

Übungsaufgabe Mahlbarkeit (S. 214)

Zunächst wird die Oberfläche des Aufgabegutes (Salzkristalle) bestimmt. Da eine einheitliche Korngröße vorliegt, kann direkt Gl. (2.2) verwendet werden:

$$S_m = \frac{6}{\rho_S \cdot d} = \frac{6}{2100 \frac{kg}{m^3} \cdot 5 \cdot 10^{-4}\,m} = 5,71 \frac{m^2}{kg}$$

Dies entspricht der Oberfläche von Kugeln; um die wahre Oberfläche der Kristalle zu erhalten, muss mit dem Formfaktor f multipliziert werden:

$$S_{m,\text{Salzkristalle}} = f \cdot S_{m,\text{Kugeln}} = 1,5 \cdot 5,71 \frac{m^2}{kg} = 8,57 \frac{m^2}{kg}$$

Zum Vergleich der gemessenen Daten dient die Mahlbarkeit nach Gl. (6.9):

$$M = \frac{\Delta S_m}{W_m} = \frac{S_{m,\text{Mahlgut}} - S_{m,\text{Salzkristalle}}}{\frac{P}{\dot{m}}}$$

Die massenspezifische Energie lässt sich dabei durch den Quotienten aus Mahlleistung und Massendurchsatz ausdrücken. Die Ergebnisse lauten:

Kugelmühle:

$$M_K = \frac{(7850 - 8,57) \frac{m^2}{kg}}{500 \frac{kJ}{s}} \cdot \frac{2000\,kg}{3600\,s} = 8,71 \frac{m^2}{kJ}$$

Wälzmühle:

$$M_W = \frac{(9520 - 8{,}57)\,\dfrac{m^2}{kg}}{80\,\dfrac{kJ}{s}} \cdot \frac{300\,kg}{3600\,s} = 9{,}91\,\frac{m^2}{kJ}$$

Prallmühle:

$$M_P = \frac{(7140 - 8{,}57)\,\dfrac{m^2}{kg}}{130\,\dfrac{kJ}{s}} \cdot \frac{700\,kg}{3600\,s} = 10{,}67\,\frac{m^2}{kJ}$$

Die Prallmühle erzeugt in diesem Fall die größte Oberfläche pro Energieeinheit und nutzt also die Energie am besten aus. Für anderes Aufgabegut oder andere Maschinenhersteller kann sich durchaus eine andere Reihenfolge ergeben.

Übungsaufgabe Walzenmühle (S. 214)

Zunächst muss der Mindestdurchmesser der Walzen aus der Einzugsbedingung (Gl. 6.13) bestimmt werden. Als Spaltweite s wählen wir die maximale Endkorngröße 3 mm.

$$D_{min} = \frac{d_{max} - s \cdot \sqrt{1 + \mu^2}}{\sqrt{1 + \mu^2} - 1}$$

$$D_{min} = \frac{15\,mm - 3\,mm \cdot \sqrt{1 + 0{,}3^2}}{\sqrt{1 + 0{,}3^2} - 1} = 269{,}5\,mm$$

Aus dem geforderten L/D-Verhältnis von 0,5 ergibt sich damit als Länge des Spaltes

$$L = 0{,}5 \cdot D_{min} = 134{,}8\,mm$$

Zur Berechnung der Drehzahl stellen wir Gl. (6.12) nach n um:

$$\dot{m}_S = \rho_S \cdot L \cdot s \cdot \pi \cdot D \cdot n \cdot \psi$$

$$n = \frac{\dot{m}_S}{\rho_S \cdot L \cdot s \cdot \pi \cdot D \cdot \psi}$$

$$n = \frac{\dfrac{1000\,kg}{3600\,s}}{1800\,\dfrac{kg}{m^3} \cdot 0{,}1348\,m \cdot 0{,}003\,m \cdot \pi \cdot 0{,}2695\,m \cdot 0{,}1}$$

$$\underline{\underline{n = 4{,}51 \cdot \frac{1}{s} = 270{,}4\,\frac{U}{min}}}$$

Übungsaufgabe Zerstäubung (S. 215)

Zunächst wird die Austrittsgeschwindigkeit nach Gl. (6.22) bestimmt:

$$\Delta p = \frac{\rho_L}{2} \cdot \left(\frac{\bar{c}}{\varphi}\right)^2$$

$$\bar{c} = \varphi \cdot \sqrt{\frac{2 \cdot \Delta p}{\rho_L}} = 0{,}5 \cdot \sqrt{\frac{2 \cdot 50 \cdot 100000\,\mathrm{Pa}}{1000\,\frac{\mathrm{kg}}{\mathrm{m}^3}}} = 50\,\frac{\mathrm{m}}{\mathrm{s}}$$

Daraus resultiert ein Volumenstrom von

$$\dot{V} = \bar{c} \cdot \frac{\pi \cdot D^2}{4} = 50\,\frac{\mathrm{m}}{\mathrm{s}} \cdot \frac{\pi \cdot (8 \cdot 10^{-4}\,\mathrm{m})^2}{4} = 2{,}51 \cdot 10^{-5}\,\frac{\mathrm{m}^3}{\mathrm{s}} = 1{,}51\,\frac{\ell}{\mathrm{min}}$$

Die Tropfengröße wird nach Gl. (6.30) abgeschätzt:

$$\frac{\bar{d}}{D} = 47 \cdot \left(\frac{1}{We \cdot Fr}\right)^{0,25} \cdot \left(\frac{\rho_L}{\rho_g}\right)^{0,25} \cdot \left[1 + 3{,}31 \cdot \left(\frac{We}{Re^2}\right)^{0,5}\right]$$

Hierzu ist die Berechnung von Weberzahl, Reynoldszahl und Froudezahl erforderlich:

$$We = \frac{\bar{c}^2 \cdot D \cdot \rho_L}{\sigma} = \frac{50^2\,\frac{\mathrm{m}^2}{\mathrm{s}^2} \cdot 8 \cdot 10^{-4}\,\mathrm{m} \cdot 1000\,\frac{\mathrm{kg}}{\mathrm{m}^3}}{0{,}073\,\frac{\mathrm{N}}{\mathrm{m}}} = 27397$$

$$Re = \frac{\bar{c} \cdot D \cdot \rho_L}{\eta_L} = \frac{50\,\frac{\mathrm{m}}{\mathrm{s}} \cdot 8 \cdot 10^{-4}\,\mathrm{m} \cdot 1000\,\frac{\mathrm{kg}}{\mathrm{m}^3}}{0{,}001\,\mathrm{Pa\,s}} = 40000$$

$$Fr = \frac{\bar{c}^2}{g \cdot D} = \frac{50^2\,\frac{\mathrm{m}^2}{\mathrm{s}^2}}{9{,}81\,\frac{\mathrm{m}}{\mathrm{s}^2} \cdot 8 \cdot 10^{-4}\,\mathrm{m}} = 318552$$

$$\frac{\bar{d}}{D} = 47 \cdot \left(\frac{1}{27397 \cdot 318552}\right)^{0,25} \cdot \left(\frac{1000}{1{,}2}\right)^{0,25} \cdot \left[1 + 3{,}31 \cdot \left(\frac{27397}{40000^2}\right)^{0,5}\right] = 0{,}84$$

$$\bar{d} = 0{,}84 \cdot D = 0{,}84 \cdot 0{,}8\,\mathrm{mm} = \underline{\underline{0{,}67\,\mathrm{mm}}}$$

Übungsaufgabe Leistungscharakteristik (S. 257)

Zunächst muss mit Gl. (7.7) die Reynoldszahl bestimmt werden:

$$Re = \frac{n \cdot d^2 \cdot \rho_L}{\eta_L}$$

Den Rührerdurchmesser d_2 erhält man aus dem angegebenen Verhältnis $d/D = 0{,}33$:

$$d = 0{,}33 \cdot D = 0{,}33 \cdot 2\,\mathrm{m} = 0{,}66\,\mathrm{m}$$

Damit wird die Reynoldszahl Re:

$$\mathrm{Re} = \frac{300\,\frac{1}{\mathrm{min}} \cdot (0{,}66\,\mathrm{m})^2 \cdot 900\,\frac{\mathrm{kg}}{\mathrm{m}^3}}{60\,\frac{\mathrm{s}}{\mathrm{min}} \cdot 0{,}01\,\mathrm{Pa\,s}} = 1{,}96 \cdot 10^5$$

Bei dieser Reynoldszahl befindet man sich im turbulenten Bereich der Leistungscharakteristik mit konstanter Newtonzahl: Ne = const. = 5,5. Nach Gl. (7.6) wird

$$\mathrm{Ne} = \frac{P}{n^3 \cdot d^5 \cdot \rho}$$

$$P = \mathrm{Ne} \cdot n^3 \cdot d^5 \cdot \rho_L = 5{,}5 \cdot \left(\frac{300\frac{1}{\mathrm{min}}}{60\,\frac{\mathrm{s}}{\mathrm{min}}} \right)^3 \cdot (0.66\,\mathrm{m})^5 \cdot 900\,\frac{\mathrm{kg}}{\mathrm{m}^3}$$

$$\underline{\underline{P = 77{,}5\,\mathrm{kW}}}$$

Übungsaufgabe Leistungs- und Mischzeitcharakteristik (S. 257)

a. Die Drehzahl kann einfach aus der vorgegebenen Mischzeitcharakteristik ermittelt werden:

$$n = \frac{150}{\theta} = \frac{150}{60\,\mathrm{s}} = 2{,}5\,\frac{1}{\mathrm{s}} \quad \text{oder} \quad \underline{\underline{150\,\frac{\mathrm{U}}{\mathrm{min}}}}$$

b. Für die Wellenleistung wird die Leistungscharakteristik benötigt. Hierzu berechnet man zunächst die Reynoldszahl (Gl. 7.7):

$$\mathrm{Re} = \frac{n \cdot d^2 \cdot \rho}{\eta} = \frac{2{,}5\frac{1}{\mathrm{s}} \cdot (0{,}9\,\mathrm{m})^2 \cdot 1100\,\frac{\mathrm{kg}}{\mathrm{m}^3}}{10\,\mathrm{Pa\,s}} = 223$$

Das Ergebnis wird in die vorgegebene Gleichung der Leistungscharakteristik eingesetzt:

$$\mathrm{Ne} = \frac{100}{\mathrm{Re}} + 1 = \frac{100}{223} + 1 = 1{,}45$$

Mit Gl. (7.6) ergibt sich aus der Newtonzahl

$$P = \mathrm{Ne} \cdot n^3 \cdot d^5 \cdot \rho = 1{,}45 \cdot \left(2{,}5\frac{1}{\mathrm{s}}\right)^3 \cdot (0{,}9\,\mathrm{m})^5 \cdot 1100\,\frac{\mathrm{kg}}{\mathrm{m}^3} = \underline{\underline{14{,}7\,\mathrm{kW}}}$$

c. Für alle Maschinen berechnet sich die Wellenleistung als Produkt aus Drehmoment und Winkelgeschwindigkeit (vgl. z. B. Gl. (6.17)):

$$P = M_D \cdot \omega$$

Setzt man $\omega = 2\pi \cdot n$, folgt daraus

$$M_D = \frac{P}{2\pi \cdot n} = \frac{14700\,W}{2\pi \cdot 2{,}5\,\frac{1}{s}} = \underline{\underline{936\,Nm}}$$

Übungsaufgabe Rührprozess (S. 258)

Da hier die maximale Wellenleistung bereits vorgegeben ist, geht man zur Lösung umgekehrt vor wie in den Übungsaufgaben 7.7.1 und 7.7.2. Zunächst wird die Newtonzahl berechnet (Gl. 7.6):

$$Ne = \frac{P}{n^3 \cdot d^5 \cdot \rho} = \frac{4 \cdot 10^6\,W}{(1\,s^{-1})^3 \cdot (1\,m)^5 \cdot 1000\,\frac{kg}{m^3}} = 4 \cdot 10^3$$

Aus der Leistungscharakteristik lässt sich für $Ne = 4 \cdot 10^3$ auf der x-Achse ein Wert von $Re \simeq 10$ ablesen. Daraus folgt mit Gl. (7.7)

$$Re = \frac{n \cdot d^2 \cdot \rho}{\eta} = 10$$

und umgestellt nach η

$$\eta = \frac{n \cdot d^2 \cdot \rho}{Re} = \frac{1\,s^{-1} \cdot (1\,m)^2 \cdot 1000\,\frac{kg}{m^3}}{10} = \underline{\underline{100\,Pa\,s}}$$

Übungsaufgabe Homogenisierung (S. 259)

a. Zunächst muss die Mischzeitkennzahl nach Gl. (7.11) bestimmt werden:

$$MKZ = \frac{\Theta \cdot \eta}{D^2 \cdot \rho} = \frac{30\,s \cdot 1{,}9\,Pa\,s \cdot m^3}{1{,}48^2 \cdot m^2 \cdot 1300\,kg} = 0{,}02$$

Aus dem Zlokarnik-Diagramm, Abb. 7.12, ergibt sich bei diesem Wert der Mischzeitkennzahl, dass der Blattrührer ohne Stromstörer die kleinstmögliche Leistungskennzahl liefert.

b. Bei $MKZ = 0{,}02$ wird eine Leistungskennzahl LKZ von $2 \cdot 10^8$ abgelesen. Daraus lässt sich die Rührerleistung P nach Gl. (7.10) berechnen:

$$LKZ = \frac{P \cdot D \cdot \rho^2}{\eta^3} = 2 \cdot 10^8$$

$$P = \frac{LKZ \cdot \eta^3}{D \cdot \rho^2} = \frac{2 \cdot 10^8 \cdot 1{,}9^3 \cdot Pa^3\,s^3 \cdot m^6}{1{,}48\,m \cdot 1300^2 \cdot kg^2} = \underline{\underline{548{,}5\,W}}$$

c. Aus der Re-Zahl-Skalierung auf den Grenzkurven ergibt sich bei MKZ = 0,02 und für den Blattrührer ohne Stromstörer eine Reynoldszahl von 300. Daraus lässt sich die Drehzahl n direkt berechnen, wenn man für d (Rührerdurchmesser) 0,5 D (Behälterdurchmesser) einsetzt, vgl. hierzu Maßskizze im Zlokarnik-Diagramm:

$$n = \frac{Re \cdot \eta}{d^2 \cdot \rho} = \frac{300 \cdot 1{,}9 \cdot \mathrm{Pa\,s} \cdot \mathrm{m}^3}{0{,}5^2 \cdot 1{,}48^2\,\mathrm{m}^2 \cdot 1300 \cdot \mathrm{kg}} = \underline{\underline{0{,}8\,\mathrm{s}^{-1} = 48\frac{\mathrm{U}}{\mathrm{min}}}}$$

Übungsaufgabe Maßstabsvergrößerung I (S. 259)

Aus dem Büche-Kriterium $P_{v,H} = P_{v,M}$ (Gl. 7.33) folgt unmittelbar

$$\frac{P_H}{d_H^3} = \frac{P_M}{d_M^3}$$

$$\frac{P_H}{P_M} = \left(\frac{d_H}{d_M}\right)^3 = 10^3 = \underline{\underline{1000}}$$

Das Verhältnis der Rührerleistungen beträgt auch (Gl. 7.31)

$$\frac{P_H}{P_M} = \frac{Ne_H \cdot \rho_H \cdot n_H^3 \cdot d_H^5}{Ne_M \cdot \rho_M \cdot n_M^3 \cdot d_M^5}$$

Mit den erwähnten Voraussetzungen $Ne_H = Ne_M$ und $\rho_H = \rho_M$ sowie Gl. (7.33) folgt daraus

$$\frac{d_H^3}{d_M^3} = \frac{n_H^3 \cdot d_H^5}{n_M^3 \cdot d_M^5}$$

und das Verhältnis der Drehzahlen wird

$$\left(\frac{n_H}{n_M}\right)^3 = \left(\frac{d_H}{d_M}\right)^{-2}$$

$$\frac{n_H}{n_M} = \left(\frac{d_H}{d_M}\right)^{-\frac{2}{3}} = 10^{-\frac{2}{3}} = \underline{\underline{0{,}215}}$$

Für das Verhältnis der Mischzeiten ergibt sich mit $n\Theta = \mathrm{const.}$

$$\frac{\Theta_H}{\Theta_M} = \frac{n_M}{n_H} = \left(\frac{d_H}{d_M}\right)^{\frac{2}{3}} = 10^{\frac{2}{3}} = \underline{\underline{4{,}64}}$$

Übungsaufgabe Maßstabsvergrößerung II (S. 259)

Eine Maßstabsvergrößerung erfordert die Übertragung mittels dimensionsloser Kennzahlen. Das gegebene Übertragungskriterium „α = const.“ bezieht sich allerdings nicht auf eine Kennzahl. Wir wählen zur Übertragung daher eine Kennzahl, die α enthält, nämlich die Nusseltzahl Nu (Gl. 7.24).

Anhand des gegebenen Potenzansatzes können wir für Modell- (Index M) und Hauptausführung (Index H) folgende Gleichung aufstellen:

$$\frac{Nu_H}{Nu_M} = \frac{C_H}{C_M} \cdot \left(\frac{Re_H}{Re_M}\right)^m \cdot \left(\frac{Pr_H}{Pr_M}\right)^k$$

Die Größe C ist eine Konstante, also für Modell- und Hauptausführung gleich. Die Prandtlzahl Pr (Gl. 7.25) besteht nur aus Stoffdaten, die ebenfalls lt. Aufgabenstellung konstant sind. Also werden die betreffenden Quotienten = 1, und die Gleichung vereinfacht sich auf

$$\frac{Nu_H}{Nu_M} = \left(\frac{Re_H}{Re_M}\right)^m$$

Jetzt werden die Kennzahlen gemäß den Gln. (7.7) und (7.24) durch ihre Einflussgrößen ersetzt:

$$\frac{\left(\frac{\alpha \cdot d}{\chi}\right)_H}{\left(\frac{\alpha \cdot d}{\chi}\right)_M} = \frac{\left(\frac{n \cdot d^2 \cdot \rho}{\eta}\right)_H^m}{\left(\frac{n \cdot d^2 \cdot \rho}{\eta}\right)_M^m}$$

α ist laut Aufgabenstellung konstant, die Größen χ, ρ und η sind wiederum Stoffdaten, und alle fallen daher bei der Quotientenbildung weg:

$$\frac{d_H}{d_M} = \left(\frac{n_H}{n_M}\right)^m \cdot \left(\frac{d_H^2}{d_M^2}\right)^m$$

oder umgestellt nach dem gesuchten Drehzahlverhältnis

$$\frac{n_H}{n_M} = \left(\frac{d_H}{d_M}\right)^{\left(\frac{1-2m}{m}\right)} = 10^{\left(\frac{1-2\cdot 0,7}{0,7}\right)} = 0,268$$

Die Drehzahl der Hauptausführung wird somit

$$n_H = 0,268 \cdot n_M = 0,268 \cdot 20\frac{U}{min} = \underline{\underline{5,36\frac{U}{min}}}$$

Zur Berechnung der Rührerleistung lässt sich jetzt das Kriterium Ne = const. heranziehen (vgl. Gln. 7.6 und 7.31):

$$\frac{P_H}{P_M} = \frac{Ne_H}{Ne_M} \cdot \frac{n_H^3}{n_M^3} \cdot \frac{d_H^5}{d_M^5} \cdot \frac{\rho_H}{\rho_M}$$

Da $Ne_H = Ne_M$ und $\rho_H = \rho_M$ folgt daraus

$$\frac{P_H}{P_M} = \frac{n_H^3}{n_M^3} \cdot \frac{d_H^5}{d_M^5} = 0,268^3 \cdot 10^5 = 1925$$

Die Leistung der Hauptausführung ergibt sich dann zu

$$P_H = 1925 \cdot P_M = 1925 \cdot 5\,kW = \underline{\underline{9625\,kW}}$$

Literaturverzeichnis

[1] DIN 66160, Beuth-Verlag (2017).
[2] Pankratz, J., Schüttgut Bd. 4 (1998) 3, S. 372.
[3] DIN 66126, Beuth-Verlag (2015).
[4] DIN 66132, Beuth-Verlag (1975).
[5] Schmahl, G., Chemie-Ingenieur-Technik 41 (1969) 5 + 6, S. 359.
[6] Brauer, H., Grundlagen der Einphasen- und Mehrphasenströmungen, Verlag Sauerländer (1971).
[7] Kolmogoroff, A. N., Journal of Fluid Mechanics 13 (1962), S. 82.
[8] Zogg, M., Einführung in die Mechanische Verfahrenstechnik, Teubner-Verlag (1993).
[9] Levich, V. G., Physicochemical Hydrodynamics, Chapter VIII, Prentice-Hall International Series (1962).
[10] Schubert, H., Aufbereitung fester mineralischer Rohstoffe, Bd. 1, VEB-Verlag (1968).
[11] Ullmanns Encyklopädie der technischen Chemie, Bd. 2, Verlag Chemie (1972).
[12] Muschelknautz, E., Greif, V., Trefz, M., VDI-Wärmeatlas, Abschn. Lja, VDI-Verlag (1997).
[13] Deutsch, W., Annalen der Physik 68 (1922), S. 335.
[14] Siegel, W., Pneumatische Förderung, Vogel-Verlag (1991).
[15] Stieß, M., Mechanische Verfahrenstechnik, Bd. 2, Springer-Verlag (1994).
[16] Lippert, A., Dissertation, TH Karlsruhe (1966).
[17] Janssen, H. A., Zeitschrift des Vereins deutscher Ingenieure 39 (1895) No. 35, S. 1045.
[18] Muschelknautz, E., Krambrock, W., Schlag, H. P., VDI-Wärmeatlas, Abschn. Lh, VDI-Verlag (1994).
[19] Griffith, A. A., Philosophical Transactions of the Royal Society of London, Serie A 221 (1921), S. 163.
[20] Rumpf, H., Chemie-Ingenieur-Technik 37 (1965) 3, S. 187.
[21] Bond, F. C., Mining Engineering 4 (1952) 5, S. 484.
[22] Pahl, M. H., Zerkleinerungstechnik, Fachbuchverlag Leipzig/ Verlag TÜV Rheinland (1991).
[23] Stairmand, C. J., Dechema-Symposium Zerkleinern, Nürnberg, Bd. 1, Dechema-Monographien (1975).
[24] Schönert, K., Patentschrift DE 2708053 C3 vom 24.2.1977.
[25] v. Ohnesorge, W., Zeitschrift für Angewandte Mathematik und Mechanik 16 (1936) 6, S. 627.
[26] Walzel, P., Chemie-Ingenieur-Technik 62 (1990) 12, S. 983.
[27] Tanasawa, Y., Toyoda, S., The Technology Reports of the Toheku University 21 (1955) 2, S. 135 (zitiert nach Brauer [6]).
[28] Schubert, H., Kap. 13 in: Kraume, M. (Hrsg.), Mischen und Rühren, Wiley-VCH-Verlag (2003).
[29] Karbstein, H., Dissertation, TH Karlsruhe (1994).
[30] EKATO-Handbuch der Rührtechnik, Fa. Ekato (2000).
[31] Rumpf, H., Chemie-Ingenieur-Technik 30 (1958) 3, S. 144.
[32] Schubert, H., Chemie-Ingenieur-Technik 51 (1979) 4, S. 266.
[33] Streiff, F. A., Kap. 9 in: Kraume, M. (Hrsg.), Mischen und Rühren, Wiley-VCH-Verlag (2003).
[34] Hartung, K. H., Hiby, J. W., Chemie-Ingenieur-Technik 44 (1972) 18, S. 1051.
[35] Stieß, M., Mechanische Verfahrenstechnik, Bd. 1, Springer-Verlag (1992).
[36] Streiff, F. A., Chemie-Ingenieur-Technik 52 (1980) 6, S. 520.
[37] Zlokarnik, M., Chemie-Ingenieur-Technik 39 (1967) 9/10, S. 539.
[38] Einenkel, W. D., Mersmann, A., Verfahrenstechnik 11 (1977) 2, S. 90.
[39] Judat, H., Verfahrenstechnik 11 (1977) 8, S. 467.
[40] Zehner, P., Kap. 16 in: Kraume, M. (Hrsg.), Mischen und Rühren, Wiley-VCH-Verlag (2003).
[41] Kiesgen, M., Wilms, H., Kunststoffe 81 (1991) 12, S. 1100.

https://doi.org/10.1515/9783110739541-009

Personenverzeichnis

Andreasen 22
Avogadro 24

Blaine 23, 110
Bond 164, 165, 213, 214, 217, 284
Brauer 89, 103
Büche 249, 290

Carman-Kozeny 110

Danckwerts 40
Darcy 110, 111, 128
Deutsch 91, 92, 277
Dümbgen 24

Einenkel 241
Ergun 107, 134, 225

Fick 222
Froude 67

Gauß 11
Griffith 161, 162

Hadamard 56
Haul 24
Hooke 158, 159, 163
Hosokawa 21

Janssen 142
Judat 245

Karbstein 198
Kaskas 53, 140, 273
Kick 164, 165
Kolmogoroff 55, 198

Lippert 141

Mersmann 241
Muschelknautz 145

Newton 53

Ohnesorge 189

Pahl 164
Penney 249

Reynolds 49
Rittinger 165
Rumpf 161, 202
Rybczynski 56

Schmahl 40
Schönert 174
Schubert 211
Stairmand 166, 171
Stokes 52, 53, 56, 59, 65, 68, 69, 74, 82, 90, 271–275, 282

Tanasawa 192
Toyoda 192

van der Waals 157, 202, 206, 211
von Rittinger 164

Walzel 189, 193

Zlokarnik 237, 239, 259, 289, 290
Zogg 56

https://doi.org/10.1515/9783110739541-010

Stichwortverzeichnis

abrasiv 175, 179
Abreinigung 130
Abreinigungsfilter 129
Abscheidefläche 57
Abscheidegrad 32
Abscheidelänge 89
Abscheideradius 70
Abscheidung 31
Absinkzeit 64
Abstrom 59, 60
Abtropfen 189
Adhäsion 136, 206
Äquivalentdurchmesser 5, 16, 20
Agglomerieren 2, 203
akkumulierender Sichter 63
allgemeine Gasgleichung 24
amorph 156
Analysenprobe 15, 254
Analysensichtung 20
Analysentrennverfahren 21
Andreasen-Pipette 22
Ankerrührer 226, 228, 239
Anströmquerschnitt 101
Apexdüse 81
Archimedes-Zahl 55, 273, 281, 282
Aufbauagglomeration 203
Aufbaugranulation 203, 204
Aufbereitung 1
Aufbereitungstechnik 65
Auffächerung 64, 66
Auflockerungsgeschwindigkeit 132
Auflockerungspunkt 133
Aufstrom 59
Aufstromklassierer 66
Aufstromwasser 66
autogene Mahlung 176, 180, 183
Avogadro-Konstante 24
axial 225
Axialdüsen 194
Axialrührer 225

Backenbrecher 169
Bahco-Sichter 21
Bandfilter 119
Beanspruchungsfläche 167
Beanspruchungsgeschwindigkeit 159
Begasen 219, 242, 243
Beladung 30
bewehrtes Rührgefäß 226
Bewehrung 233
bezogenes Filtratvolumen 111
Bilanzierung 20
Bildanalysegeräte 15
Bildanalyseverfahren 15
bimodale Verteilung 63, 250
Bindemittel 205
Bindung
– kovalente 157
– metallische 156
Blasen 4
Blattfilter 115
Blattrührer 226, 239
Böschungseffekt 208, 251
Bond-Index 164
Bond-Koeffizient 164
Brecher 168
Brechgut 168
Brikettierung 210
Bruchbild 168, 180
Bruchenergie 161
Bruchenergiebedingung
– integrale 162
Büche-Kriterium 249

Coulter Counter 18

Dampfstrahlagglomeration 205
Darcy-Gleichung 110, 128
Dekanter 75
Deutsch-Formel 91
Dichtstrombetrieb 137
Dichtstromförderung 137, 138, 140
digitale Bildanalysegeräte 15
Dimensionsanalyse 190, 228, 230
dimensionslose Homogenisierzeit 236
dimensionslose Widerstandskraft 50
Dispergieren 155, 219, 241, 243
disperse Phase 4
disperse Systeme 4
Dragees 210
Drehfilter 119
Drehprobenteiler 14, 254

https://doi.org/10.1515/9783110739541-011

Druck
– dynamischer 104
Druckförderanlage 136
Druckkräfte 231
Drucknutschen 114, 115
Druckverlust 104
Druckzerkleinerung 166
Dünnschichtmodell 72
Dünnstromförderung 137
duktil 156
Durchflussbeiwert 189
Durchgang 8
Durchgangssumme 8
Durchmesser
– hydraulischer 102, 108
Durchströmungsverfahren 23
dynamischer Druck 104
dynamisches Mischen 219

Effektivität 166, 171
Einstoff-Vollkegeldüsen 193
Einzelkornbeanspruchung 167
Einzelpartikelzähler 16
Einzelproben 14
elastisch-plastisch 158
Elastizitätsmodul 158
elastoviskos 159
Elektrofilter 85
Elektronengas 156
Elektronenmikroskop 13
Elektronenpaarbindung 157
elektrostatische Kräfte 211
empirische Streuung 38
Emulgatoren 196, 198
Emulgiercharakteristik 242
Emulgieren 219, 241
Emulsionsviskosität 197
Endprodukt 168
Energieausnutzung 166
Entmischung 250
Ergun-Gleichung 225
Erwartungswert 37
Extinktionszähler 16, 17
Extraktion 196, 242

Fassmischer 251
Fehlgut 34
Fehlkorn 34
Feingutanteil 32
Feinheit 4, 11
Feinheitsmerkmale 4
Feldstörungsverfahren 18
Feretdurchmesser 15
Fernwirkung 221
Festbett 101
Festkörperbrücken 203
Feststoffbeladung 145
Feststoffkonzentration 30
Fick'sches Gesetz 222
fiktive Filtrationszeit 124
Filterfläche 101
Filtermittel 111
Filtermittelwiderstand 111, 130
Filterpresse 115
Filterschichten 101
Filtertuchreinigung 119
Filtertuchwäsche 122
Filterzentrifuge 71, 125
Filtrationsgeschwindigkeit 113, 130
Filtrationszeit 116
– fiktive 124
Filtrationszone 119, 122
Filtrationszyklus 116
Filtratvolumen
– bezogenes 111
Flachkegelbrecher 176
Flächenausgleich 10
Flächenbelastung 59
Flächenwiderstand 50
Fliehkraft-Gegenstromprinzip 21
Fliehkraftzerstäubung 195
Fliehkraft-Zickzacksichter 21
Fließbett 101, 132, 204
Fließbettgranulation 204
Flüssig/Flüssig-Emulsion 196
Flüssigkeitslamelle 192
Flugförderung 137
– pneumatische 133
Fluidteilchen 54
Formänderungsarbeit 159
Formfaktor 7, 23, 57
Formschlüssige Bindungen 212
Formwalzen 212
Formwiderstand 50
Formzwang 167, 180
Fotosedimentometer 22
Fraktion 10
Fraktionsentstaubungsgrad 34

Froude-Zahl 67, 192, 233, 234, 244, 247
Füllungsgrad 173

Gas/Flüssig-Dispersion 196
Gasadsorptionsverfahren 24
Gasdurchsatzkennzahl 244
Gasgleichung
– allgemeine 24
Gassen 84
Gasverteiler 243
Gattierung 179
Gebinde 14
Gesamtentstaubungsgrad 32
gewogene mittlere Partikelgröße 12
Gitterrührer 239
Gitterwirkung 110
Glattwalzen 173, 212
Gleichfälligkeitsklasse 65
Gleichmäßigkeitszahl 11
Granulate 102, 203, 204
Granulieren 204, 205
Granulierteller 208
Granuliertrommel 208
Grenzfläche 155, 160
Grenzflächenenergie
– spezifische 160, 161, 165
Grenzflächenspannung 161, 242
Grenzkurve 239
Grenz-Reynoldszahl 57
Griffith-Länge 162
Grobgutanteil 32
Grobzerkleinerung 11
Grünpellets 205
Grundgesamtheit 14, 254
Grundoperationen 1
gummielastisches Material 157
Gutbettbeanspruchung 167
Gutbett-Walzenmühlen 174

Hadamard-Rybczynski-Korrektur 56
Haftkräfte 103, 129
Haftspannung 206
Haldenlagerung 255
Halit-Kristall 160
Hammerbrecher 182
Handfilterplatten 114
Heißabgase 92
Hochdruck-Homogenisatoren 201
Hohlkegeldüsen 194
Hohlrührer 243
Hold up 243
homogene Wirbelschicht 133
Homogenisieren 36, 219
Homogenisierzeit 40, 236
Homogenität 39
Hooke'sches Gesetz 158
Horizontallastverhältnis 143
Horizontalstromklassierer 66
Hubleiste 252
Hüpfen 92
hydraulischer Durchmesser 102, 108
hydraulischer Widerstand 110
Hydroseparatoren 66
Hydrozyklone 80

ideale Homogenität 39
ideale Mischung 36
ideale Teilung 34
ideale Trennung 32
inhomogene Wirbelschicht 133
inkremental 22
integrale Bruchenergiebedingung 162
INTERMIG 226
invariant 40
Ionenbindung 156
Ionendiffusion 87
Isolatorschicht 92

Kammerfilterpresse 115
Kammerzentrifuge 76
Kantenströße 182
Kapillardruck 207, 208
kapillare Steighöhe 208
Kaskadenbewegung 177
Kaskas 52
Kaskas-Gleichung 53, 273
Kataraktbewegung 177
Kegelbrecher 171
Kegeln 15
Kerzenfilter 115
Klärfläche 74
Klärflächenbelastung 59
Klassenbreite 10
Klassierpanzerungen 179
Klassierung 31, 208
Kneten 219
Koaleszenz 161, 196, 244
Koaxialsysteme 246

Körner 4
Kohäsion 136, 144, 206
Koinzidenzfehler 19
Kolloidmühlen 199
Kolmogoroff 55
Kompaktierung 210
Konditionierung 186
kontinuierliche Phase 4
Korona 86
kovalente Bindung 157
Kräfte
– elektrostatische 211
– Van-der-Waals- 206, 211
Kräftegleichgewicht 21
kristallin 156
kritische Risslänge 162
Kuchenabwurf 119
Kuchenabwurfzone 122
Kuchenfiltration 101, 110
Kuchenwiderstand 111
Kugelmühlen 176

Lamellenklärer 61
Lamellenzerfall 189, 194
laminar 54
laminare Strömung 196
laminare Umströmung 50, 52
laminarer Strahlzerfall 190
Laserbeugungsspektrometer 17
Laserscanner 17
Lavaldüsen 183
Leerrohrgeschwindigkeit 102
Leistungscharakteristik 232
Leistungskennzahl 237, 238
Leitschaufeln 252
Lichtmikroskop 13
linear-elastisches Verhalten 158
lipophil 198
Lochpresse 212
Lockerungsporosität 133, 281
logarithmische Normalverteilung 11
Lückengeschwindigkeit 102
Lückengrad 103
Luftstoßmischer 253
Luftstrahlsieb 20

Mahlbarkeit 166
Mahlgut 168
Mahlkörper 176
Mahlkörpermühlen 176
Mahlung
– autogene 176, 180, 183
Maschenweite
– nominale 20
Massenanteil 30
Massenbilanz 29
Massengüter 1
Massenkraft 20, 21
massenspezifische Oberfläche 7
Maßstabsübertragung 247
Maßstabsvergrößerungsfaktor 247
Material
– gummielastisches 157
Materialbilanz 29
Materialverhalten
– sprödes 157
mathematische Ansätze 11
Matritzen 211
Maulweite 170
Median-Trenngrenze 35
Medianwert 12
Mehrkornbeanspruchung 167
Mehrstufen-Impuls-Gegenstromrührer 226
mehrstufige Rühranordnungen 226
Mengenart 10
Messokular 15
metallische Bindung 156
Mikroskopische Zählverfahren 13
Mikrovermischung 221
Mischagglomeration 204
Mischarbeit 237
Mischen
– dynamisch 219
– statisch 219
Mischsilo 253
Mischung
– ideale 36
Mischzeitcharakteristik. 236
Mischzeitkennzahl 238
mittlere Teilchenlage 16
Modalwert 12
monodispers 4
Mühlen 168
Multiflux-Mischer 223
Multizyklonanlage 81

Nasssiebung 20
natürliche Zerkleinerungsvorgänge 11

Nebenluftsysteme 144
Newtonsche Flüssigkeiten 230
Newtonzahl 231, 237
nichtkreisförmige Querschnitte 108
Niederschlagselektrode 85
nominale Maschenweite 20
Normalgut 34
Normalkorn 34
Normalverteilung
– logarithmische 11
– nach Gauß 11
Nusseltzahl 246, 247

Oberfläche 155, 160
– massenspezifische 7
– spezifische 12
– volumenspezifische 7
Oberflächenenergie
– spezifische 160
Oberflächenkraft 189
Oberflächenprozesse 155
Oberflächenspannung 187, 206
Ohnesorge-Zahl 190
On-line-Messungen 17
On-line-Produktionskontrolle 16
optische Einzelpartikelzähler 16

Partikelgröße
– gewogene mittlere 12
Partikelkollektiv 4
Partikeln 4
Pelletieren 205
Penney-Diagramm 249
Perlpolymerisation 242
Permeationsverfahren 23
Pflugscharen 252
Pfropfenförderung 140
Phase 2
– disperse 4
– kontinuierliche 4
Phasenkontakte 219
Physisorption 186
Planfilter 119
Planimeter 15
plastische Verformung 158
Plattenentstauber 86
Pneumatikdüsen 194
pneumatische Flugförderung 133
pneumatische Mischer 253
polydispers 4
Porosität 102, 103, 130
Potentialwirbel 69
Potentialwirbelsenke 70
präparative Trenngrenze 35
Prallzerkleinerung 167
Prandtlzahl 247
Pressagglomeration 157, 210
Presslinge 211
Primärfiltrat 120, 122
Primärströmung 225
Probenahme 14
Probenteiler 254
Probenteilung 14
Projektionsflächen 15
Propeller 225
Propellerrührer 239
Prozesse 1

quasistatisch 176
Querschnitt
– nichtkreisförmiger 108
Querstromabscheider 64
Querstromsichter 64

Radialrührer 226
Rahmenfilterpresse 115
Randwinkel 205, 206
Raschigringe 102
Reaktion 1
reale Trennung 33
Reibleistung 145
Reibungsbeiwert 142
Reibungskräfte 54
Reibzerkleinerung 166
Reingasstaubgehalt 32
Relevanzliste 230
Restkegel 180
Reynoldszahl 49, 56, 104, 105, 190, 230–232, 237, 241, 242, 246, 247, 271, 273, 282
Riffelteiler 14
Ringbrause 243
Ringwirbel 225
Rissfront 161
Risslänge
– kritische 162
Risswiderstand 161
Röhrenentstauber 85
Röhrenzentrifuge 75

Röntgensedimentometer 22
Rohgasgehalt 32
Rohrmühlen 177
RRSB-Verteilung 11
Rücksprüh-Effekt 92
Rückstand 8
Rückstandssumme 8
Rühranordnungen
– mehrstufige 226
Rühren 219
Rührgefäß 226
ruhende Ladung 14
Rundbrecher 171

Sättigungsgrad 207
Sammelanlage 137
Sammeln 220
Sammelprobe 14
Saugförderanlage 137
Sauterdurchmesser 7, 193, 242, 265
scale-up 247
Schälzentrifuge 125
Scheibenfilter 119
Scheibenrührer 226
Schergefälle 54
Schikanen 224
Schirmblasen 57
Schlagbrecher 176
Schlagzerkleinerung 166
schleichende Umströmung 50
Schleppkraft 21
Schleuder 71
Schleuderziffer 67, 234
Schlucköffnungen 253
Schlüsselkomponente 30
Schneidzerkleinerung 167
Schubspannung 54, 108
Schülpen 174, 212
Schüttdichte 105
Schüttgutkegel 142
Schüttgutlager 142
Schüttschichtwiderstand 107
Schwankungsgeschwindigkeit 54, 198
Schwarmsinkgeschwindigkeit 62, 241
Schwarmsinkverhalten 62
Schwellwert 15
Schwerkraft-Gegenstromsichter 63
Sedimentationsanalyse 21
Sedimentationswaage 22
Sedimentationszentrifuge 71
Sedimentieren 196
Selbstbegasung 233
Senkenströmung 70
Separatoren 75
Sichter 20
– akkumulierender 63
Sickerströmung 143, 144
Siebanalyse 12, 19
Siebhilfen 20
Siebkennziffer 67, 234
Siebtrommel 125
Siebturm 19
Siebzentrifuge 71, 125
Siloschneckenmischer 253
sinkgeschwindigkeitsgleiche Kugel 5
Sinkleistung 240
Sintervorgang 203
Sondenmethoden 41
Sorptionscharakteristik 244, 245
Spaltweite 170
Speicherfilter 129
spezifische Flächenbelastung 59
spezifische Grenzflächenenergie 160, 161, 165
spezifische Oberfläche 12
spezifische Oberflächenenergie 160
Spiralstrahlmühlen 183
Spitzkästen 66
sprödes Materialverhalten 157
Sprühlackierung 186
Stabkorbsichter 82
statisches Mischen 219
Staubschichtwiderstand 130
Steighöhe
– kapillare 208
Steigrohrsichter 63
Stempelpressen 211
Steuerkopf 122
Stiftmühlen 182
stochastische Homogenität 39
Stoffübergangskoeffizient
– flüssigkeitsseitiger 245
Stoffvereinigung 219
Stokes 52, 272
Stokes-Geschwindigkeit 53
Stokes-Gleichung 52, 53, 69, 271, 272, 282
Stopfgrenze 139
Strähnenförderung 139
Strahlmischer 253

Strahlmühlen 183
Strahlzerfall 189
– laminarer 190
– turbulenter 190
Strangpressen 212
Streulichtverteilung 17
Streulichtzähler 16
Streuung 37
– empirische 38
Strömung
– laminare 196
– turbulente 54
Strömungsgrenzschicht 55
Stromstörer 226, 233
Stufenabscheidegrad 34
Sturzmühlen 177
Suspendiercharakteristik 241
Suspendierdrehzahl 240
Suspendieren 219, 239
Suspendierkriterium 241
suspensionsabhängige Konstante 112
Suspensionsaufgabe 119
Suspensionstrog 122
Systeme
– disperse 4

Tablettieren 211
tangential 225
Tangentialdüsen 194
Taumelmischer 251
Teilbenetzung 206
Teilchen 4
Teilung 34, 254
– ideale 34
Tellerseparatoren 75
Tellerzentrifuge 75
Tiefenfilter 129
Tiefenfiltration 110
Totzeit 116
Trägheitskräfte 55, 231
Treibgasdüsen 194
Trenngrad 34
Trenngrenze 35
Trennkorndurchmesser 35
Trennkorngröße 35
Trennung
– ideale 32
– reale 33
Trombe 233
Trommel 71
Trommelfilter 119, 122
Trommelmischer 252
Trommelmühlen 177
Trommelzentrifugen 70
Tropfen 4
Tropfenaufbruch 196
turbulent 54
turbulente Strömung 54
turbulenter Strahlzerfall 190
Turbulenzballen 55
Turbulenzgrad 54
Turbulenzwirbel 198

überflutet 243
Überflutungscharakteristik 244
Überkorn 34
Überlaufradius 72
Überlaufzentrifuge 72
Überschichtungs-Verfahren 22
Übertragungskriterium 247
Umströmung
– laminare 50, 52
– schleichende 50
Unterkorn 34

Vakuum-Drehfilter 122
Vakuumfilter 118
Valenzelektronen 156
Van-der-Waals-Bindung 157
Van-der-Waals-Kräfte 206
Varianz 37
Verfahrenstechnik 1
Verformung
– plastische 158
Verhalten
– elastisch-plastisches 158
– linear-elastisches 158
Verkeilen 141
Vermengen 219, 250
Vermischen 1
Versprödung 159
Verteileranlage 137
Verteilung 8
– bimodale 63, 250
Verteilungsdiagramm 33
Verteilungsdichte 8, 9
Verteilungsdichtekurve 22
Verteilungssummen 8

Vertikalstromklassierer 66
Verweilzeit 64, 243
Vierteln 15
Viskosität 54
Viskositätskräfte 54
Vollkegeldüsen 194
Vollmanteltrommel 71
Volumenanteil 30
volumenspezifische Oberfläche 7
Vortexdüse 81

Wachstum 11
Wälzmühlen 174
Wärmekapazität 246
Wärmeleitfähigkeit 246
Wärmeübergangscharakteristik 246
Wärmeübergangskoeffizient 246
Walzenbrecher 172, 173
Walzenmühlen 172, 173
Walzenpressen 212
Wanderungsgeschwindigkeit 90
Waschflüssigkeit 122
Waschzone 119, 122
Weberzahl 188, 190, 242
Wellenleistung 228
Wendelrührer 227, 239
Widerstand
– hydraulischer 110
Widerstandsbeiwert 48, 50, 104
Widerstandskräfte 21, 50, 231
Wiederverteilen 220
Wirbelschicht 101, 132, 204, 253
– homogene 133
– inhomogene 133
Wirbelschichtgranulator 186
Wirbelschichtmischer 253
Wirbelstärke 71
Wirkungsgrad 155, 165
Wurfmischer 252
Wurfprüfsieb 19

Zähigkeit 54
Zähigkeitskräfte 54, 232
Zahnkranz-Homogenisatoren 200
Zahnscheibenrührer 199
Zahnwalzen 173
Zentrifugalkräfte 125
Zentrifugat 72
Zentrifuge 71
Zentrifugieren 71
Zerkleinern 1
– Grobzerkleinerung 11
– natürliche Zerkleinerungsvorgänge 11
Zerkleinerungsgrad 169
Zerkleinerungshypothese 165
Zerkleinerungsprozess 155
Zerstäuben 155, 186, 190
Zerstäuberscheiben 195
Zerstäubungstrocknung 187
Zertropfen 189, 190
Zerwellen 190
Zeta-Wert 104
Zweistoffdüsen 194

www.ingramcontent.com/pod-product-compliance
Lightning Source LLC
Chambersburg PA
CBHW080929220326
41598CB00034B/5723

* 9 7 8 3 1 1 0 7 3 9 5 3 4 *